Winkler/Aurich
Taschenbuch der Technischen Mechanik

Taschenbuch der Technischen Mechanik

von
Dipl.-Ing. Johannes Winkler und
Prof. Dr. Horst Aurich

bearbeitet von
Dr.-Ing. Ludwig Rockhausen und
Dr. rer. nat. Johannes Beyreuther

7., bearbeitete Auflage

Mit zahlreichen Bildern, Tabellen, Beispielen und Anlagen

 **Fachbuchverlag Leipzig**
im Carl Hanser Verlag

Autoren:
Dipl.-Ing. JOHANNES WINKLER, Chemnitz
Prof. Dr. HORST AURICH, Rüsselsheim

Bearbeiter:
Dr.-Ing. LUDWIG ROCKHAUSEN, Technische Universität Chemnitz
Dr. rer. nat. JOHANNES BEYREUTHER, Chemnitz

Die Deutsche Bibliothek – CIP-Einheitsaufnahme

Winkler, Johannes:
Taschenbuch der Technischen Mechanik : mit zahlreichen Tabellen,
Beispielen und Anlagen / von Johannes Winkler und Horst Aurich.
Bearb. von Ludwig Rockhausen und Johannes Beyreuther. - 7., bearb.
Aufl. - München ; Wien : Fachbuchverl. Leipzig, 2000
    ISBN 3-446-21247-7

Fachbuchverlag Leipzig im Carl Hanser Verlag

© 2000 Carl Hanser Verlag München Wien
http://www.fachbuch-leipzig.hanser.de

Satz: Dr. STEFFEN NAAKE, Chemnitz
Datenbelichtung: PrintConsult Ing. KATRIN HÖSEL, Chemnitz
Druck und Bindung: Ludwig Auer GmbH, Donauwörth
Printed in Germany

Vorwort

Die Anwendung von Kenntnissen und Methoden der Technischen Mechanik bildet einen wesentlichen Bestandteil der Arbeit von Konstrukteuren, Berechnungsingenieuren und Werkstoffmechanikern. Daher wird dieser Wissenschaftsdisziplin in entsprechenden Fachrichtungen bereits während des Studiums und in der Phase der vorbereitenden Berufstätigkeit ein hoher Stellenwert beigemessen.

Zur Unterstützung der Bearbeitung einschlägiger Aufgaben in Forschung und Entwicklung, Projektierung und Konstruktion, während des Studiums und in der Praxis wurde dieses Taschenbuch – nunmehr in 7. Auflage – zusammengestellt. Als Nachschlagewerk dient es dem Zweck, allgemeine und spezielle Sachverhalte übersichtlich, schnell und sicher aufzufinden und grundlegende Zusammenhänge zu erfassen. Zahlreiche praxisnahe Beispiele illustrieren den dargelegten Stoff. Zur Lösungsfindung trägt insbesondere ein umfangreicher Anlagenteil bei, in dem Einflußgrößen, Tabellenwerte, Lösungsbestandteile und -übersichten sowie Formelzusammenstellungen enthalten sind.

Im Teil *Statik* wird die Modellierung von Bauteilen, d. h. die Methode des Überführens einer technischen Aufgabenstellung zum Strukturbild bzw. zum Berechnungsmodell des starren Körpers, gezeigt. Im wesentlichen stehen Belastungsfragen am und im Bauteil mit den zugehörigen Reaktionskräften und -momenten im Vordergrund. Dabei nehmen die Gleichgewichtsbedingungen eine zentrale Stellung ein, mit ihrer Hilfe werden die meisten Aufgaben der Statik und – darauf aufbauend – weitere Probleme der Technischen Mechanik gelöst.

Der anschließende Teil *Beanspruchung fester Körper* behandelt vorwiegend stabförmige elastische Bauteile und gliedert sich in solitäre und komplexe Beanspruchung. Erstere beschränkt sich auf eine typisch vorherrschende Beanspruchung (als erste Näherung) und läßt Nebenwirkungen unberücksichtigt. Damit können im weiteren komplexe Beanspruchungen durch Methoden der Analyse und Synthese – beispielsweise zu resultierenden Normalspannungen oder zur Vergleichsspannung – zusammengefaßt werden. Ein wesentlicher Teil widmet sich den Formänderungen und zeigt, wie diese aus direkten Formänderungsansätzen, mit Hilfe von Energiemethoden oder durch lineare Superposition berechnet werden können. Abstimmungen mit Ergebnissen der Werkstoff- und Bauteilprüfung (Festigkeitswerte für Gefährdungszustände, Formänderungsbedingungen) gestatten Aussagen über Haltbarkeit und Funktionstüchtigkeit der untersuchten Bauteile oder Bauteilgruppen. Das Kapitel über Dauerfestigkeit sowie die zugehörigen Anlagenteile wurden umfassend überarbeitet und weitgehend auf den neuesten Stand gebracht.

Im Teil *Kinetik*, der auch einen Einblick in das Gebiet der mechanischen Schwingungen bietet, wird die statische Wirkungsbedingung eines zeitlich konstanten Geschwindigkeitsverlaufes (einschließlich Ruhezustand) verlassen. Daher sind kinematische Zusammenhänge vorangestellt, die in die Lehrsätze der Kinetik einfließen bzw. bei ihrer Anwendung auf konkrete

Aufgabenstellungen zu beachten sind. Hinsichtlich der Kinetik werden vor allem die Berechnungsmodelle „Punktmasse", „Punkthaufen" sowie „starrer Körper" behandelt. In diesem stark überarbeiteten Teil wurde als Neuerung auf die elementare Matrix-Algebra zurückgegriffen, um insbesondere bei räumlichen Problemen der Kinematik und Kinetik eine kompaktere und für die konkrete Anwendung im allgemeinen praktikablere Darstellung zu erreichen.

Auf ausführliche Ableitungen der Zusammenhänge und ihrer mathematischen Formulierung sowie detaillierte Lösungsdurchführungen wird in allen Abschnitten verzichtet, um den Umfang eines handlichen Taschenbuches nicht zu überschreiten. Dazu sind Fach- und Lehrbücher zur Technischen Mechanik, die z. B. auch im gleichen Verlag erschienen, besser geeignet.

Der Inhalt des Taschenbuches und seine fachmethodische Darstellung wurden mit Fachkollegen beraten und in der Lehrpraxis an Hoch- und Fachhochschulen erprobt.

Besonders bedanken möchten wir uns bei dem verantwortlichen Lektor, Herrn Dipl.-Phys. JOCHEN HORN vom Fachbuchverlag Leipzig, für seine Betreuung während der Bearbeitung dieser Auflage und bei Herrn Dr.-Ing. STEFFEN NAAKE, Chemnitz, für die Gestaltung und den Satz. Für ihre wertvollen Hinweise und insbesondere für die Bearbeitung des Kapitels zur Dauerfestigkeit sei Frau Dr.-Ing. I. RÖMHILD, Dresden, gedankt. Weiterhin gilt unser Dank der Zeichnerin Frau RICHTER für die Anfertigung einer Reihe neu gestalteter Bilder.

Wir hoffen, daß das Taschenbuch auch weiterhin einen breiten Nutzerkreis anspricht und eine echte Unterstützung bei der Lösung einschlägiger Aufgaben aus Technik und Wissenschaft gewährleistet. In diesem Sinne sind wir weiterhin für Hinweise zur Verbesserung des Inhaltes und dessen Darstellung jederzeit dankbar.

Verfasser und Bearbeiter

Inhaltsverzeichnis

Statik fester Körper

Statik fester Körper

Einführung

Statische Aufgaben setzen Kräfte am festen bzw. starren Körper und deren Gleichgewicht voraus. Auszuschließen sind demnach beispielsweise Untersuchungen gasförmiger oder flüssiger Medien (bei Flüssigkeiten spricht man von Hydrostatik) und von Bewegungszuständen mit Geschwindigkeitsänderungen wie z. B. durch Stöße oder zufolge von Schwingungen. Statische Gleichgewichtszustände werden durch Kräfte garantiert, die als Aktions- und Reaktionskräfte, d. h. als Belastungen und Stützkräfte wirksam sind. Infolge der Eigenschaften des vorausgesetzten starren Körpers (keine Formänderungen) bleibt die Geometrie des Bauteils erhalten. Dadurch können die bekannten eingeprägten Kräfte als geometrisch geordnete Kräftebüschel oder -gruppen ohne Änderung ihrer Lage zur Resultierenden zusammengefaßt oder mit den Stützkräften in das statische Gleichgewicht (Kräftegleichgewicht, Momentengleichgewicht) gebracht werden.

Die Idealvorstellung „starrer Körper" wird erst im Abschnitt „Beanspruchung fester Körper" verlassen, weil die Beanspruchungsgrößen Spannungen und Formveränderungen einander bedingen und nur im Zusammenhang mit Werkstoffeigenschaften berechnet werden können. Man muß daher zwischen Belastung und Beanspruchung unterscheiden. Insofern beschäftigt sich die Statik nur mit Belastungsfragen, die entsprechend der Bauteillagerung Stützreaktionen hervorrufen, um den Gleichgewichtszustand von Kräften und Momenten an Körpern bzw. an abgeschnittenen Körperteilen herbeizuführen.

1 Ebene Kräftesysteme

1.1 Grundsätze zur zeichnerischen und rechnerischen Lösung

Kräfte treten an den Berührungs- oder Kontaktstellen benachbarter Bauteile auf und lassen sich als Vektoren mit Kraftangriffspunkt und Wirkungslinie darstellen. Von Interesse sind weiterhin Schnittkräfte, deren Vektoren an ausgesuchte Schnittflächen in die Zeichnung eingetragen werden. Eine am starren Körper angreifende Kraft ist ein linienflüchtiger Vektor, d. h., der Kraftangriffspunkt kann auf der Wirkungslinie beliebig gewählt werden. Parallele Verschiebungen eines Kraftvektors am starren Körper sind hingegen nicht erlaubt, da sie den Gleichgewichtszustand stören (s. Versetzungsmoment Bild 10).

Bild 1 zeigt die grafische Darstellung der *Resultierenden* zweier Kräfte mit dem gemeinsamen Angriffspunkt *A* im Schnittpunkt der Wirkungslinien (Kräfteparallelogramm, Krafteck). Am starren Körper ist die Wirkung der Resultierenden gleich der Summe der Einzelwirkungen jeder Kraft.

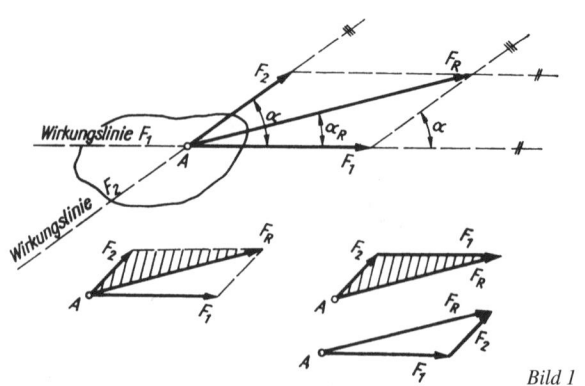

Bild 1

Betrag der Resultierenden

$$F_R = \sqrt{F_1^2 + F_2^2 + 2F_1F_2 \cos \alpha}$$

Richtungswinkel

$$\sin \alpha_R = \frac{F_2}{F_R} \sin \alpha$$

Krafteck (Vektoraddition)

$$\boldsymbol{F}_R = \boldsymbol{F}_1 + \boldsymbol{F}_2$$

Zerlegung der Kraft $\boldsymbol{F}_1$ in ihre Komponenten entsprechend vorgegebenen Wirkungslinien (1.1) und (1.2) nach Bild 2:

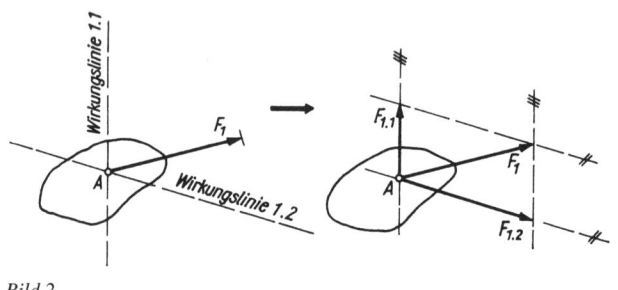

Bild 2

Je zwei parallele Linien begrenzen von *A* aus die Komponenten $F_{1.1}$ und $F_{1.2}$.

Resultierende aus mehr als zwei Kräften, gemeinsamer Schnittpunkt aller Wirkungslinien in *A* (Kräftebüschel nach Bild 3)

1

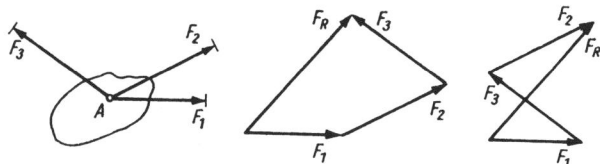

Bild 3

Vektoraddition von *n* Kräften

$$F_R = \sum_{i=1}^{n} F_i = F_1 + F_2 + \ldots + F_n$$

Alle drei Kräfte werden lage- und richtungsgetreu aneinandergereiht. Für die Länge der Kraftvektoren ist ein Kräftemaßstab als Verhältnis von Abbildungsgröße zu wirklicher Größe anzunehmen.

Kräftemaßstab $M_F = \langle F_i \rangle / F_i$ (beispielsweise für 50 mm je 100 N: $M_F = 0{,}5 \text{ mm/N}$)

Die Verbindung vom Anfang bis zum Ende des Kräftezuges entspricht der resultierenden Kraftwirkung F_R. Da Summanden vertauschbar sind, gilt auch die Vektoraddition $F_R = F_1 + F_3 + F_2$.

Kräftegleichgewicht eines Kräftebüschels (Bild 4)

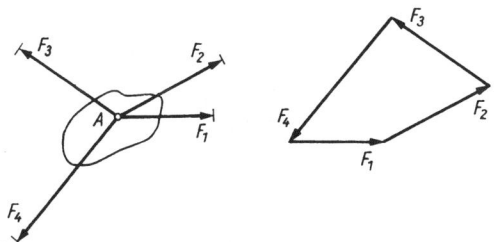

Bild 4 Gemeinsamer Schnittpunkt, geschlossenes Krafteck und fortlaufende Vektorenfolge. Die Resultierende des Kräftebüschels wird zu Null

Vektoraddition für 4 Kräfte (Bild 4)

$$F_1 + F_2 + F_3 + F_4 = o$$

und allgemein für *n* Kräfte

$$F_R = \sum_{i=1}^{n} F_i = F_1 + F_2 + \ldots + F_n = o$$

Rechnerische Bestimmung der *Resultierenden* eines Kräftebüschels (Bild 5):

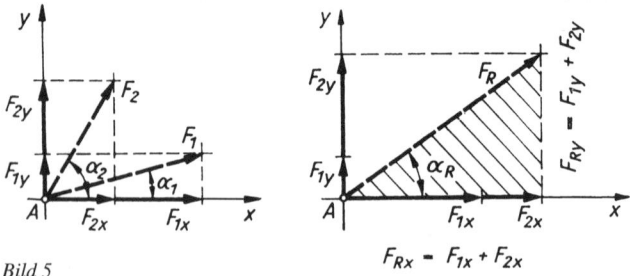

Bild 5

Komponentendarstellung im rechtwinkligen x, y-Koordinatensystem

Komponenten

$$F_{Rx} = \sum_{i=1}^{n} F_{ix} = F_{1x} + F_{2x} + \ldots + F_{nx}$$

$$F_{Ry} = \sum_{i=1}^{n} F_{iy} = F_{1y} + F_{2y} + \ldots + F_{ny}$$

Betrag

$$F_R = \sqrt{F_{Rx}^2 + F_{Ry}^2}$$

Richtungswinkel

$$\tan \alpha_R = \frac{F_{Ry}}{F_{Rx}}$$

Gleichgewichtsbedingungen: Statisches Kräftegleichgewicht muß in beiden Koordinatenrichtungen gewährleistet sein. Mit den Symbolen $\rightarrow$ für die horizontale Richtung (x-Richtung) und $\uparrow$ für die vertikale Richtung (y-Richtung) ergibt sich durch Nullsetzen der entsprechenden Komponenten der Resultierenden

$$\rightarrow : F_{1x} + F_{2x} + \ldots + F_{nx} = 0$$
$$\uparrow : F_{1y} + F_{2y} + \ldots + F_{ny} = 0$$

Hierbei haben die einzelnen Terme positive oder negative Vorzeichen, je nachdem ob die entsprechenden Komponenten mit der Pfeilrichtung übereinstimmen oder nicht.

Zerlegung einer Kraft in drei Ersatzkräfte, deren Wirkungslinien vorgegeben sind und die sich in zwei Punkten schneiden (Bild 6):

Die beiden Schnittpunkte werden durch eine Wirkungslinie verbunden. Auf ihr liegt die Hilfskraft F_H. Man zerlege nun die bekannte Kraft F_1 in die Kräfte F_H und F_2 (Schnittpunkt *I*) und anschließend mit einem zweiten Krafteck die Hilfskraft F_H in die beiden Kräfte F_3 und F_4 (Schnittpunkt *II*).

1

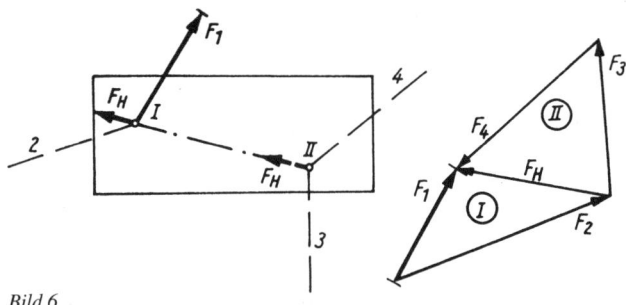

Bild 6

Resultierende für Kräfte, deren Wirkungslinien sich nicht auf der Zeichenebene schneiden (Kraft- und Seileck nach Bild 7):

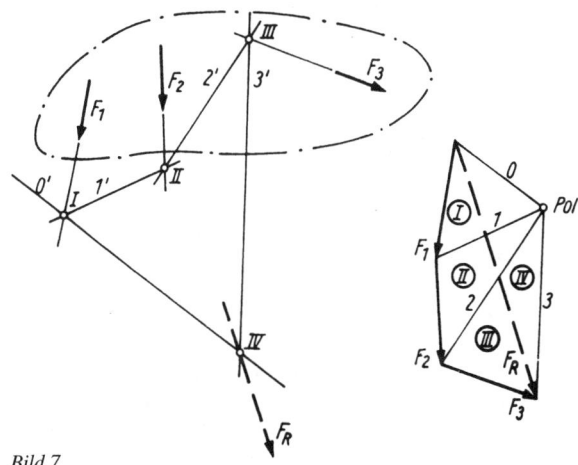

Bild 7

Zuerst wird das Krafteck mit der Vektorenfolge $F_1, \ldots, F_n$ begonnen. Die Verbindung vom Anfang bis zum Ende des Kräftezuges entspricht bereits der Resultierenden. Zur Bestimmung eines Punktes ihrer Wirkungslinie ist die Seileckkonstruktion notwendig. Dazu muß man zur Vervollständigung des Krafteckes einen Pol annehmen und von dort aus Hilfskräfte (Polstrahlen) $0, 1, 2, \ldots$ einzeichnen. Damit wurden Teilkraftecke gebildet, deren Wirkungslinien zu je einem gemeinsamen Schnittpunkt gehören. Diese Zuordnung führt zur Seileckkonstruktion mit den Schnittpunkten I bis IV. Da sich jeweils drei Kräfte in einem Punkt schneiden müssen, gilt für die Schnittpunkte der Wirkungslinien: $I(0', F_1, 1')$; $II(1', F_2, 2')$; $III(2', F_3, 3')$ sowie $IV(0', F_R, 3')$.

Kräftepaar und statisches Moment (Bild 8):

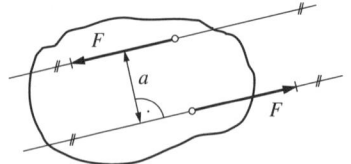

Bild 8

Zwei Kräfte mit parallelen Wirkungslinien (gleicher Betrag, jedoch entgegengesetzte Richtung) bilden ein Kräftepaar. Die resultierende Kraft des Kräftepaares ist zwar gleich Null, aber ein starrer Körper, an dem ein Kräftepaar angreift, ist nicht im statischen Gleichgewicht, sondern wird in Drehung versetzt. Die Größe der Drehwirkung wird durch das Produkt $M = F \cdot a$, das *Moment des Kräftepaares*, charakterisiert; dabei ist a der (senkrecht gemessene) Abstand der beiden Wirkungslinien (Hebelarm), und es gilt folgende *Vorzeichenregel*: Das Moment ist positiv, wenn seine Drehwirkung gegen den Uhrzeigersinn gerichtet ist, sonst negativ.

Statisches Moment einer Kraft F bezüglich eines Punktes A (Bild 9):

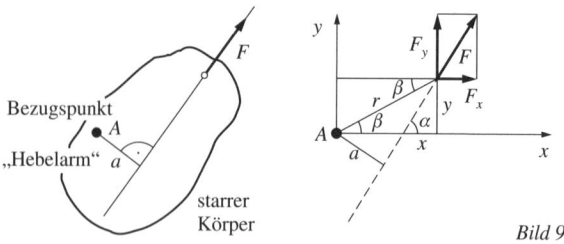

Bild 9

Bei festgehaltenem Punkt A hat die Kraft F eine Drehwirkung auf den starren Körper mit dem Moment $M_A = F \cdot a$; dabei bezeichnet a den (kürzesten) Abstand des Punktes A von der Wirkungslinie der Kraft F (Hebelarm), und das Vorzeichen wird wie oben festgelegt.

Rechnerische Ermittlung des statischen Momentes M_A:

Das Moment M_A berechnet sich als Summe der Momente der einzelnen Kraftkomponenten unter Beachtung der Vorzeichenregel zu

$$M_A = xF_y - yF_x = xF \sin \alpha - yF \cos \alpha$$
$$= F \cdot r \cdot (\cos \beta \sin \alpha - \sin \beta \cos \alpha)$$
$$= F \cdot r \cdot \sin(\alpha - \beta) = F \cdot a$$

Dabei bezeichnen F_x, F_y die Kraftkomponenten, x, y die Koordinaten des Kraftangriffspunktes im x, y-System, und $a = r \sin(\alpha - \beta)$ ist der analytische Ausdruck für den Hebelarm.

1

▶ *Bemerkung*: Das statische Moment eines Kräftepaares ist unabhängig vom Bezugspunkt.

Statisches Momentengleichgewicht:

Momentensatz: Das resultierende Moment ist gleich der Summe der Einzelmomente (Vorzeichen beachten!).

Im Falle des Gleichgewichts eines starren Körpers muß außer der resultierenden Kraft auch die Drehwirkung verschwinden. Mit dem Symbol $\circlearrowleft A$ (Moment um A) führt dies auf die Bedingung (Momentengleichgewicht)

$$\circlearrowleft A: \sum_{i=1}^{n} M_{Ai} = 0$$

Dabei ist A ein beliebiger Punkt (innerhalb oder außerhalb des starren Körpers), und M_{Ai} sind Momente von Kräftepaaren oder Momente von Einzelkräften F_i bezüglich A ($M_{Ai} = F_i \cdot a_i$).

Sonderfall: Kräftebüschel mit verschwindender Resultierenden haben keine Drehwirkung ($M_A \equiv 0$ für beliebigen Punkt A).

Parallelverschiebung einer Kraft am starren Körper (Bild 10):

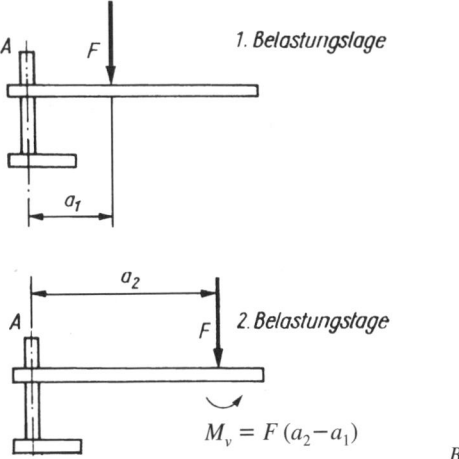

$$M_v = F(a_2 - a_1)$$

Bild 10

Wird eine Kraft parallel verschoben, so ändert sich der Hebelarm bei der Momentenberechnung. Um statische Gleichwertigkeit zu gewährleisten, muß die Änderung des Momentes durch ein „Versetzungsmoment" kompensiert werden.

1.2   Modellbildungen

Zur Veranschaulichung der gesamten Kräfteanordnung am technischen Gebilde und zur Aufbereitung des Lösungsverfahrens werden Strukturbilder erarbeitet. Durch Freischneiden (gedachter Schnitt, Wirkung der abgeschnittenen Umgebung durch Vektoren ersetzt) werden innere Kräfte zu äußeren gemacht.

Beispiel: Kräfte in den Anhängeseilen für einen Behälter (Bild 11)

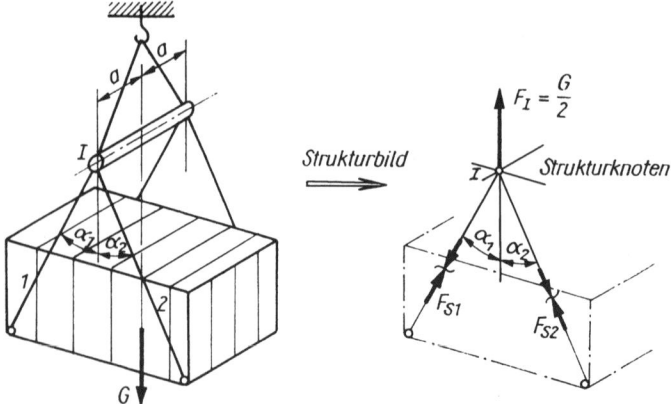

Bild 11

Im Schwerpunkt seiner Masse wirkt die Gewichtskraft $G = mg$. Die gleich große Gegenkraft tritt am Kranhaken auf. Da die Traverse symmetrisch angeordnet ist, können wir in (I) $F_I = G/2$ voraussetzen. Beide Tragseile *1, 2* werden freigeschnitten und an diese Schnittstellen Längskräfte, Seilkräfte F_{S1}, F_{S2}, eingezeichnet. Nunmehr ist das gesamte Kräftebüschel mit Strukturknoten *I* (Schnittpunkt aller drei Kraftwirkungslinien) sichtbar.

Zur zeichnerischen Lösung benötigt man eine maßstäbliche Darstellung für die Richtungen der Kraftvektoren, den Strukturplan. Rechnerische Lösungen beziehen sich auf Strukturskizzen. Hier werden nach dem zugeordneten Koordinatensystem (Ursprung in *I*) die Komponenten der Kräfte berechnet.

Beispiel: Stützreaktionen an den Führungsbahnen A, B des Längssupportes für eine Drehmaschine (Bild 12)

Bei der Spanabnahme entstehen die Komponenten Hauptschnittkraft F_1, Rückkraft F_2, Vorschubkraft F_3 (senkrecht zur Bildebene). Außerdem wirkt die Gewichtskraft G der gesamten Baueinheit im Massenmittelpunkt.

Die Auflage- oder Kontaktflächen zum Maschinengestell stimmen mit der Flachführung (*A*) und mit der Prismenführung (*B*) überein. Wir vereinzeln die Baugruppe und tragen an ihren Stützstellen resultierende Normalstützkräfte F_A sowie F_{B1}, F_{B2} (jeweils senkrecht zur Auflagefläche) ein.

1

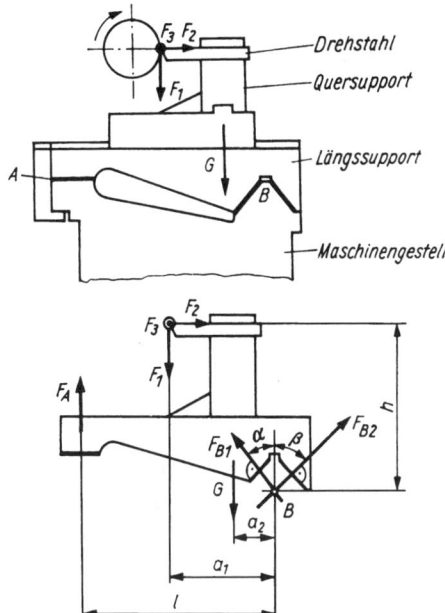

Bild 12

Infolge der Horizontalbelastung F_3 ist zur endgültigen Bestimmung der Stützreaktionen sicher noch eine weitere Betrachtung für die Längsschnittebene notwendig. Wir wollen uns in diesem Fall auf die dargestellte Querschnittsebene beschränken.

Diese Modellierung eines technischen Gebildes enthält noch spezielle Darstellungen, die zur Veranschaulichung der Lage einer Kräftegruppe nicht notwendig sind.

Die technische Mechanik bezieht sich zweckmäßigerweise auf vereinfachte Darstellungen mit folgenden Modellelementen:

- Stäbe, Träger (Balken), Scheiben u. a. zur Abbildung geometrischer Eigenschaften (Bild 13),

- Stützsymbole (Loslager, Pendelstützen, Festlager, feste Einspannungen) zur Kennzeichnung der Wirkungsbedingungen für die Stützreaktionen (Bild 14).

Pendelstützen und *Loslager* gewährleisten eine ungehinderte Drehung des angeschlossenen Trägers sowie seine Verschiebung senkrecht zur Stützrichtung. Diese Lagerung enthält nur eine unbekannte Kraftkomponente (einwertiges Lager). Stützkräfte wirken in Pendelstützen als Längskräfte und beim Loslager senkrecht zur angegebenen Gleitrichtung.

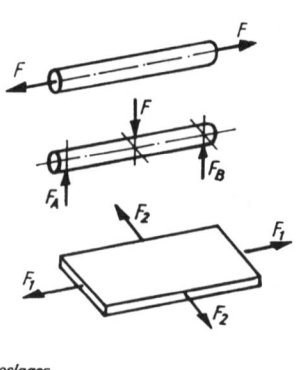

Bild 13

Pendelstütze, Loslager

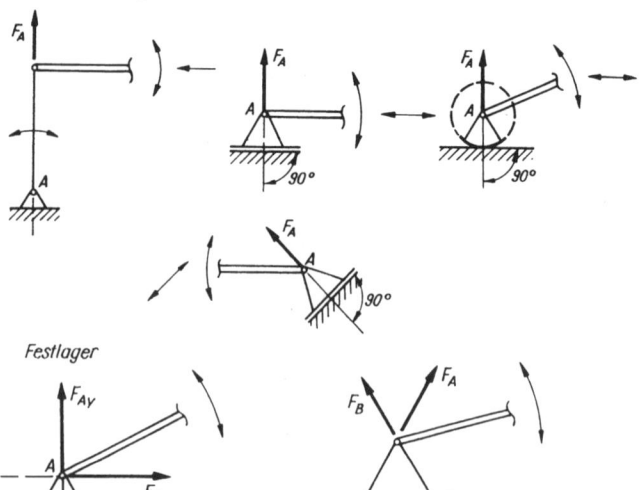

Festlager

Feste Einspannung

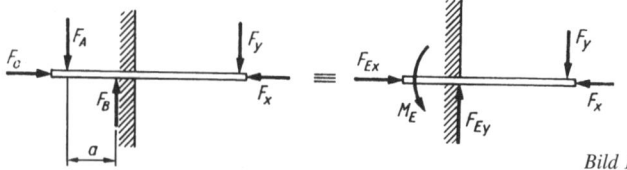

Bild 14

Festlager (auch Gelenke) gewährleisten nur eine ungehinderte Drehung des Trägers. Verschiebungen sind ausgeschlossen. Von der Stützkraft ist nur ein Punkt ihrer Wirkungslinie bekannt. Man setzt daher zwei Komponenten in Koordinatenrichtungen voraus. Festlager kann man durch zwei Pendelstützen ersetzen (zweiwertige Lager).

Feste Einspannungen binden alle drei Freiheitsgrade in der Ebene. Sie lassen daher weder Drehungen noch Verschiebungen zu. Hier wirken zwei Stützkräfte und ein Einspannmoment (dreiwertiges Lager).

Mit diesen Modellelementen entsteht für das Beispiel nach Bild 12 das zugehörige Strukturbild (Bild 15).

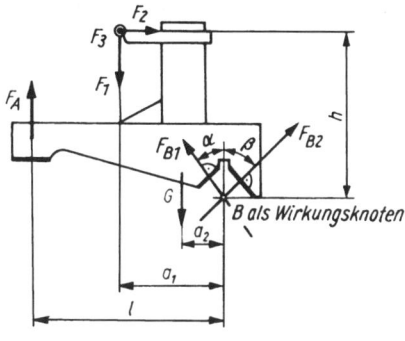

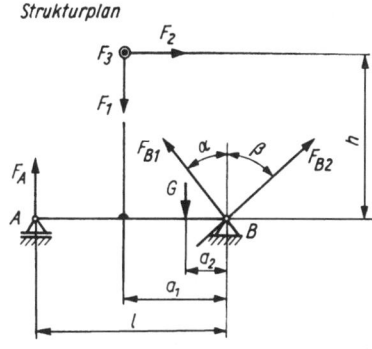

Bild 15

Gerader Träger mit Verzweigung: Hauptträger zwischen den Lagern A, B; senkrechter Nebenträger bis zum Angriffspunkt der Belastung. Die Flachführung entspricht dem Loslager A und die Prismenführung dem Festlager B. Die Anordnung des Festlagers ist an den Wirkungsknoten (B), Schnittpunkt der resultierenden Stützkräfte F_{B1}, F_{B2}, gebunden.

Beispiel: Strukturbild für eine Getriebekette (Bild 16) zur Bestimmung der Kräfte in
A bis *E* sowie der Federkraft

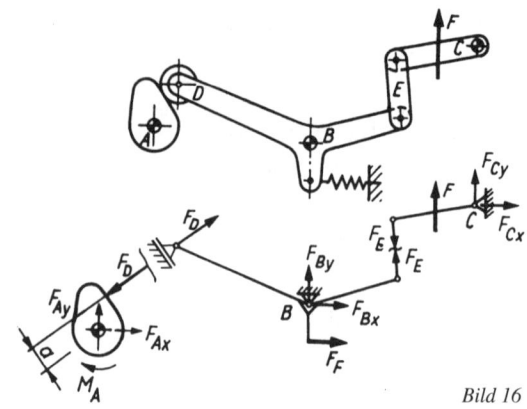

Bild 16

Getriebeglieder: Nocken mit festem Drehpunkt *A*. Rollenhebel mit festem Drehpunkt
B und Feder. Drehbar gelagertes Zwischenglied *E*. Endglied, drehbar gelagert, mit
Festpunkt *C* und belastet durch *F*. Hier handelt es sich um ein komplexes mechanisches System, das sich in drei Elementarsysteme auflösen läßt.

Elementarsystem 1 (Schnitt durch Stab *E*): Zweifach gestützter Träger, Belastung *F*.
Festlager *C* mit den beiden Komponenten für die Stützkraft F_C. Pendelstütze *E* mit
der Stützkraft F_E.

Elementarsystem 2 (Freischneiden von *E* und der Feder sowie Vereinzeln vom
Nocken): Abgewinkelter Träger mit Verzweigung, Belastungen durch F_E und F_F.
Festlager mit den Komponenten F_{Bx}, F_{By}. Loslager *D* mit der Stützkraft F_D senkrecht
zur Lauffläche am Nocken.

Elementarsystem 3 (Nocken vereinzelt betrachtet): Drehbar gelagerter Nocken (Hebel) mit F_D belastet. Festlager *A* mit zwei Komponenten für die Stützkraft. Das Gleichgewicht des Nockens wird durch das Antriebsmoment M_A gewährleistet.

1.3   Modellbearbeitungen zur Aufbereitung der Lösungen

Mit der Entwicklung statischer Modelle wird die gesamte Kräfteanordnung für
den Gleichgewichtszustand zwischen Belastungen und Stützreaktionen sichtbar gemacht. Die Wirkungslinien aller Kräfte können sich in einem Punkt
schneiden. Dann spricht man von einem Kräftebüschel, sonst von einer Kräftegruppe. Jeder gemeinsame Schnittpunkt von Kräften wird mit Knoten bezeichnet. Stimmt dieser Schnittpunkt mit der Struktur der angeschlossenen Bauelemente überein (Bauteilknoten), dann handelt es sich um einen Strukturknoten.
Muß dieser Schnittpunkt jedoch erst durch Verlängerung von Kraftwirkungslinien herbeigeführt werden, dann liegt ein Wirkungsknoten vor. Er ist durch
die Geometrie des Bauteils im voraus nicht bestimmt.

Der Algorithmus für die Lösungsverfahren der Statik setzt diese Zuordnungen voraus. Er gliedert sich in einzelne Bearbeitungsschritte. Der erste Bearbeitungsschritt sieht vor, daß das technische Gebilde (die Aufgabe der Praxis) in ein Strukturbild (Modell) umgewandelt wird. Zeichnerische Lösungsverfahren verlangen hierbei als maßstäbliche Darstellungen den aufbereiteten Strukturplan, rechnerische Lösungen die Strukturskizze (2. Bearbeitungsschritt). Die weiteren Bearbeitungsschritte setzen die Kenntnis der nachfolgenden Abschnitte voraus.

1.4 Elementare Einknotensysteme (zentrale Kräftesysteme)

1.4.1 Kräftebüschel mit Strukturknoten

Der Schnittpunkt aller Kraftwirkungslinien stimmt mit dem Bauteilknoten überein, dessen Lage geometrisch gegeben ist.

Beispiel: Bestimmung der Seilkräfte von Anhängelasten (Bild 17)

Spreizwinkel $\alpha_1 = 45°$; $\alpha_2 = 30°$

Zeichnerische Lösung:

Die Anhängung des Behälters setzt eine symmetrische Anordnung der vier Tragseile voraus. Daher wirkt in I die Kraft $F_I = G/2$. Die Seile I und 2 werden freigeschnitten und in ihren Richtungen Längsschnittkräfte, Seilkräfte F_{S1}, F_{S2} eingetragen. Der zugehörige Strukturplan zeigt die drei Kräfte mit ihrem gemeinsamen Schnittpunkt I. Statisches Kräftegleichgewicht verlangt einen geschlossenen Kraftplan (Krafteck) mit fortlaufender Vektorenfolge. Wir nehmen einen Kräftemaßstab an, beginnen richtungsgetreu mit F_I und vervollständigen das Krafteck mit parallelen Wirkungslinien zu F_{S1}, F_{S2}. Der Schnittpunkt von beiden führt zu den Beträgen der Seilkräfte, die fortlaufende Vektorenfolge zum Richtungssinn. Hier stimmen die Richtungen mit den angenommenen Schnittkräften überein. Es handelt sich um Zugkräfte $F_{S1} = +0{,}26G$; $F_{S2} = +0{,}37G$.

Berechnung der Seilkräfte:

Aus der aufbereiteten Strukturskizze (Komponentendarstellungen im rechtwinkligen Koordinatensystem) kann man die Bestimmungsgleichungen nach dem statischen Kräftegleichgewicht in horizontaler ($\rightarrow$) und vertikaler ($\uparrow$) Richtung ablesen.

Komponenten der Seilkräfte:

$$F_{S1x} = -F_{S1} \sin 45° = -0{,}707 F_{S1}$$
$$F_{S1y} = -F_{S1} \cos 45° = -0{,}707 F_{S1}$$
$$F_{S2x} = +F_{S2} \sin 30° = +0{,}5 F_{S2}$$
$$F_{S2y} = -F_{S2} \cos 30° = -0{,}866 F_{S2}$$

Statisches Kräftegleichgewicht:

$\rightarrow$ | $-0{,}707 F_{S1} + 0{,}5 F_{S2} = 0$; $F_{S2} = 1{,}414 F_{S1}$

$\uparrow$ | $+F_I - 0{,}707 F_{S1} - 0{,}866 F_{S2} = 0$

und

$+F_I - 0{,}707 F_{S1} - 0{,}866 \cdot 1{,}414 F_{S2} = 0$

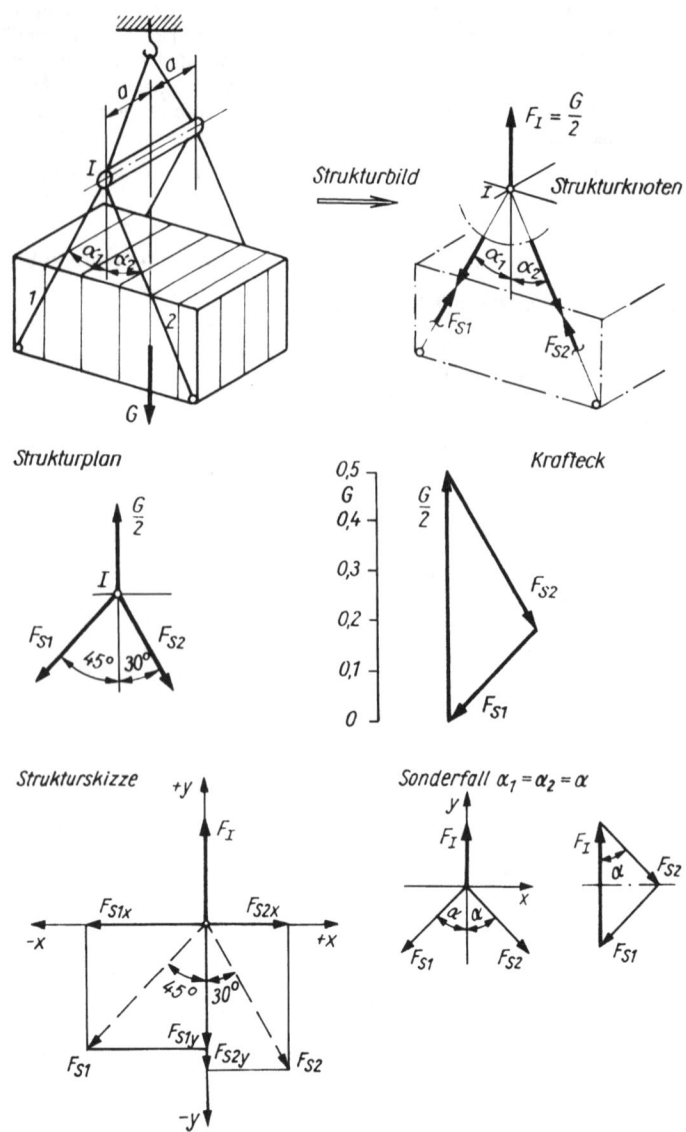

Strukturbild

Strukturknoten

$F_I = \dfrac{G}{2}$

Strukturplan

Krafteck

Strukturskizze

Sonderfall $\alpha_1 = \alpha_2 = \alpha$

Bild 17

1

Seilkräfte:

$$F_{S1} = F_l/(0{,}707 + 0{,}866 \cdot 1{,}414) = +0{,}52F_l = +0{,}26G \quad \text{(Zugkraft)}$$

$$F_{S2} = 1{,}414F_{S1} = 1{,}414 \cdot 0{,}52F_l = +0{,}74F_l = +0{,}37G \quad \text{(Zugkraft)}$$

► *Hinweis*: Bei symmetrischen Spreizwinkeln wird die Rechnung einfacher. Das gleichschenklige Krafteck läßt sich in zwei rechtwinklige Dreiecke mit den Katheten $F_l/2 = G/4$ und den Hypotenusen $F_{S1} = F_{S2}$ zerlegen. Daher ist

$$F_{S1} = F_{S2} = +\frac{\dfrac{G}{4}}{\cos\alpha}$$

Beispiel: Ermittlung der Resultierenden und der Stabkräfte F_A, F_B für das Kräftebüschel nach Bild 18

$F_1 = 50$ N; $F_2 = 30$ N; $F_3 = 40$ N; $F_4 = 60$ N; $\alpha_1 = 0°$; $\alpha_2 = 45°$; $\alpha_3 = 210°$; $\alpha_4 = 240°$; $\alpha_A = 45°$; $\alpha_B = 30°$.

Zeichnerische Lösungen:

Freischneiden der beiden Stäbe und Zuglängskräfte F_A, F_B eintragen. Strukturplan zeichnen.

Die maßstäblich aneinandergereihten Belastungsvektoren ergeben als direkte Verbindung von ihrem Anfangs- bis zum Endpunkt den Vektor für die Resultierende. Zerlegt man diese in die Richtungen der beiden Stützkräfte, dann liegt ein geschlossenes Krafteck mit fortlaufender Vektorenfolge vor. Es sind $F_R = 51$ N; $F_A = +32$ N; $F_B = +32$ N.

Rechnerische Lösungen:

Strukturskizzen nach Bild 19 anfertigen.

Belastungskomponenten und Resultierende

Belastungsindex i	Kraft F_i in N	Winkel α_i in °	Belastungskomponenten	
			$F_{ix} = F_i \cos\alpha_i$ in N	$F_{iy} = F_i \sin\alpha_i$ in N
1	+50	0	+50,0	0
2	+30	45	+21,2	+21,2
3	+40	210	−34,6	−20,0
4	+60	240	−30,0	−52,0
$\sum$	—	—	+ 6,6	−50,8

Komponenten der Resultierenden:

$$F_{Rx} = +6{,}6\,\text{N}; \qquad F_{Ry} = -50{,}8\,\text{N}$$

Nach diesen Vorzeichen (positive x-Richtung, negative y-Richtung) liegt die Resultierende im 4. Quadranten.

Gesamtbelastung:

$$F_R = \sqrt{F_{Rx}^2 + F_{Ry}^2} = \sqrt{6{,}6^2 + 50{,}8^2}\,\text{N} = 51{,}2\,\text{N}$$

Richtungswinkel: $\tan\alpha_R = F_{Ry}/F_{Rx} = -50{,}8\,\text{N}/(+6{,}6\,\text{N}) = -7{,}7$;

$$\alpha_R = -82{,}6° = +277{,}4°$$

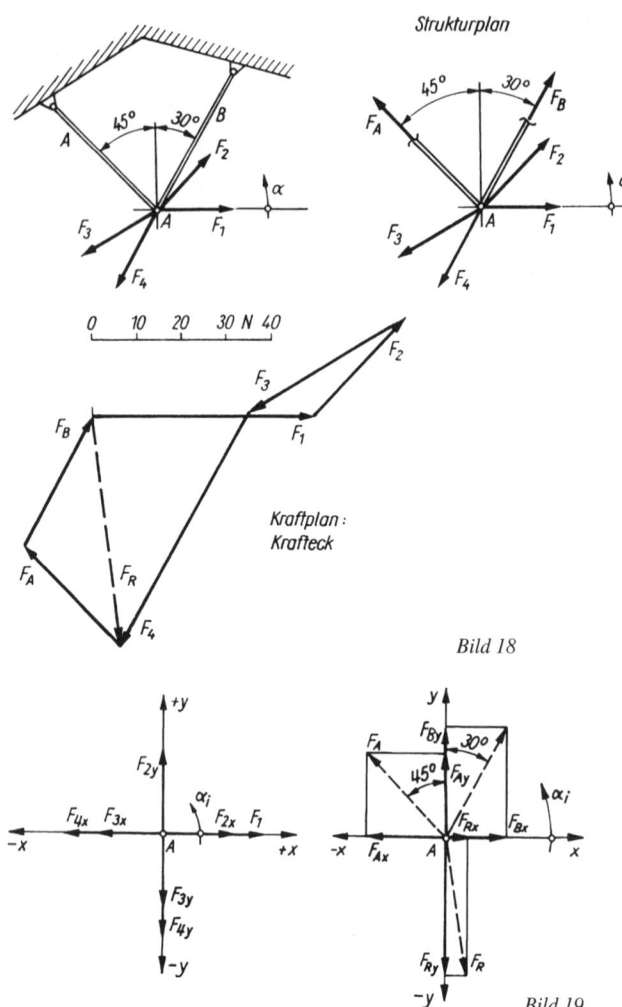

Bild 18

Bild 19

Komponenten der Stützkräfte:

$$F_{Ax} = F_{Ay} = 0{,}707 F_A; \qquad F_{Bx} = 0{,}5 F_B; \qquad F_{By} = 0{,}866 F_B$$

Statisches Kräftegleichgewicht zwischen Gesamtbelastung und Stützreaktionen:

$\rightarrow$ $\quad$ $\left|\; -F_{Ax} + F_{Bx} + F_{Rx} = 0 \right.$

$\uparrow$ $\quad$ $\left|\; +F_{Ay} + F_{By} - F_{Ry} = 0 \right.$

oder

$$\rightarrow \quad \left| \begin{array}{l} -0{,}707F_A + 0{,}5F_B + 6{,}6\ \text{N} = 0 \\ +0{,}707F_A + 0{,}866F_B - 50{,}8\ \text{N} = 0 \end{array} \right. \quad (1)$$
$$\uparrow \qquad\qquad\qquad\qquad\qquad\qquad\qquad\qquad\quad (2)$$

Addition des Gleichungssystems führt auf $F_B = +32{,}4$ N; Ergebnis in (1) eingesetzt zu $F_A = +32{,}2$ N.

1.4.2 Kräftebüschel mit Wirkungsknoten

Bei einigen Aufgaben des zentralen Kräftesystems ist der gemeinsame Schnittpunkt aller Wirkungslinien im voraus geometrisch nicht bekannt. Man muß ihn daher im Strukturbild erst festlegen und dann das zugehörige Krafteck zeichnen.

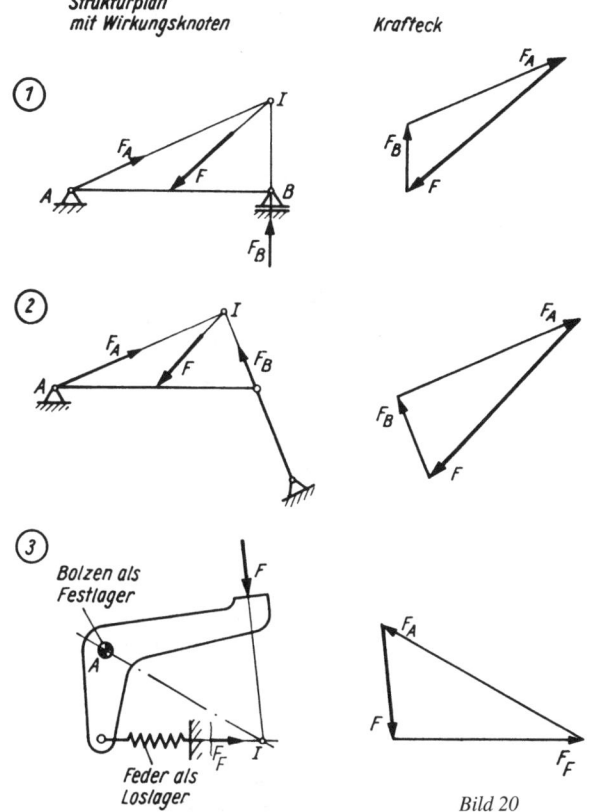

Bild 20

Bild 20 zeigt hierzu Strukturpläne. Die beiden Träger mit den Lagersymbolen für Fest- und Loslager (bzw. Pendelstütze) sind mit F belastet. Diese Belastung kann auch Resultierende einer Kräftegruppe sein. Bekannt sind die Wirkungslinien für die Belastung und für die Stützkraft des Loslagers. Beide führen zum Wirkungsknoten I. Die dritte Kraftwirkungslinie entspricht der Verbindungslinie zwischen Festlager A und Wirkungsknoten I. Erst nach dieser Festlegung wird das Krafteck gezeichnet. Für den Hebel mit Lager A, Belastung F und Zugfeder gelten die gleichen Bearbeitungsschritte. Die Zugfeder wird freigeschnitten und entlang ihrer Wirkungsrichtung die Federkraft F_F eingezeichnet. Belastung F und Federkraft F_F führen zum Wirkungsknoten I, die geradlinige Verbindung I nach A zur Wirkungslinie für die Stützkraft in A.

Bei der *rechnerischen* Lösung kommt man infolge des unbekannten Richtungswinkels für die resultierende Stützkraft im Festlager mit den beiden Gleichungen für das statische Kräftegleichgewicht nicht aus. Man setzt zuerst die Gleichung für das statische Momentengleichgewicht, Bezugspunkt Festlager, an und berechnet die Stützkraft mit bekannter Richtung. Erst dann sind Gleichungen nach dem statischen Kräftegleichgewicht zu formulieren.

Beispiel: Ermittlung von Feder- und Stützkraft in A für den Hebel (Bild 21), belastet mit $F = 20$ N

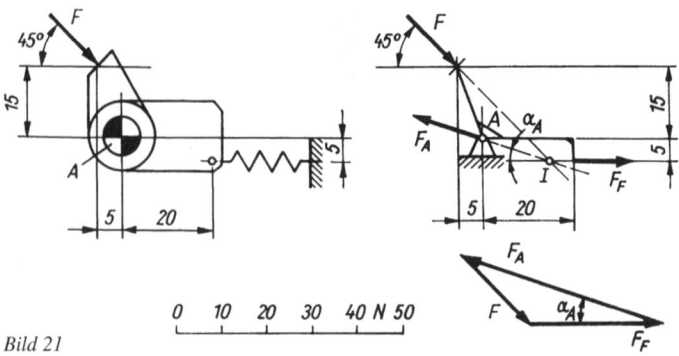

Bild 21

Zeichnerische Lösung:

Hier wurde nochmals der zum technischen Gebilde zugehörige Strukturplan gezeichnet. In vielen Fällen kann man bei einfachen Aufgaben darauf verzichten. Die bekannten Wirkungslinien für F und F_F schneiden sich in I. Richtung $I \ldots A$ entspricht der Wirkungslinie der Stützkraft F_A. Das geschlossene Krafteck führt zu $F_A = 46$ N und $F_F = 28$ N.

Berechnung der Stützkräfte (Bild 22):

Federkraft: Statisches Momentengleichgewicht um den Festlagerknoten A

$$\curvearrowright A \quad \begin{array}{|l} +F_F \cdot 5\,\text{mm} + F_y \cdot 5\,\text{mm} - F_x \cdot 15\,\text{mm} = 0 \\ F_F = 3F_x - F_y = 14{,}14\,\text{N}(3-1) = 28{,}28\,\text{N} \end{array}$$

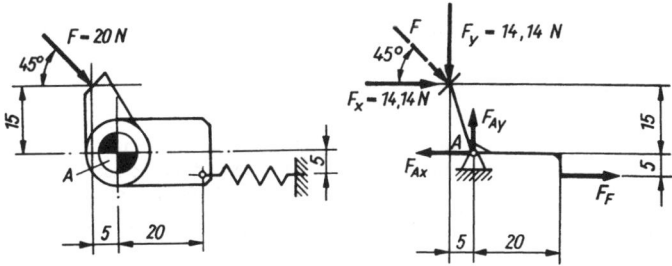

Bild 22

Stützkraft in *A*

Aus dem statischen Kräftegleichgewicht in vertikaler und horizontaler Richtung folgt

$$\uparrow \qquad \begin{vmatrix} F_{Ay} = 14{,}14 \text{ N} \\ F_{Ax} = F_x + F_F = 42{,}42 \text{ N} \end{vmatrix}$$

Resultierende

$$F_A = \sqrt{F_{Ax}^2 + F_{Ay}^2} = 14{,}14 \text{ N} \sqrt{3^2 + 1^2} = 44{,}7 \text{ N}$$

1.5   Komplexe Einknotensysteme, Fachwerke

Zu den Systemen starrer Körper gehören Fachwerke, die sich aus Stäben aufbauen, deren Enden durch Knotenbleche und Schweißnähte (oder Niete) verbunden sind (Bild 23). Infolge dieser festen Verbindungen können auch Querkräfte und Momente übertragen werden. Den praktischen Anforderungen genügt jedoch die Annahme, daß sich ein Fachwerk – gelenkige Verbindungsstellen im Wirkungsknoten vorausgesetzt – aus Stäben (Längskraftübertragungselemente) zusammensetzt. Die Modellierung als Fachwerk setzt Identität von Bauteil und Strukturknoten voraus. Belastungen werden auf diese Knoten reduziert.

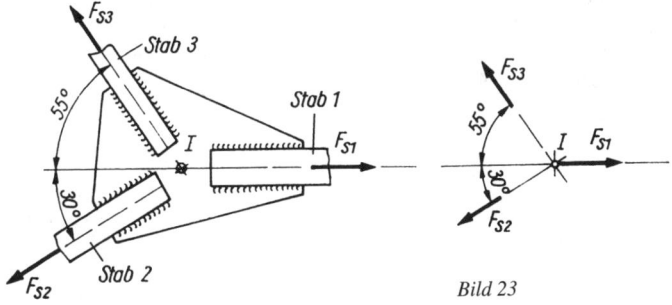

Bild 23

Bild 25 zeigt den Strukturplan für einen Wandkran. Dieses Fachwerk besteht aus den Stäben *1, 2* und *3* mit Festlager in *A* und Pendelstütze *B* (Stab *4*).

Für die statische Bestimmtheit der Fachwerke gilt die notwendige Bedingung $2k = s + 3$ (k Anzahl Knoten, s Anzahl Stäbe). Im vorliegenden Fall handelt es sich um $k = 3$ Knoten, $s = 3$ Stäbe. Damit geht diese Beziehung in $2 \cdot 3 = 3 + 3$ über. Das Fachwerk ist statisch bestimmt und kann als komplexes Einknotensystem behandelt werden. Die Elementarisierung zur zeichnerischen Lösung geht vom statischen Kräftegleichgewicht für jeden Strukturknoten und von der Gegenkraftwirkung im gleichen Stab aus. Dadurch lassen sich alle Teilkraftecke zu einem gesamten Kraftplan (CREMONA-Plan) zusammenfassen. Hierbei werden gleichzeitig Übertragungsfehler ausgeschlossen.

Erläuterungen zur Entstehung des Cremona-Planes (Bild 24): Stabverbindungen mit 3 Knoten. Jeder Knoten wird freigeschnitten. Am Knoten *II* wirken die gegebene Belastung *F* und die Stabkräfte F_{S3}, F_{S4}. Dazu wird das Krafteck gezeichnet. Fortlaufende Vektorenfolge führt zu den eingezeichneten Pfeilrichtungen (Zugkräfte). Nunmehr sind F_{S3}, F_{S4} bekannt. Man kann daher anschließend sowohl das Krafteck für *I* als auch für *III* zeichnen. Hierbei ist jedoch im Sinne einer *Arbeitsfolge* die gleiche Schnittfolge für die angeschlossenen Stäbe rund um den Knoten einzuhalten. Das Krafteck für *II* stimmt mit der Schnittfolge $F - F_{S4} - F_{S3}$ (rund um den Knoten im Sinne einer Linksschraube) überein. Demnach gilt für *I* bei bekannter Schnittkraft F_{S3}: $F_{S3} - F_{S1} - F_{S2}$ und für *III* bei bekannter Stabkraft F_{S4}: $F_{S4} - F_{S5} - F_{S6}$.

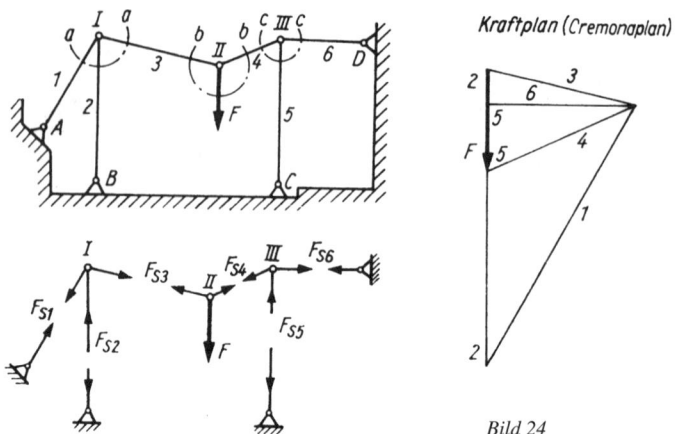

Kraftplan (Cremonaplan)

Bild 24

Kraftrichtungspfeile trägt man nicht in den Kraftplan, sondern in den Strukturplan ein. Dadurch wird die Ablesegenauigkeit der Kraftstrecken $\langle F_{Si} \rangle$ erhöht. Stabkräfte mit Pfeilrichtungen, die vom Knoten wegweisen, sind Zugkräfte. Die zugehörigen Stäbe bezeichnet man als Zugstäbe. Im entgegengesetzten

1

Fall liegen Druckstäbe vor. Nehmen Stäbe bei der vorgegebenen Fachwerksbelastung keine Kräfte auf, dann spricht man von *Nullstäben*.

Die Kraftstrecken des CREMONA-Planes $\langle F_{Si} \rangle$ sind mit dem Kräftemaßstab M_F nach der Beziehung $F_{Si} = \langle F_{Si} \rangle / M_F$ in Kräfte umzurechnen und alle Ergebnisse unter Beachtung des Vorzeichens (+ Zugkraft, − Druckkraft) in einer Stabtafel zusammenzufassen.

Beispiel: CREMONA-Plan für den Wanddrehkran nach Bild 25

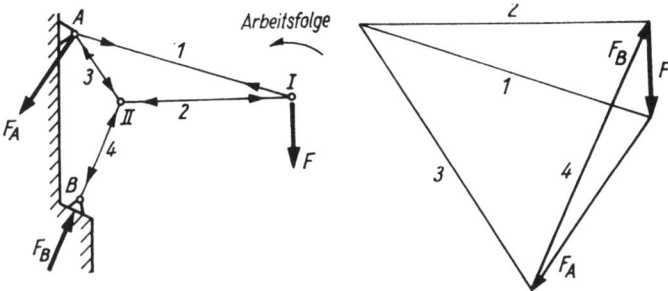

Bild 25

Man beginnt infolge der gegebenen Belastung bei *I* und zeichnet das zugehörige Krafteck. Pfeilrichtungen in den Strukturplan eintragen. Stab *1* ist ein Zugstab; Stab *2* ein Druckstab. An den Nachbarknoten sind Pfeilrichtungen für diese Gegenkräfte einzuzeichnen. Für *II* muß mit F_{S2} in Pfeilrichtung für diesen Knoten das Krafteck begonnen werden. Dann folgen F_{S3}, F_{S4} (gleiche Schnittfolge rund um den Knoten wie vorher). Beide Stäbe sind Druckstäbe. Gleichzeitig wurde hierbei die Stützkraft $F_B = -F_{S4}$ gefunden. Stützkraft F_A (Knoten *A*) ergibt sich aus dem Krafteck $F_{S3} - F_{S1} - F_A$.

Beispiel: CREMONA-Plan für einen symmetrisch aufgebauten und belasteten Dachbinder (Bild 26)

Zuerst muß man die Stützkräfte in *A*, *B* berechnen. Sie sind infolge der vertikal symmetrisch wirkenden Belastung gleich groß und entsprechen der halben Gesamtbelastung. $F_A = F_B = 40$ kN. Auch das Fachwerk ist symmetrisch aufgebaut. Daher genügt es, nur die Stabkräfte in *a* ... *f* zu bestimmen.

Man beginnt den CREMONA-Plan mit den Belastungsvektoren F_1 bis F_5. Auf gleicher Wirkungslinie wirken die Stützkräfte F_A, F_B. Diese Anordnung der äußeren Kraftvektoren entspricht der angegebenen Arbeitsfolge um das gesamte Fachwerk. Sie muß mit der Schnittfolge für die einzelnen Knoten übereinstimmen. Da Kraftecke nur die Bestimmung von zwei unbekannten Kräften zulassen, wird bei Knoten *A* begonnen (Stabkräfte F_{Sa}, F_{Sb}). Dann folgt Knoten *I* (Stabkräfte F_{Sd}, F_{Sc}) und schließlich Knoten *IV* (Stabkräfte F_{Se}, F_{Sf}). Die weitere Zeichnung des CREMONA-Planes führt auf dessen symmetrischen Aufbau.

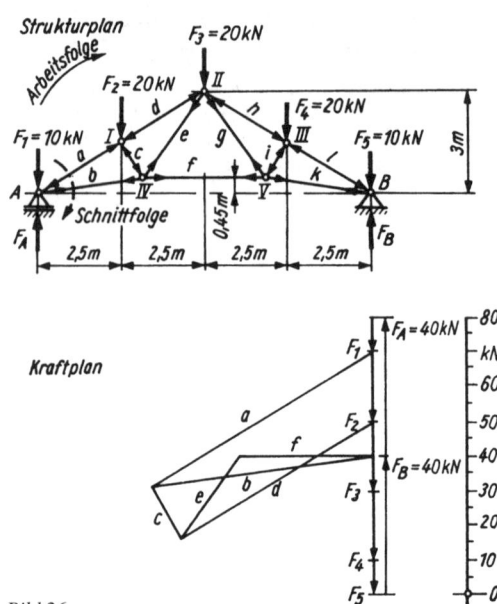

Bild 26

Stabtafel

Stab	a, l	b, k	c, i	d, h	e, g	f
Zugkraft	—	66	—	—	29	39 kN
Druckkraft	76	—	17	66	—	— kN

Schnittverfahren nach Ritter:

Zur Berechnung einzelner Stäbe denkt man sich Teile des Fachwerkes durch Stabschnitte abgetrennt, zeichnet an diesen Schnittstellen Stabkräfte ein und setzt eine starre Scheibe voraus (Bild 27). Äußere Kräfte und Stabkräfte müssen sich im statischen Gleichgewicht befinden. Von den drei unbekannten Stabkräften läßt sich F_{Sf} mit dem statischen Momentengleichgewicht um II berechnen.

$$\circlearrowleft II \quad \left| \begin{array}{l} (-F_A + F_1) \cdot 5 \text{ m} + F_2 \cdot 2{,}5 \text{ m} + F_{Sf} \cdot 2{,}55 \text{ m} = 0 \\[2mm] F_{Sf} = \dfrac{1}{2{,}55 \text{ m}} (30 \cdot 5 - 20 \cdot 2{,}5) \text{ kN} \cdot \text{m} = +39{,}2 \text{ kN} \end{array} \right.$$

In gleicher Weise lassen sich F_{Sd} mit Bezugspunkt IV und F_{Se} mit Bezugspunkt C ermitteln. Unbekannte Hebelarme sind zweckmäßigerweise im Strukturplan abzumessen oder zu berechnen.

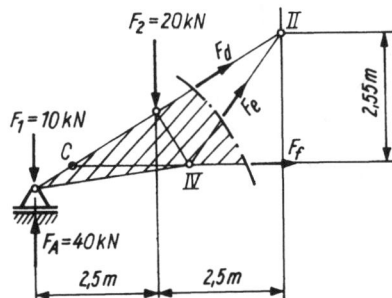

Bild 27

In diesem Zusammenhang sei an Berechnungen nach dem statischen Kräftegleichgewicht erinnert (Bild 28). Hier kann man F_{S2} in ihre Komponenten $F_{S2x} = F_{S2} \sin \alpha_2$ und $F_{S2y} = F_{S2} \cos \alpha_2$ zerlegen. Der Richtungswinkel für Stab *2* ergibt sich über $\tan \alpha_2 = (a/2)/a = 1/2$ zu $\alpha_2 = 26{,}6°$.

$\uparrow$ $\quad +F_{S2} \cos \alpha_2 + F_B = 0$

$$F_{S2} = -\frac{F_B}{\cos 26{,}6°} = -1{,}12 F_B$$

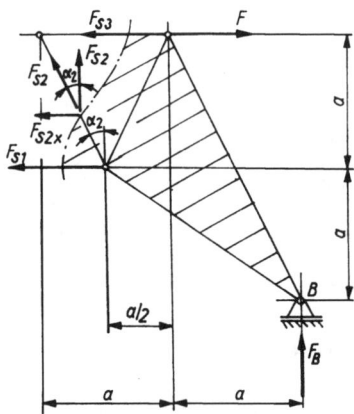

Bild 28

Bemerkungen zu Nullstäben:

Stäbe, die zur Stabilität des Fachwerkes beitragen, jedoch keine Stabkraft aufnehmen, nennt man Nullstäbe.

Das Fachwerk nach Bild 29 ist mit 10 Knoten und 17 Stäben nach der Beziehung $s = 2k - 3 = 20 - 3 = 17$ statisch bestimmt. Kein Stab ist überflüssig. Trotzdem gibt es infolge der vorausgesetzten gelenkigen Stabverbindungen Nullstäbe.

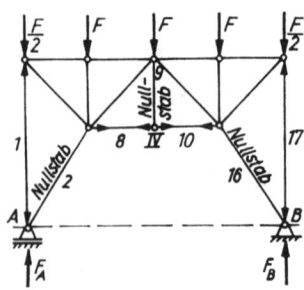

Bild 29

In *A* (Loslager) kann nur eine vertikale Stützkraft auftreten. Der vertikal angeschlossene Fachwerksstab nimmt daher theoretisch die gesamte Stützkraft ($F_{S1} = -F_A$) auf. Stab *2* wird zum Nullstab. Wirken nur die vertikalen Belastungen, dann ist auch F_B senkrecht gerichtet, und Stab *17* muß die volle Lagerkraft ($F_{S17} = -F_B$) übertragen. Auch Stab *16* ist ein Nullstab. Weiterhin fluchten die Stäbe *8* und *10* am unbelasteten Knoten *IV*. Die beiden Stabkräfte F_{S8}, F_{S10} sind Gegenkräfte. Daher wird Stab *9* zum Nullstab.

Der Gedanke, beispielsweise auf den Einbau der Stäbe *2* und *16* zu verzichten, ist nicht zu realisieren. Lagerung *A* wäre dann Loslager mit angeschlossener Pendelstütze *1*; Lagerung *B* infolge der angeschlossenen Pendelstütze *17* Loslager. Beide Stäbe sind notwendig und tragen zur Stabilität des Stabsystems bei.

1.6   Allgemeine Kräftesysteme

1.6.1   Zweiknotensysteme

Wenn die Wirkungslinien der Kräftegruppe zwei Schnittpunkte ergeben, dann ist auf deren Verbindungslinie mit zusätzlichen Gegenkräften $\pm F_H$ die Kräftegruppe in zwei Kräftebüschel aufzulösen (Verfahren von CULMANN). Das zugehörige Krafteck entsteht aus zwei Kräftedreiecken.

Beispiel: Träger, Belastung *F* (*F* kann Resultierende sein), Lagerung in Form von drei Pendelstützen (Bild 30)

Die Wirkungslinien der vier Kräfte schneiden sich in *I*, *II*. Auf ihrer Verbindungslinie setzt man Hilfskräfte voraus. Nunmehr läßt sich für *I* (bekannte Belastung) das Krafteck zeichnen. Wir erhalten F_B, F_H. Als Gegenkraft ist am Wirkungsknoten *II* F_H bekannt, so daß hier das Gleichgewicht mit F_A, F_C herbeigeführt werden kann. Das Doppelkrafteck zeigt nunmehr den Gleichgewichtszustand zwischen Belastung *F* und Stützkräften F_A, F_B, F_C. Das gleiche Ergebnis liefert auch die zweite Darstellung mit den Wirkungsknoten *III* (*F*, F_C) und *IV* (F_A, F_B).

Rechnerische Lösungen beziehen sich auf ein Gleichungssystem mit Voraussetzungen für das statische Kräfte- und Momentengleichgewicht. Bezugspunkte sind Strukturknoten.

1

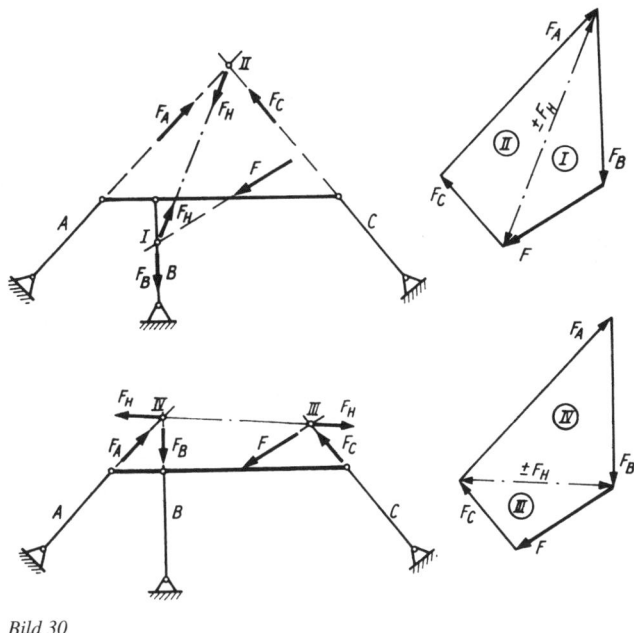

Bild 30

1.6.2 Drei- und Mehrknotensysteme

Schneiden sich alle Kraftwirkungslinien weder in einem noch in zwei Punkten, dann ist für zeichnerische Lösungen das Kraft- und Seileckverfahren anzuwenden.

Berechnungen beziehen sich auf alle drei Gleichgewichtsbedingungen.

Kraft- und Seileckverfahren (Bild 31):

Dieser Träger wird durch die parallelen Kräfte F_1 und F_2 belastet. Zur Bestimmung seiner Stützkräfte in A (Festlager) und in B (Pendelstütze) wird das Krafteck mit F_1, F_2 begonnen. Dann wählt man einen Pol und zeichnet Kraftstrecken für Hilfskräfte ein, die bei 2 Kräften den Polstrahlen *0, 1, 2* entsprechen. Nunmehr ist das Seileck in den Strukturplan einzuzeichnen. Hier sind bekannt: die Kraftwirkungslinien der Belastungen und die Kraftwirkungslinie für die Stützreaktion des Loslagers (Pendelstütze). Von der Stützkraft F_A (Festlager) ist nur ein Punkt ihrer Wirkungslinie gegeben (Schnittpunkt der Stützkomponenten F_{Ax}, F_{Ay} als Strukturknoten A). An dieser Stelle muß man stets mit der Seileckkonstruktion beginnen. Wir zeichnen durch A und parallel zum Polstrahl *0* den Seilstrahl *0'* bis zum Schnittpunkt mit der Kraftwirkungslinie

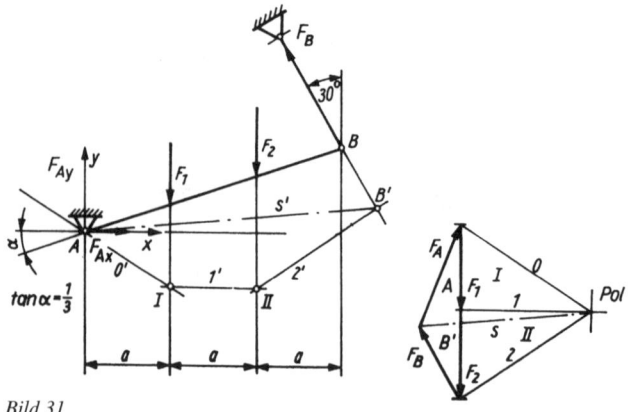

Bild 31

für F_1 und von dort aus den Seilstrahl *1'*, parallel zum Polstrahl *1*. Schnittpunkt *I* gehört zum Teilkrafteck *0–F_1–1*. Damit wurde das Prinzip „*geschlossenes Krafteck und gemeinsamer Schnittpunkt der Kraftwirkungslinien*" eingehalten. Für Teilkrafteck *1–F_2–2* muß Seilstrahl *1'* bis zum Schnittpunkt *II* mit F_2 verlängert werden. Hier beginnt Seilstrahl *2'*, der schließlich in *B'* die Wirkungslinie für F_B schneidet.

Teilkraftecke für die beiden Stützkräfte lassen sich noch nicht zeichnen, denn in *A* und *B'* wirken nur je zwei Kräfte. Das Seileck ist demnach durch die Schlußlinie *s'* zu schließen. Überträgt man diese Wirkungslinie der letzten Hilfskraft in das Krafteck (Polstrahl *s*), dann wird zuerst F_B bestimmt. Dieser Vektor begrenzt zugleich den Polstrahl *s*, so daß schließlich auch F_A als letzte Kraft des Krafteckes F_1–F_2–F_B–F_A eingezeichnet werden kann.

Rechnerische Ermittlung der Stützreaktionen

Ein einfaches Tragwerk läßt sich stets durch einen einzigen starren Körper modellieren. Dieser hat in der Ebene drei unabhängige Bewegungsmöglichkeiten (Freiheitsgrade): zwei translatorische Verschiebungen und eine Drehung um eine Achse senkrecht zur Ebene. Durch Fesselungen (Lager) wird das starre Tragwerk in seiner Ruhelage fixiert. Im statisch bestimmten Falle kann dies durch drei einwertige Lager (Pendelstützen), durch eine feste Einspannung oder durch ein Festlager und ein Loslager erfolgen.

Die nach dem Freischneiden auftretenden drei unbekannten Stützreaktionen lassen sich aus den drei statischen Gleichgewichtsbedingungen am starren Körper berechnen.

Das Gleichungssystem aus den zwei Bedingungen für das Kräftegleichgewicht und dem Momentengleichgewicht kann mittels eines geeigneten Rechenprogramms oder „von Hand" gelöst werden.

Im letzteren Falle sind folgende Bemerkungen von Nutzen:

- Der Bezugspunkt für das Momentengleichgewicht kann beliebig (auch außerhalb des Körpers) gewählt werden. Zweckmäßig ist der Schnittpunkt der Wirkungslinien zweier unbekannter Kräfte; denn dann entsteht eine Gleichung mit nur einer Unbekannten.
- Falls alle beteiligten Kräfte durch einen Punkt gehen, ist das Moment um den Schnittpunkt der Wirkungslinien automatisch gleich Null, und es verbleiben nur noch zwei Bestimmungsgleichungen.
- Die horizontale und vertikale Richtung für das Kräftegleichgewicht können durch zwei beliebige (nichtparallele) Richtungen ersetzt werden.
- Die Kräftegleichgewichtsbedingungen lassen sich durch weitere Momentenbedingungen ersetzen. Dabei dürfen die drei Bezugspunkte nicht auf einer Geraden liegen.
- Das Aufstellen von mehr als drei Gleichgewichtsbedingungen führt auf abhängige Gleichungen, die sich bestenfalls zur Kontrolle der Rechnung verwenden lassen.

Beispiel: Träger auf zwei Stützen mit konstanter Streckenlast q und zwei Einzellasten F, Festlager A, Loslager B (Bild 32)

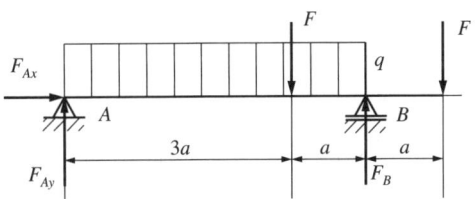

Bild 32

Statisches Momentengleichgewicht um Festlagerknoten A

$$\circlearrowleft A\colon\ F_B \cdot 4a - 4qa \cdot 2a - F \cdot 3a - F \cdot 5a = 0$$

Statisches Momentengleichgewicht um Loslager B

$$\circlearrowleft B\colon\ -F_{Ay} \cdot 4a + 4qa \cdot 2a + F \cdot a - F \cdot a = 0$$

Statisches Kräftegleichgewicht in horizontaler Richtung

$$\rightarrow\colon F_{Ax} = 0; \qquad F_{Ay} = 2qa; \qquad F_B = 2qa + 2F$$

Kontrollrechnung, vertikale Kräftebilanz

$$\uparrow\colon F_{Ay} + F_B - 4qa - 2F = 0$$

Beispiel: Abgewinkelter Träger, Belastungen F und $2F$, Festlager A, Pendelstütze B. Aufbereitete Strukturskizze nach Bild 33

Statisches Momentengleichgewicht um Festlagerknoten A (Schnittpunkt der Komponenten F_{Ax}, F_{Ay}):

$$\circlearrowleft A \ \begin{vmatrix} -0{,}707Fa - 2F \cdot 2a + 0{,}866F_B \cdot 3a - 0{,}5F_B a = 0 \\[2mm] F_B = \dfrac{4{,}707F}{3 \cdot 0{,}866 - 0{,}5} = 2{,}24F \end{vmatrix}$$

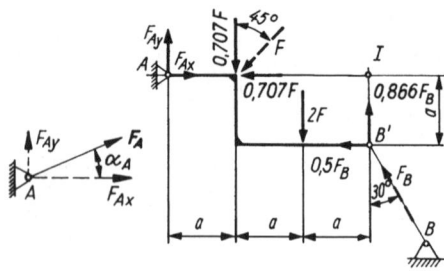

Bild 33

Statisches Momentengleichgewicht um 1 (zur Eliminierung von F_{Ax}):

$$\circlearrowright 1 \quad \begin{vmatrix} +2Fa + 0{,}707F \cdot 2a - 0{,}5F_B a - F_{Ay} \cdot 3a = 0 \\[4pt] F_{Ay} = \dfrac{F}{3}(2 + 1{,}414 - 0{,}5 \cdot 2{,}24) = 0{,}765F \end{vmatrix}$$

Statisches Kräftegleichgewicht in horizontaler Richtung:

$$\rightarrow \quad \left| \; F_{Ax} = 0{,}5F_B + 0{,}707F = 1{,}83F \right.$$

Kontrollrechnung, vertikale Kräftebilanz:

↑	$F_{Ay} + F_{By} = 0{,}707F + 2F$	
	$0{,}765F$	$2{,}707F$
	$1{,}94F$	
	$2{,}705F$	$2{,}707F$

Kräftebilanz erfüllt

Stützkraft in A:

Betrag: $F_A = \sqrt{F_{Ax}^2 + F_{Ay}^2} = F\sqrt{1{,}83^2 + 0{,}765^2} = 1{,}98F$

Richtungswinkel: $\tan \alpha_A = \dfrac{F_{Ay}}{F_{Ax}} = \dfrac{0{,}765F}{1{,}83F} = 0{,}418; \quad \alpha_A = 22{,}7°$

1.7   Anwendungen und Vertiefungen

1.7.1   Einige Hinweise zur Elementarisierung der Lösungsaufbereitung komplexer Aufgaben

Elementare Kräftesysteme mit Stäben, Pendelstützen, Loslagern, Festlagern, festen Einspannungen ermöglichen eine unmittelbare Anwendung der in den vorausgegangenen Abschnitten erläuterten Lösungsverfahren. Es wurde sichtbar, daß von den einwertigen Lagerungselementen Stäbe und Pendelstützen nur Längskräfte übertragen werden können.

Komplexe Aufgaben setzen eine Aufbereitung zur Ermittlung von Teilergebnissen und deren logischer Verknüpfung voraus.

Man zerlegt das *komplexe System* (KS) in *Elementarsysteme* (ES$_i$), und zwar so weit, bis deren *Elemente* (E$_i$) deutlich werden. Dieser Lösungsgedanke

1

liegt bereits dem Abschnitt „Komplexe Einknotensysteme" zugrunde. Hier wird das Fachwerk bei Voraussetzung gelenkiger Verbindung der Tragelemente zum Stabsystem modelliert. Damit wurde die Ermittlung der Stabkräfte auf Lösungselemente für zentrale Kräftesysteme (Kraftecke) zurückgeführt und bei Beachtung der Gegenkraftwirkung im gleichen Stab der CREMONA-Plan gezeichnet. Tragwerke enthalten als Bauteilelemente Träger (auch Scheiben), die durch Stäbe oder Gelenke miteinander verbunden sind. Schnitte durch Träger führen nicht zum Ziel, weil hierbei drei unbekannte Schnittreaktionen (s. 1.7.5) vorauszusetzen sind. Deshalb muß man auch hier durch Freischneiden der Stäbe (Längskräfte, Stabkräfte) oder durch Gelenktrennung (Gelenkkraft) in die entsprechende Anzahl Elementarsysteme (ES$_i$) zerlegen. Infolge Gegenkraftwirkung nehmen hierbei die Stabkräfte den Charakter von Stützkräften und Belastungen ein. Auch Gelenkkräfte sind für das gesamte Tragwerk innere Kräfte.

Durch eine solche Zurückführung auf Grundaufgaben und ihre logische Verknüpfung mit nur einwertigen Verbindungselementen wird die gesamte Aufgabe schrittweise zeichnerisch oder rechnerisch gelöst.

Der Erfolg dieser Arbeit ist im statisch bestimmten Falle stets gewährleistet; denn hier ist die Anzahl der Gleichgewichtsbedingungen für die befreiten Teilsysteme identisch mit der Anzahl der unbekannten Lager- und Gelenkreaktionen.

1.7.2 Gelenkträger

Statisch unbestimmt gelagerte Träger führen zu mehr als drei Stützreaktionen, für deren Bestimmung die drei statischen Gleichgewichtsbedingungen nicht ausreichen. Erst der Einbau von Gelenken und die Annahme reibungsfreier Gelenkreaktionen (keine Schnittmomente) gestatten die Anwendung der bekannten zeichnerischen und rechnerischen Lösungsverfahren.

1.7.2.1 Gerberträger

Träger mit insgesamt vier Stützreaktionen (1 Festlager, 2 Loslager) sind einfach statisch unbestimmt und werden durch Einfügen eines Gelenkes statisch bestimmt. Bei der Anordnung gemäß Bild 34 liegen Lager- und Verbundgelenk auf einer Geraden (*Gerberträger*).

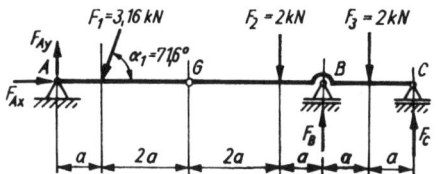

Bild 34

Berechnung der Stützkräfte:

Durch Gelenktrennung entstehen die beiden Elementarsysteme ES₁ und ES₂ (Bild 35). Die unbekannte Richtung der Gelenkkraft wird durch ihre beiden Komponenten berücksichtigt. Man achte beim Ansatz auf die Wirkungsrichtungen für Gegenkräfte.

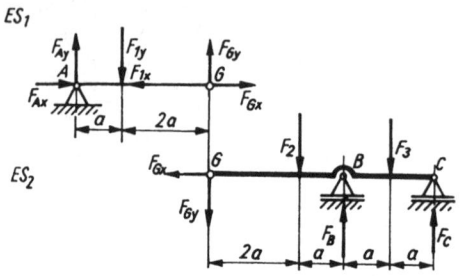

Bild 35

Komponenten für F_1: $F_{1x} = F_1 \cos \alpha_1 = 1$ kN; $F_{1y} = F_1 \sin \alpha_1 = 3$ kN

Aus dem zweiten Elementarsystem ergibt sich die horizontale Komponente der Gelenkkraft und mit Bezug auf ES₁ auch die horizontale Komponente der Stützkraft für das Festlager.

ES₂: → | $F_{Gx} = 0$

ES₁: → | $F_{Ax} - F_{1x} + F_{Gx} = 0$; $F_{Ax} = F_{1x} - F_{Gx} = 1$ kN

Nunmehr erhält man mit dem statischen Momentengleichgewicht

ES₁: $\circlearrowleft A$ | $-F_{1y}a + F_{Gy} \cdot 3a = 0$; $F_{Gy} = 1$ kN

$\circlearrowright G$ | $+F_{1y} \cdot 2a - F_{Ay} \cdot 3a = 0$; $F_{Ay} = \dfrac{3}{2}F_{1y} = 2$ kN

↑ | Vertikale Kräftebilanz

$F_{Ay} + F_{Gy}$	$= F_{1y}$
2 kN	3 kN
1 kN	
3 kN	3 kN

ES₂: $\circlearrowleft B$ | $+F_{Gy} \cdot 3a + F_2 a - F_3 a + F_C \cdot 2a = 0$; $F_C = -1{,}5$ kN

$\circlearrowright C$ | $+F_3 a - F_B \cdot 2a + F_2 \cdot 3a + F_{Gy} \cdot 5a = 0$; $F_B = +6{,}5$ kN

↑ | Vertikale Kräftebilanz

$F_C + F_B$	$= F_{Gy} + F_2 + F_3$
−1,5 kN	1 kN
+6,5 kN	2 kN
	2 kN
+5,0 kN	5 kN

1

Zeichnerische Lösung (Bild 36):

Ordinaten zwischen den Seileckseiten entsprechen Schnittmomenten. Da reibungsfreie Gelenke (keine Übertragung von Momenten) vorausgesetzt werden, muß die Schlußlinie s'_1 beim Gelenk den Seilstrahl $1'$ schneiden.

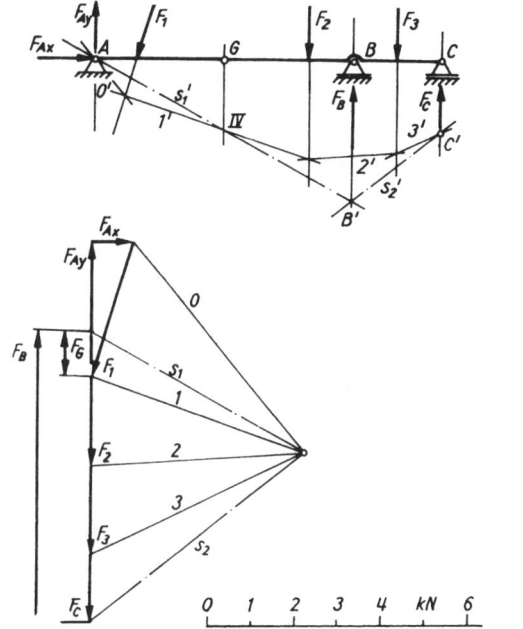

Bild 36

Man beginnt das Krafteck mit den Belastungsvektoren und zeichnet die Polstrahlen *0, 1, 2, 3*. Der erste Seilstrahl schneidet den Festlagerknoten *A* und der letzte Seilstrahl *3'* den Wirkungsknoten *C'*. Auf die Wirkungslinie für F_B wurde noch keine Rücksicht genommen.

Infolge der beiden Elementarsysteme gibt es zwei Schlußlinien. Schlußlinie s'_1 beginnt bei *A* und muß am Gelenk *G* den Seilstrahl $1'$ schneiden (Schnittpunkt *IV*). Wir verlängern s'_1 bis zum Schnittpunkt mit der vertikalen Wirkungslinie für F_B. Von *B'* nach *C'* wird nunmehr die zweite Schlußlinie s'_2 eingetragen. Beide Schlußlinien bestimmen im Krafteck alle vier Stützkräfte.

Seileck	Krafteck
C'	Vertikal gerichtete Stützkraft F_C zwischen s_2 und *3*
B'	Vertikal gerichtete Stützkraft F_B zwischen s_2 und s_1
A	Stützkraftkomponenten F_{Ax}, F_{Ay} bzw. deren Resultierende zwischen s_1 und *0*

1.7.2.2 Dreigelenkbogen

Das Verbundgelenk G liegt mit den Lagergelenken nicht auf einer Geraden. In jedem Fall geht man von dem Grundmodell nach Bild 37 aus. Bogenträger werden durch gerade Träger ersetzt, weil diese geometrischen Änderungen die Stütz- und Gelenkreaktionen nicht beeinflussen.

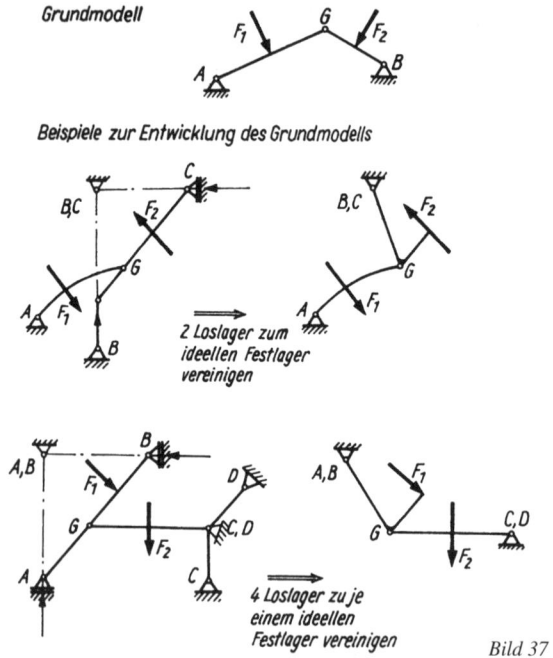

Liegen andere Lageranordnungen vor, dann sind Loslager und Pendelstützen zum ideellen Festlager (Schnittpunkt der Stützkräfte) zu vereinigen.

Zeichnerische Lösungen (Bild 38):

Die beiden Elementarsysteme entstehen durch Wegnahme je einer resultierenden Belastung. Ohne Wirkung von F_2 und F_3 wird der Teilträger GB zur Pendelstütze (Bild 38a). ES_1 entspricht daher einem Einknotensystem mit Wirkungsknoten in I. Das zugehörige Krafteck kann gezeichnet werden. Beim zweiten Elementarsystem muß Teilträger AG zur Pendelstütze werden. Wir setzen $F_1 = 0$ voraus. Für die beiden Belastungen ist die Resultierende zu ermitteln. Mit F_{A2} findet man den Wirkungsknoten II. Das zugehörige Krafteck führt auf F_{A2}, F_{B2}.

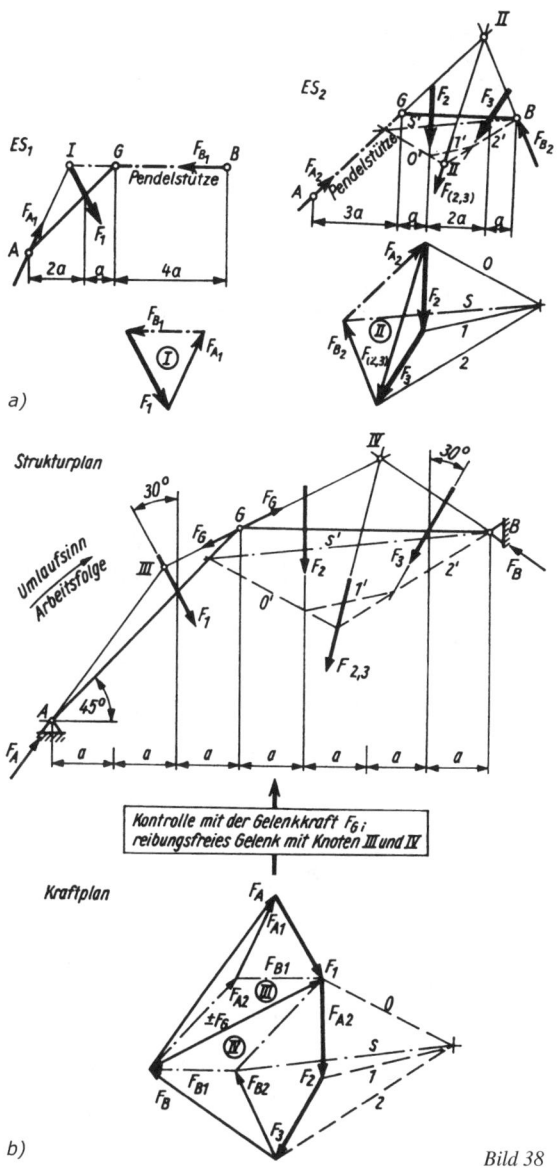

a)

b)

Bild 38

Kontrolle mit der Gelenkkraft F_{6i}
reibungsfreies Gelenk mit Knoten III und IV

Beide Teillösungen lassen sich zu einem Krafteck für das komplexe System des Gelenkträgers aneinanderreihen. Durch Parallelverschiebungen der Vektoren für die Komponenten der Stützreaktionen werden die resultierenden Stützkräfte F_A, F_B ermittelt (Bild 38b). Die Gelenkkraft gehört im Krafteck zu den beiden Teilkraftecken $F_A - F_1 - F_G$ bzw. $F_{2,3} - F_B - F_G$. Sie tritt als Gegenkraft auf. Ihre Wirkungslinie schneidet sich im Strukturplan mit den Stützreaktionen F_A, F_B in *III*, *IV*. Das ist zugleich eine Kontrollzeichnung.

Beispiel: Gelenkträger (Bild 39) mit $F_1 = 2$ kN; $F_2 = 3$ kN

Die zeichnerische Lösung verzichtet auf detaillierte Darstellungen. Zum komplexen Strukturplan wurde sofort der Kraftplan gezeichnet. Er führt auf $F_A = 3,6$ kN; $F_B = 3,2$ kN; $F_G = \pm 2,4$ kN. Die Berechnung der Stützkräfte und der Gelenkkraft wird nachfolgend gezeigt.

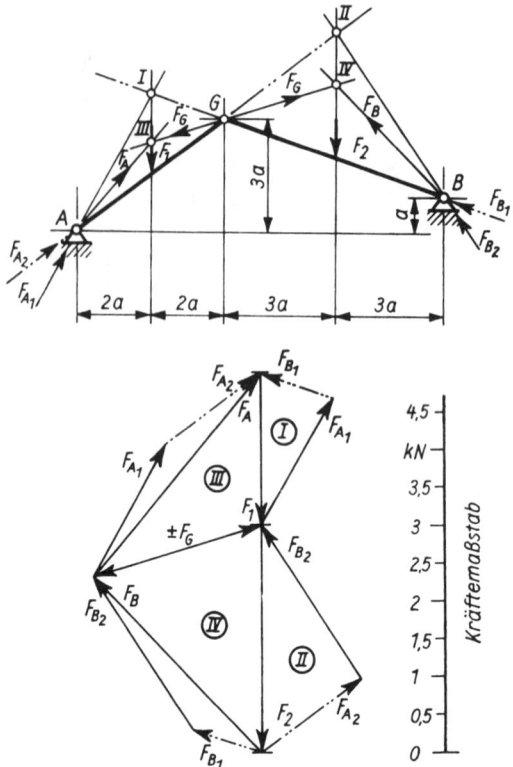

Bild 39

Berechnungen für den Gelenkträger nach Bild 39:

Rechnerische Lösungen setzen eine Gelenktrennung und das Einzeichnen der angenommenen Stütz- und Gelenkreaktionen voraus. Man achte bei der Gelenkkraft auf das Prinzip für Gegenkräfte. Strukturskizzen für beide Elementarsysteme ES_1, ES_2 zeigt Bild 40.

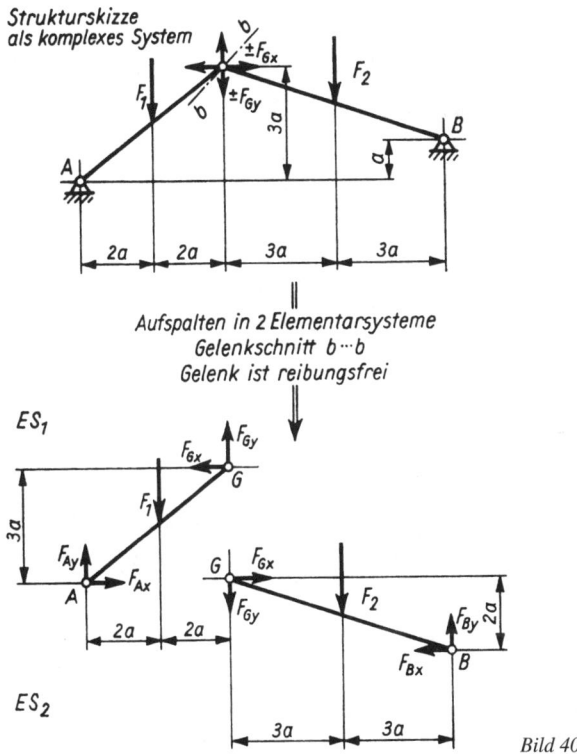

Bild 40

Man beginnt zweckmäßig mit Gleichungen für das statische Momentengleichgewicht um die Festlagerknoten. Dadurch entsteht ein Gleichungssystem zur Berechnung der Gelenkkraftkomponenten.

$$\text{ES}_1: \circlearrowleft A \quad F_{Gy} \cdot 4a + F_{Gx} \cdot 3a - F_1 \cdot 2a = 0 \tag{1}$$

$$\text{ES}_2: \circlearrowleft B \quad F_{Gy} \cdot 6a - F_{Gx} \cdot 2a + F_2 \cdot 3a = 0 \tag{2}$$

Gl. (1) mit 1,5 multipliziert und beide Gln. subtrahiert, führt zu

$$F_{Gx}(4,5 + 2) = 3F_1 + 3F_2; \qquad F_{Gx} = \frac{1}{6,5} \cdot (3 \cdot 2 + 3 \cdot 3) \text{ kN} = 2,31 \text{ kN}$$

Ergebnis in (1) eingesetzt, ergibt

$$F_{Gy} = \frac{1}{4} \cdot (2F_1 - 3F_{Gx}) = \frac{1}{4} \cdot (4 - 6{,}93) \text{ kN} = -0{,}73 \text{ kN}$$

Nunmehr folgt nach dem statischen Kräftegleichgewicht

$ES_1: \rightarrow$ $\quad F_{Ax} - F_{Gx} = 0; \quad F_{Ax} = F_{Gx} = 2{,}31$ kN

$\quad\quad\; \uparrow$ $\quad F_{Ay} - F_1 + F_{Gy} = 0; \quad F_{Ay} = F_1 - F_{Gy} = 2{,}73$ kN

$ES_2: \rightarrow$ $\quad F_{Gx} - F_{Bx} = 0; \quad F_{Bx} = F_{Gx} = 2{,}31$ kN

$\quad\quad\; \uparrow$ $\quad -F_{Gy} - F_2 + F_{By} = 0; \quad F_{By} = F_{Gy} + F_2 = 2{,}27$ kN

Resultierende Stütz- und Gelenkreaktionen:

$$F_A = \sqrt{F_{Ax}^2 + F_{Ay}^2} = \sqrt{2{,}31^2 + 2{,}73^2} \text{ kN} = 3{,}58 \text{ kN}$$

$$F_B = \sqrt{F_{Bx}^2 + F_{By}^2} = \sqrt{2{,}31^2 + 2{,}27^2} \text{ kN} = 3{,}24 \text{ kN}$$

$$F_G = \sqrt{F_{Gx}^2 + F_{Gy}^2} = \sqrt{2{,}31^2 + 0{,}73^2} \text{ kN} = 2{,}42 \text{ kN}$$

Richtungswinkel gegenüber der Horizontalen:

$$\alpha_A = \arctan \frac{F_{Ay}}{F_{Ax}} = \arctan \frac{2{,}73 \text{ kN}}{2{,}31 \text{ kN}} = 49{,}8° \quad \text{sowie}$$

$$\alpha_B = \arctan \frac{F_{By}}{F_{Bx}} = 44{,}5° \quad \text{und} \quad \alpha_G = \arctan \frac{F_{Gy}}{F_{Gx}} = 17{,}5°$$

1.7.3 Tragsysteme

Im engeren Sinn versteht man unter Tragsystemen komplexe Bauteilverbindungen aus Trägern und Stäben. Hierbei können Stäbe auch durch andere Längskraftelemente, wie Zug-, Druckfedern, Seile, ersetzt werden. Bei Seilen muß man natürlich beachten, daß diese nur Zugkräfte aufnehmen können.

Die gegenseitige Abstützung der Träger durch Stäbe führt infolge Gegenkraftwirkung der Stabkräfte sowohl zur Stützkraft für den einen Träger als auch zur gleich großen Belastung des Nachbarträgers. Zur Lösungsaufbereitung schneidet man die Verbindungsstäbe frei. Dadurch werden Elementarträger sichtbar, die im einzelnen dem statischen Gleichgewicht entsprechen müssen.

Treten bei ihnen jedoch mehr als drei Stützreaktionen auf, dann ist eine solche Teilaufgabe mit den bisher behandelten Verfahren der Statik nicht lösbar. Man muß zu diesem Zweck Formänderungszwangsbedingungen in den Rechengang einbeziehen.

Beispiel: Berechnung der Stützreaktionen für das Tragsystem nach Bild 41: $F_1 = F_2 = F_3 = 10$ kN; $a = 0{,}1$ m.

Stab C wird freigeschnitten. Stabkraft F_C wirkt für ES_1 als Stützkraft, für ES_2 jedoch als Belastung. ES_1 entspricht einem Träger mit Festlager und Pendelstütze; ES_2 einem einseitig fest eingespannten Träger mit den drei Stützreaktionen: Einspannmoment, vertikale und horizontale Stützkraftkomponente.

1

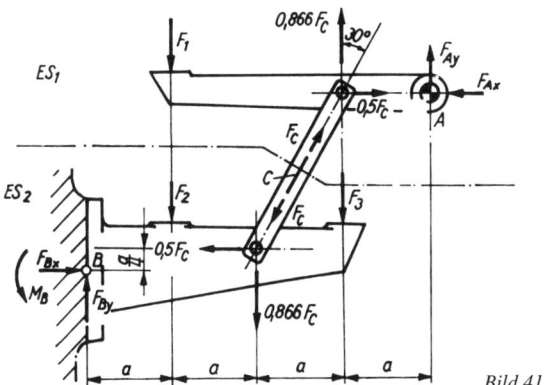

Bild 41

Anwendung der drei Gleichgewichtsbedingungen:

ES$_1$: $\circlearrowleft$A $\quad -0{,}866F_Ca + F_1 \cdot 3a = 0; \quad F_C = 34{,}6$ kN

$\uparrow \quad +F_{Ay} + 0{,}866F_C - F_1 = 0; \quad F_{Ay} = -20$ kN

$\rightarrow \quad -F_{Ax} + 0{,}5F_C = 0; \quad F_{Ax} = 0{,}5F_C = 17{,}3$ kN

ES$_2$: $\circlearrowleft$B $\quad +M_B - F_2a - 0{,}866F_C \cdot 2a + 0{,}5F_C \cdot 0{,}25a - F_3 \cdot 3a = 0$

$M_B = 9{,}6$ kN $\cdot$ m

$\uparrow \quad +F_{By} - F_2 - 0{,}866F_C - F_3 = 0; \quad F_{By} = 50$ kN

$\rightarrow \quad +F_{By} - 0{,}5F_C = 0; \quad F_{Bx} = 17{,}3$ kN

Kontrolle KS: Vertikale Kräftebilanz

$\uparrow$	$F_{Ay} + F_{By} = F_1 + F_2 + F_3$	
	-20 kN	10 kN
	$+50$ kN	10 kN
		10 kN
	$+30$ kN	30 kN

Beispiel: Zeichnerische Bestimmung der Stützreaktionen für das Tragsystem nach Bild 42a

Stab B wird freigeschnitten. ES$_1$ besteht aus einer masselos angenommenen Scheibe, Festlager A und Belastung F. Verbindungsstab B wirkt im Sinne einer Pendelstütze. Kraft- und Seileck (Bild 42b) führen auf $F_A = F$ und $F_{B1} = 2F$. ES$_2$ entspricht einem abgekröpften Träger: Festlager C, Pendelstütze D; Belastungen $2F$ und $F_{B2} = 2F$, resultierende Streckenlast $F_q = q \cdot 2a = F/(2a) \cdot 2a = F$ (resultierende Streckenlast: Angriffspunkt im Schwerpunkt, Betrag entsprechend dem Inhalt der Lastverteilungsfläche).

Die Kraft- und Seileckkonstruktion (Bild 42b) ergibt $F_C = 2{,}5F$; $F_D = 4{,}35F$.

Auf diese Teilzeichnungen kann man verzichten. Bild 42a zeigt für das komplexe System die Seilecke und den gesamten Kraftplan.

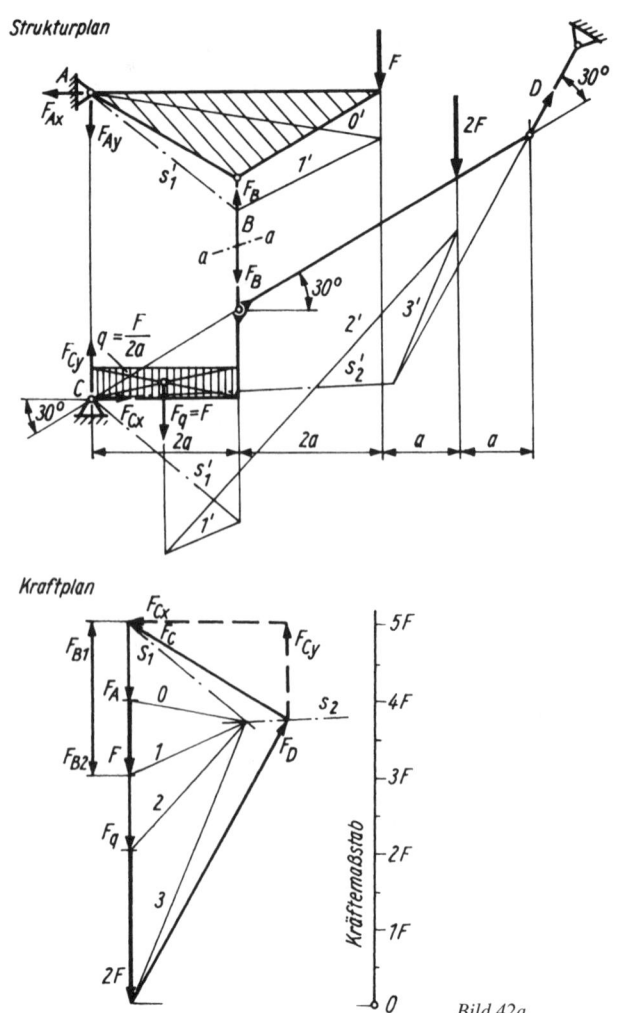

Bild 42a

Beispiel: Zeichnerische Lösungen zur Bestimmung der Stützreaktionen für das Tragsystem nach Bild 43a

Die Analyse des komplexen Systems und seine mögliche Zerlegung in zugehörige Elementarsysteme verlangt eine Prüfung auf statische Bestimmtheit. Der Strukturplan enthält 1 Festlager A (2 Stützkraftkomponenten), 2 Loslager C und E (2 Stützkräfte), 1 Pendelstütze D (1 Stützkraft) und als Verbindungselemente 2 Stäbe (2 Stützkräfte)

1

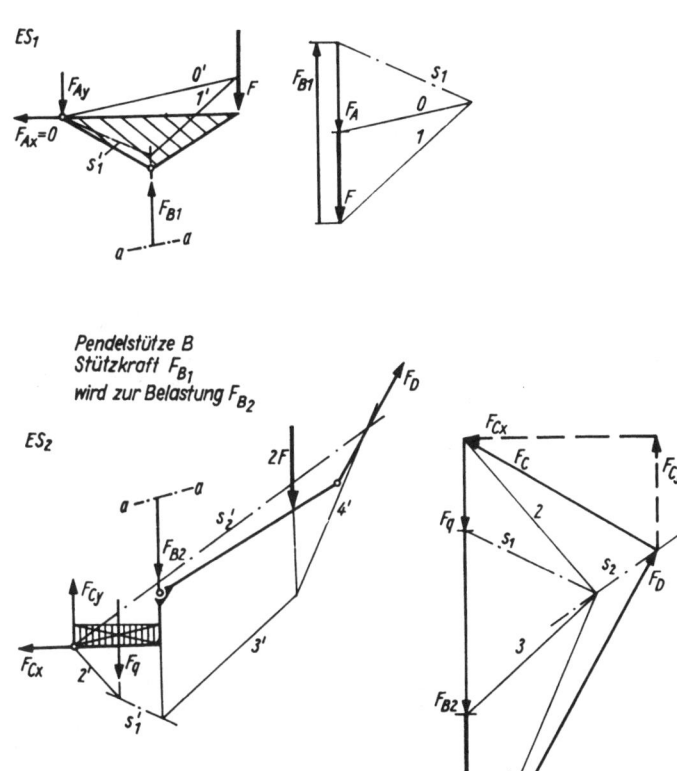

Bild 42b

sowie 1 Gelenk B (2 Stützkraftkomponenten). Mit diesen insgesamt 9 Stützreaktionen sind 3 Elementarsysteme durch Freischneiden der Verbindungselemente (Stäbe *1* und *2*) sowie durch Gelenktrennung bei B zu bilden (Bild 43b).

ES_1: Masselose Scheibe; Festlager A; Stäbe *1, 2*; Belastung F. Belastung und Stützkräfte schneiden sich in *I* und *II*. Das CULMANN-Verfahren führt für *I* auf die Stützkraft $F_{S2} = 0,94F$. Infolge der unbekannten Richtung für F_A kann für *II* noch nicht das Krafteck gebildet werden. Wir gehen daher zum zweiten Elementarsystem über.

ES_2: Masselose Scheibe: Gelenk B im Sinne eines Festlagers; Belastungen $2F$; $F_{S2} = 0,94F$; Stab *1* als Pendelstütze. Das Kraft-Seileck-Verfahren ergibt $F_B = 1,9F$ und $F_{S1} = 1,5F$.

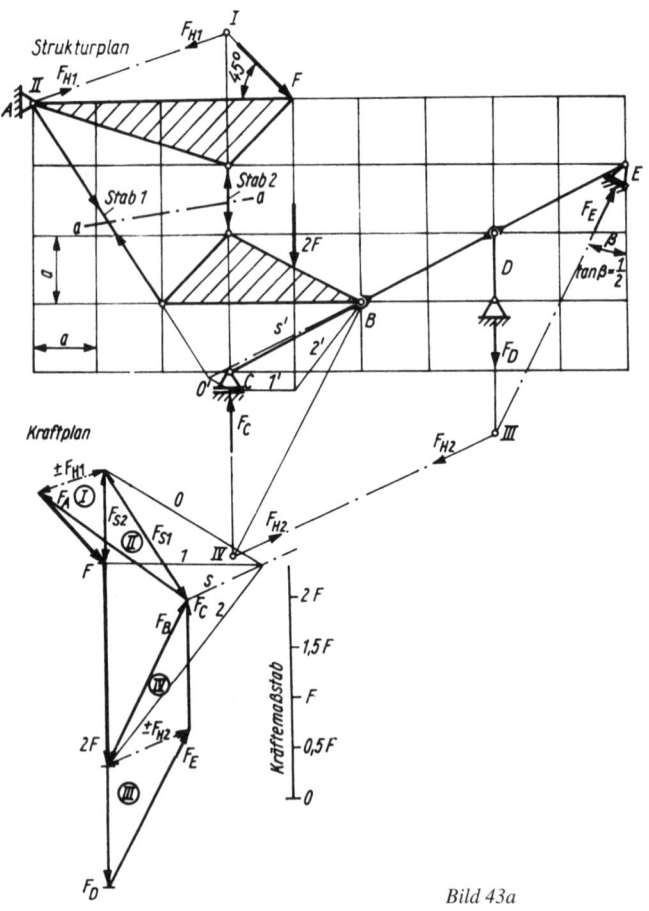

Bild 43a

Mit dieser Stabkraft läßt sich als Belastung für ES_1 die Lösung dort vervollständigen. In *II* wirken die bekannten Kräfte F_{H1}, F_{S1}. Das geschlossene Krafteck liefert die Stützkraft F_A.

ES_3: Träger, Belastung F_B; Stützkräfte F_C, F_D, F_E. Die Wirkungslinien dieser Kräfte schneiden sich in *III*, *IV*. Nach CULMANN entsteht ein Doppelkrafteck mit $F_C = F_D = 1{,}3F$ und $F_E = 1{,}8F$.

1

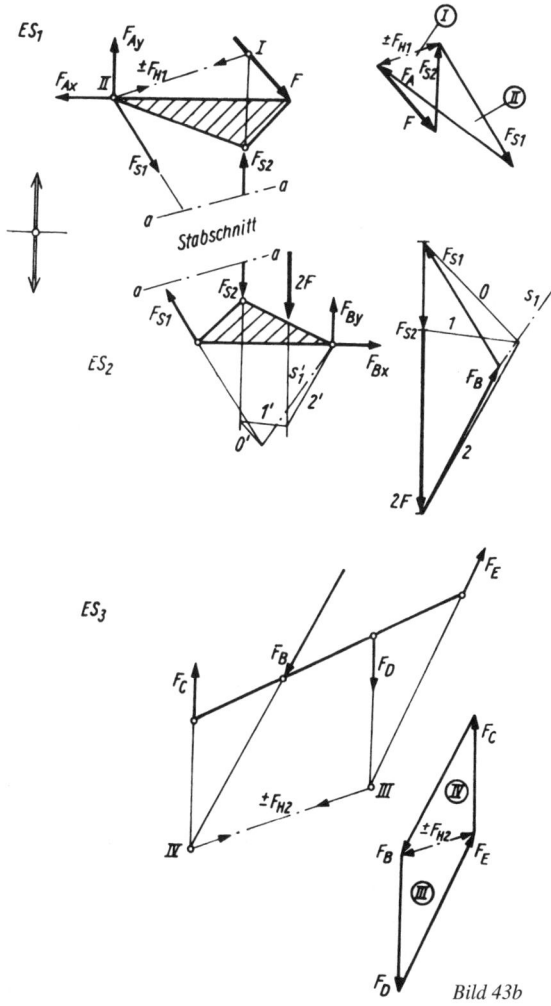

Bild 43b

Beispiel: Zeichnerische Bestimmung der Belastung eines Nockens und des zugehörigen Drehmoments (Bild 44)

Das mechanische Getriebe hat Festlager A, B, C; Belastung $F = 800$ N. Die sichere Anlage zwischen Rolle und Nocken wird durch eine Feder unterstützt. In der gezeichneten Stellung wirkt $F_F = +200$ N. Koordinaten für die Getriebepunkte: A (0/0), B (100/0), C (206/126), D (32/48), E (170/16), G (124/88), H (100/ − 40). Die

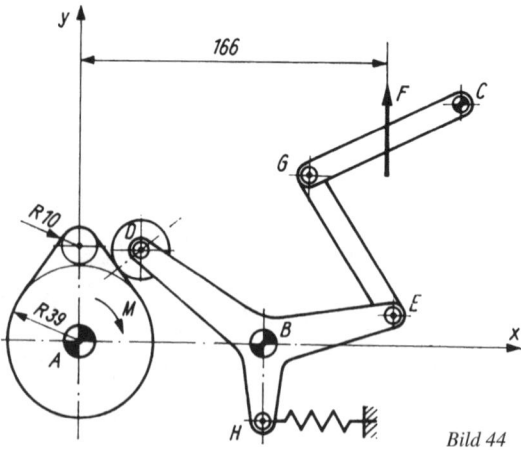

Bild 44

zeichnerische Bestimmung von F_D (Belastung des Nockens) läßt sich auf zwei Ein-knotensysteme mit Wirkungsknoten zurückführen (Bild 45).

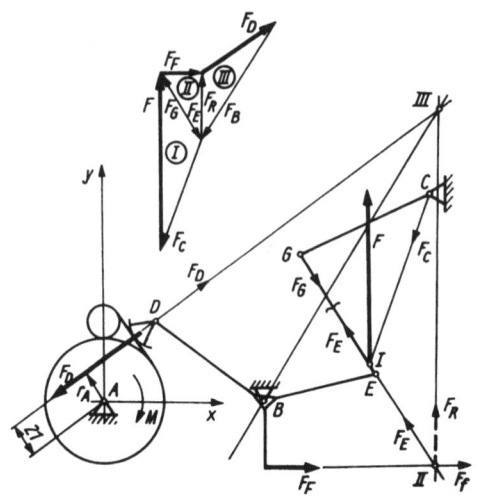

Bild 45

ES$_1$: Verbindungsstab GE wird geschnitten. Dadurch entsteht ein Träger auf zwei Stützen (Festlager C, Pendelstütze G) mit der Belastung $F = 800$ N. Die Wirkungs-linien von F und F_G schneiden sich in I. Gerade IC ist Wirkungslinie für F_C. Das ge-schlossene Krafteck mit fortlaufender Vektorenfolge kann gezeichnet werden.

ES$_2$: Vereinzeln vom Nocken und Freischneiden des Verbindungsstabes *GE*. Es entsteht ein abgewinkelter Träger mit Verzweigung, Festlager *B*, Loslager *D*, Belastungen F_E (Gegenkraft von F_G) und $F_F = +200$ N. Beide Belastungen werden zur Resultierenden F_R zusammengefaßt (Knoten *II* und Krafteck *II*). Wirkungslinien F_R und F_D schneiden sich in *III*. *III–D* ist Wirkungslinie für F_D. Das zugehörige Krafteck führt auf $F_D = 420$ N.

ES$_3$: Vereinzeln des Nockens. Die Gegenkraft F_D aus ES$_2$ wirkt auf den Nocken. Bezüglich seines Drehpunktes *A* kann der Hebelarm $r_A = 21$ mm abgemessen werden. Statisches Momentengleichgewicht um *A* führt auf das Drehmoment *M*.

$$\circlearrowleft A \qquad \left| \; +F_D r_A - M = 0; \quad M = F_D r_A = 420 \text{ N} \cdot 21 \text{ mm} = 8{,}82 \text{ N} \cdot \text{m} \right.$$

1.7.4 Schwerpunktsermittlungen

Der Schwerpunkt eines Körpers ist ein idealler Punkt, in dem man sich die gesamte Masse eines Körpers vereinigt denken kann. Wird dieser Massenmittelpunkt mit der Gegenkraft zur Fallbeschleunigung ($G = mg$) unterstützt, befindet er sich im statischen Gleichgewicht. Die Elemente eines zusammengesetzten Körpers sind gegenüber dem Erdradius sehr klein, so daß deren Gewichtskräfte parallel wirkend angenommen werden können.

Aufgaben zur Schwerpunktsermittlung bestehen darin, resultierende Kraftwirkungslinien (Lastwirkungslinien) für $G = mg$ aus der Summe von Teilwirkungen $G_i = m_i g$ zu bestimmen. Jede dieser resultierenden Lastlinien entspricht einer Schwerlinie. Der Schwerpunkt selbst ergibt sich aus dem Schnittpunkt resultierender Kraftwirkungslinien. Symmetrischer Körperaufbau (homogenes Material) vereinfacht diese Ermittlungen, weil der Schwerpunkt auf der Symmetrielinie liegt.

Zeichnerische Lösungen beziehen sich auf Kraft- und Seileckkonstruktionen zur Bestimmung einer Resultierenden.

Berechnungen setzen ein zugeordnetes Koordinatensystem und die Anwendung des Satzes der statischen Momente voraus:

Moment der Resultierenden ist gleich der Summe der Momente für die Teilkräfte

Für ein u, v, w-Koordinatensystem berechnen sich daraus die Schwerpunktskoordinaten zu

$$u_S = \frac{\sum\limits_{i=1}^{n} G_i u_i}{\sum\limits_{i=1}^{n} G_i}; \qquad v_S = \frac{\sum\limits_{i=1}^{n} G_i v_i}{\sum\limits_{i=1}^{n} G_i}; \qquad w_S = \frac{\sum\limits_{i=1}^{n} G_i w_i}{\sum\limits_{i=1}^{n} G_i}$$

Sind Körper hinsichtlich ihrer Dichteverteilung homogen, dann kann man sich infolge konstanter Dichte ϱ auf deren Volumina beziehen. In diesem Fall werden G_i durch V_i und G durch V ersetzt.

Bei der Bestimmung von Flächen- und Linienschwerpunkten geht man von der Vorstellung gleichgeformter und gleich großer Scheiben und Stäbe aus (Bilder in folgender Tabelle). Hier werden die Gewichtskräfte durch die Verfahrensgrößen A bzw. l ersetzt.

Schwerpunkts-lage bei	Modell: Homogener Körper konstanter Dichte	Verfahrens-größe
Linien	Stäbe konstanter Dicke, Gewichtskraft proportional zur Stablänge	$G \equiv l$
Flächen	Scheiben konstanter Dicke, Gewichtskraft proportional zur Fläche	$G \equiv A$
Körpern	Gewichtskraft des Körpers proportional zu seinem Volumen V	$G \equiv V$

Bei der Aufteilung einer Fläche oder eines Linienzuges in Teilgrößen kommt man in der Technik oft mit wenigen Elementen aus (*Anlage A 2*). Schwerpunktslagen für handelsübliche Profile sind den zugehörigen Tabellen zu entnehmen (s. entsprechende Anlagen). Funktionsbedingte (konstruktiv festgelegte) Flächen (Beispiel Bild 46) kann man in schmale Flächenstreifen (Dreieck, Rechteck, Trapez) einteilen.

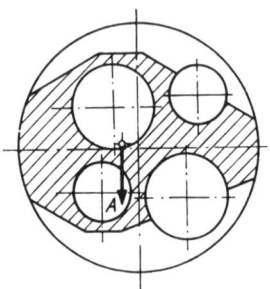

Bild 46

Die geometrische Addition der Teilflächen verlangt bei zeichnerischen Festlegungen dann Vektoren mit entgegengesetztem Richtungssinn, wenn Teilflächen von der Gesamtfläche abgezogen werden müssen (Beispiel: Rechteckquerschnitt mit Bohrung).

Beispiel: Zeichnerische Bestimmung des Linienschwerpunktes für den Umfang des Teiles nach Bild 47

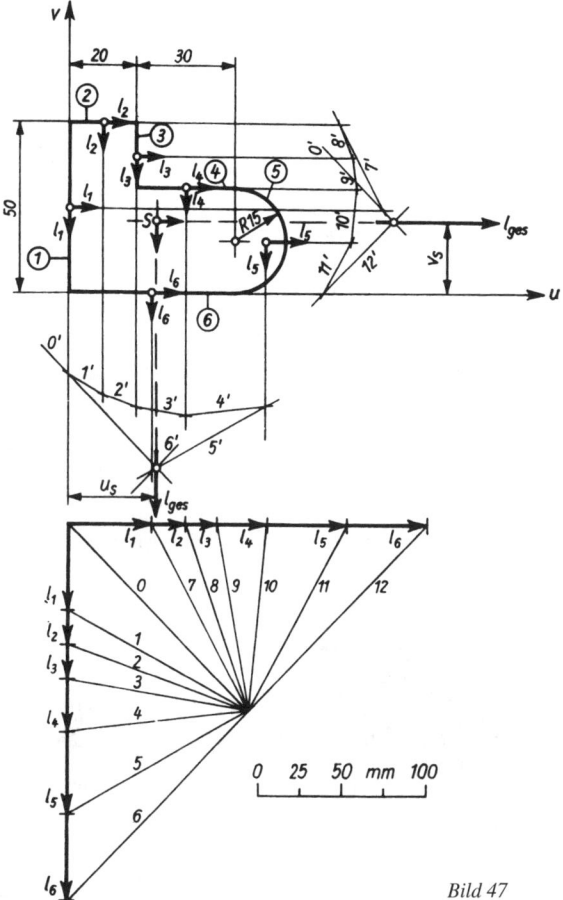

Bild 47

Der geschlossene Linienzug wird in Strecken und in einen Halbkreisbogen eingeteilt. Man legt deren Schwerpunktslagen fest und berechnet die Längen der Linien. Pol- und Seileck führen zur vertikalen Wirkungslinie für $l_{ges} = l_1 + \ldots + l_6$. Anschließend denke man sich den gesamten Linienzug um 90° gedreht und zeichnet zu den Polstrahlen 7 bis 12 eine zweite Seileckkonstruktion. Wir erhalten mit der zweiten Resultierenden eine weitere Schwerlinie. Der Schwerpunkt des geschlossenen Linienzuges befindet sich im Schnittpunkt beider Schwerlinien und hat die Abstände $u_S = 26$ mm, $v_S = 22$ mm.

Beispiel: Berechnung des Linienschwerpunktes für das Teil nach Bild 47

Schwerpunktskoordinaten

$$u_S = \frac{\sum\limits_{i=1}^{n} l_i u_i}{\sum\limits_{i=1}^{n} l_i} \quad \text{und} \quad v_S = \frac{\sum\limits_{i=1}^{n} l_i v_i}{\sum\limits_{i=1}^{n} l_i}$$

Bei gleicher Einteilung in Elementarlinien erhält man mit der nachfolgenden tabellarischen Rechnung:

i	l_i in mm	u_i in mm	v_i in mm	$l_i u_i$ in mm^2	$l_i v_i$ in mm^2
1	50	0	25	0	1 250
2	20	10	50	200	1 000
3	20	20	40	400	800
4	30	35	30	1 050	900
5	47,1	59,55	15	2 804,8	706,5
6	50	25	0	1 250	0
$\sum$	217,1	—	—	5 704,8	4 656,5

$$u_S = \frac{5\,704,8 \text{ mm}^2}{217,1 \text{ mm}} = 26,3 \text{ mm}; \qquad v_S = \frac{4\,656,5 \text{ mm}^2}{217,1 \text{ mm}} = 21,5 \text{ mm}$$

Beispiel: Berechnung des Schwerpunktes für die Fläche nach Bild 48

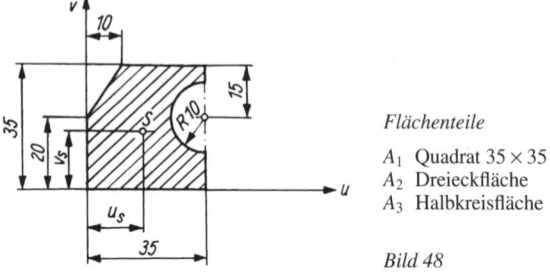

Flächenteile

A_1 Quadrat 35×35
A_2 Dreieckfläche
A_3 Halbkreisfläche

Bild 48

Bezüglich des u, v-Koordinatensystems erhält man die Schwerpunktskoordinaten mit den Beziehungen

$$u_S = \frac{\sum\limits_{i=1}^{n} A_i u_i}{\sum\limits_{i=1}^{n} A_i} \quad \text{und} \quad v_S = \frac{\sum\limits_{i=1}^{n} A_i v_i}{\sum\limits_{i=1}^{n} A_i}$$

Man beachte, daß hier von der Quadratfläche (*1*) die Dreieckfläche (*2*) und die Halbkreisfläche (*3*) subtrahiert werden.

i	A_i in 10^2 mm^2	u_i in mm	v_i in mm	$A_i u_i$ in 10^2 mm^3	$A_i v_i$ in 10^2 mm^3
1	12,25	17,5	17,5	214,4	214,4
2	−0,75	3,3	30	−2,5	−22,5
3	−1,57	30,75	20	−48,3	−31,4
$\sum$	9,93	—	—	163,6	160,5

$$u_S = \frac{163,6 \cdot 10^2 \text{ mm}^3}{9,93 \cdot 10^2 \text{ mm}^2} = 16,5 \text{ mm}; \quad v_S = \frac{160,5 \cdot 10^2 \text{ mm}^3}{9,93 \cdot 10^2 \text{ mm}^2} = 16,2 \text{ mm}$$

Beispiel: Berechnung des Schwerpunktes für die Querschnittsfläche nach Bild 49

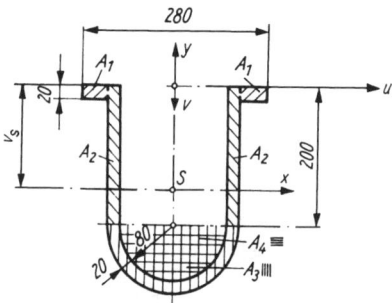

Bild 49

Hier liegt eine einfachsymmetrische Fläche mit $u_S = 0$ vor. Zu berechnen ist daher nur die vertikale Schwerpunktskoordinate v_S.

i	A_i in 10^2 mm^2	v_i in mm	$A_i v_i$ in 10^2 mm^3
1	16	10	160
2	80	100	8 000
3	157,1	242,4	38 081
4	−100,5	234	−23 517
$\sum$	152,6	—	22 724

Guldinsche Regel

Die Berechnung der Mantelfläche und des Volumens rotationssymmetrischer Körper nach der GULDINschen Regel stützt sich auf Linien- und Flächenschwerpunkte (Bild 50):

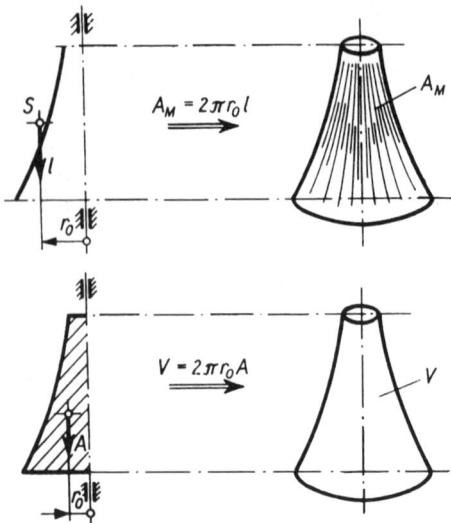

Bild 50   Mantelfläche A_M aus erzeugender Linie l und Schwerpunktsweg $2\pi r_0$ um die Rotationsachse, Volumen V aus erzeugender Fläche A und Schwerpunktsweg $2\pi r_0$ um die Rotationsachse

1.7.5   Schnittreaktionen in Trägern

Infolge äußerer Kräfte (Belastungen, Stützreaktionen) treten in Trägern (Stäben, Balken, Rahmen) innere Beanspruchungen auf. Wird ein Träger nach dem Schnittprinzip an einer beliebigen Stelle im Inneren durch einen gedachten Schnitt getrennt, so muß die Wirkung der Bindungskräfte im ebenen Falle durch zwei Kraftkomponenten und ein Moment ersetzt werden, damit das Gleichgewicht erhalten bleibt (vgl. Auflagerreaktionen an einer festen Einspannung). Zu ihrer Berechnung muß man Vorzeichen vereinbaren.

Schnittreaktionen am positiven (linken) Schnittufer:

Schnittkräfte
- Längskraft F_L in Richtung der Trägerachse, als Zugkraft positiv
- Querkraft F_Q in vertikaler Richtung nach unten positiv

Schnittmoment
- Biegemoment M_b positiv entgegen dem Uhrzeigersinn

Bild 51 zeigt die positiv definierten Größen für das linke und das rechte Schnittufer eines Balkenquerschnittes.

Die Wirkungslinien von Längs- und Querkraft schneiden sich im Flächenschwerpunkt. Das Biegemoment dreht um die x-Achse (senkrecht zur Bildebe-

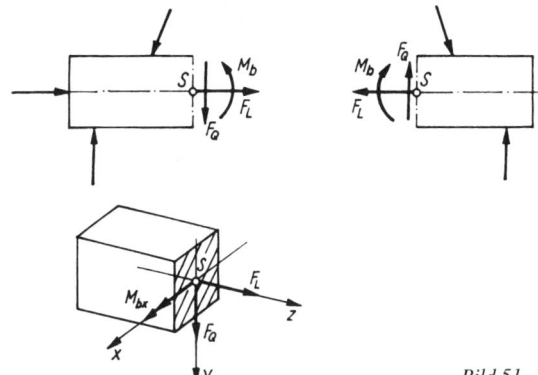

Bild 51

ne). Momente werden auch als Vektoren mit Doppelpfeil abgebildet (Bild 51). Ihr Drehsinn in Pfeilrichtung entspricht einer Rechtsschraube. Diese Schnittreaktionen stehen mit den äußeren Kräften (Momenten) am abgeschnittenen Trägerteil im statischen Gleichgewicht. Man kann sie berechnen oder auch zeichnerisch bestimmen. Zu ihrer Berechnung teilt man den gesamten Träger in Abschnitte ein, stellt Gleichgewichtsbeziehungen auf und entwickelt zur Veranschaulichung ihres Verlaufes Schaubilder: Längskraft-, Querkraft- und Momentendiagramme.

Beispiel: Berechnung der Schnittreaktionen für den geraden Träger (Bild 52), zweifach gestützt, Belastungen $F_1 = F$ und $F_2 = 2F$

Stützreaktionen:

$$F_{Az} = 0; \qquad F_{Ay} = \frac{4}{3} \cdot F; \qquad F_B = \frac{5}{3} \cdot F$$

Schnittreaktionen (Einteilung in drei Schnittbereiche): Längskräfte treten nicht auf. Es wirken weder horizontale Belastungs- noch Stützkraftkomponenten.

1. Bereich: $0 \leq z_1 \leq a$

Statisches Kräftegleichgewicht

$\downarrow \qquad \Big| \quad +F_Q(z_1) - F_{Ay} = 0; \quad F_Q(z_1) = F_{Ay} = 4/3 \cdot F = \text{konst.}$

Statisches Momentengleichgewicht (Bezugspunkt *I*)

$\circlearrowleft I \quad \Big| \quad +M_b(z_1) - F_{Ay}z_1 = 0; \quad M_b(z_1) = F_{Ay}z_1$
$\qquad \Big| \quad$ Grenzwerte der Bereiches:
$\qquad \Big| \quad M_b(z_1 = 0) = 0$
$\qquad \Big| \quad M_b(z_1 = a) = F_{Ay}a = 4/3 \cdot Fa$

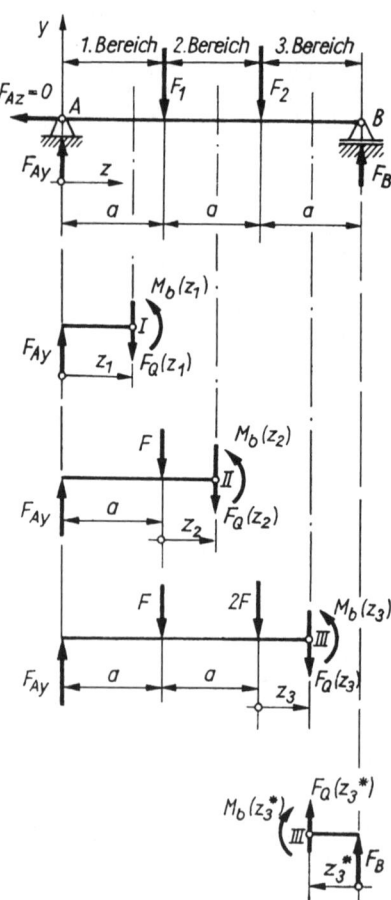

Bild 52

2. *Bereich*: $0 \leqq z_2 \leqq a$

$\downarrow$ $\quad$ $+F_Q(z_2) - F_{Ay} + F_1 = 0$

$\qquad$ $F_Q(z_2) = F_{Ay} - F_1 = 1/3 \cdot F = \text{konst.}$

$\circlearrowleft II$ $\quad$ $+M_b(z_2) - F_{Ay}(a + z_2) + F_1 z_2 = 0$

$\qquad$ $M_b(z_2) = +F_{Ay}(a + z_2) - F z_2$

$\qquad$ Grenzwerte der Bereiches:

$\qquad$ $M_b(z_2 = 0) = F_{Ay} a = 4/3 \cdot Fa$

$\qquad$ $M_b(z_2 = a) = F_{Ay} \cdot 2a - Fa = Fa(8/3 - 1) = 5/3 \cdot Fa$

3. Bereich: $0 \leq z_3 \leq a$

$\downarrow$ $+F_Q(z_3) - F_{Ay} + F_1 + F_2 = 0$; $F_Q(z_3) = -5/3 \cdot F$

$\circlearrowleft III$ $+M_b(z_3) - F_{Ay}(2a + z_3) + F_1(a + z_3) + F_2 z_3 = 0$

$M_b(z_3) = F_{Ay}(2a + z_3) - F(a + z_3) - 2F z_3$

Grenzwerte der Bereiches:

$M_b(z_3 = 0) = F_{Ay} \cdot 2a - Fa = +5/3 \cdot Fa$

$M_b(z_3 = a) = F_{Ay} \cdot 3a - F \cdot 2a - 2Fa = 0$

Die Berechnung für den 3. Bereich ist aufwendig. Wir gehen zum rechten Schnittufer über und erhalten

3. Bereich: $0 \leq z_3^* \leq a$

$\uparrow$ $+F_Q(z_3^*) + F_B = 0$; $F_Q(z_3^*) = -F_B = -5/3 \cdot F = $ konst.

$\circlearrowleft III$ $+M_b(z_3^*) - F_B z_3^* = 0$; $M_b(z_3^*) = +F_B z_3^*$

Grenzwerte der Bereiches:

$M_b(z_3^* = 0) = 0$

$M_b(z_3^* = a) = +F_B a = 5/3 \cdot Fa$

Die aufgestellten Gleichungen weisen auf ein konstantes Verhalten der Querkräfte und auf einen linear veränderlichen Verlauf der Biegemomente hin.

Zum Verlauf der Querkräfte und Biegemomente verschaffen wir uns einen Überblick entlang der Trägerachse mit den entsprechenden Diagrammen (Bild 53).

Das *Querkraftdiagramm* entsteht aus der Vektorenfolge äußerer Kräfte (Belastungen und Stützreaktionen) hinsichtlich ihrer Wirkungsrichtung und -stelle (von links nach rechts).

Das *Momentendiagramm* kann bei Einzelkräften mit dem Biegemoment an den Bereichsgrenzen aufgezeichnet werden. Man beachte, daß

- Schnittmomente auf der Zugseite des Trägers anzutragen sind (Bild 54), d. h. positiv nach unten, negativ nach oben.

Im Bild 53 wurde zu diesem Zweck die Biegelinie (Formänderungslinie) der Trägerachse sinnbildlich eingezeichnet.

Mit Bezug auf das Querkraftdiagramm entsprechen die

- abgeschnittenen Querkraftflächen den Biegemomenten an der betreffenden Schnittstelle.

Weiterhin sind

- mit Vorzeichenänderungen der Querkraft (auch $F_Q = 0$) extreme Biegemomente zu erwarten. Im vorliegenden Fall liegt ein Maximum für den Querschnitt bei F_2 vor.

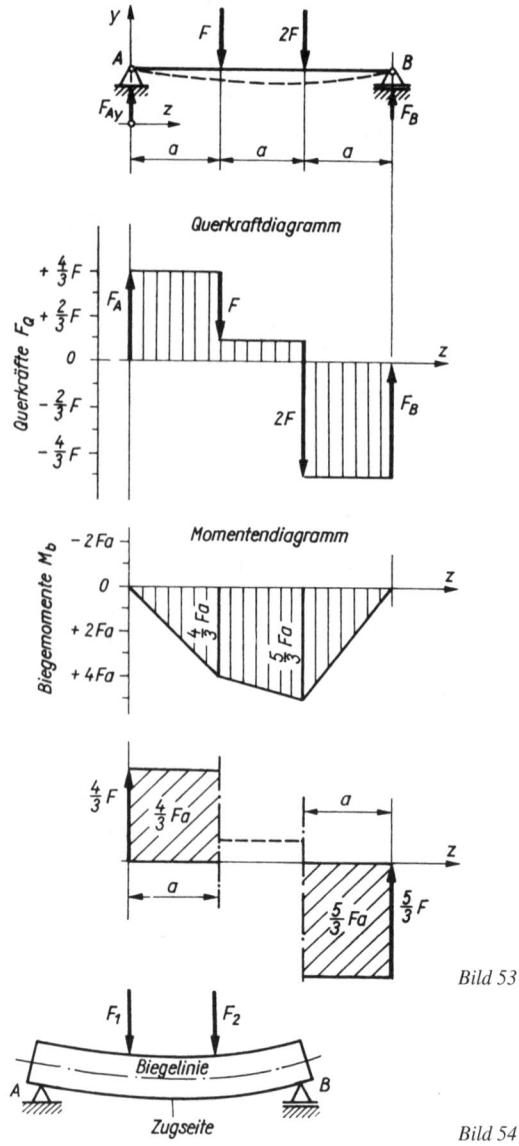

Bild 53

Bild 54

All diese Erkenntnisse und Zusammenhänge zwischen Querkraft- und Momentenverlauf gestatten es, auf vollständige Berechnungen für die Schnittbereiche zu verzichten.

Beispiel: Gerader Träger, zweifach gestützt, Belastungen $2F$; F und Wendepunkt (WP) der Biegelinie (Bild 55): $F_{1z} = F$; $F_{1y} = 1,73F$

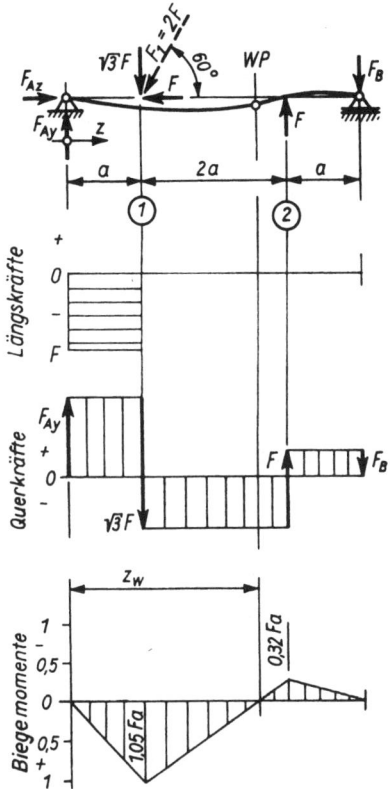

Bild 55

Stützreaktionen:

$$F_{Az} = F; \quad F_{Ay} = 1,05F; \quad F_A = 1,45F; \quad F_B = 0,317F$$

Längskraftverlauf zwischen Belastung bei Querschnitt (1) und Festlager: $F_L = -F =$ konst. (Druckbeanspruchung).

Querkraftverlauf mit den Kräften quer zur Trägerachse.

In den Querschnitten (1) und (2) wechselt die Querkraft ihr Vorzeichen. Hier sind folglich Extremwerte des Biegemomentes zu erwarten.

Die beim Wendepunkt abgeschnittene Querkraftfläche wird infolge positiver und negativer Beträge zu Null.

Momentenfreier Querschnitt:

$$M_b(z_w) = 0 = F_A z_w - F_{1y}(z_w - a); \qquad z_w = \frac{1{,}73a}{1{,}73 - 1{,}05} = 2{,}54a$$

Extreme Biegemomente:

$$M_{b(1)} = F_{Ay}a = +1{,}05Fa; \qquad M_{b(2)} = -F_B a = -0{,}32Fa$$

Beispiel: Abgewinkelter Träger, zweifach gestützt, Belastungen F; $1{,}5F$ (Bild 56)

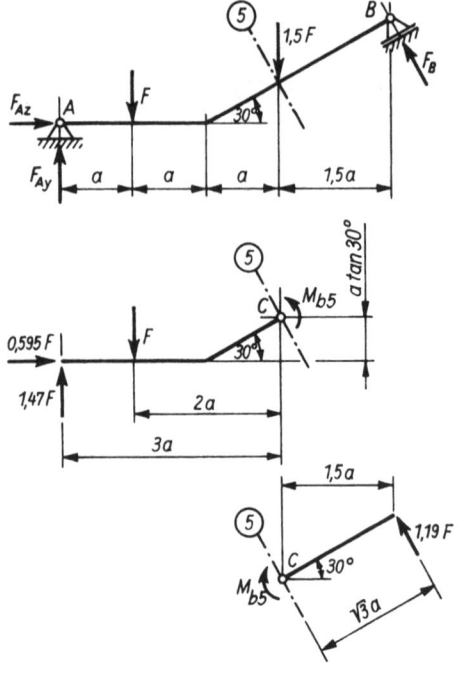

Bild 56

Hier soll das Schnittmoment im Querschnitt (5) berechnet werden.

Linkes Schnittufer:

$$M_{b5} = F_{Ay} \cdot 3a - F \cdot 2a - F_{Az}a \tan 30° = 2{,}06Fa$$

Rechtes Schnittufer:

$$M_{b5} = 1{,}73F_B a = +1{,}73 \cdot 1{,}19Fa = 2{,}06Fa$$

Beide Momente stimmen für den gleichen Schnitt (5) überein.

1

Beispiel: Zweifach gestützter gerader Träger mit symmetrisch wirkendem Kräftepaar (Bild 57). $F = 1$ kN; $a = 100$ mm; $b = 140$ mm; $c = 60$ mm

Stützkräfte:

$$F_A = -F_B = 0,25 \text{ kN}$$

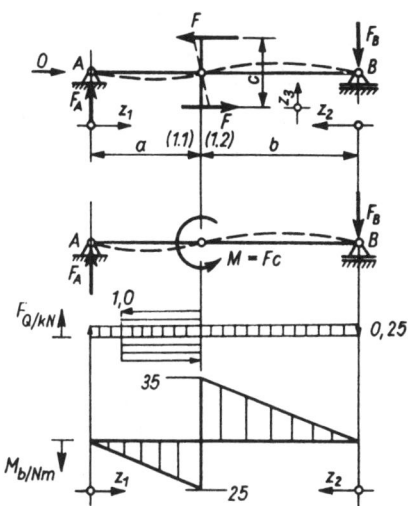

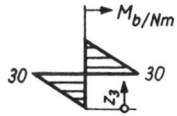

Bild 57

Schnittreaktionen:

Längskräfte treten nicht auf. Im horizontalen und vertikalen Teilträger wirken entsprechend den äußeren Kräftepaaren konstante Querkräfte. Die Momentenverläufe weisen Sprünge auf. Zur Berechnung der Biegemomente muß man unmittelbar benachbarte Schnitte annehmen.

$$M_{b(1.1)} = F_A a + 25 \text{ N} \cdot \text{m}; \qquad M_{b(1.2)} = -F_B b = -35 \text{ N} \cdot \text{m}$$

Der Sprung des Schnittmomentes in (1) entspricht dem Belastungsmoment $Fc = 60$ N $\cdot$ m. Im Vertikalträger treten symmetrisch linear veränderliche Schnittmomente von 0 bis ± 30 N $\cdot$ m auf.

Beispiel: Abgewinkelter Träger mit Verzweigung (Bild 58), zweifach gestützt. Belastungen: Querkraft F und asymmetrisch wirkendes Längskraftmoment

Zwischen Festlager und äußerer Längskraft treten innere Längskräfte auf. Der Querkraftverlauf kann mit den äußeren Querkräften gezeichnet werden und führt auf die angegebenen Beträge. Schnittmomente sind bei Einzelkräften linear veränderlich. Sie entsprechen der abgeschnittenen Querkraftfläche. Infolge der Längskraftbelastung parallel zur Trägerachse gibt es bei (2) einen Momentensprung von $0,5Fa$.

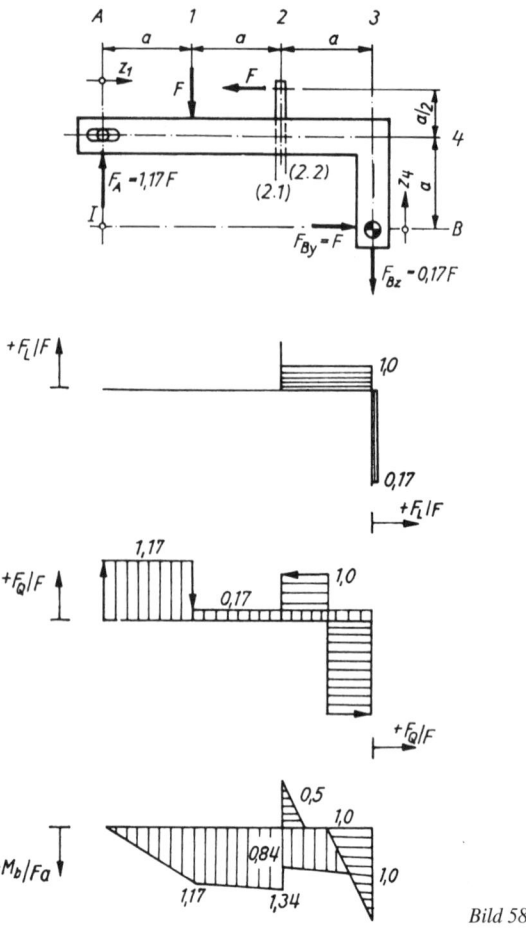

Bild 58

Beispiel: Bogenträger, einseitig fest eingespannt, Belastung F (Bild 59)

Einspannreaktionen:

$$M_A = F \cdot 2r; \qquad F_A = F$$

Beziehungen für die Schnittreaktionen sind für die Bereiche des Bogens ($0 \leqq \varphi \leqq \pi$) und des geraden Stückes ($0 \leqq z \leqq l$) aufzustellen.

Bereich $0 \leqq \varphi \leqq \pi$:

Längskraftfunktion: $\qquad F_{\mathrm{L}}(\varphi) = -F \cos \varphi$
Querkraftfunktion: $\qquad F_{\mathrm{Q}}(\varphi) = -F \sin \varphi$
Momentenfunktion: $\qquad M_{\mathrm{b}}(\varphi) = +Fr(1 - \cos \varphi)$

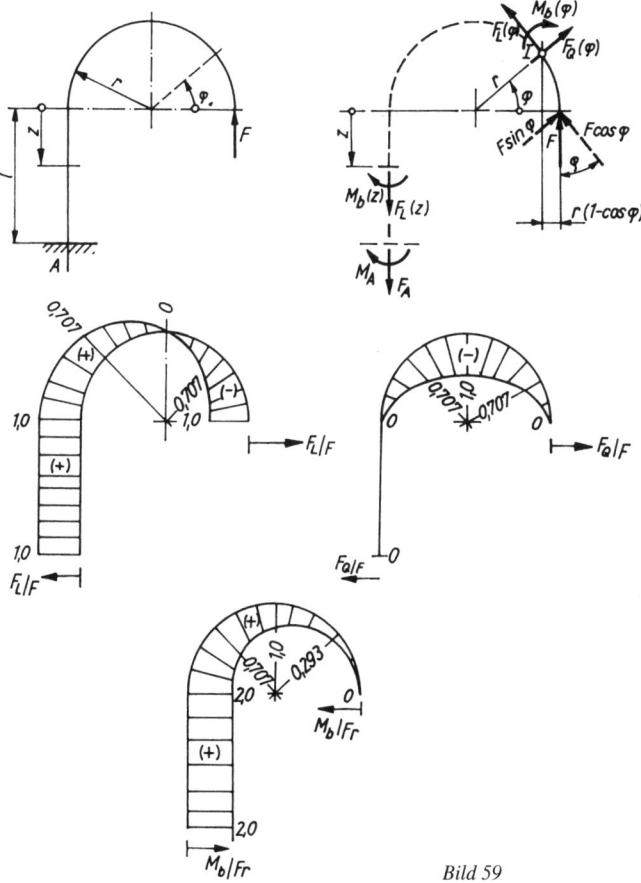

Bild 59

Wertetafel

φ	0	$\pi/4$	$\pi/2$	$3/4 \cdot \pi$	π
F_{L}/F	-1	$-0{,}707$	0	$+0{,}707$	$+1$
F_{Q}/F	0	$-0{,}707$	-1	$-0{,}707$	0
$M_{\mathrm{b}}/(Fr)$	0	$0{,}293$	1	$1{,}707$	2

Das maximale Biegemoment tritt am Ende des Bogenteiles auf und bleibt von dort aus bis zur festen Einspannung konstant. Es entspricht dem Einspannmoment. Querkräfte treten im geraden Stück des Trägers nicht auf. Die Längskräfte bleiben mit $F_L(\varphi = \pi) = F_L(z) = +F$ bis zur festen Einspannung konstant.

Beispiel: Einseitig fest eingespannter gerader Träger mit linear veränderlicher Streckenlast (Bild 60)

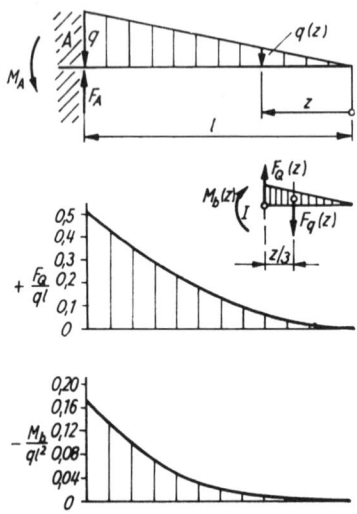

Bild 60

Einspannreaktionen:

$$M_A = \frac{1}{2} \cdot ql \cdot \frac{l}{3} = \frac{ql^2}{6}; \qquad F_A = \frac{ql}{2}$$

Zum Querkraft- und Momentenverlauf

Die Intensität der Streckenlast ist linear veränderlich. Nach dem Strahlensatz gilt hierfür mit $q(z)/q = z/l$ die Funktion $q(z) = q/l \cdot z$

Querkraftfunktion

Nach $\uparrow$ | $F_Q(z) = F_q(z) = 1/2 \cdot q(z)z = q/(2l) \cdot z^2$

Momentenfunktion

Nach $\circlearrowleft J$ | $M_b(z) = -q/(2l) \cdot z^2 \cdot z/3 = -q/(6l) \cdot z^3$

Wertetafel

z	0	$0{,}25l$	$0{,}5l$	$0{,}75l$	l
$F_Q/(ql)$	0	$1/32$	$1/8$	$9/32$	$1/2$
$M_b/(ql^2)$	0	$-1/384$	$-1/48$	$-27/384$	$-1/6$

1

Zusammenhänge zwischen den Schnittgrößen lassen sich (je nach Schnittufer) auch durch die nachfolgenden Beziehungen ausdrücken:

Linkes Schnittufer (Koordinate z läuft von links nach rechts)

- $F_Q(z) = +M_b'(z)$
- $q(z) = -F_Q'(z)$

Rechtes Schnittufer (Koordinate z läuft von rechts nach links)

- $F_Q(z) = -M_b'(z)$
- $q(z) = +F_Q'(z)$

Verzweigungen betrachte man, wie bei technischen Zeichnungen, durch Drehung des Strukturbildes von rechts aus.

Beim einseitig fest eingespannten Träger mit linear veränderlicher Streckenlast (Bild 60) läuft die Koordinate von rechts nach links. Dafür entstehen aus $M_b(z) = -q/(6l) \cdot z^3$ Gleichungen, die mit den vorher aufgestellten übereinstimmen:

$$F_Q(z) = -M_b'(z) = -\left(-\frac{q}{2l} \cdot z^2\right) = +\frac{q}{2l} \cdot z^2$$

$$q(z) = +F_Q'(z) = +\frac{q}{l} \cdot z$$

Beispiel: Träger auf zwei Stützen mit teilweise wirkender Streckenlast $q = $ konst. (Bild 61)

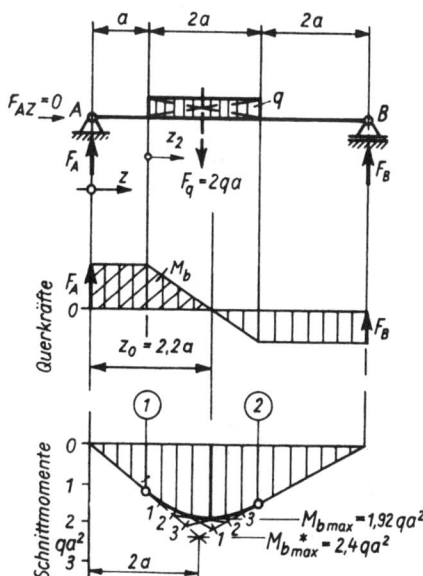

Bild 61

Stützkräfte (mit resultierender Streckenlast $F_q = 2qa$):

$$F_A = 1{,}2qa; \qquad F_B = 0{,}8qa$$

Der Momentenverlauf ist im ersten und dritten Bereich linear veränderlich. An den Bereichsgrenzen wirken $M_{b1} = F_A a = 1,2qa^2$; $M_{b2} = F_B \cdot 2a = 1,6qa^2$. Für den Bereich der Streckenlast ($0 \leq z_2 \leq 2a$) ergibt sich

$$M_b(z_2) = F_A(a + z_2) - \frac{q}{2}z_2^2; \qquad F_Q(z_2) = M_b'(z_2) = F_A - qz_2$$

Maximales Biegemoment im querkraftfreien Querschnitt mit $F_Q(z_{20}) = F_A - qz_{20} = 0$; $z_{20} = F_A/q = 1,2qa/q = 1,2a$ bzw. vom Lager A aus: $z_0 = a + z_2 = 2,2a$

$$M_{b\,max} = M_b(z_2 = z_{20}) = F_A(a + 1,2a) - \frac{q}{2}(1,2a)^2$$

$$= 1,2qa \cdot 2,2a - \frac{1,44}{2}qa^2 = 1,92qa^2$$

Weitere Werte für die Biegemomente muß man berechnen. Damit entsteht der gezeichnete Momentenverlauf (waagerechte Tangente bei $z_{20} = 1,2a$). Die Querkräfte sind im Bereich der Streckenlast linear veränderlich und entsprechen nach $F_Q(z_2) = F_A - qz_2$ der geneigten Geraden.

Zur qualitativen Übersicht läßt sich der parabolische Momentenverlauf auch mit den Hülltangenten zeichnerisch festlegen. Man geht von der Wirkung der resultierenden Einzellast $F_q = 2qa$ aus und berechnet $M_{b\,max}^* = F_A \cdot 2a = 2,4qa^2$. Die Linien *1–1*, *2–2*, *3–3* sind weitere Kurventangenten.

Beispiel: Zweifach gestützter gerader Träger mit gemischter Belastung (Bild 62). $q_{max} = 400\ \text{N/m}$; $F_1 = 300\ \text{N}$; $F_2 = 200\ \text{N}$; $a = 1\ \text{m}$

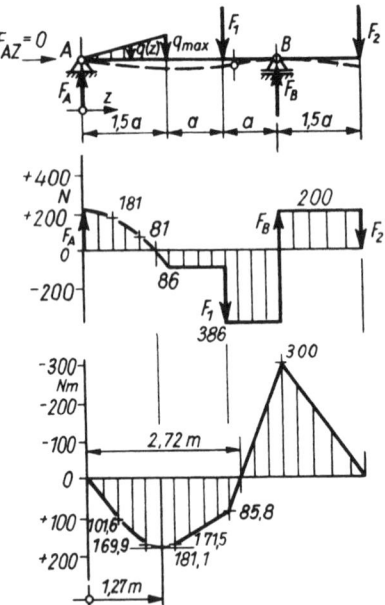

Bild 62

1

Resultierende Streckenlast:

$$F_Q = \frac{1}{2} - q_{max} \cdot 1{,}5a = 300 \text{ N}$$

Stützkräfte:

$$F_{Ay} = F_A = 214{,}3 \text{ N}; \qquad F_{Az} = 0; \qquad F_B = 585{,}7 \text{ N}$$

Momenten- und Querkraftverlauf für Streckenlastbereich $0 \leqq z_1 \leqq 1{,}5a$:

Belastungsfunktion:

$$q(z_1) = \frac{q_{max}}{1{,}5a} z_1$$

Momentenfunktion:

$$M_b(z_1) = F_A z_1 - \frac{q(z_1)}{2} z_1 \frac{z_1}{3} = F_A z_1 - \frac{q_{max}}{9a} z_1^3$$

Querkraftfunktion:

$$M_b'(z_1) = F_Q(z_1) = F_A - \frac{q_{max}}{3a} z_1^2$$

Extremwert für Biegemoment (querkraftfreier Querschnitt):

$$F_Q(z_{10}) = 0 = F_A - \frac{q_{max}}{3a} z_{10}^2; \qquad z_{10} = \sqrt{F_A \cdot \frac{3a}{q_{max}}} = 1{,}27 \text{ m}$$

$$\begin{aligned} M_{b\,max} = M_b(z_1 = z_{10}) &= F_A z_{10} - \frac{q_{max}}{9a} z_{10}^3 \\ &= 214{,}3 \text{ N} \cdot 1{,}27 \text{ m} - \frac{400 \text{ N/m}}{9 \text{ m}}(1{,}27 \text{ m})^3 \\ &= 181{,}1 \text{ N} \cdot \text{m} \end{aligned}$$

Weitere Werte:

z_1	0	$0{,}5a$	a	$1{,}5a$
F_Q in N	214,3	181	81	-86
M_b in N $\cdot$ m	0	101,6	169,9	171,5

Die Auswertung des Querkraftdiagrammes führt infolge positiv und negativ gleich großer Querkraftflächen auf den Wendepunkt der Biegelinie im dritten Bereich. Damit liegt ein momentenfreier Querschnitt vor. Mit z_w (Abszisse vom Lager A aus) wird

$$M_b(z_w) = 0 = F_A z_w - F_q(z_w - a) - F_1(z_w - 2{,}5a)$$

$$z_w = -\frac{F_q a + F_1 \cdot 2{,}5a}{F_A - F_q - F_1} = \frac{(300 + 750) \text{ N} \cdot \text{m}}{(214{,}3 - 300 - 300) \text{ N}} = +2{,}72 \text{ m}$$

Von dort aus sind die Schnittmomente negativ. Ihr Maximalwert befindet sich in B und beträgt $M_{bB} = -300 \text{ N} \cdot \text{m}$.

1.7.6 Standsicherheit

Bei Körpern und technischen Gebilden können bezüglich einer vorausgesetzten Kippkante statische Momente auftreten, die sowohl zum festen Stand als auch zum Kippen beitragen. Zur Gewährleistung von Standsicherheit muß daher die Summe aller Standmomente $\sum M_S$ größer als diejenigen der Kippmomente $\sum M_K$ sein. Aus dem Verhältnis von beiden ergibt sich die Standsicherheitszahl

$$S = \frac{\sum M_S}{\sum M_K} > 1$$

Für das Beispiel nach Bild 63 (Kippkante A) wird im einfachsten Fall $S = \dfrac{Ga}{Fb}$.

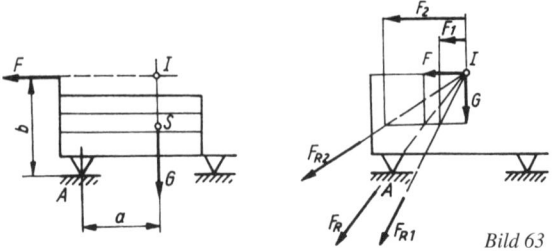

Bild 63

Zeichnerische Bestimmungen gehen davon aus, daß für $S = 1$ die Resultierende F_R des Kräftebüschels (oder einer Kräftegruppe) die Kippkante schneidet. Standsicherheit ist nach Bild 63 durch F_1 (Angriffspunkt bei I) gewährleistet. Die Resultierende F_{R1} erzeugt von der Kippkante A aus ein resultierendes Standmoment. Die Wirkungslinie für F_{R2} hingegen liegt auf der Kippseite. Daher kippt die Transporteinrichtung bei Einwirkung von F_2 um.

Ein weiteres Beispiel zeigt Bild 64. Die Anhängelast des Traktors bewirkt die Zugkraft F_Z. Ihr Kippmoment um A muß bei geneigter Aufwärtsbewegung vom Standmoment des Transportfahrzeuges mga aufgenommen werden. Die vorhandene Kippsicherheit beträgt $S = M_S/M_K = mga/F_Z h$ bzw. mit $a = (a_S \cos \alpha - h_S \sin \alpha)$

$$S = \frac{mg}{F_Z h}(a_S \cos \alpha - h_S \sin \alpha)$$

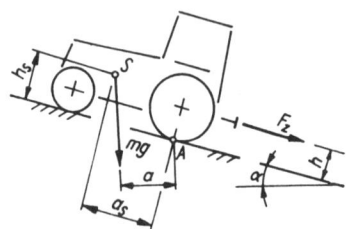

Bild 64

Daraus ergibt sich das maximale Kippmoment bei vorgegebener minimaler Kippsicherheitszahl S_{min} zu

$$(F_Z h)_{max} = \frac{mg}{S_{min}}(a_S \cos \alpha - h_S \sin \alpha)$$

1.7.7 Reibung

1.7.7.1 Haft- und Gleitreibung

An den Kontaktflächen benachbarter Körper treten Reibkräfte auf. Sie sind unabhängig von der Größe der Kontaktfläche und hängen ab
- von der resultierenden Normalstützkraft und
- von den Reibungszahlen μ_0, μ (*Anlage A 2*).

Ihr Wirkungssinn ist stets einer möglichen oder eingeleiteten Bewegungsrichtung entgegengesetzt.

Die in der Praxis benutzten Reibungszahlen entsprechen brauchbaren Mittelwerten und sind nur von der Werkstoffpaarung und von der Oberflächenbeeinflussung – trocken, geschmiert – abhängig.

Flüssigkeitsreibung, die Beachtung der Oberflächenrauheit, Gleitgeschwindigkeiten und die Höhe der Flächenpressung bleiben unberücksichtigt.

Haftreibung behindert die gegenseitige Verschiebung beider Körper vollständig. An den Kontaktflächen wirken Reaktionskräfte, Reibkräfte für den Ruhezustand.

$$F_{R0} \leqq \mu_0 F_N$$

Ihr Betrag ändert sich, je nach Belastung, bis zum Grenzzustand $F_{R0} = \mu_0 F_N$. Bei größerer Schubkraft tritt Gleiten ein.

Gleitreibung, Reibungszahlen μ, setzt konstante Gleitgeschwindigkeiten voraus. Entgegen der Bewegungsrichtung wirkt als eingeprägte Kraft (Belastungsanteil) die Reibkraft

$$F_R = \mu F_N$$

Beide Reibungszahlen lassen sich experimentell mit einem Körper auf geneigter Bahn (veränderlicher Neigungswinkel α) auf recht einfache Weise ermitteln (Bild 65).

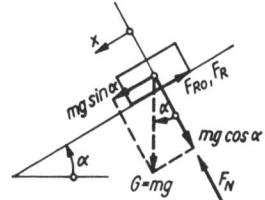

Bild 65

Im Bereich $0 \leqq \alpha \leqq \varrho_0$ liegt Haftreibung vor. Für deren Grenzwert ($\alpha = \varrho_0$) gelten: Normalstützkraft $F_N = mg \cos \varrho_0$, Reibkraft $F_{R0} = \mu_0 F_N = \mu_0 mg \cos \varrho_0$, Richtungssinn entgegen der möglichen Abwärtsbewegung.

Damit folgt nach dem statischen Kräftegleichgewicht in Bahnneigung für die Haftreibungszahl

$$x \swarrow \quad -\mu_0 mg \cos \varrho_0 + mg \sin \varrho_0 = 0$$

$$\mu_0 = \frac{\sin \varrho_0}{\cos \varrho_0} = \tan \varrho_0$$

ϱ_0 Reibungswinkel für Haftreibung

Bei der anschließenden Abwärtsbewegung bewegt sich der Körper beschleunigt. Konstante Gleitgeschwindigkeit verlangt eine Verringerung des Neigungswinkels auf $\alpha = \varrho$. Dadurch erhält man die Gleitreibungszahl nach der Beziehung

$$\mu = \tan \varrho$$

ϱ Reibungswinkel für Gleitreibung

Beispiel: Für den Körper auf geneigter Bahn (Bild 66) sind Haltekraft F_1, Aufzugskraft F_2 und Ausgleichskraft F_3 zur konstanten Abwärtsbewegung zu berechnen. $\alpha = 30°$; $\mu_0 = 0{,}3$; $\mu = 0{,}15$.

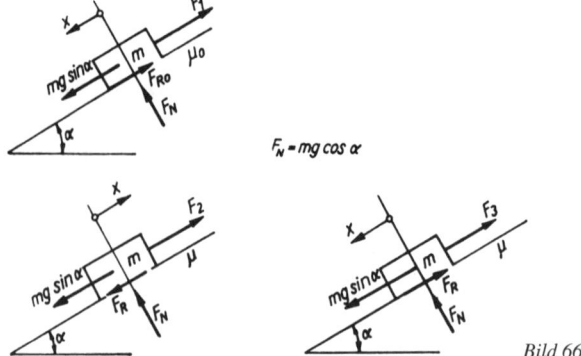

$$F_N = mg \cos \alpha$$

Bild 66

Haltekraft (keine Bewegung in Abwärtsrichtung, Haftreibungszahl μ_0):

$$x \swarrow \quad +mg \sin \alpha - \mu_0 mg \cos \alpha - F_1 = 0$$

$$F_1 = mg(\sin \alpha - \mu_0 \cos \alpha) = mg(0{,}5 - 0{,}3 \cdot 0{,}866) = 0{,}24mg$$

Aufzugskraft (konstante Aufwärtsbewegung, Gleitreibungszahl μ):

$$x \nearrow \quad -mg \sin \alpha - \mu mg \cos \alpha + F_2 = 0$$

$$F_2 = mg(\sin \alpha + \mu \cos \alpha) = mg(0{,}5 + 0{,}15 \cdot 0{,}866) = 0{,}63mg$$

Ausgleichskraft (konstante Abwärtsbewegung, Gleitreibungszahl μ):

$$x \swarrow \quad +mg \sin \alpha - \mu mg \cos \alpha - F_3 = 0$$

$$F_3 = mg(\sin \alpha - \mu \cos \alpha) = mg(0{,}5 - 0{,}15 \cdot 0{,}866) = 0{,}37mg$$

Kräfte, die nicht in Bahnrichtung verlaufen, führen zur Veränderung der Normalstützkräfte (Bild 67).

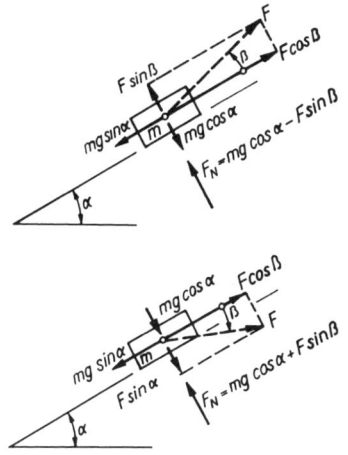

Bild 67

Beispiel: Zu berechnen sind die Aufzugskraft F_4, die Haltekraft F_5 und die horizontal gerichtete Aufzugskraft F_6 für den Körper nach Bild 68

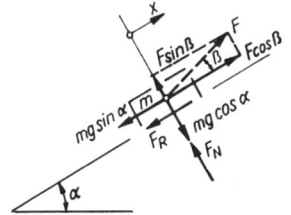

Bild 68

Aufzugskraft $F = F_4$:

$$x \nearrow \quad \left| \begin{array}{l} -mg \sin \alpha - \mu(mg \cos \alpha - F_4 \sin \beta) + F_4 \cos \beta = 0 \\[2mm] F_4 = \dfrac{\sin \alpha + \mu \cos \alpha}{\mu \sin \beta + \cos \beta} mg \end{array} \right.$$

Haltekraft $F = F_5$:

$$x \swarrow \quad \left| \begin{array}{l} +mg \sin \alpha - \mu_0(mg \cos \alpha - F_5 \sin \beta) - F_5 \cos \beta = 0 \\[2mm] F_5 = \dfrac{\sin \alpha - \mu_0 \cos \alpha}{\cos \beta - \mu_0 \sin \beta} mg \end{array} \right.$$

Horizontal gerichtete Aufzugskraft F_6:

Gleichung für F_4 geht mit $\beta = -\alpha$ über in

$$F_6 = \frac{\sin \alpha + \mu \cos \alpha}{\cos \alpha - \mu \sin \alpha} mg$$

Kürzt man die rechte Seite mit $\cos \alpha$ und beachtet $\mu = \tan \varrho$, dann wird

$$F_6 = \frac{\tan \alpha + \tan \varrho}{1 - \tan \alpha \tan \varrho} mg$$

sowie mit trigonometrischen Beziehungen

$$F_6 = mg \tan(\alpha + \varrho)$$

(Anwendungen bei Hubvorgängen mit Flachgewindeschrauben)

Für Gleitebenen mit Prismenführungen (Bild 69) muß man die senkrecht zur Bildebene wirkenden Reibkräfte $F_{R1} = \mu F_{N1}$ und $F_{R2} = \mu F_{N2}$ getrennt berechnen. *Sonderfall:* Symmetrische Prismenführung ($\delta_1 = \delta_2 = \delta$). Hier beträgt infolge $F_N = F/(2 \sin \delta)$ die gesamte Reibkraft

$$F_R = 2\mu F_N = \frac{\mu}{\sin \delta} F = \mu' F$$

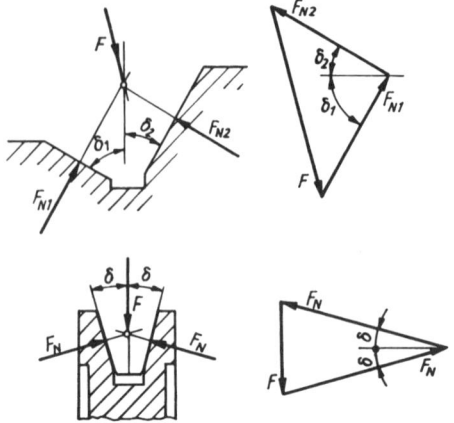

Bild 69

Die Reibungszahl ist nach der Beziehung $\mu' = \mu/\sin \delta$ umzurechnen. (Für Keilriemenscheiben gilt $\mu_0' = \mu_0/\sin \delta$. Bei Schrauben mit Spitzgewinde beziehe man sich auf $\mu'' = \mu/\cos \beta$ mit β als Flankenwinkel.)

Zur Berechnung der mechanischen Kraftübersetzung bei Verwendung des Doppelkeilprinzips ist es ratsam, das statische Kräftegleichgewicht für beide Keile (ES_I und ES_{II}) und für das komplexe System (KS) zu betrachten.

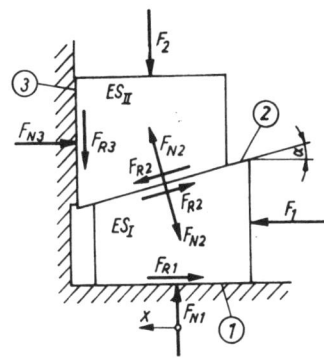

Bild 70

In Übereinstimmung mit Bild 70 ergibt sich

$ES_I \uparrow$	$F_{N1} = F_{N2}(\cos \alpha - \mu_2 \sin \alpha)$
$ES_{II} \rightarrow$	$F_{N3} = F_{N2}(\sin \alpha + \mu_2 \cos \alpha)$
$KS \uparrow$	$F_2 = F_{N1} - \mu_3 F_{N3}$
$\rightarrow$	$F_1 = F_{N3} + \mu_1 F_{N1}$

Daraus

$$\frac{F_2}{F_1} = \frac{\cos \alpha(1 - \mu_3\mu_2) - \sin \alpha(\mu_2 + \mu_3)}{\sin \alpha(1 - \mu_1\mu_2) + \cos \alpha(\mu_1 + \mu_2)}$$

Zeichnerische Lösungsmethoden:

Normalstützkraft und Reibkraft faßt man zur resulierenden Widerstandskraft F_W zusammen. Infolge ihrer Hemmwirkung wird diese Kraftwirkungslinie aus der Normalstützrichtung heraus um den Reibungswinkel ϱ_0 bzw. ϱ entgegen der Bewegungsrichtung geschwenkt (Wirkungsprinzip nach Bild 71). Gleichzeitig wird hier die Ermittlung der vorher berechneten Aufzugskräfte F_4, F_6 gezeigt. Im letzten Fall entsteht ein rechtwinkliges Krafteck, aus dem sich sofort die Gleichung $F_6 = mg \tan(\alpha + \varrho)$ ablesen läßt.

Reibungsbedingte Gleichgewichtslagen für den Ruhezustand infolge relativer Festlager (Loslager bei Beachtung von Reibkräften) erläutert Bild 72. Die drei Kräfte F_{WA}, F_{WB} und $G = mg$ befinden sich im statischen Gleichgewicht, wenn ihre Kraftwirkungslinien den Wirkungsknoten I schneiden. Hier ist infolge ϱ_{0A}, ϱ_{0B} der Grenzzustand erreicht. Nach diesem Schnittpunkt begrenzen die beiden Kraftwirkungslinien F_{WA}, F_{WB} einen Bereich, der Reibungssektor genannt wird. Die Konsole hält infolge Haftreibung $F_{R0} = \mu_0 F_N$ mit Sicherheit, wenn der Vektor der Gewichtskraft im Bereich des Reibungssektors liegt. Außerhalb dieses Bereiches wären Schnittpunkte nur für größere Reibungswinkel gegeben. Die Konsole gleitet bei Verlegung der Gewichtskraft nach links abwärts.

Wirkungsprinzip für die Widerstandskraft

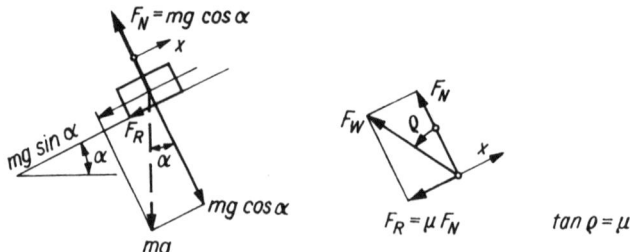

Ermittlung der Aufzugskraft F_4

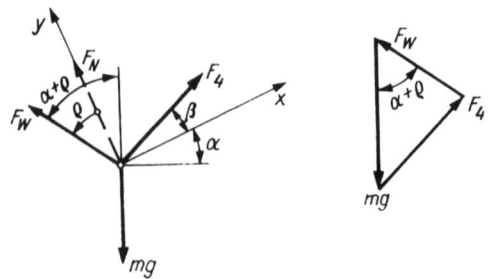

Ermittlung der horizontalen Aufzugskraft F_6

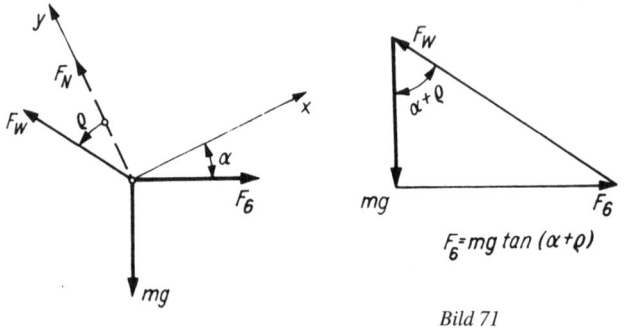

$$F_6 = mg \tan(\alpha + \varrho)$$

Bild 71

1

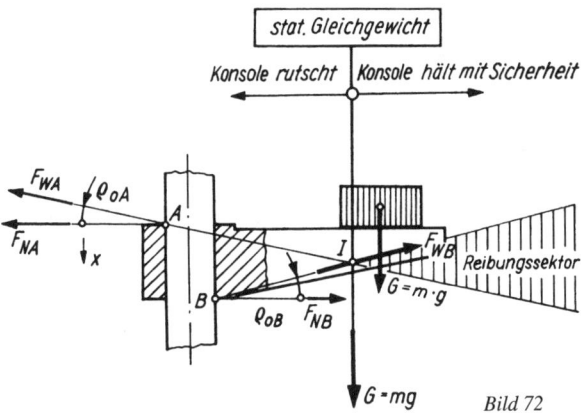

Bild 72

Beispiel: Bestimmung der Aufzugskraft für die Konsole nach Bild 73; $\mu = 0,2$

Zeichnerische Lösung (Bild 73a):

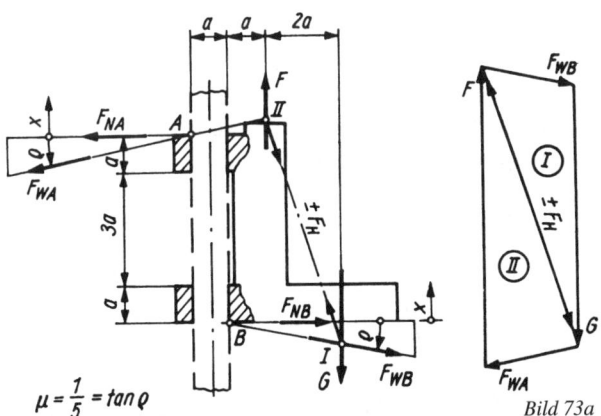

$$\mu = \frac{1}{5} = \tan \varrho$$

Bild 73a

Man zeichnet an den Kontaktstellen zwischen Konsole und Führungsstange die Richtungen der beiden Widerstandskräfte ($\mu = \tan \varrho = 1/5$) ein. Alle vier Kraftwirkungslinien schneiden sich in *I* und *II*. Nach CULMANN entsteht daher das Doppelkrafteck. Es wird $F = 1,15G$.

Rechnerische Lösung (Bild 73b):

$$\begin{array}{l|l}
\curvearrowleft A & F \cdot 2a - \mu F_{NB}a + F_{NB} \cdot 5a - G \cdot 4a = 0; \quad F = 2G - 2,4F_{NB} \\
\rightarrow & F_{NA} = F_{NB} = F_N \\
\uparrow & -2\mu F_N - G + F = 0; \quad F_N = (F - G)/0,4
\end{array}$$

Daraus $F = 1{,}14G$.

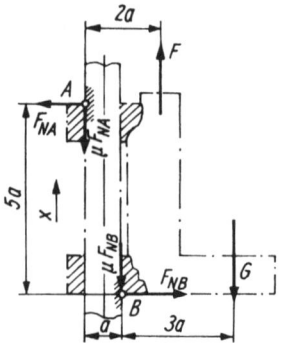

Bild 73b

Beispiel: Zeichnerische und rechnerische Bestimmung des Kräfteverhältnisses F_1/F_2 für den Doppelkeil nach Bild 70 bei Bezug auf die Reibungswinkel

Zeichnerische Lösung (Bild 74):

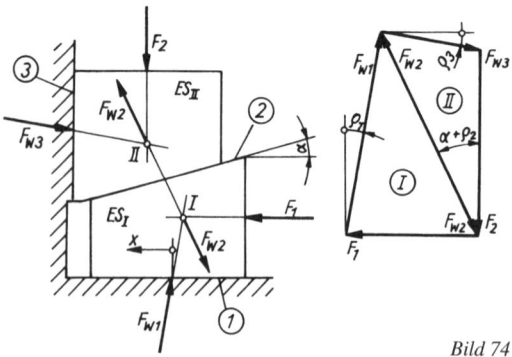

Bild 74

An beiden Keilen wirken je drei Kräfte mit Schnittpunkten in *I* bzw. *II*. F_{W2} tritt als Gegenkraft auf. Aus dem gesamten Krafteck läßt sich das Verhältnis von F_1/F_2 ablesen.

Rechnerische Lösung (mit $\mu = \tan \varrho$ und bei Verwendung trigonometrischer Beziehungen):

$$ES_I \uparrow \quad \left|\quad \begin{aligned} F_{N1} &= F_{N2}(\cos \alpha - \mu_2 \sin \alpha) \\ &= \frac{F_{N2}}{\cos \varrho_2}(\cos \alpha \cos \varrho_2 - \sin \alpha \sin \varrho_2) \\ &= F_{N2}\frac{\cos(\alpha + \varrho_2)}{\cos \varrho_2} \end{aligned}\right.$$

1

$\text{ES}_{\text{II}} \rightarrow$ $\quad F_{N3} = F_{N2}(\sin \alpha + \mu_2 \cos \alpha)$

$$= \frac{F_{N2}}{\cos \varrho_2}(\sin \alpha \cos \varrho_2 + \cos \alpha \sin \varrho_2)$$

$$= F_{N2} \frac{\sin(\alpha + \varrho_2)}{\cos \varrho_2}$$

$\text{KS} \rightarrow$ $\quad F_1 = F_{N3} + \mu_1 F_{N1}$

$$= F_{N2} \frac{\sin(\alpha + \varrho_2)}{\cos \varrho_2} + F_{N2} \frac{\cos(\alpha + \varrho_2)}{\cos \varrho_2} \tan \varrho_1$$

$$= F_{N2} \frac{\sin(\alpha + \varrho_2)\cos \varrho_1 + \cos(\alpha + \varrho_2)\sin \varrho_1}{\cos \varrho_2 \cos \varrho_1}$$

$$= F_{N2} \frac{\sin(\alpha + \varrho_1 + \varrho_2)}{\cos \varrho_2 \cos \varrho_1}$$

$\uparrow$ $\quad F_2 = F_{N1} - \mu_3 F_{N3}$

$$= F_{N2} \frac{\cos(\alpha + \varrho_2)}{\cos \varrho_2} - F_{N2} \frac{\sin(\alpha + \varrho_2)}{\cos \varrho_2} \tan \varrho_3$$

$$= F_{N2} \frac{\cos(\alpha + \varrho_2)\cos \varrho_3 - \sin(\alpha + \varrho_2)\sin \varrho_3}{\cos \varrho_2 \cos \varrho_3}$$

$$= F_{N2} \frac{\cos(\alpha + \varrho_2 + \varrho_3)}{\cos \varrho_2 \cos \varrho_3}$$

Daraus

$$\frac{F_1}{F_2} = \frac{\sin(\alpha + \varrho_1 + \varrho_2)\cos \varrho_3}{\cos(\alpha + \varrho_2 + \varrho_3)\cos \varrho_1}$$

Für $\mu_1 = \mu_3$ (gleiche Reibungsverhältnisse an den äußeren Führungen) wird

$$\frac{F_1}{F_2} = \tan(\alpha + \varrho_1 + \varrho_2)$$

und für $\mu_1 = \mu_2 = \mu_3 = \mu$

$$\frac{F_1}{F_2} = \tan(\alpha + 2\varrho)$$

Selbsthemmung liegt vor, wenn $\alpha \leqq \varrho_1 + \varrho_2$ bzw. $\alpha \leqq 2\varrho$ sind. Zum Lösen der Keilspannung ist eine negative Kraft F_1 erforderlich. Ihr Maximalwert wird gefunden, wenn man in obige Gleichungen negative Reibungswinkel für Haftreibung einsetzt.

1.7.7.2 Rollreibung

Durch Voraussetzung deformierbarer Eigenschaften von Rolle und Rollbahn entsteht zwischen beiden eine Kontaktfläche, in der als Resultierende die Widerstandskraft F_W auftritt (Bild 75). Ihre Normalkomponente F_N wirkt mit dem Hebelarm der Rollreibung f als Gegenmoment zur Bewegungsrichtung. Der Abstand der Tangentialkomponente F_T vom Rollenmittelpunkt wird näherungsweise dem Radius der Rolle gleichgesetzt.

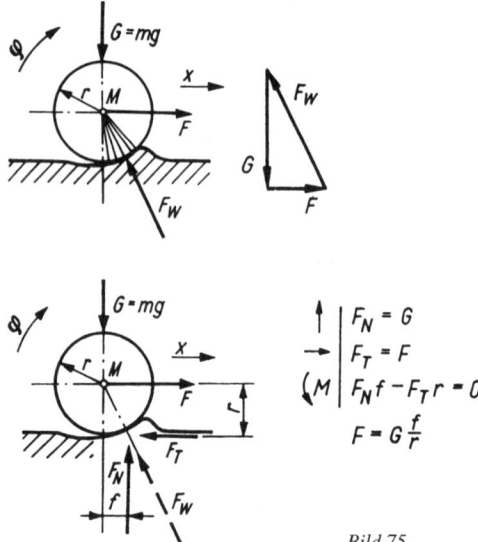

Bild 75

Reine Rollbewegungen unterliegen der Zwangsbedingung $\mu_0 > f/r$ und treten nur bei Haftreibung an der Berührungsstelle auf. Im anderen Falle stellt sich ein Gleiten oder Gleitwälzen ein. Weiterhin sei bemerkt, daß μ_0 mit wachsender Rollgeschwindigkeit abnimmt, so daß die Gefahr des Schlupfes zwischen Rad und Fahrbahn zunimmt.

Analog zur Haft- und Gleitreibung lassen sich Hebelarme der Rollreibung durch Versuche auf geneigter Ebene bestimmen (Werte siehe *Anlage A 3*). Man muß aber bedenken, daß infolge der deformierten Kontaktstelle diese Angaben nicht unwesentlich von der Belastung einer Rolle (eines Rades) abhängen. Spezielle Versuche sind zu empfehlen.

Beispiel: Bestimmung der Haltekraft F_1, des Hebelarms der Rollreibung und der Aufzugskraft F_2 für Bewegungen auf geneigter Bahn (Bild 76)

Haltekraft F_1:

$$\left. \begin{matrix} \nwarrow \\ \circlearrowleft \end{matrix} \right| \begin{array}{l} F_N = mg\cos\alpha \\ +mg\sin\alpha\, r - F_1 r - mg\cos\alpha\, f = 0 \\ F_1 = (\sin\alpha - \cos\alpha\, f/r)mg \end{array}$$

Hebelarm der Rollreibung bei konstanter Geschwindigkeit ($\alpha = \varrho$), $F_1 = 0$:

$$\frac{\sin\varrho}{\cos\varrho} = \frac{f}{r} \quad \text{oder} \quad f = r\tan\varrho$$

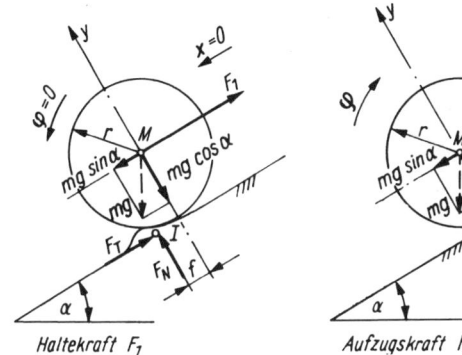

Haltekraft F_1 — Aufzugskraft F_2 — Bild 76

Aufzugskraft F_2:

$$\searrow \quad F_N = mg \cos \alpha$$

$$\circlearrowleft I \quad +mg \sin \alpha\, r - F_2 r + mg \cos \alpha\, f = 0$$

$$F_2 = (\sin \alpha - \cos \alpha\, f / r) mg$$

Diese Bestimmungsgleichungen gelten nur für die Elementenpaarung Rolle und Rollbahn. Sollen Reibwiderstände in den Lagern berücksichtigt werden, dann sind zusätzliche Reibmomente $M_{Ri} = F_i \mu_1 d_i / 2$ (F_i Lagerkraft, $\mu_1 > \mu$ Reibungszahl für Lagerreibung, d_i Zapfendurchmesser) zu berechnen.

Beispiel: Berechnung der Aufzugskraft am Förderband (Bild 77); Gewicht des Transportgutes G, Rollengewichte je G_1, Transportband masselos vorausgesetzt

Stützkräfte für das Transportband:

$$\text{ES}_1 \quad \searrow \quad F_{NA1} + F_{NB1} = G \cos \alpha$$

$$\nearrow \quad F_{TA1} + F_{TB1} + G \sin \alpha = F$$

Gleichgewichtszustand für die Rollen:

$$\text{ES}_2 \quad \circlearrowleft_{C_A} \quad +G_1 \sin \alpha\, r + G_1 \cos \alpha\, f_2 - F_{TA1} \cdot 2r + F_{NA1}(f_1 + f_2) = 0$$

$$\circlearrowleft_{C_B} \quad +G_1 \sin \alpha\, r + G_1 \cos \alpha\, f_2 - F_{TB1} \cdot 2r + F_{NB1}(f_1 + f_2) = 0$$

Addition beider Gleichungen und Beziehungen aus ES_1 eingesetzt, führt auf

$$F = G \left(\sin \alpha + \cos \alpha \frac{f_1 + f_2}{2r} \right) + G_1 \left(\sin \alpha + \cos \alpha \frac{f_2}{r} \right)$$

Sonderfall $\alpha = 0$:

$$F = G \frac{f_1 + f_2}{2r} + G_1 \frac{f_2}{r}$$

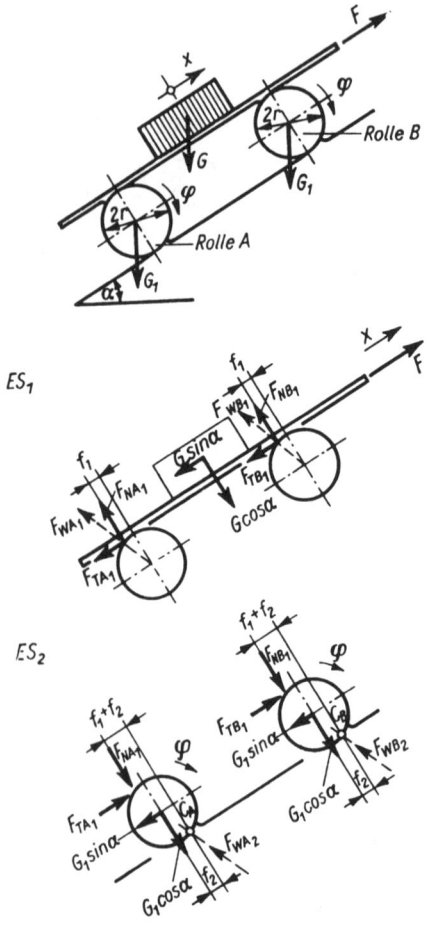

Bild 77

1.7.7.3 Seilreibung

Zwischen feststehender Rolle und bewegtem Seil (Bild 78) tritt Reibung auf. Daher muß die Seilkraft am ablaufenden Trum größer als am auflaufenden Trum sein. Die Differenz von beiden entspricht der Reibkraft.

Statisches Kräftegleichgewicht für das Seilelement (ohne Fliehkraftanteil):

$$x \quad \diagdown \quad +(F_S + dF_S)\cos d\varphi/2 - \mu\, dF_N - F_S \cos d\varphi/2 = 0 \qquad (I)$$

$$y \quad \diagup \quad +dF_N - (F_S + dF_S)\sin d\varphi/2 - F_S \sin d\varphi/2 = 0 \qquad (II)$$

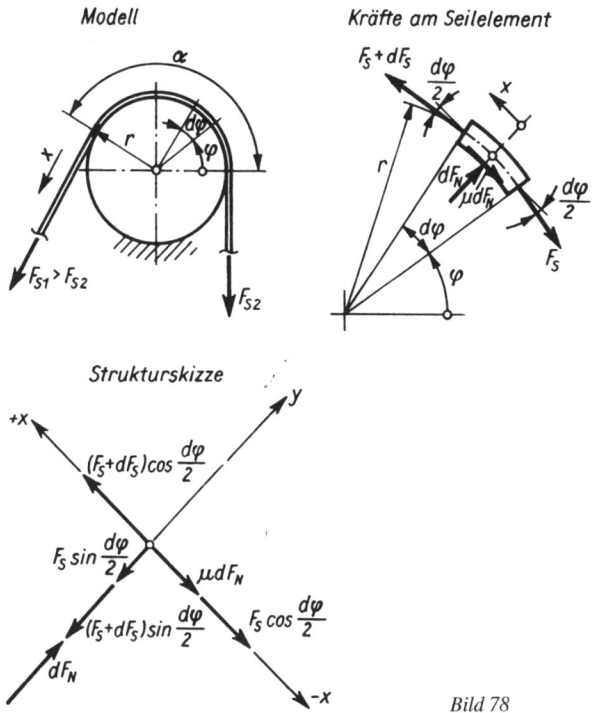

Bild 78

Voraussetzung kleiner Winkel: $\cos \mathrm{d}\varphi/2 = 1$; $\sin \mathrm{d}\varphi/2 = \mathrm{d}\varphi/2$
Produkt höherer Ordnung $\mathrm{d}F_S \, \mathrm{d}\varphi/2$ vernachlässigt

Aus (II): $\mathrm{d}F_N = F_S \, \mathrm{d}\varphi/2$

Eingesetzt in (I): $\mathrm{d}F_S = \mu F_S \, \mathrm{d}\varphi$

Die Lösung dieser Gleichung ergibt für die Ablaufstelle mit $\mu =$ konst. und $\varphi = \alpha$ (α als Umschlingungs- oder Kontaktwinkel)

● $$F_{S1} = F_{S2} \, \mathrm{e}^{\mu \alpha} \tag{1}$$

(Seilreibungsfaktoren $\mathrm{e}^{\mu \alpha}$ siehe Diagramm *Anlage A 4*)

Bei Riemen oder Seiltrieben ist entsprechend der geforderten Haftreibung μ_0 einzusetzen und außerdem bei Keilriemenscheiben mit dem Keilwinkel 2δ die Beziehung $\mu_0' = \mu_0/\sin \delta$ anzuwenden.

Reibkraft:

● $$F_{RS} = F_{S1} - F_{S2} = F_{S2}(\mathrm{e}^{\mu \alpha} - 1) = F_{S1} \frac{\mathrm{e}^{\mu \alpha} - 1}{\mathrm{e}^{\mu \alpha}} \tag{2}$$

Beispiel: Von einer rotierenden Scheibe soll durch Bandreibung die Hubbewegung der Masse m unterstützt werden (Bild 79). Für $m = 90$ kg und $\mu_0 = 0{,}25$ ist die Riemenkraft F zu berechnen

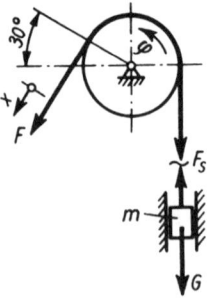

Bild 79

Durch Wirkung der Zugkraft F wird das Seil in Drehrichtung der Scheibe zusätzlich infolge der Reibkraft F_{RS} mitgenommen. Wir setzen $F = F_{S2}$ und $G = mg = F_{S1}$. Es wird mit $\alpha = 150° = 2{,}62$ rad

$$F = \frac{G}{e^{\mu_0 \alpha}} = 90 \text{ kg} \cdot \frac{9{,}81 \, \dfrac{\text{m}}{\text{s}^2}}{e^{0{,}25 \cdot 2{,}62}} = 459 \text{ N}$$

Beispiel: Berechnung der Bremskraft für die Seilbremse nach Bild 80 (zwei Ausführungsvarianten) zum gleichförmigen Absenken der Last mit der Gewichtskraft G

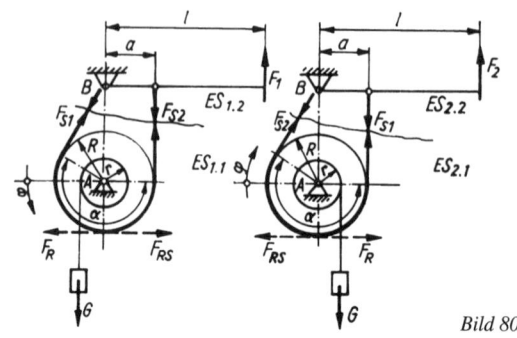

Bild 80

Bremsscheiben:

$$\text{ES}_{1.1} \; \circlearrowright A \;\Big|\; -F_R R + Gr = 0$$
$$\text{ES}_{2.1} \; \circlearrowright A \;\Big|\; +F_R R - Gr = 0$$

Daraus: $F_R = Gr/R$

Nach dem statischen Kräftegleichgewicht im Seil werden infolge $F_{S1} - F_{S2} = F_{RS}$ (Gegenkraft zur Reibkraft F_R für die Bremsscheibe) die Seilkräfte F_{S1} und F_{S2} festgelegt. Nach (2) sind

$$F_{S1} = F_{RS}\frac{e^{\mu\alpha}}{e^{\mu\alpha} - 1} \quad \text{und} \quad F_{S2} = F_{RS}\frac{1}{e^{\mu\alpha} - 1}$$

2

Bremshebel:

$$\text{ES}_{1.2}\,\big(\!\!\!\begin{array}{c}B\\\to\end{array} \quad F_1 = F_{S2}\frac{a}{l} = G\frac{r}{R}\frac{a}{l}\frac{1}{e^{\mu\alpha} - 1}$$

$$\text{ES}_{2.2}\,\big(\!\!\!\begin{array}{c}B\\\to\end{array} \quad F_2 = F_{S1}\frac{a}{l} = G\frac{r}{R}\frac{a}{l}\frac{e^{\mu\alpha}}{e^{\mu\alpha} - 1}$$

Infolge $F_2 > F_1$ ist im zweiten Fall für die gleiche Bremswirkung eine größere Kraft erforderlich.

2 Räumliche Kräftesysteme

Die bekannten Berechnungsverfahren für Kräfte in der Ebene lassen sich auf räumlich wirkende Kräftebüschel oder -gruppen anwenden. Vorher muß man jedoch für das technische Gebilde Strukturskizzen in zugeordneten Ebenen anfertigen.

2.1 Zentrale Kräftesysteme mit Strukturknoten

Drei Stäbe sollen nach Bild 81a die beiden Belastungskomponenten $2F$ und F aufnehmen. Wir schneiden den Strukturknoten D frei und tragen Längskräfte (Stabkräfte F_{S1}, F_{S2}, F_{S3}) ein. Dadurch entsteht das räumlich wirkende Kräftebüschel. Seine Abbildungen für die Vertikal- und Horizontalebene zeigt Bild 81b.

Geometrische Beziehungen für die Stabkräfte:

$$\sin\alpha = \frac{a}{\sqrt{a^2 + (3a)^2}} = \frac{1}{\sqrt{10}}$$

$$\cos\alpha = \frac{3}{\sqrt{10}}$$

$$\sin\beta = \frac{2a}{\sqrt{(2a)^2 + (3a)^2}} = \frac{2}{\sqrt{13}}$$

$$\cos\beta = \frac{3}{\sqrt{13}}$$

Modell
Kräfte im Raum

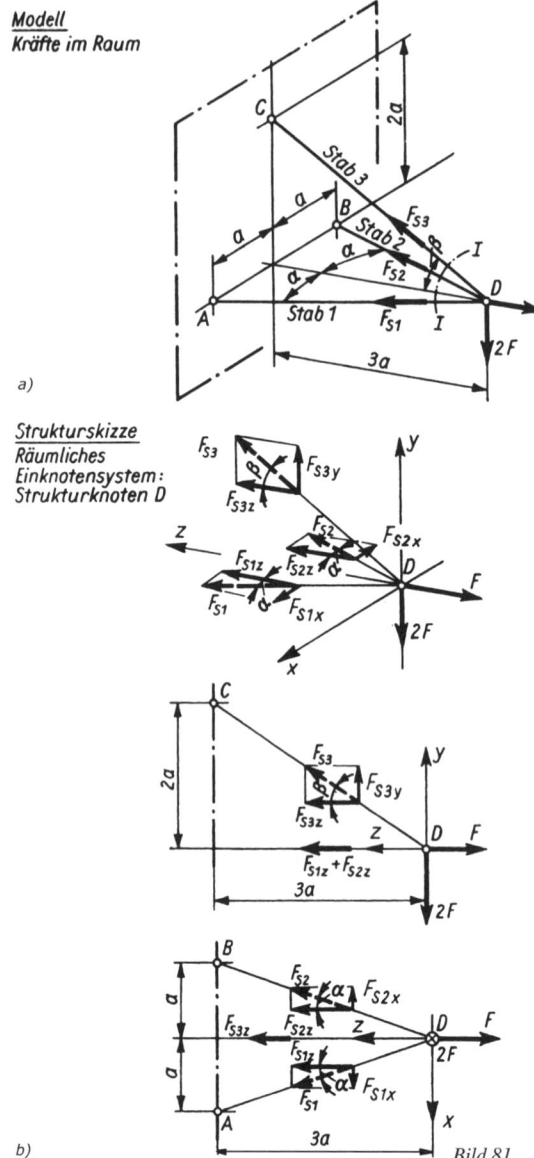

a)

Strukturskizze
Räumliches
Einknotensystem:
Strukturknoten D

b)

Bild 81

Statisches Kräftegleichgewicht für beide Ebenen:

y ↑ | $+F_{S3} - 2F = 0$ oder $F_{S3} \sin \beta = 2F$

$$F_{S3} = +\frac{2F}{\sin \beta} = +\sqrt{13}\,F = +3{,}61F \quad \text{(Zugstab)}$$

x ↗ | $+F_{S2} \sin \alpha - F_{S1} \sin \alpha = 0; \quad F_{S2} = F_{S1} = F'_S$

(symmetrisch angeordnete Stäbe)

z ↘ | $-F_{S2z} - F_{S1z} - F_{S3z} + F = 0$ oder

$-2F'_S \cos \alpha = F_{S3z} - F$

$$F'_S = -\frac{1}{2 \cos \alpha}(F_{S3} \cos \beta - F) = -\frac{\sqrt{10}}{3}F = -1{,}05F$$

(Druckstäbe)

Liegen die drei Stäbe nicht in senkrecht zueinander stehenden Ebenen, dann bezieht man sich geometrisch auf die Kräfteanordnung nach Bild 82. Die Resultierende F_R entspricht der Körperdiagonalen. In zugeordneten Diagonalschnittebenen liegen rechtwinklige Kraftecke mit den Komponenten

$$F_{Rx} = F_R \cos \alpha; \qquad F_{Ry} = F_R \cos \beta; \qquad F_{Rz} = F_R \cos \gamma$$

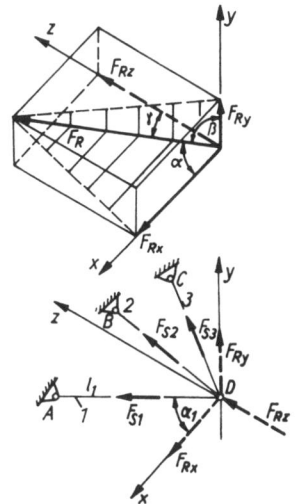

Bild 82

Die drei Stäbe haben Fußpunktkoordinaten $A(x_1, y_1, z_1)$; $B(x_2, y_2, z_2)$; $C(x_3, y_3, z_3)$. Mit ihren Längen l_1, l_2, l_3 ergeben sich Ausdrücke für die Richtungswinkel $\cos \alpha_i = x_i/l_i$; $\cos \beta_i = y_i/l_i$; $\cos \gamma_i = z_i/l_i$.

Damit lauten die Gleichungen für das Kräftegleichgewicht zwischen Belastungen und Stabkräften (Zugkräfte vorausgesetzt):

$x \quad \swarrow \quad +F_{Rx} + \dfrac{x_1}{l_1}F_{S1} + \dfrac{x_2}{l_2}F_{S2} + \dfrac{x_3}{l_3}F_{S3} = 0$

$y \quad \uparrow \quad +F_{Ry} + \dfrac{y_1}{l_1}F_{S1} + \dfrac{y_2}{l_2}F_{S2} + \dfrac{y_3}{l_3}F_{S3} = 0$

$z \quad \nwarrow \quad +F_{Rz} + \dfrac{z_1}{l_1}F_{S1} + \dfrac{z_2}{l_2}F_{S2} + \dfrac{z_3}{l_3}F_{S3} = 0$

Anwendung auf das Kräftesystem nach Bild 81a

Fußpunktkoordinaten der Stützstäbe sowie Stablängen:

i	x_i	y_i	z_i	l_i
1	$+a$	0	$+3a$	$a\sqrt{10}$
2	$-a$	0	$+3a$	$a\sqrt{10}$
3	0	$+2a$	$+3a$	$a\sqrt{13}$

Statisches Kräftegleichgewicht

$x \quad \swarrow \quad 0 + \dfrac{+a}{a\sqrt{10}}F_{S1} + \dfrac{-a}{a\sqrt{10}}F_{S2} + \dfrac{0}{a\sqrt{13}}F_{S3} = 0$

$F_{S1} = F_{S2} = F_S'$

$y \quad \uparrow \quad -2F + 0 + 0 + \dfrac{2a}{a\sqrt{13}}F_{S3} = 0$

$F_{S3} = +\sqrt{13}F = +3{,}61F \quad \text{(Zugstab)}$

$z \quad \nwarrow \quad -F + F_S'\left(\dfrac{+3a}{a\sqrt{10}} + \dfrac{+3a}{a\sqrt{10}}\right) + \dfrac{3a}{a\sqrt{13}}F_{S3} = 0$

$F_S' = F_{S1} = F_{S2} = -\dfrac{\sqrt{10}}{3}F = -1{,}05F \quad \text{(Druckstäbe)}$

2.2   Aufbereitung allgemeiner Kräftesysteme

Eine Aufbereitung der Berechnung bei allgemeinen Kräftesystemen zeigt Bild 83. Die Modellskizze entspricht einer Welle mit zwei schrägverzahnten Zahnrädern. Hier treten als Belastungen Umfangs-, Radial- und Axialkräfte auf. In den beiden Lagern wirken 5 Stützreaktionen. Ihre Radialkomponenten lassen sich zur resultierenden Radialstützkraft zusammenfassen.

Die Berechnungen werden auf die Horizontal- und Vertikalebene bezogen. Hierzu dienen die beiden Strukturskizzen. Außerdem treten bezüglich des Wellenmittelpunktes, also um die z-Achse, Torsionsmomente $M_t = M_z$ auf, so daß die Gleichung $F_{u1}r_{o1} = F_{u2}r_{o2}$ beachtet werden muß.

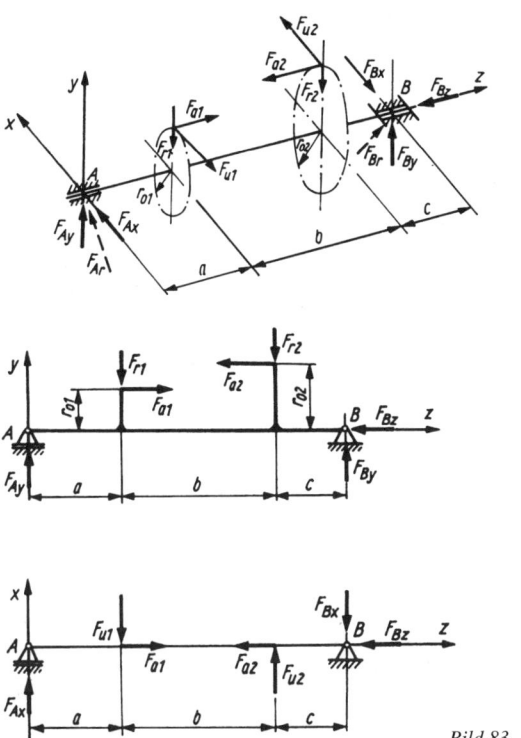

Bild 83

Durchführung der Rechnung siehe Abschnitt 4.2: *Komplexe Bauteilbeanspruchungen mit Normal und Tangentialspannungen.*

Beanspruchung fester Körper

Einführung

Es wird davon ausgegangen, daß im Abschnitt *Statik* Belastungsfragen untersucht wurden. Das sind Kräfte und Momente, die auf ein Bauteil einwirken und nach den statischen Gleichgewichtsbedingungen die entsprechenden Stütz- und Schnittreaktionen verursachen. Sofern Beschleunigungen ($a \neq 0$) und Schwingungsvorgänge nicht ausgeschlossen werden können, sind hierzu die Gesetze der Kinetik und für technische Schwingungen auszuwerten (siehe Teil Kinematik und Kinetik). Zur Untersuchung der Bauteilbeanspruchung muß man sich jedoch auf bezogene Größen stützen. Zu diesem Zweck werden die Schnittreaktionen bezüglich der betrachteten Schnittfläche in Spannungen umgerechnet. Man erhält für ein Flächenelement dA aus Längskräften dF_L (normal zum Schnittverlauf gerichtet) Normalspannungen $\sigma = \mathrm{d}F_L / \mathrm{d}A$ und aus Tangential- oder Querkräften dF_Q Schubspannungen $\tau = \mathrm{d}F_Q / \mathrm{d}A$. Im einfachsten Fall, wenn die Spannung gleichmäßig über die Schnittfläche verteilt angenommen wird, genügt die Größe der vorhandenen Querschnittsfläche. Bei Schnittmomenten muß jedoch die Struktur der Querschnittsfläche, ausgedrückt durch ihre Trägheitsmomente unter Beachtung des Zentrifugalmomentes, in die Rechnung einbezogen werden. Natürlich ist bei diesen Untersuchungen nicht nur die Kenntnis der örtlichen Situation für maximale Spannungen wichtig, sondern der gesamte Spannungsverlauf über den Querschnitt. Hierzu finden Sie Anregungen im Abschnitt 4: *Komplexe Bauteilbeanspruchungen*.

Mit Spannungen sind aber auch infolge elastischer Bauteileigenschaften Formänderungen verbunden. Verlängerungen (oder Verkürzungen) führen bezüglich der unbelasteten Stablänge auf Dehnungen (oder Stauchungen). Betrachtet man schließlich den zusammenhängenden Einfluß zugehöriger Spannungen und Dehnungen, dann ergibt sich daraus die spezifische Formänderungsarbeit. Sie bezieht sich auf das im unbelasteten Zustand vorliegende Stabvolumen.

Im wesentlichen hat daher die Festkörperbeanspruchung die Aufgabe, *drei spezifische Kennziffern*: *Spannungen*, *Formänderungen* und die *Formänderungsarbeit* zu berechnen. Sie beziehen sich auf die Flächen-, Längen- und Volumeneinheit des festen, elastischen Körpers und können bei Bedarf in absolute Größen, etwa zur Bestimmung der gesamten Verlängerung eines Zugstabes oder seiner gesamten (absoluten) Formänderungsarbeit, umgerechnet werden. Die Beurteilung der Bauteilbeanspruchung durch mechanische (auch thermische u. a.) Einflüsse hinsichtlich Haltbarkeit, Funktionstüchtigkeit, Funktionsdauer, Tragfähigkeit stützt sich auf Versuchsergebnisse aus Werkstoff- und Bauteilprüfungen. Diese Festigkeitswerte sind mit den Beanspruchungsgrößen abzustimmen. Hierzu stehen Werkstoff- und Bauteilkenngrößen der statischen, der Zeit- oder Dauerschwingfestigkeit zur Verfügung. Auf eine Übereinstimmung zwischen Versuchs- und Rechenergebnissen (Praxis und Theorie) ist hierbei besonders zu achten. Man beachte auch, daß in beiden Wissenschaftsdisziplinen verfeinerte, auf die Praxis abgestimmte Prüfverfahren und Berechnungsmethoden entstehen, die eine Verbesserung der Genauigkeit anstreben.

Während die Zuverlässigkeit der Rechnung betont technisch-physikalische Zusammenhänge und ihre mathematische Durchdringung anstreben, also auch z. B. die Übertragungsgenauigkeit für das Berechnungsmodell, erhalten die marktwirtschaftlichen Aspekte ihre Motive aus dem unmittelbaren Produktionsprozeß und aus dem Nutzungsbereich technischer Erzeugnisse. Gerade diese Forderungen können ganz konkret die Lösung einer Aufgabe, das Suchen der optimalen Ausführungsvariante fördern. In dieser Entscheidungsphase entstehen im Rahmen der Beurteilungskriterien Führungsgrößen, die auch Verbesserungen einschließen.

3 Solitäre Bauteilbeanspruchungen

Typische Bauteilbeanspruchungen werden hinsichtlich ihrer wichtigsten Merkmale untersucht. Das sind bei Normalbeanspruchung *Zug*, *Druck*, *Biegung* und bei Tangentialbeanspruchung *Scherung*, *Schub* und *Torsion*. Ihre solitäre, vereinfachende Betrachtungsweise schließt Überlagerungen oder weitere Nebenwirkungen aus. Der Anwendungsbereich dieser Gesetzmäßigkeiten ist in der Technik als direkte Aussage oder in Form von Näherungslösungen brauchbar.

Weiterhin entstehen hier die Grundlagen zur Behandlung komplexer Bauteilbeanspruchungen, die das gleichzeitige Wirken mehrerer Normalspannungen oder von Normal- und Tangentialspannungen voraussetzen. Man spricht daher auch von *Grundbeanspruchungen*.

3.1 Beanspruchungsgrößen und Festigkeitswerte

3.1.1 Konstante Normalschnittkräfte (Längskräfte) in Querschnitten

Im Anfangsbereich des Zugversuches wird die Werkstoffprobe (Bild 84) mit steigender Belastung verlängert und quer dazu verkürzt. Man bezieht alle drei Beanspruchungsgrößen auf die unbelastete Stabgeometrie (mit Stablänge l_0, Stabdurchmesser d_0, Querschnittsfläche $A = (\pi/4)d_0^2$ und Stabvolumen $V = Al_0$ im Ausgangszustand) und erhält bei Voraussetzung gleichmäßiger Spannungsverteilung über den gesamten Querschnitt sowie konstanter Längskraft $F_L = F$

Normalspannung $\sigma = \dfrac{F}{A}$

Dehnung $\varepsilon = \dfrac{\Delta l}{l_0}$

Querkontraktion $\varepsilon_q = -\dfrac{\Delta d}{d_0}$

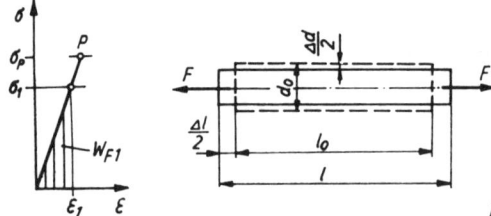

Bild 84

Zu diesen geometrisch definierten Größen gehören als Werkstoffkennwerte der *Elastizitätsmodul E* und die *Querkontraktionszahl* μ.

Im Spannungs-Dehnungs-Diagramm ist bis zur Proportionalitätsgrenze *P* (Spannung σ_P) nach dem HOOKEschen Gesetz ein linear elastisches Werkstoffverhalten zu erkennen. Der Anstieg der Geraden entspricht dem Elastizitätsmodul $E = \sigma/\varepsilon$ (Werte für *E* siehe *Anlage A 5*).

Damit gilt für die

Dehnung $\varepsilon = \dfrac{1}{E}\sigma$

Das absolute Verhältnis der Längs- zur Querdehnung beträgt für die meisten Metalle nach der POISSONschen Konstanten $m = |\varepsilon/\varepsilon_q| = 3\ldots4$. Der Kehrwert wird mit Querkontraktionszahl (Querdehnzahl) μ bezeichnet. Für Stahl rechnet man in der Regel mit $\mu = 0{,}3$. Dann gilt für die

Querkontraktion $\varepsilon_q = -\mu\varepsilon$

bzw. mit $\mu = 0{,}3$ und mit Bezug auf das HOOKEsche Gesetz $\varepsilon_q = -0{,}3\sigma/E$.

▶ *Anmerkung*: BACH und SCHÜLE haben das lineare Stoffgesetz zu einem Potenzgesetz $\varepsilon = \sigma^n/E$ erweitert (Bild 85). Hierin sind $n = 1$ (Stahl), $n < 1$ (z. B. Leder, Hanf) und $n > 1$ (Gußeisen mit Lamellengraphit, Gestein). In solchen Fällen muß man sich infolge $E = \sigma^n/\varepsilon$ auf spannungsabhängige Mittelwerte für den Elastizitätsmodul beziehen.

Längs- und Querdehnung überlagern sich bei senkrecht zueinander stehenden Normalspannungen in Scheiben. Für die *z*-Richtung wird nach Bild 86 der Längsdehnungsanteil σ_1/E durch die Querdehnung $-\mu\sigma_2/E$ reduziert. Daher betragen die Gesamtdehnungen für beide Koordinatenrichtungen

$$\varepsilon_z = \frac{1}{E}(\sigma_1 - \mu\sigma_2) \quad \text{sowie} \quad \varepsilon_y = \frac{1}{E}(\sigma_2 - \mu\sigma_1)$$

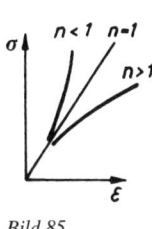

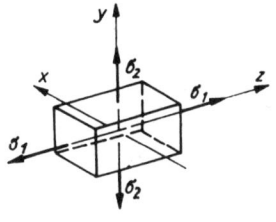

Bild 85   Bild 86

3

Formänderungsarbeit: Beim Dehnen des Stabes gemäß Bild 87 wird durch die Kraft F Arbeit verrichtet. Im Proportionalitätsbereich führt dies mit linear anwachsender Kraft (analog zum linearen Federgesetz) zur

$$\text{absoluten Formänderungsarbeit} \quad W_{F\,abs} = \frac{F\Delta l}{2}$$

Dieser Ausdruck stimmt mit der schraffierten Diagrammfläche im Belastungsdiagramm (Bild 87) überein.

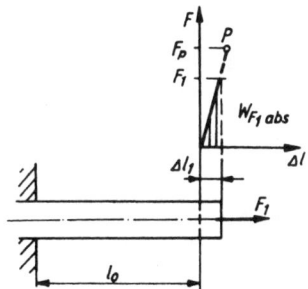

Bild 87

Bezieht man die absolute Formänderungsarbeit $W_{F\,abs}$ auf das Stabvolumen $V = Al_0$, so erhält man die

$$\text{spezifische Formänderungsarbeit} \quad W_F = \frac{1}{2}\frac{F}{A}\frac{\Delta l}{l_0} = \frac{1}{2}\sigma\varepsilon$$

Diese Beziehung entspricht der Fläche im Spannungs-Dehnungs-Diagramm (s. Bild 84).

Zusammenstellungen der Gleichungen:

Beanspruchungsgrößen:

Spannung

$$\sigma = \frac{F}{A}$$

Dehnung

$$\varepsilon = \frac{\Delta l}{l_0} = \frac{\sigma}{E} = \frac{F}{EA}$$

EA Dehnungssteifigkeit

spezifische Formänderungsarbeit

$$W_F = \frac{\sigma\varepsilon}{2} = \frac{\sigma^2}{2E}$$

Absolute Größen:

Verlängerung

$$\Delta l = \frac{\sigma l_0}{E} = \frac{F l_0}{EA}$$

absolute Formänderungsarbeit

$$W_{F\,abs} = W_F V = \frac{\sigma^2 A l_0}{2E} = \frac{F^2 l_0}{2EA}$$

(Für die Maßeinheit der spezifischen Formänderungsarbeit schreibt man gelegentlich $N \cdot mm/mm^3$ anstelle von N/mm^2, um die Bezogenheit auf das Volumen zum Ausdruck zu bringen.)

3.1.2 Tangentialschnittkräfte (Querkräfte) in Querschnitten

Analog zur Beanspruchung durch Normalspannungen gelten für Tangentialschnittkräfte vereinfachte Festlegungen, die in speziellen Abschnitten erweitert werden.

Die Belastung nach Bild 88 bewirkt eine Verschiebung senkrecht zur Stabachse. Wenn man in grober Näherung voraussetzt, daß die dabei im Querschnitt wirkenden Spannungen gleichmäßig verteilt sind, ergeben sich die

$$\text{\textit{Schubspannungen}} \quad \tau = \frac{F_t}{A}$$

und Änderungen des ursprünglich rechten Winkels zwischen Längs- und Querschnitten. Für sehr kleine Formänderungen lassen sich die zugehörigen Schiebungen oder Gleitungen durch die Beziehung $\tan \gamma \approx \gamma = \Delta v/\Delta z$ ausdrücken. Hier bezeichnet man die Werkstoffkonstante mit Gleit- oder Schubmodul G, so daß das HOOKEsche Gesetz für Schubspannungen in der Form

$$\text{\textit{Gleitungen, Schiebungen}} \quad \gamma = \frac{1}{G}\tau$$

geschrieben werden kann.

Eine Verknüpfung von geometrischer und beanspruchungsgerechter Formänderung führt auf die

$$\text{\textit{Verschiebung}} \quad \Delta v = \frac{F_t}{GA}\Delta z$$

GA Schubsteifigkeit

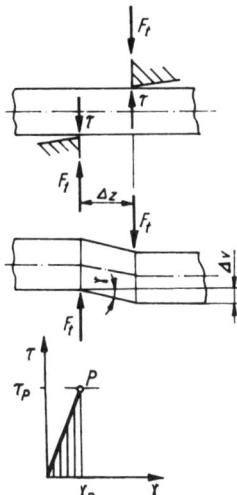

Bild 88

Für die *spezifische Formänderungsarbeit* im Proportionalitätsbereich ist sinngemäß die Beziehung

$$W_F = \frac{1}{2}\tau\gamma = \frac{\tau^2}{2G}$$

vorauszusetzen.

Es hat den Anschein, als ob bei dieser Beanspruchung eine dritte unabhängige Werkstoffkonstante zu beachten wäre. Weitergehende Untersuchungen, die den Normal- und Schubspannungszustand untersuchen, führen jedoch auf einen Zusammenhang zwischen Elastizitätsmodul, Querkontraktionszahl und *Gleitmodul* nach der allgemeinen Beziehung

$$G = \frac{1}{2(1+\mu)}E$$

bzw. für Metalle mit $\mu = 0,3$: $G = E/[2(1+0,3)] = E/2,6 = 0,385E$

3.1.3 Normal- und Tangentialschnittkräfte in Schrägschnitten beim einachsigen Spannungszustand

Beim Zugstab (Bild 89) wirkt die Belastung stets auf einer Wirkungslinie, die mit der Stabachse übereinstimmt. Die Schnittkraft F_s (auch für Schrägschnitte) entspricht der Stabkraft F. In Schrägschnitten ist sie jedoch weder normal noch tangential zum Schnitt gerichtet. Man zerlegt sie in ihre beiden Komponenten: Normalschnittkraft $F_{ns} = F_s \cos\varphi$ und Tangentialschnittkraft

$F_{ts} = F_s \sin \varphi$. Gleichmäßige Spannungsverteilung über die Schrägschnitt-
fläche $A(\varphi) = A/\cos \varphi$ vorausgesetzt, führt auf die

$$\text{Normalspannung} \quad \sigma(\varphi) = \frac{F_{ns}}{A(\varphi)} = \frac{F}{A} \cos^2 \varphi$$

$$\text{Schubspannung} \quad \tau(\varphi) = \frac{F_{ts}}{A(\varphi)} = \frac{F}{A} \sin \varphi \cos \varphi$$

Ausgehend von der Normalspannung im Querschnitt ($\varphi = 0$) mit $\sigma_0 = F/A$
und mit Bezug auf die beiden trigonometrischen Zusammenhänge $\cos^2 \varphi = (1 + \cos 2\varphi)/2$, $\sin \varphi \cos \varphi = \sin 2\varphi/2$ entsteht

$$\sigma(\varphi) = \frac{\sigma_0}{2}(1 + \cos 2\varphi) \quad \text{und} \quad \tau(\varphi) = \frac{\sigma_0}{2} \sin 2\varphi$$

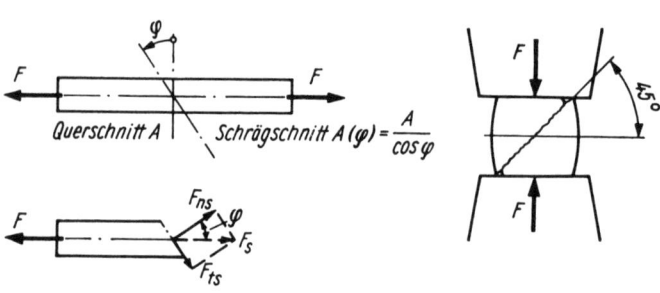

Funktionsdiagramm

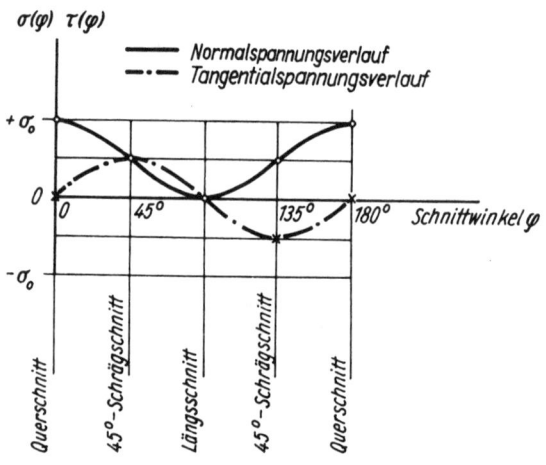

Bild 89

Auswertung der Spannungen:

Im Schrägschnitt eines zugbelasteten Stabes treten Normal- und Schubspannungen auf.

Die Normalspannungen haben ihr Maximum im Querschnitt. Man erfaßt demnach größte Zugspannungen mit der Gleichung $\sigma = F/A$. Bereits in Schrägschnitten von jeweils 45° zur Stabachse haben sie sich auf den halben Betrag abgebaut. Im Längsschnitt treten keine Spannungen auf. Schub- oder Tangentialspannungen sind im Querschnitt nicht vorhanden. Zu beachten sind jedoch extreme Schubspannungen $\tau_{max} = \pm\sigma_0/2$ in Schrägschnitten von jeweils 45° zur Stabachse. Sie sind in beiden Schnittrichtungen, die sich um 90° voneinander unterscheiden, vom Betrag gleich groß, jedoch entgegengesetzt gerichtet. Man spricht von zugeordneten Schubspannungen. Da diese Zusammenhänge auch für den Druckstab mit $F_s = -F$ gelten, sind Rißerscheinungen bei schubempfindlichen Stoffen, die schon bei der halben Druckfestigkeit $\tau_B = \sigma_{dB}/2$ auftreten, nicht auszuschließen.

3.1.4 Statische Festigkeitswerte, Sicherheitszahlen und zulässige Spannungen

Zur Bestimmung von Festigkeitswerten werden Material- und Bauteilprüfungen durchgeführt. Die Auswertung von Spannungs-Dehnungs-Diagrammen (Beispiel für den Zugversuch mit einem Stahlprobestab, Bild 90) weist auf das lineare Verhalten zwischen Spannungen und Dehnungen nach dem HOOKEschen Gesetz (bis zur Proportionalitätsgrenze P) hin. Hieraus ergibt sich mit $\sigma/\varepsilon = E$ der konstante Elastizitätsmodul. Nach diesem Bereich folgen Spannungen für die Elastizitätsgrenze R_p, die Streckgrenze R_e (allgemein Fließgrenze σ_F) und die Zugfestigkeit R_m. In denjenigen Fällen, wo sich keine ausgeprägte Fließgrenze einstellt, wird hierfür eine plastische Dehnung von 0,2 % zugelassen (Ersatzstreckgrenze $R_{p\,0,2}$). Zur Gewährleistung statischer Festigkeitswerte unterliegen die Versuche konstanten Beanspruchungsgeschwindigkeiten (bis zur Streckgrenze meist im Bereich von 3 bis 10 MPa/s).

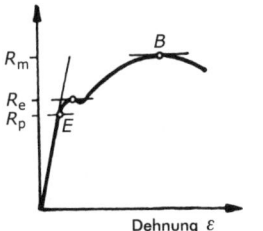

Bild 90

Die vom Bauteil zulässige (ertragbare) Spannung σ_{zul} muß mit Sicherheit unter Festigkeitswerten für Grenzzustände liegen. Man legt *Sicherheitszahlen* fest.

Sicherheitszahl gegen Bruch

$$S_B = \frac{R_m}{\sigma_{zul}}$$

Sicherheitszahl gegen plastische Formänderungen

$$S_F = \frac{R_e}{\sigma_{zul}} \quad \text{bzw.} \quad S_{0,2} = \frac{R_{p\,0,2}}{\sigma_{zul}}$$

Mit diesen Sicherheitszahlen ist eine Beanspruchung im linearen Spannungsbereich, die allen Rechnungen zugrunde liegt, zu gewährleisten. Darüber hinaus gilt es, Unsicherheiten durch Belastungshöhe und -schwankungen sowie durch Streuung der realen Werkstoffeigenschaften und Abweichungen von der geometrischen Form des Prüfkörpers zu erfassen. Zur Berücksichtigung konstruktiv bedingter Kerben, die den Kraftfluß umlenken (Wellenabsätze, Nuten, Querbohrungen u. a.) stehen aus Bauteilprüfungen Formzahlen α_K zur Verfügung. Damit wird die örtlich begrenzte maximale Randspannung nach der Beziehung $\sigma_{max} = \sigma_n \alpha_K$ berechnet (σ_n Nenn- bzw. mittlere Spannung, bei Zugbeanspruchung aus $\sigma_z = F/A$).

Anhaltswerte für Sicherheitszahlen im Maschinenbau lassen sich aus Tabellen für zulässige Spannungen (*Anlage A 6* und *A 7*) ableiten, sofern nicht durch Vorschriften (Bauwesen, Fahrzeugbau, Behälterbau u. a.) besondere Festlegungen getroffen sind.

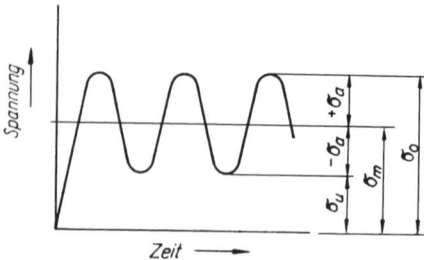

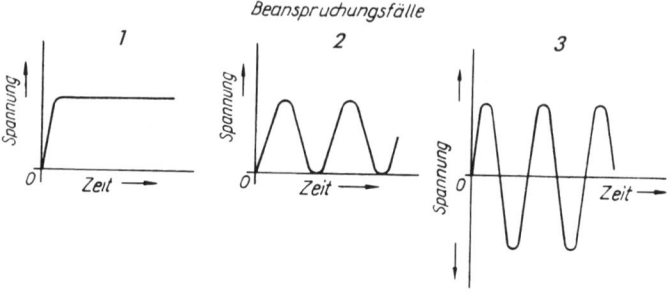

Bild 91

Neben der Beanspruchungsart sind die drei Beanspruchungsfälle (Sonderfälle einer zeitlich allgemeinen Beanspruchungscharakteristik mit σ_o Oberspannung, σ_u Unterspannung, σ_m Mittelspannung, σ_a Spannungsausschläge) nach Bild 91 zu berücksichtigen.

- *Beanspruchungsfall 1*: Statische Beanspruchung mit $\sigma_a = 0$
- *Beanspruchungsfall 2*: Schwellende Beanspruchung mit $\sigma_u = 0$
- *Beanspruchungsfall 3*: Wechselnde Beanspruchung mit $\sigma_m = 0$

3

3.2 Zug- und Druckbeanspruchung

Die Bauteile haben Stabform mit gerader Stabachse. Als Schnittgrößen treten nur Längskräfte (Zugkräfte $+F_L$, Druckkräfte $-F_L$) auf. Um zusätzliche Biegungen auszuschließen, müssen die Belastungen und damit die Längskräfte auf einer gemeinsamen Wirkungslinie durch die Flächenschwerpunkte aller Querschnitte, der Stabachse, liegen. Auf diese Weise entsteht im Stab ein einachsiger Spannungszustand mit der maximalen Normalspannung im Querschnitt.

3.2.1 Beanspruchungen bei ungekerbten und gekerbten Stäben

Bei homogenen, ungekerbten Stäben wird die Annahme gleichmäßiger Spannungsverteilung über den gesamten Querschnitt vorausgesetzt. Die Belastung entspricht der Schnittkraft. Daher gilt die Spannungsgleichung

$$\text{Zug-, Druckspannung} \qquad \sigma = \frac{F}{A} \leqq \sigma_{zul}$$

Um Knickungen auszuschließen, ist bei Druckbeanspruchung auf die Länge (Höhe) des Körpers zu achten. Hier kann man zwischen Würfel- und Säulenfestigkeit unterscheiden.

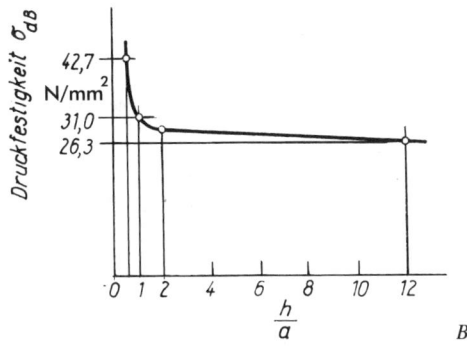

Bild 92

Bild 92 zeigt Versuchswerte für Betonkörper (quadratische Querschnittsfläche a^2, Höhe h). Die Würfelfestigkeit ($h/a = 1$) beträgt $-31\,\text{N/mm}^2$, während die

Säulenfestigkeit für $h/a = 12$ bereits auf $-26{,}3 \text{ N/mm}^2$, das sind 85 % der Würfelfestigkeit, abgenommen hat.

Für Stahl und Gußeisen (GG) kann noch bis zu folgenden geometrischen Verhältnissen mit verminderten zulässigen Druckspannungen gerechnet werden:

	Quader h/a	Zylinder h/d
Stahl	5,8	5,0
Gußeisen (GG)	2,9	2,5

Darüber hinaus ist Knickung (s. 4.1.5) nicht auszuschließen.

Bei spröden Stoffen ist eine Gefährdung des Bauteils durch maximale Schubspannungen $\tau_{max} = \pm F/(2A)$ in 45°-Schrägschnitten zu beachten.

Dehnungen oder *Stauchungen* in Stablängsrichtung lassen sich nach den Beziehungen

$$\varepsilon = \frac{\Delta l}{l_0} = \frac{1}{E}\sigma = \frac{F}{EA}$$

$+\Delta l$ Verlängerung
$-\Delta l$ Verkürzung
EA Zug- oder Drucksteifigkeit

berechnen.

Quer dazu tritt im Falle des Zuges die *Kontraktion* (Zusammenziehung als relative Größe im Sinne von Stauchung)

$$\varepsilon_q = \frac{-\Delta d}{d_0} = -\mu\varepsilon = -\mu\frac{1}{E}\sigma = -\mu\frac{F}{EA}$$

(für Metalle mit $\mu = 0{,}3$) auf. Im Falle des Druckes liegt eine Querdehnung vor.

Beispiel: Für eine Zugstange gemäß Bild 93 aus Baustahl St 37-2, neue Bezeichnung S235JR (Festigkeitswert nach DIN EN 10025: $R_m = 260 \text{ N/mm}^2$) sind bei zweifacher Bruchsicherheit folgende Größen zu berechnen: zulässige Belastung und dazu Längsdehnung, Stabverlängerung, Querkontraktion, Durchmesseränderung

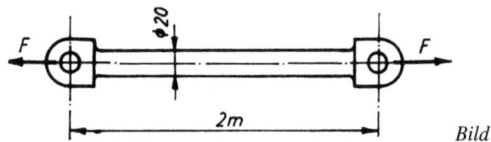

Bild 93

Lösung:
Zulässige Belastung

$$F_{zul} = \sigma_{zul}A = \frac{R_m}{2}A = 40{,}8 \text{ kN}$$

Längsdehnung
$$\varepsilon = \frac{\sigma}{E} = \frac{130}{210\,000} = 0,62 \cdot 10^{-3}$$
Verlängerung
$$\Delta l = \varepsilon l_0 = 0,62 \cdot 10^{-3} \cdot 2\,000 \text{ mm} = 1,24 \text{ mm}$$
Querkontraktion
$$\varepsilon_q = -\mu\varepsilon = -0,3 \cdot 0,62 \cdot 10^{-3} = -0,186 \cdot 10^{-3}$$
Durchmesseränderung
$$\Delta d = \varepsilon_q d = -0,186 \cdot 10^{-3} \cdot 20 \text{ mm} = -3,72 \text{ μm}$$

Bei gekerbten Stäben (Bild 94) liegt keine gleichmäßige Spannungsverteilung vor. Für statische Belastungen wird die maximale Spannung im Kerbgrund aus dem Produkt von Nennspannung (theoretische für die vorhandene Querschnittsfläche) und *Formzahl* α_K berechnet: $\sigma_{max} = \sigma_n \alpha_K$.

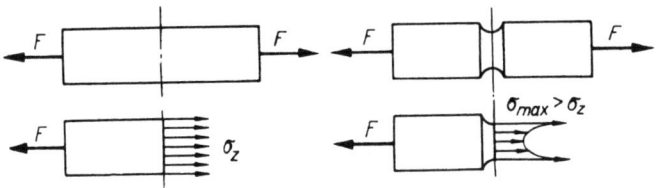

Bild 94

Beispiel: Bestimmung der Formzahlen für zwei abgesetzte Zugstäbe (Bild 95); $d_1 = 40$ mm; $d_2 = 20$ mm, gleiche Kerbtiefe $t/d_1 = 10$ mm$/40$ mm $= 0,25$; jedoch unterschiedliche Kerbschärfe $r/t = 5$ mm$/10$ mm $= 0,5$ sowie $r/t = 1$ mm$/10$ mm $= 0,1$

Lösung:

Formzahlen für abgesetzte Rundstäbe sind bei Zugbeanspruchung mit $a/r = d_2/(2r)$ nach der Beziehung
$$\alpha_K = 1 + \frac{1}{\sqrt{\dfrac{0,77}{\dfrac{t}{r}} + 2,1\dfrac{\left(1 + \dfrac{a}{r}\right)^2}{\left(\dfrac{a}{r}\right)^3}}}$$
zu berechnen. Man erhält

für Kerbgeometrie 1 ($t/r = 2$, $a/r = 2$):
$$\alpha_{K1} = 1 + \frac{1}{\sqrt{\dfrac{0,77}{2} + 2,1\dfrac{(1+2)^2}{2^3}}} = 1,6$$

für Kerbgeometrie 2 ($t/r = 10$, $a/r = 10$):
$$\alpha_{K2} = 1 + \frac{1}{\sqrt{\dfrac{0,77}{10} + 2,1\dfrac{(1+10)^2}{10^3}}} = 2,74$$

Zur schnellen Orientierung lassen sich brauchbare Diagrammwerte bestimmen.

Bei vorausgesetzter zweifacher Sicherheit gegenüber der Streckgrenze für Nennspannungen liegt die maximale Beanspruchung für Kerbgeometrie 2 bereits über der Streckgrenze und damit im plastischen Werkstoffbereich.

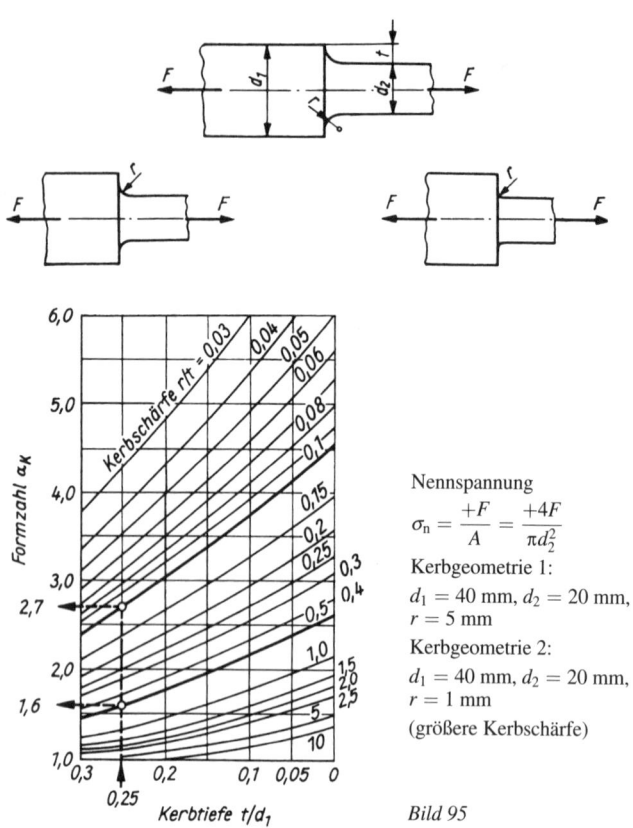

Nennspannung

$$\sigma_n = \frac{+F}{A} = \frac{+4F}{\pi d_2^2}$$

Kerbgeometrie 1:

$d_1 = 40$ mm, $d_2 = 20$ mm, $r = 5$ mm

Kerbgeometrie 2:

$d_1 = 40$ mm, $d_2 = 20$ mm, $r = 1$ mm

(größere Kerbschärfe)

Bild 95

3.2.2   Zugspannungen mit Berücksichtigung der Eigenmasse

In den Querschnitten eines vertikal aufgehängten Stabes (Bild 96) wirkt neben der äußeren Kraft zusätzlich das Eigengewicht $G(z) = m(z)g$ des Stabteiles unterhalb der Schnittstelle. Auf diese Weise treten im Stab unterschiedlich große Zugspannungen auf. Wir erhalten die z-abhängigen Spannungen nach der Beziehung

$$\sigma(z) = +\frac{F}{A} + \frac{G(z)}{A} = +\frac{F}{A} + \frac{Az\varrho g}{A} = +\frac{F}{A} + z\varrho g$$

und als Maximalwert ($z = l$)

$$\sigma_{max} = +\frac{F}{A} + l\varrho g$$

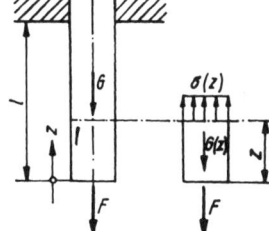

Bild 96

Wirkt nur die Eigenmasse, dann läßt sich daraus die zulässige Traglänge l_{zul} (abhängig von der zulässigen Spannung) oder die Reißlänge l_B (abgestimmt auf die Zugfestigkeit des Materials) ermitteln. Die Querschnittsfläche verliert ihren Einfluß.

$$\text{zulässige Traglänge} \quad l_{zul} = \frac{\sigma_{zul}}{\varrho g}$$

$$\text{Reißlänge} \quad l_B = \frac{R_m}{\varrho g}$$

ϱg Gewicht je Volumeneinheit, s. *Anlage A 5*

Beispiel: Berechnung der Reißlänge für Baustahl S235JR mit $R_m = 260 \text{ N/mm}^2$

Lösung:

$$l_B = \frac{R_m}{\varrho g} = \frac{260 \text{ N/mm}^2}{77 \cdot 10^{-6} \text{ N/mm}^3} = 3{,}4 \cdot 10^6 \text{ mm} = 3{,}4 \text{ km}$$

Die Reißlängen für Textil- oder Kunststoffasern sind wesentlich größer. Einige Anhaltswerte:

	l_B in km
Naturseide	45
Viskoseseide	15 … 28
Polyamidseide	40 … 66 (75)

3.2.3 Körper gleicher Druckbeanspruchung

Sollen in allen Querschnitten gleich große Normalspannungen auftreten, dann sind die Randpunkte der Körpergeometrie nach einer Exponentialfunktion zu gestalten (Bild 97).

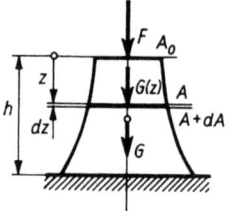

Bild 97

Da hier eine Entwurfsrechnung vorliegt, wird die Spannungsgleichung nach der Querschnittsfläche umgestellt. Für einen im Abstand z betrachteten Querschnitt ergibt sich mit der Belastung $F + G(z)$

$$A(z) = \frac{F + G(z)}{\sigma_{\text{zul}}}$$

sowie für die notwendige Querschnittsvergrößerung bei $z + \mathrm{d}z$

$$\mathrm{d}A = \frac{\mathrm{d}G}{\sigma_{\text{zul}}} = \frac{\mathrm{d}mg}{\sigma_{\text{zul}}} = \frac{A(z)\,\mathrm{d}z\varrho g}{\sigma_{\text{zul}}}$$

Durch Umstellung dieser Gleichung entsteht

$$\frac{\mathrm{d}A}{A(z)} = \frac{\varrho g}{\sigma_{\text{zul}}}\,\mathrm{d}z$$

bzw. nach Integration $\ln A(z) = \dfrac{\varrho g}{\sigma_{\text{zul}}}z + C$

Bestimmung der Konstanten:

An der Stelle $z = 0$ wird vorausgesetzt, daß die Belastung F gleichmäßig über die Querschnittsfläche $A(0) = A_0$ verteilt ist. Dann gilt

$$\ln A(z) = \frac{\varrho g}{\sigma_{\text{zul}}}z + \ln A_0 \quad \text{oder} \quad \ln \frac{A(z)}{A_0} = \frac{\varrho g}{\sigma_{\text{zul}}}z$$

bzw.

$$A(z) = A_0\, \mathrm{e}^{\frac{\varrho g}{\sigma_{\text{zul}}}z} = \frac{F}{\sigma_{\text{zul}}}\, \mathrm{e}^{\frac{\varrho g}{\sigma_{\text{zul}}}z}$$

$$A(z) = \frac{F}{\sigma_{\text{zul}}} \exp\left(\frac{\varrho g z}{\sigma_{\text{zul}}}\right)$$

Für Beton ist $\varrho g = (16\ldots 24) \cdot 10^{-6}\ \text{N/mm}^3$. Weitere Angaben nach *Anlage A 5*.

Infolge der Analogie zwischen Druck und Zug gilt obige Gleichung sinngemäß auch für Zugbeanspruchung. In beiden Fällen sind für F und σ_{zul} die Absolutbeträge einzusetzen.

3.2.4 Zugspannungen in dünnwandigen Gefäßen

Für dünnwandige geschlossene Behälter (Kugelschalen, Rohre) mit innerem Überdruck p kann man sich auf die Berechnung von Zugspannungen beschränken.

Dünnwandiger Hohlzylinder (ohne Berücksichtigung von Böden und sonstigen Abschlußelementen) (Bild 98):

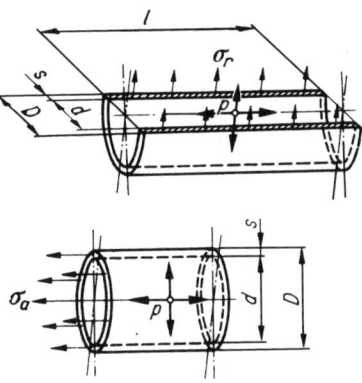

Bild 98

Längsschnitte:

Belastung $F_r = pdl$, Fläche $A_1 = 2ls$

Umfangsspannungen σ_t oder Ringspannungen σ_r

$$\sigma_t = \sigma_r = \frac{F_r}{A_1} = \frac{pdl}{2ls} = \frac{d}{2s}p$$

Querschnitte:

Belastung $\quad F_a = \frac{\pi}{4}d^2 p$

Fläche $\quad A = \frac{\pi}{4}(D^2 - d^2) = \frac{\pi}{4}(D - d)(D + d)$

$$= \frac{\pi}{4} \cdot 2s(D + d)$$

Spannungen in axialer Richtung (Längsspannungen)

$$\sigma_a = \frac{d^2 p}{2s(D + d)}$$

Bei dünnwandigen Behältern kann wegen der geringfügigen Durchmesserdifferenz $D = d$ gesetzt werden. Für $(D + d)$ steht dann $2d$. Man erhält

$$\sigma_a = \frac{d^2 p}{2s \cdot 2d} = \frac{d}{4s}p$$

Ein Vergleich der beiden Ausdrücke zeigt, daß die Zugspannungen in Längs-schnitten doppelt so groß wie diejenigen in Querschnitten sind. Zur Bemessung von dünnwandigen Rohren wird daher die Gleichung für σ_t herangezogen.

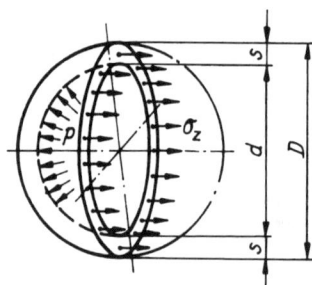

Bild 99

Dünnwandige Hohlkugel (Bild 99):

Hier entsprechen die Durchmesserschnitte in jedem Fall den Querschnitten bei dünnwandigen Hohlzylindern.

Maximale Normalspannung

$$\sigma_{max} = \frac{d}{4s} p$$

Beispiel: Bestimmung der Wanddicke für eine Hydraulikleitung; Öldruck $p = 160$ bar $= 16$ N/mm²; Innendurchmesser $d = 10$ mm; Werkstoff mit $R_e = 240$ N/mm²; Sicherheitszahl 2,0

Lösung:

Nach Gleichung für σ_t (dünnwandige Hohlzylinder) ergibt sich für die erforderliche Wanddicke

$$s_{erf} = \frac{d}{2\sigma_{zul}} p = \frac{10 \text{ mm}}{\dfrac{2 \cdot 240}{2,0} \text{ N/mm}^2} \cdot 16 \ (\text{N/mm}^2)^2 = 0,67 \text{ mm}$$

Die Rohrleitung wird mit der Wanddicke $s = 0,8$ mm festgelegt.

3.2.5   Flächenpressungen als Kontaktspannungen

An der Berührungs- oder Kontaktstelle benachbarter Körper treten Spannun-gen auf, die man zum Unterschied von denjenigen in Körpern als Flächen-pressungen bezeichnet (Übersicht nach Bild 100). Man unterscheidet zwischen ebenen und gewölbten Auflageflächen. Im ersten Fall ergibt sich die Kon-taktfläche unmittelbar aus der geometrisch vorhandenen Auflage. Im zweiten Fall wird hierzu die Flächenprojektion herangezogen. Bei festen Verbindun-gen zweier Bauteile (z. B. durch Bolzen oder Niete) spricht man von Lochlei-bung.

3

Druckspannung im Körper	Berührungsspannungen zwischen 2 Körpern					Lochleibung
	Flächenpressung		gewölbte Flächen			gewölbte Flächen
	ebene Flächen		Kugelpressung	Walzenpressung		
 Druckstab	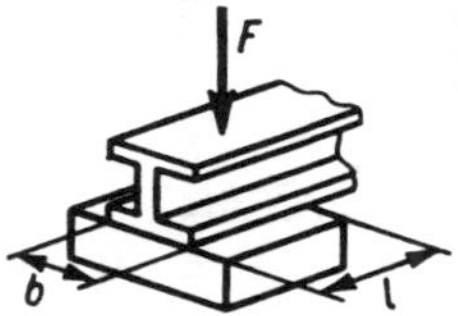 Beispiel: Träger auf Quader	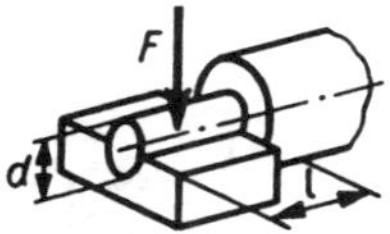 Beispiel: Zapfen in Lagerschale Spielpaarung zwischen Lager und Zapfen	 Kugeln 	Walzen		Beispiel: Feste Bolzen-verbindung Preßpaarung zwi-schen Bolzen und Laschen
			Kugel auf Platte	Walze auf Platte		

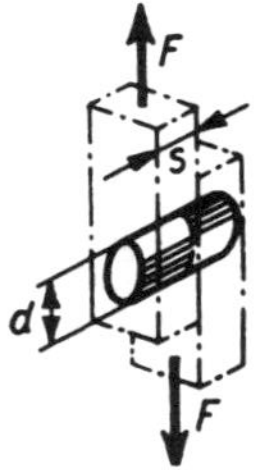

Bild 100 Druckbeanspruchungen

Damit ergeben sich die nachfolgenden Gleichungen:

Flächenpressung bei ebener Auflage (Beispiel I-Träger auf Quader):

$$p = \frac{F}{bl}$$

Flächenpressung bei gewölbter Auflage mit Spielpaarung (Beispiel Zapfen in Lagerschale):

$$p = \frac{F}{dl}$$

Flächenpressung zwischen Walzen und Kugeln (nach HERTZ) (Bild 101):

$$\text{Maximale Walzenpressung } p_{max} = -0{,}418\sqrt{\frac{FE}{rl}}$$

Formänderung $\hat{=}$ halbe Breite der Kontaktfläche (Rechteckfläche)

$$a = 1{,}52\sqrt{\frac{Fr}{El}}$$

$$\text{Maximale Kugelpressung } p_{max} = -0{,}388\sqrt[3]{\frac{FE^2}{r^2}}$$

Formänderung $\hat{=}$ Radius der Druckfläche $a = 1{,}11\sqrt[3]{\frac{Fr}{E}}$

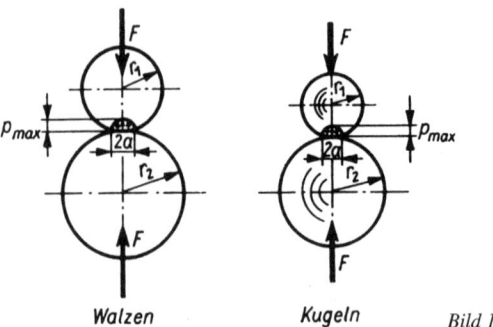

Walzen   Kugeln   *Bild 101*

Bei unterschiedlichen Kenngrößen sind für E und r Werte nach folgenden Beziehungen zu berechnen:

Elastizitätsmodul

$$\frac{1}{E} = 0{,}5\left(\frac{1}{E_1} + \frac{1}{E_2}\right)$$

Radius

$$\frac{1}{r} = \frac{1}{r_1} + \frac{1}{r_2}$$

Die Pressung zwischen Walze oder Kugel und ebener Unterlage ist an die geometrische Bedingung $r_2 = \infty$ gebunden. Hier wird $r = r_1$ vorausgesetzt.

Anwendung der Hertzschen Gleichungen zur Beurteilung der Zahnflankenbeanspruchung und im Stahlbau für Stützteile und Gelenke:

Richtwerte

	p_{zul} in N/mm²
Gußeisen GG-15	500
Stahlguß GS-52	850
Stahl 1 C 35	950

Flächenpressung bei Verbindungselementen

Lochleibung $\sigma_1 = \dfrac{F}{ds}$

Zulässige Spannungen können von der zulässigen Druckspannung nach $\sigma_{1\,zul} = m\sigma_{d\,zul}$ abgeleitet werden.

Richtwerte

	m
Maschinenbau	1,6
Gelenkverbindungen (Stahlbau)	1,3
Nietverbindungen (Stahlbau)	2,0

Beispiel: Berechnung des Auflagedurchmessers D_1 für die Säule nach Bild 102; $F = 500$ kN; $d_i = 180$ mm; $p_{zul} = 6$ N/mm² (für das Fundament)

Lösung:

Erforderliche Auflagefläche $A_{erf} = A_{D1} - A_{di} = F/p_{zul}$. Daraus

$$D_{1\,erf} = \sqrt{\frac{4F}{\pi p_{zul}} + d_i^2} = \sqrt{\frac{4 \cdot 500\ \text{kN}}{\pi \cdot 6\ \text{N/mm}^2} + 180^2}\ \text{mm}$$

$$= 372\ \text{mm}$$

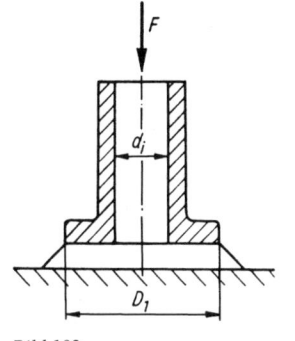

Bild 102

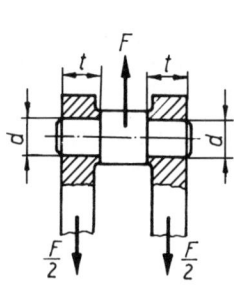

Bild 103

Beispiel: Welche Belastung kann auf Grund zulässiger Lochleibung die Gabel (Bild 103) aufnehmen? Werkstoff mit $\sigma_{d\,zul} = 120$ N/mm²; $d = 20$ mm; $t = 25$ mm

Lösung:

Belastungsanteil für jeden Bolzenansatz $F/2$. Mit $m = 1,6$ wird

$$F_{zul} = 2 \cdot (1,6\sigma_{d\,zul})dt = 2 \cdot (1,6 \cdot 120) \text{ N/mm}^2 \cdot 20 \text{ mm} \cdot 25 \text{ mm}$$
$$= 192 \text{ kN}$$

3.2.6   Statisch unbestimmte Probleme bei Zug-, Druckbeanspruchung

Im statisch unbestimmten Falle reichen die Gleichgewichtsbedingungen allein nicht aus, um die interessierenden Auflager- und Schnittreaktionen zu bestimmen. Die erforderlichen Zusatzgleichungen gewinnt man aus Verformungsbedingungen mittels des HOOKEschen Gesetzes.

3.2.6.1 Thermische Probleme, Wärmespannungen

Unter der Voraussetzung gleichmäßiger Temperaturverteilung läßt sich die Gesamtdehnung eines Stabes als Summe von *elastischer* Dehnung ε_{el} und *thermischer* Dehnung ε_T berechnen.

$$\varepsilon_{ges} = \varepsilon_{el} + \varepsilon_T = \frac{1}{E}\sigma + \alpha_T \Delta T = \frac{\Delta l_{ges}}{l_0}$$

α_T linearer Ausdehnungskoeffizient, Werte siehe *Anlage A 5*
ΔT Temperaturdifferenz

Falls ein Stab stückweise konstante Temperaturabschnitte aufweist, ist die thermische Verlängerung gleich der Summe der Einzelanteile:

$$\Delta l_T = \sum_{i=1}^{n} \alpha_T \Delta T_i l_i$$

Solange sich ein erwärmter bzw. abgekühlter Stab ungehindert ausdehnen oder zusammenziehen kann, treten in ihm keine Temperaturspannungen auf. Erinnert sei an die Ausgleichsbögen bei Dampfleitungen.

Bei starrer Bauteilverankerung wird jedoch die gesamte Längenänderung verhindert, so daß Temperaturänderungen zu Spannungen führen, die beträchtliche Werte annehmen können und beispielsweise bei der Verlegung „endloser" Gleise beachtet werden müssen. Die Berechnung der Spannungen führt auf ein statisch unbestimmtes Problem und läßt sich nur durch Formänderungsbetrachtungen lösen. Die Verformungsbedingung $\varepsilon_{ges} = 0$ führt auf die Gleichung

$$\varepsilon_{ges} = \frac{\sigma}{E} + \alpha_T \Delta T = 0$$

und damit (ohne äußere Belastung) auf die *Temperaturspannung*

$$\sigma_T = -\alpha_T E \Delta T \quad \text{(bei Erwärmung ist } \Delta T \text{ positiv} \rightarrow \text{Druckspannung)}$$

Beispiel: Stahl- oder Kupferstäbe, bei $T_1 = 298$ K $(+25\,°C)$ spannungsfrei fest verankert, unterliegen einer Abkühlung bis auf $T_2 = 248$ K $(-25\,°C)$. Welche Temperaturspannungen treten jeweils auf?

Lösung:

Stahlstäbe:

$$\sigma_{St} = 2,1 \cdot 10^5 \text{ N/mm}^2 \cdot 11 \cdot 10^{-6} \text{ K}^{-1}(-50 \text{ K}) = +115,5 \text{ N/mm}^2$$

Kupferstäbe:

$$\sigma_{Cu} = 1,25 \cdot 10^5 \text{ N/mm}^2 \cdot 16 \cdot 10^{-6} \text{ K}^{-1}(-50 \text{ K}) = +100 \text{ N/mm}^2$$

In beiden Fällen entstehen infolge Abkühlung um $\Delta T = 50\,°C$ Zugspannungen.

Sind unterschiedlich lange Stäbe starr miteinander verbunden, so tritt eine gegenseitige Behinderung bei gleicher Stabverlängerung auf.

Beispiel: Fünf symmetrisch angeordnete Stäbe sind in seitlichen Flanschen fest verankert (Bild 104). Der rechte Flansch kann sich ungehindert verschieben. Parallele Lageänderungen zum linken Flansch werden vorausgesetzt. Man bestimme ihre Belastungen bei Temperaturänderungen um ΔT.

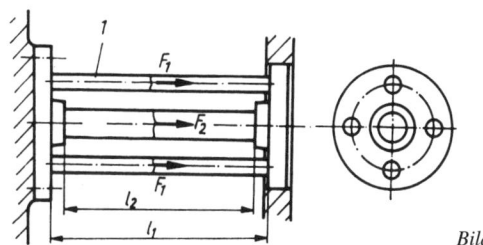

Bild 104

Lösung:

Wegen der Parallelführung des starren Flansches sind die Verlängerungen der Stäbe *1* und *2* gleich: $\Delta l_1 = \Delta l_2$.

Verlängerungen:

$$\Delta l_1 = \varepsilon_{1\,ges} l_1 = \left(\frac{F_1}{(EA)_1} + \alpha_{T1} \Delta T \right) l_1$$

$$\Delta l_2 = \varepsilon_{2\,ges} l_2 = \left(\frac{F_2}{(EA)_2} + \alpha_{T2} \Delta T \right) l_2$$

Verformungsbedingung: $\Delta l_1 = \Delta l_2 = \Delta l$

$$\left(\frac{F_1}{(EA)_1} + \alpha_{T1} \Delta T \right) l_1 = \left(\frac{F_2}{(EA)_2} + \alpha_{T2} \Delta T \right) l_2 \qquad (1)$$

Statisches Kräftegleichgewicht in Richtung der Stäbe:

$$\rightarrow \qquad \left| \; 4F_1 + F_2 = 0 \right. \qquad (2)$$

Mit den Gln. (1) und (2) liegen zwei Gleichungen zur Bestimmung der beiden unbekannten Stabkräfte F_1 und F_2 vor. Die Lösung lautet:

$$F_1 = \frac{\alpha_{T2}l_2 - \alpha_{T1}l_1}{\dfrac{l_1}{(EA)_1} + \dfrac{4l_2}{(EA)_2}}\Delta T; \qquad F_2 = \frac{\alpha_{T1}l_1 - \alpha_{T2}l_2}{\dfrac{l_1}{4 \cdot (EA)_1} + \dfrac{l_2}{(EA)_2}}\Delta T$$

Bei Bauteilen mit unterschiedlichen Temperaturen in den Randschichten kommt es zu Krümmungen, dies kann beispielsweise bei langen Maschinengestellen zu Bearbeitungsungenauigkeiten führen.

3.2.6.2 Statisch unbestimmte Tragwerke

Bei statisch unbestimmten Zug-, Druckaufgaben muß die Längenänderung bzw. Dehnung der Stäbe berücksichtigt werden. Aus geometrischen Betrachtungen ergeben sich die Verformungsbedingungen, die mittels des HOOKEschen Gesetzes in Gleichungen zwischen Kräften überführt werden.

Beispiel: Die Belastung des Stahlzylinders (1), $d_1 = 10$ mm, und der gleich langen Kupferhülse (2), $D_2/d_2 = 15$ mm$/12$ mm, über eine starre Platte (Bild 105) soll in der Kupferhülse eine Druckspannung von $\sigma_{(2)} = -90$ N$/$mm^2 hervorrufen. Man bestimme die Belastung F, die Spannung in (1) und die Stauchungen beider Körper.

Lösung:

Gleiche Stauchungen

$$\frac{F_1}{(EA)_1} = \frac{F_2}{(EA)_2} \tag{1}$$

und das statische Kräftegleichgewicht

$$F = F_1 + F_2 \tag{2}$$

berücksichtigen beide Wirkungsbedingungen.

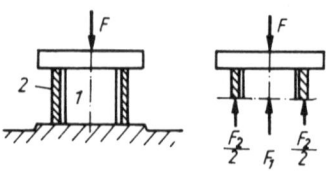

Bild 105

Belastung infolge vorgegebener Spannung in der Kupferhülse aus den Gln. (1) und (2) sowie mit $F_2 = A_2\sigma_2$:

$$F = A_2\sigma_2\left(1 + \frac{(EA)_1}{(EA)_2}\right)$$

Nebenrechnung: $A_2\sigma_2 = 63{,}6$ mm$^2(-90$ N$/$mm$^2) = -5{,}7$ kN

$(EA)_1 = 2{,}1 \cdot 10^5$ N$/$mm$^2 \cdot 78{,}5$ mm$^2 = 16{,}485$ MN

$(EA)_2 = 1{,}25 \cdot 10^5$ N$/$mm$^2 \cdot 63{,}6$ mm$^2 = 7{,}95$ MN

$$F = -5{,}7 \text{ kN}\left(1 + \frac{16{,}485 \text{ MN}}{7{,}95 \text{ MN}}\right) = -17{,}6 \text{ kN}$$

Stahlzylinder:

Belastungsanteil mit Bezug auf das statische Kräftegleichgewicht

$$F_1 = F - F_2 = -(17,6 - 5,7) \text{ kN} = -11,9 \text{ kN}$$

Spannung:

$$\sigma_1 = \frac{F_1}{A_1} = \frac{-11,9 \text{ kN}}{78,5 \text{ mm}^2} = -151,6 \text{ N/mm}^2$$

Stauchungen beider Körper (Kontrolle der Verformungsbedingung)

$$\varepsilon_1 = \frac{\sigma_1}{E_1} = \frac{-151,6 \text{ N/mm}^2}{2,1 \cdot 10^5 \text{ N/mm}^2} = -0,72 \cdot 10^{-3}$$

$$\varepsilon_2 = \frac{\sigma_2}{E_2} = \frac{-90 \text{ N/mm}^2}{1,25 \cdot 10^5 \text{ N/mm}^2} = -0,72 \cdot 10^{-3}$$

Beispiel: Der beidseitig in *starre* Gestellwände fest eingespannte Stab (Bild 106) hat über den Flansch die Belastung $F = 20$ kN zu übertragen. Zu berechnen sind die Normalspannungen und die Verschiebung des Querschnitts $C \ldots C$; Werkstoff Stahl.

Lösung:

Schnittkräfte in den Bereichen $F_\text{L}(z_1) = F_A$ (Druckkraft), $F_\text{L}(z_2) = F_B$ (Zugkraft)

Formänderungszwangsbedingung:

$$\Delta l_\text{ges} = 0 = \frac{-F_A l_1}{(EA)_1} + \frac{+F_B l_2}{(EA)_2} \tag{1}$$

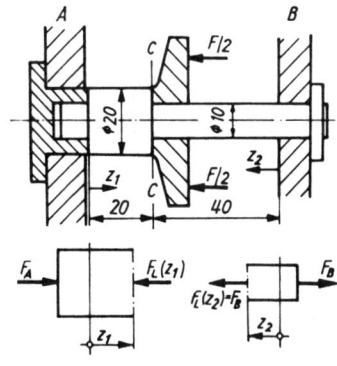

Bild 106

Statisches Kräftegleichgewicht:

$$\rightarrow \qquad \Big| +F_A - F + F_B = 0; \quad F_B = F - F_A \tag{2}$$

eingesetzt in Gl. (1), ergibt (bzw. bei gleichem Werkstoff)

$$F_A = \frac{\dfrac{l_2}{(EA)_2}}{\dfrac{l_1}{(EA)_1} + \dfrac{l_2}{(EA)_2}} F = \frac{\dfrac{l_2}{A_2}}{\dfrac{l_1}{A_1} + \dfrac{l_2}{A_2}} F = 0,89F$$

sowie mit Gl. (2) $F_B = 0,11F$.

Normalspannungen in den Bereichen:

$$\sigma_1 = -\frac{0,89 \cdot 20 \cdot 10^3 \text{ N}}{314,2 \text{ mm}^2} = -56,7 \text{ N/mm}^2$$

$$\sigma_2 = +\frac{0,11 \cdot 20 \cdot 10^3 \text{ N}}{78,5 \text{ mm}^2} = +28 \text{ N/mm}^2$$

Verschiebung des Querschnitts $C \ldots C$:

$$v_C = \Delta l_1 = -\frac{F_A l_1}{(EA)_1} = -\frac{0,89 \cdot 20 \cdot 10^3 \text{ N} \cdot 20 \text{ mm}}{210 \cdot 10^3 \text{ N/mm}^2 \cdot 314,2 \text{ mm}^2} = -5,4 \text{ μm}$$

Beispiel: Der Träger (Bild 107) ist in A gelenkig gelagert und wird weiterhin durch je zwei Stahlstäbe in B, C abgestützt. Zu berechnen sind die Spannungen in (1) und (2) für rechteckige Querschnitte $5 \cdot 20$ mm.

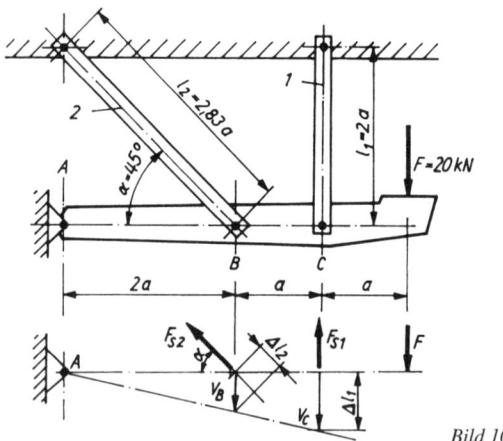

Bild 107

Lösung:

Die näherungsweise Bestimmung der Stabkräfte über die Stabverlängerungen bezieht sich auf einen starren Träger. Er behält die geometrische Form seiner Achse bei, bleibt also unverformt. Nach dem Formänderungsbild treten Vertikalverschiebungen $v_C/v_B = 3a/2a = 3/2$ (Strahlensatz) auf.

Die Verlängerung des Stabes *1* stimmt bei C mit v_C überein, in B jedoch ist $\Delta l_2 = v_B \sin \alpha$, und man erhält als Verformungsbedingung

$$\frac{\Delta l_1}{\Delta l_2} = \frac{v_C}{v_B \sin 45°} = \frac{3}{2 \sin 45°} = 2,12 \tag{1}$$

die mit der Formänderungsgleichung für die Stabkräfte

$$\frac{\Delta l_1}{\Delta l_2} = \frac{\dfrac{F_{S1} l_1}{(EA)_1}}{\dfrac{F_{S2} l_2}{(EA)_2}}$$

bzw. infolge $(EA)_1 = (EA)_2$

$$\frac{\Delta l_1}{\Delta l_2} = \frac{F_{S1} l_1}{F_{S2} l_2} = \frac{F_{S1} \cdot 2a}{F_{S2} \cdot 2{,}83a} = 0{,}707 \frac{F_{S1}}{F_{S2}} \qquad (2)$$

gleichzusetzen ist.

Es wird

$$F_{S1} = 3 F_{S2} \qquad (3)$$

Statisches Momentengleichgewicht um das Festlager:

$$\circlearrowleft A \quad \Big| \quad + F_{S2} \sin \alpha \cdot 2a + F_{S1} \cdot 3a - F \cdot 4a = 0$$

Unter Berücksichtigung der Gl. (3) ergibt sich damit $F_{S1} = +23{,}04$ kN und $F_{S2} = +7{,}68$ kN.

$$\sigma_1 = \frac{F_{S1}}{A_1} = \frac{+23{,}04 \text{ kN}}{200 \text{ mm}^2} = +115{,}2 \text{ N/mm}^2$$

$$\sigma_2 = \frac{F_{S2}}{A_2} = \frac{+7{,}68 \text{ kN}}{200 \text{ mm}^2} = +38{,}4 \text{ N/mm}^2$$

Beispiel: Der prismatische Körper (Bild 108), spiel- und reibungsfrei im Gesenk, wird über einen Stempel mit F belastet. Zu bestimmen sind die Spannungen auf die Gesenkwände und die Verkürzung des Körpers. Stempel und Gesenk starr, Reibungseinflüsse vernachlässigt, $F = 20$ kN, Elastizitätsmodul für Stahl.

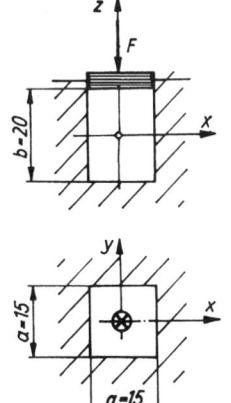

Bild 108

Lösung:

Die Überlagerung der Formänderungen in Richtung der Koordinatenachsen setzt sich aus Längsstauchung und Querdehnung zusammen. In Richtung der Belastung tritt eine Zusammendrückung auf. Infolge der starren Gesenkwände können sich in x, y-Richtung keine Formänderungen ausbilden. Dadurch gewinnen wir ein Gleichungssystem mit geometrischen Zwangsbedingungen. (Lösungsansatz für Zugbeanspruchung, Druck wird durch $F = -20$ kN berücksichtigt.)

Wegen der starren Gesenkwände verschwinden die *Dehnungen*

$$\varepsilon_x = \frac{1}{E}[\sigma_x - \mu(\sigma_y + \sigma_z)] = 0 \tag{1}$$

$$\varepsilon_y = \frac{1}{E}[\sigma_y - \mu(\sigma_x + \sigma_z)] = 0 \tag{2}$$

Aus Gl. (1): $\sigma_x = \mu(\sigma_y + \sigma_z)$ sowie aus Gl. (2): $\sigma_y = \mu(\sigma_x + \sigma_z)$
Ausdruck für σ_y in Gleichung für σ_x eingesetzt:

$$\sigma_x = \mu[\mu(\sigma_x + \sigma_z) + \sigma_z] = \mu^2\sigma_x + \mu^2\sigma_z + \mu\sigma_z$$

bzw.

$$\sigma_x(1 - \mu^2) = \mu\sigma_z(1 + \mu) \quad \text{oder} \quad \sigma_x = \frac{\mu\sigma_z}{(1 - \mu)}$$

Daraus mit $\sigma_z = F/a^2 = -20\ \text{kN}/152\ \text{mm}^2 = -88{,}9\ \text{N/mm}^2$ die
Normalspannung in x-Richtung:

$$\sigma_x = \frac{0{,}3 \cdot (-88{,}9)\ \text{N/mm}^2}{1 - 0{,}3} = -38{,}1\ \text{N/mm}^2$$

Infolge Symmetrie tritt diese Druckspannung auch in *y*-Richtung auf.

Verkürzung nach Dehnungsgleichung in Richtung der Belastung:

$$\varepsilon_z = \frac{1}{E}[\sigma_z - \mu(\sigma_x + \sigma_y)] = \frac{\Delta b}{b}$$

$$\Delta b = \frac{b}{E}[\sigma_z - \mu(\sigma_x + \sigma_y)]$$

$$= \frac{20\ \text{mm}}{210 \cdot 10^3\ \text{N/mm}^2}[-88{,}9\ \text{N/mm}^2 - 0{,}3 \cdot (-2 \cdot 38{,}1)\ \text{N/mm}^2]$$

$$= -6{,}3\ \mu\text{m}$$

3.3   Biegebeanspruchung infolge Belastungen in Hauptebenen

Die Beanspruchung eines Trägers durch Biegemomente ruft im Querschnitt Biegespannungen hervor und führt zur Krümmung des Bauteils. Der besonders wichtige Fall der geraden Biegung liegt vor, wenn die Schnittmomente um Hauptzentralachsen des Querschnitts drehen. Diese Biegemomente entstehen bei technischen Problemen überwiegend aus Kräften, die in entsprechenden Hauptebenen wirken. Bei schlanken Stäben kann jedoch die Wirkung der Querkräfte auf den Querschnitt in guter Näherung vernachlässigt werden.

Die vorausgesetzten *Hauptebenen* sind bei technischen Bauteilen in der Regel durch die Symmetrieachsen der Trägerquerschnitte bekannt (Bild 109). Bei Trägern mit rotationssymmetrischen Querschnitten ist jede Durchmesserebene eine Hauptebene. In einer davon müssen alle Momentenvektoren liegen. Auch für doppeltsymmetrische Querschnitte gilt diese Voraussetzung bezüglich der beiden senkrecht zueinander stehenden Hauptebenen. Einfachsymmetrische Querschnitte haben nur eine Symmetrieebene. Die zweite Hauptebene steht senkrecht zu ihr. Liegen asymmetrische Querschnittsformen vor, dann sind die Querschnittshauptachsen nach 4.1.4 zu bestimmen. Hier wird auch auf die Überlagerung von Biegespannungen eingegangen.

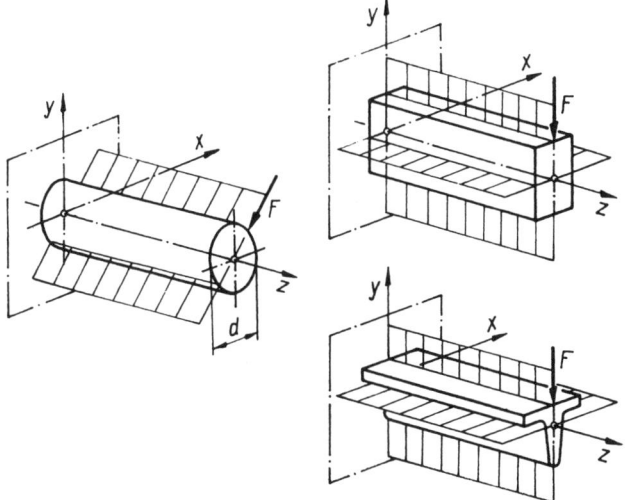

3

Bild 109

3.3.1 Spannungsgleichungen

Das Formänderungsbild für Träger (Bild 110) beruht auf der BERNOULLI-schen Hypothese, nach der die Querschnitte bei der Biegung eben bleiben und auch nach der Verformung noch senkrecht auf der (gebogenen) Balkenachse stehen. Die Längsschichten werden unterschiedlich gedehnt und gestaucht. Der Übergang zwischen beiden Formänderungsbereichen bleibt ungedehnt. Hier befindet sich die normalspannungsfreie Schicht (neutrale Faser). Sie liegt in der Hauptebene, die senkrecht zur Belastungsebene steht.

Ausgehend von dem linear veränderlichen Formänderungsverhalten und einem konstanten Elastizitätsmodul ergibt sich für den Querschnitt (I) nach dem Strahlensatz das

Spannungsverteilungsgesetz:

$$\sigma_{b(I)} = \sigma_{b\,max(I)} \frac{y}{e_1}$$

e_1 Randabstand auf der Zugseite des Trägers
y Abstand einer Längsschicht im Inneren des Trägers von der neutralen Faser

Das Biegemoment $M_{b(I)}$ berechnet sich als Integral des Produktes aus Biegespannung und Flächenelement, multipliziert mit dem entsprechenden

„Hebelarm" y, integriert über die Querschnittsfläche, d. h., es ist

$$M_{b(I)} = \int_A \sigma_{b(I)} \, dAy = \frac{\sigma_{b\,max(I)}}{e_1} \int_A y^2 \, dA$$

bzw. mit dem axialen Flächenträgheitsmoment bezüglich der *normalspannungsfreien Schicht* (x-Achse des Querschnitts) $I_x = \int_A y^2 \, dA$

$$M_{b(I)} = \sigma_{b\,max(I)} \frac{I_x}{e_1}$$

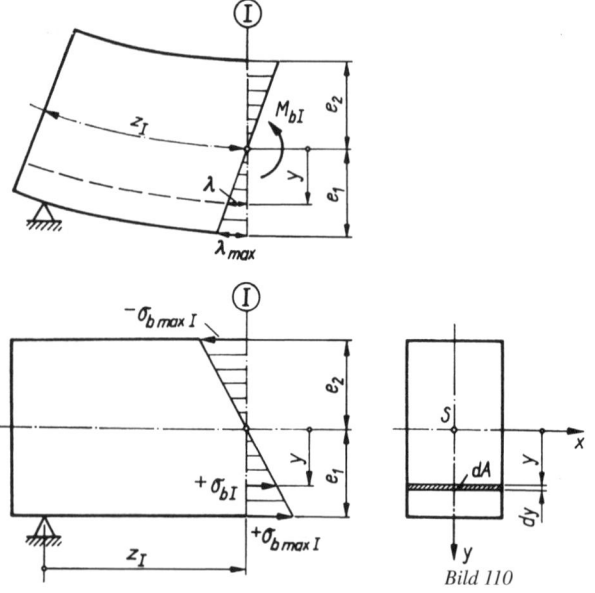

Bild 110

Für Biegespannungen in (I) an der unteren Randschicht ($y = e_1$) gilt die Gleichung

$$\sigma_{b\,max(I)} = \frac{M_{b(I)}}{I_{x(I)}} e_1$$

und für eine beliebige Schicht im Abstand y von der normalspannungsfreien Schicht gilt zufolge der linearen Spannungsverteilung

$$\sigma_{b(I)} = \frac{M_{b(I)}}{I_{x(I)}} y$$

● Biegespannungen in einem ganz bestimmten Querschnitt (I) sind abhängig vom Schnittmoment $M_{b(I)}$ (Belastungskennwert), vom Hauptachsen-Trägheitsmoment $I_{x(I)}$ (Querschnittskennwert) und vom Ab-

stand y für die zutreffende Längsschicht. Bei $y = y_0 = 0$ befindet sich die *normalspannungsfreie* Schicht, in der keine Biegespannungen auftreten.
Die absolut größte Normalspannung eines Querschnitts erhält man in Randpunkten mit absolut größtem Abstand y_{max} von der normalspannungsfreien Schicht.

Die Biegespannungen eines Trägers erzeugen keine resultierende Längskraft, denn Zug- und Druckanteile heben sich gegenseitig auf. Aus dem Kräftegleichgewicht in Richtung der Trägerachse ergibt sich

$$F_L = \int\limits_A \sigma_{b(I)} \, dA = \int\limits_A \sigma_{b\,max(I)} \frac{y}{e_1} \, dA = \frac{\sigma_{b\,max(I)}}{e_1} \int\limits_A y \, dA = 0$$

Das Integral $\int\limits_A y \, dA$ ist als statisches Moment der Querschnittsfläche in bezug auf eine Schwerpunktachse gleich Null. Damit wird bestätigt, daß die normalspannungsfreien Schicht durch den Flächenschwerpunkt bestimmt ist.

3.3.2 Querschnittskenngrößen, axiale Flächenträgheitsmomente

Die axialen Flächenträgheitsmomente sind im kartesischen x, y-Koordinatensystem definiert als $I_x = \int y^2 \, dA$ und $I_y = \int x^2 \, dA$. Im soeben behandelten Falle der geraden Biegung benötigt man I_x und I_y ausschließlich für die Hauptachsen durch den Flächenschwerpunkt des Querschnitts (Hauptzentralachsen).

Beispiel: Flächenträgheitsmomente für den Rechteckquerschnitt (Bild 111)

$$I_x = \int\limits_A y^2 \, dA = \int\limits_A y^2 b \, dy = b \int\limits_{-h/2}^{+h/2} y^2 \, dy = b \left. \frac{y^3}{3} \right|_{-h/2}^{+h/2} = \frac{bh^3}{12}$$

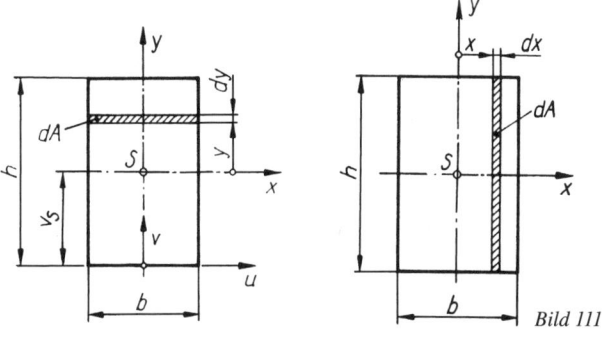

Bild 111

Analog hierzu ergibt sich für die y-Achse (als Biegeachse) das Trägheitsmoment zu $I_y = hb^3/12$.

3.3.2.1 Hauptachsen-Trägheitsmomente für geometrische Grundquerschnitte und für Querschnitte von Profilträgern

Wie vorher für das Beispiel eines Rechteckquerschnittes ausgeführt, lassen sich für geometrische Grundquerschnitte *Rechteck, Dreieck, Kreis, Kreisring* u. a. die Querschnittskennwerte durch Integration bestimmen. Eine Zusammenfassung der Ergebnisse enthält *Anlage A 8*.

Für handelsübliche Profilträger, warm gewalzt oder kalt geformt, muß man die entsprechenden DIN-Blätter benutzen (Auszüge siehe Anlagenteil). Hier stehen auch Angaben zum Widerstandsmoment. Mit $W_x = I_x/|y_{max}|$ bzw. $W_y = I_y/|x_{max}|$ kann nach den Gleichungen

$$\sigma_{b\,max(I)} = \frac{M_{b(I)}}{W_{x(I)}} \quad \text{bzw.} \quad \sigma_{b\,max(I)} = \frac{M_{b(I)}}{W_{y(I)}}$$

jedoch nur die *maximale Querschnittsrandspannung* unter Beachtung der vorliegenden Belastungsebene bestimmt werden.

3.3.2.2 Berechnung der Hauptachsen-Trägheitsmomente für zusammengesetzte Querschnittsformen mit gemeinsamen Bezugsachsen

Für zusammengesetzte Querschnittsformen, bei denen die Hauptachsen der Teilquerschnitte und des Gesamtquerschnittes übereinstimmen, ist das Ergebnis durch Subtraktion oder Addition zu bestimmen.

Beispiel: Der Querschnitt eines Rohres setzt sich aus der Differenz von zwei zentrisch angeordneten Kreisflächen mit dem Außendurchmesser $d_a = 20$ mm und dem Innendurchmesser $d_i = 15$ mm zusammen. Alle Schwerpunktsachsen stimmen überein. Außerdem liegt ein rotationssymmetrischer Querschnitt vor. Der Index kann entfallen.

Demnach erhält man für das Flächenträgheitsmoment:

$$I_{ges} = \frac{\pi}{64}d_a^4 - \frac{\pi}{64}d_i^4 = \frac{\pi}{64}(20^4 - 15^4)\ mm^4 = 5\,369\ mm^4$$

Beispiel: Der Querschnitt eines Kastenträgers setzt sich nach Bild 112 aus zwei U-Profilen Nr. 50 (*Anlage A 12*) zusammen. Für die *u*-Achse, die mit den Profil-*x*-Achsen übereinstimmt, wird $I_u = 2 \cdot I_x = 2 \cdot 26{,}4\ cm^4 = 52{,}8\ cm^4$. Die gleiche Be-

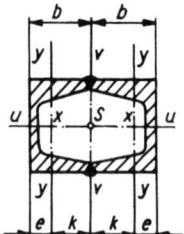

Bild 112

rechnungsmethode ist *nicht* für die *v*-Achse anzuwenden, denn die *y*-Achsen der Teilprofile liegen parallel zu ihr. In diesem Falle ist eine Reduktion von *y* nach *v* notwendig.

3.3.2.3 Berechnung der Hauptachsen-Trägheitsmomente für zusammengesetzte Querschnittsformen, deren Hauptachse parallel zu denen der Teilquerschnitte liegt

Sofern parallele Bezugsachsen vorliegen, muß man für jeden Teilquerschnitt eine Reduktion nach dem Satz von STEINER vornehmen. Das *reduzierte* axiale Flächenträgheitsmoment $I_{\text{red}i}$ einer Teilfläche A_i berechnet sich demnach aus der Gleichung

$$I_{\text{red}i} = I_{Si} + k_i^2 A_i$$

dabei ist I_{Si} das axiale Flächenträgheitsmoment der *i*-ten Teilfläche bezüglich der parallelen Achse durch den Schwerpunkt der Teilfläche, k_i bezeichnet den Abstand der beiden Achsen (Reduktionsabstand), und A_i ist der Flächeninhalt der Teilfläche.

Beispiel: Der Querschnitt nach Bild 112 setzt sich aus den beiden U-50-Profilen (*Anlage A 12*) zusammen. Zur Berechnung des Trägheitsmomentes bezüglich der *v*-Achse geht man von I_y aus und reduziert diesen Wert um den Abstand $k = b - e$ bis auf die *v*-Achse. Damit wird $I_v = 2[I_y + A(b - e)^2] = 2[9,12 + 7,12(3,8 - 1,37)^2]$ cm^4 = 102,3 cm^4.

Die tabellarische Rechnung läßt sich in Übereinstimmung mit der Beziehung

$$I_{x\,\text{ges}} = \sum_{i=1}^{n}(I_{xi} + k_i^2 A_i) = \sum_{i=1}^{n} I_{xi} + \sum_{i=1}^{n} k_i^2 A_i$$

$I_{x\,\text{ges}}$ Hauptachsen-Trägheitsmoment des gesamten Querschnitts bezüglich seiner *x*-Achse

I_{xi} Hauptachsen-Trägheitsmomente der Teilquerschnitte

A_i Flächeninhalte der Teilquerschnitte

k_i Reduktionsabstände der parallel verlaufenden Bezugsachsen von den Teilquerschnitten und der Hauptachse des gesamten Querschnitts

aufbauen.

Beispiel: Bestimmung des Trägheitsmomentes I_x für den Querschnitt nach Bild 113

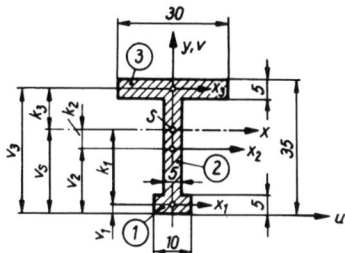

Bild 113

Lösung:

Die Lösung setzt vorher die Bestimmung des Flächenschwerpunktes voraus.

Koordinate des Flächenschwerpunktes (u, v-Koordinatensystem):

i	A_i in cm^2	v_i in cm	$A_i v_i$ in cm^3
1	0,5	0,25	0,125
2	1,25	1,75	2,19
3	1,5	3,25	4,875
$\sum$	3,25	—	7,19

$$v_S = \frac{7,19 \text{ cm}^3}{3,25 \text{ cm}^2} = 2,2 \text{ cm}$$

Aus der Darstellung ist auch ersichtlich, daß die Reduktionsabstände dem Abstand zwischen v_i und v_S entsprechen. Infolge ihres quadratischen Einflusses ist ein negativer Koordinatenabstand dem positiven gleichwertig.

Hauptachsen-Trägheitsmoment I_x:

i	I_{xi} in cm^4	$k_i^2 = (v_S - v_i)^2$ in cm^2	$k_i^2 A_i$ in cm^4
1	0,01	3,80	1,90
2	0,65	0,203	0,25
3	0,03	1,10	1,65
$\sum$	0,69	—	3,80

$$I_x = (0,69 + 3,80) \text{ cm}^4 = 4,49 \text{ cm}^4$$

Beispiel: Bestimmung des Flächenträgheitsmomentes bezüglich der x-Achse, Querschnitt nach Bild 114

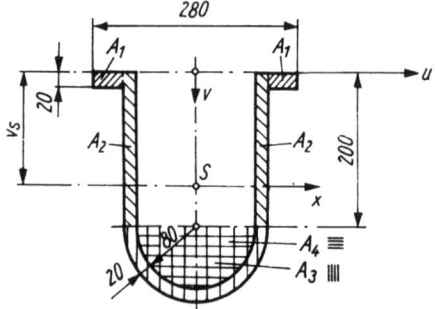

Bild 114

Lösung:

Schwerpunktskoordinate (u, v-Koordinatensystem):

i	A_i in cm^2	v_i in cm	$A_i v_i$ in cm^3	v_S in cm
1	16	1,0	16	
2	80	10,0	800	
3	157,08	24,24	3 808	14,9
4	−100,53	23,39	−2 351,4	
$\sum$	152,55	—	2 272,6	

Hauptachsen-Trägheitsmoment bezüglich der x-Achse:

i	I_{xi} in cm^4	k_i^2 in cm^2	$k_i^2 A_i$ in cm^4
1	5,3	193,2	3 091,2
2	2 667,0	24,0	1 920,0
3	1 100,0	87,2	13 697,4
4	−450,6	72,1	−7 248,2
$\sum$	3 321,7	—	11 460,4

$$I_x = (3\,321,7 + 11\,460,4)\ \text{cm}^4 = 14\,782,1\ \text{cm}^4$$

Bei zusammengesetzten Querschnitten mit *gemeinsamer* Bezugsachse für *reduzierte* Trägheitsmomente der Teilflächen kann man von der aus obiger Gleichung abgeleiteten Beziehung

$$I_{S\,\text{ges}} = \sum_{i=1}^{n}(I_{\text{red}\,i}) - k_S^2 A$$

Gebrauch machen. Hier sei aber nochmals betont, daß bei allen Reduktionen mindestens eine Bezugsachse Schwerpunktsachse sein muß.

Beispiel: Berechnung des Trägheitsmomentes I_x für den Querschnitt nach Bild 115

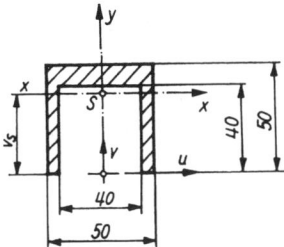

Bild 115

Lösung:

Reduziertes Trägheitsmoment, bezogen auf die *u*-Achse (siehe *Anlage A 8*) :

$$U_u = \frac{1}{3}(5^4 - 4^4)\,\text{cm}^4 = 123\,\text{cm}^4$$

Schwerpunktskoordinate v_S (*u, v*-Koordinatensystem):

$$v_S = \frac{\sum A_i v_i}{\sum A_i} = \frac{5^2 \cdot 2,5 - 4^2 \cdot 2}{5^2 - 4^2}\,\text{cm} = 3,39\,\text{cm}$$

Hauptachsen-Trägheitsmoment I_x:

$$I_x = I_u - v_S^2 A = (123 - 3,39^2 \cdot 9)\,\text{cm}^4 = 19,6\,\text{cm}^4$$

3.3.3   Belastungskenngrößen, Schnittmomente

Zur Methodik der Berechnung von Schnittreaktionen in Trägern wird auf 1.7.5 im Teil Statik verwiesen. Von den Belastungskennwerten Längs-, Querkräfte und Momente werden hier nur die Momente als *Biegemomente* beachtet. Wenn nötig, kann man auch Längskräfte einbeziehen und aus Biegespannungen mit Zug- oder Druckspannungen *resultierende Normalspannungen* bestimmen. Auf eine vollständige Darstellung der Schnittverläufe kann in vielen Fällen verzichtet werden, weil mit den vorhandenen Kenntnissen in überschaubarer Weise sofort extreme Werte bestimmbar sind. Vielfach genügt auch die Berechnung einzelner Biegemomente in ausgesuchten Querschnitten. Man orientiere sich an den nachfolgenden Beispielen.

3.3.4   Beanspruchungen mit Bezug auf Biegespannungen oder resultierende Normalspannungen

Beispiel: Für den einseitig eingespannten Träger in Bild 116 (konstante Breite und Wanddicke) sind die zulässige Belastung bezüglich Querschnitt (3) mit $\sigma_{b\,zul} = \pm 140\,\text{N/mm}^2$ sowie die Randspannungen in (2) und (1) zu berechnen. Querschnitt (1) hat eine symmetrisch angeordnete Querbohrung von $d = 30\,\text{mm}$.

Lösung:

Zulässige Belastung (bezüglich Querschnitt 3):

Schnittmoment, Einspannmoment

$$M_{b\,3} = F \cdot 1,2\,\text{m}$$

Trägheitsmoment

$$I_{x3} = \frac{1}{12}(6 \cdot 12^3 - 5 \cdot 10^3)\,\text{cm}^4 = 447,3\,\text{cm}^4$$

Zulässige Belastung aus $\sigma_{b(3)} = \dfrac{M_{b\,3}}{I_{x3}} y_3 = \sigma_{b\,zul}$

$$F_{zul} = \sigma_{b\,zul} \frac{I_{x3}}{1,2\,\text{m} \cdot y_3} = 140\,\text{N/mm}^2 \frac{447,3 \cdot 10^4\,\text{mm}^4}{1,2 \cdot 10^3 \cdot 60\,\text{mm}}$$

$$= 8,7\,\text{kN}$$

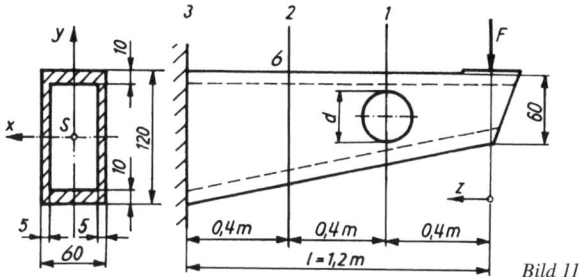

Bild 116

Spannung in (2) [mit $I_{x2} = (1/12)(6 \cdot 10^3 - 5 \cdot 8^3)$ cm^4 = 287 cm^4 und $y_2 = \pm 50$ mm]:

$$\sigma_{b(2)\,max} = \frac{8,7 \text{ kN} \cdot 0,8 \text{ m}}{287 \cdot 10^4 \text{ mm}^4}(\pm 50 \text{ mm}) = \pm 121 \text{ N/mm}^2$$

(+ oberer Rand Zugspannung, − unterer Rand Druckspannung)

Spannung in (1) [mit $I_{x1} = (1/12)(6 \cdot 8^3 - 5 \cdot 6^3 - 2 \cdot 0,5 \cdot 3^3)$ cm^4 = 163,75 cm^4 und $y_1 = \pm 40$ mm]:

$$\sigma_{b(1)\,max} = \frac{8,7 \text{ kN} \cdot 0,4 \text{ m}}{163,75 \cdot 10^4 \text{ mm}^4}(\pm 40 \text{ mm}) = \pm 85 \text{ N/mm}^2$$

Beispiel: Für den Träger nach Bild 117, konstante Querschnitte, Belastungen $F_1 =$ 30 kN; $F_2 = 20$ kN; $q_{max} = 40$ kN/m; Längeneinheit $a = 1$ m; $\sigma_{b\,zul} = \pm 100$ N/mm^2, soll der notwendige Querschnittsradius festgelegt werden. Anschließend sind Spannungsuntersuchungen für B, für den maximal belasteten Querschnitt im Bereich der Streckenlast, durchzuführen. Weiterhin soll derjenige Querschnitt bestimmt werden, in dem keine Biegespannungen auftreten.

Lösung:

Entwurf des Trägerquerschnittes:

Stützreaktionen: $F_{Ay} = 21,4$ kN; $F_B = 58,6$ kN. Querkraft-und Momentenverlauf nach Diagrammen. Maximales Biegemoment bei B: $|M_b|_{max} = 30$ kN $\cdot$ m. Querschnittskennwert nach *Anlage A 8*: $W_x = 0,19r^3$.

Erforderlicher Radius:

$$r_{erf} = \sqrt[3]{\frac{M_{b\,max}}{0,19\sigma_{b\,zul}}} = \sqrt[3]{\frac{30 \text{ kN} \cdot \text{m}}{0,19 \cdot 100 \text{ N/mm}^2}} = 116,4 \text{ mm}$$

Ausgeführt mit $r = 120$ mm

Spannungsuntersuchungen:

Querschnitt bei B:

$$\sigma_{b\,max} = \frac{F_2 \cdot 1,5 \text{ m}}{W_x} = \frac{20 \text{ kN} \cdot 1,5 \text{ m}}{0,19 \cdot 120^3 \text{ mm}^2}$$

$$= 91,4 \text{ N/mm}^2 < \sigma_{b\,zul} = 100 \text{ N/mm}^2$$

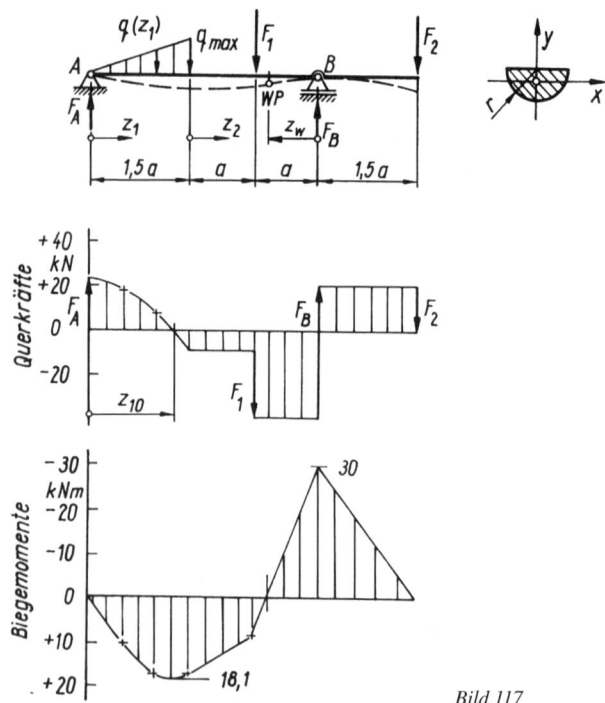

Bild 117

Maximal belasteter Querschnitt im Bereich der Streckenlast:

Momentenfunktion $M_b(z_1) = F_A z_1 - (q_{max}/9a)z_1^3$.

Querkraftnullstelle mit $M_b'(z_1) = F_A - (q_{max}/3a)z_{10}^2 = 0$ führt auf

$$z_{10} = \sqrt{\frac{F_A \cdot 3\,m}{q_{max}}} = \sqrt{\frac{21{,}4\,kN \cdot 3\,m}{40\,kN/m}} = 1{,}27\,m$$

$$M_b(z_{10}) = 21{,}4\,kN \cdot 1{,}27\,m - \left(\frac{40\,kN/m}{9\,m}\right)(1{,}27\,m)^3$$

$$= 18{,}1\,kN \cdot m$$

$$\sigma_{b\,max}(z_{10}) = \frac{18{,}1\,kN \cdot m}{0{,}19 \cdot 120^3\,mm^3} = 55{,}1\,N/mm^2$$

An der Stelle des Wendepunktes (WP) der Biegelinie tritt infolge $M_b = 0$ keine Biegespannung auf.

$$M_b(z_w) = -F_2(1{,}5a + z_w) + F_B z_w = 0 \quad \text{oder} \quad z_w = 0{,}78\,m$$

Beispiel: Der Träger nach Bild 118, $l = 1$ m, Kragabstände $a = 0,12$ m, hat in (3) einen quadratischen Querschnitt $(30 \cdot 30)$ mm^2. In den Bereichen seiner Lagerung soll die Querschnittshöhe verringert werden. Zu bestimmen sind die zulässige Belastung $(\sigma_{b\,zul} = \pm 100$ N/mm$^2)$, die Querschnittshöhe in (1) und (2) sowie die biegespannungsfreien Querschnittslagen.

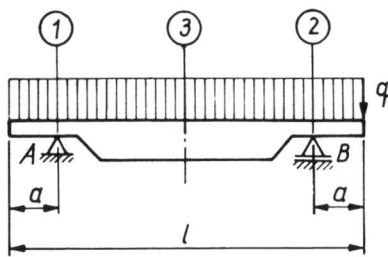

Bild 118

Lösung:

Zulässige Belastung mit

$$M_{b\,max} = M_{b3} = F_A \left(\frac{l}{2} - a \right) - \frac{ql^2}{8} = +0,065 ql^2$$

und

$$\sigma_{b3} = \sigma_{b\,zul} = \frac{M_{b3\,zul}}{W_{x3}} = \frac{0,065 q_{zul} l^2}{\dfrac{30^3 \text{ mm}^3}{6}}$$

$$q_{zul} = \frac{+100 \text{ N/mm}^2 \cdot 30^3 \text{ mm}^3}{6 \cdot 0,065 \cdot 1 \text{ m}^2} = 6,92 \text{ N/mm}$$

Ausgeführt mit $q_{zul} = 7$ N/mm $= 7$ kN/m bzw. $F_{qzul} = 7$ kN als gleichmäßig verteilte Streckenlast.

Querschnittsmaße in (1) und (2):

$$M_{b1} = M_{b2} = -\frac{q}{2} a^2 = -\frac{7 \text{ N/mm}}{2} (0,12 \text{ m})^2 = -50,4 \text{ N} \cdot \text{m}$$

$$W_{x1} = W_{x2} = \frac{300 \text{ mm} \cdot h_{erf}^2}{6} = \frac{-50,4 \text{ N} \cdot \text{m}}{-100 \text{ N/mm}^2}$$

$$h_{erf} = \sqrt{\frac{-50,4 \text{ N} \cdot \text{m} \cdot 6}{30 \text{ mm} \cdot (-100 \text{ N/mm}^2)}} = 10 \text{ mm}$$

Biegespannungsfreie Querschnitte (zwischen (1) und (3) sowie (3) und (2)):

Der Ansatz $M_b(z_w) = 0 = F_A z_w - (q/2)(a + z_w)^2$ führt auf die Normalform einer quadratischen Gleichung und als Ergebnis zu $z_w = 0,74l$ und $z_w = 0,02l$. Von den Rändern des Trägers aus um jeweils $0,14l = 140$ mm treten keine Biegespannungen auf.

Beispiel: Der Träger nach Bild 119 wird durch Längskräfte und eine Querkraft auf Biegung beansprucht. Zu bestimmen sind die zulässige Belastung bezüglich des ungeschwächten Querschnitts I sowie die resultierenden Normalspannungen in den Querschnittsrändern II.1 und II.2. Längeneinheit $a = 100$ mm, $\sigma_{b\,zul} = \pm 100$ N/mm^2.

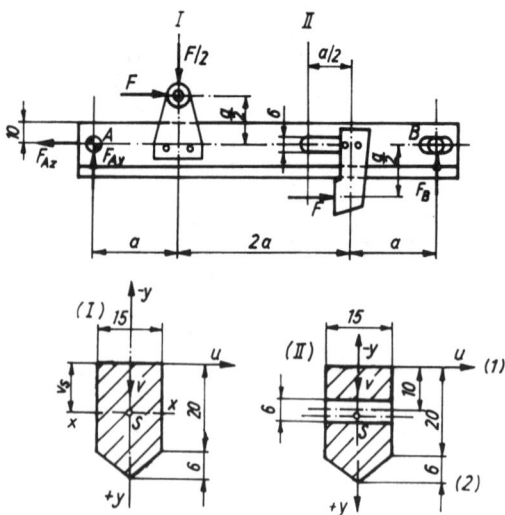

Bild 119

Lösung:

Stützreaktionen:

$$F_{Ay} = \frac{3}{8}F; \qquad F_{Az} = 2F; \qquad F_B = \frac{1}{8}F$$

Berechnungen für Querschnitt I:

$$M_{bI} = F_{Ay}a + \frac{Fa}{2} = Fa\left(\frac{3}{8} + \frac{1}{2}\right) = \frac{7}{8}Fa$$

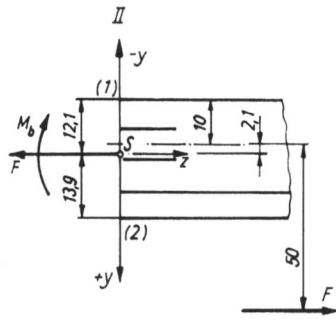

Bild 120

Querschnittswerte:

i	A_i in cm^2	v_i in cm	$A_i v_i$ in cm^3	I_{xi} in cm^4	k_i^2 in cm^2	$k_i^2 A_i$ in cm^4
1	3	1	3	1	0,025 6	0,076 8
2	0,45	2,2	0,99	0,009	1,081 6	0,486 7
$\sum$	3,45	—	3,99	1,009	—	0,563 5

$$v_S = 1,16 \text{ cm} \qquad I_x = 1,57 \text{ cm}^4$$

Maximaler Randabstand: $y_{max} = (26 - 11,6) \text{ mm} = +14,4 \text{ mm}$

Zulässige Belastung:

$$F_{zul} = \frac{\sigma_{b\,zul} I_x}{\frac{7}{8} \cdot a y_{max}} = \frac{100 \text{ N/mm}^2 \cdot 1,57 \cdot 10^4 \text{ mm}^4}{\frac{7}{8} \cdot 100 \text{ mm} \cdot 14,4 \text{ mm}} = 1,25 \text{ kN}$$

Berechnungen für die Querschnittsränder von II:

Querschnittswerte:

i	A_i in cm^2	v_i in cm	$A_i v_i$ in cm^3	I_{xi} in cm^4	k_i^2 in cm^2	$k_i^2 A_i$ in cm^4
1	3	1	3	1	0,044	0,132
2	0,45	2,2	0,99	0,009	0,98	0,441
3	−0,9	1	−0,9	−0,027	0,044	−0,039 6
$\sum$	2,55	—	3,09	0,982	—	0,533 4

$$v_S = 1,21 \text{ cm} \qquad I_x = 1,52 \text{ cm}^4$$

Randabstände: $y_1 = v_S = -12,1 \text{ mm}$; $y_2 = (26 - 12,1) \text{ mm} = +13,9 \text{ mm}$

Resultierende Normalspannungen in II:

Nach Bild 120 wirken im Schwerpunkt des Querschnitts die Schnittreaktionen $F_L = +F$ und das Biegemoment $M_b = F_B \cdot 1,5a + F(50-2,1) \text{ mm} = F(18,75+47,9) \text{ mm} = 83,3 \text{ N} \cdot \text{m}$.

Die resultierenden Normalspannungen entstehen aus der Addition von Zug- und Biegespannungen.

In der *oberen* Randschicht (1) wird

$$\sigma_{res\,II.1} = +\frac{F_L}{A} - \frac{M_b}{I_x} y_1$$

$$= +\frac{1\,250 \text{ N}}{255 \text{ mm}^2} - \frac{83,3 \text{ N} \cdot \text{m}}{1,52 \cdot 10^4 \text{ mm}^4} \cdot 12,1 \text{ mm}$$

$$= (+4,9 - 66,3) \text{ N/mm}^2 = -61,4 \text{ N/mm}^2$$

sowie in der *unteren* Randschicht (2)

$$\sigma_{res\,II.2} = +\frac{F_L}{A} + \frac{M_b}{I_x} \cdot y_2$$

$$= +4,9 \text{ N/mm}^2 + \frac{83,3 \text{ N} \cdot \text{m}}{1,52 \cdot 10^4 \text{ mm}^4} \cdot 13,9 \text{ mm}$$

$$= (+4,9 + 76,2) \text{ N/mm}^2 = +81,1 \text{ N/mm}^2$$

3.3.5   Werkstoffökonomische Trägerkonstruktionen

Eine *beanspruchungsgerechte* Bauteilausführung setzt die weitestgehende Übereinstimmung von vorhandener und zulässiger Spannung voraus. Nach der Biegespannungsgleichung $\sigma_b = M_b/W$ müßte demnach in allen Querschnitten das Verhältnis aus Belastungs- und Querschnittskennwert unveränderlich sein. Diese Voraussetzung führt allerdings zu theoretischen Begrenzungsformen entlang der Trägerachse. Man spricht von Trägern gleicher Biegebeanspruchung, wenn die praktische Ausführung optimal, jedoch ohne Gefährdung für das Bauteil, den theoretischen Erfordernissen entspricht. Als Anregungen die nachfolgenden Beispiele.

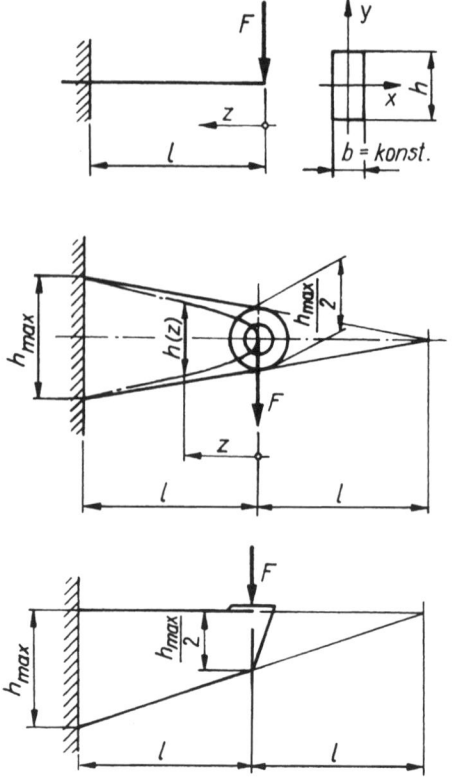

Bild 121

Träger mit Rechteckquerschnitten, *konstante* Breite b (Bild 121):

Erforderliches Widerstandsmoment $W_x = \dfrac{b}{6}h^2$

Funktion für Querschnittshöhe

$$h(z) = \sqrt{\frac{6Fz}{b\sigma_{b\,zul}}}$$

Träger mit Rechteckquerschnitten, *konstante* Höhe h (Bild 122):

Erforderliches Widerstandsmoment $W_x = \dfrac{h^2}{6}b$

3

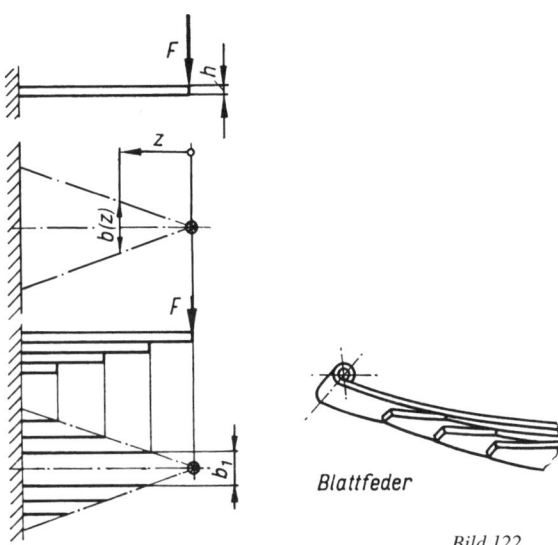

Blattfeder

Bild 122

Funktion für Querschnittsbreite

$$b(z) = \frac{6Fz}{h^2\sigma_{b\,zul}}$$

Hier führt die Zerlegung der theoretischen Ausführungsform in schmale Streifen und ihre Vertikalschichtung zur bekannten Blattfeder.

Beispiel: Entwurf einer Achse (Bild 123) mit $F = 20\,\text{kN}$ und $\sigma_{b\,zul} = \pm100\,\text{N/mm}^2$

Die theoretisch notwendigen Durchmesser können mit der Beziehung

$$d(z) = \sqrt[3]{\frac{M_b(z)}{0,1\sigma_{b\,zul}}}$$

berechnet werden. Man bezieht sich auf ausgesuchte Querschnitte und bestimmt hierfür die Durchmesser. Anschließend ist die Ausführung (etwa wie angegeben) ohne Unterscheidung der theoretischen Begrenzungskurve festzulegen.

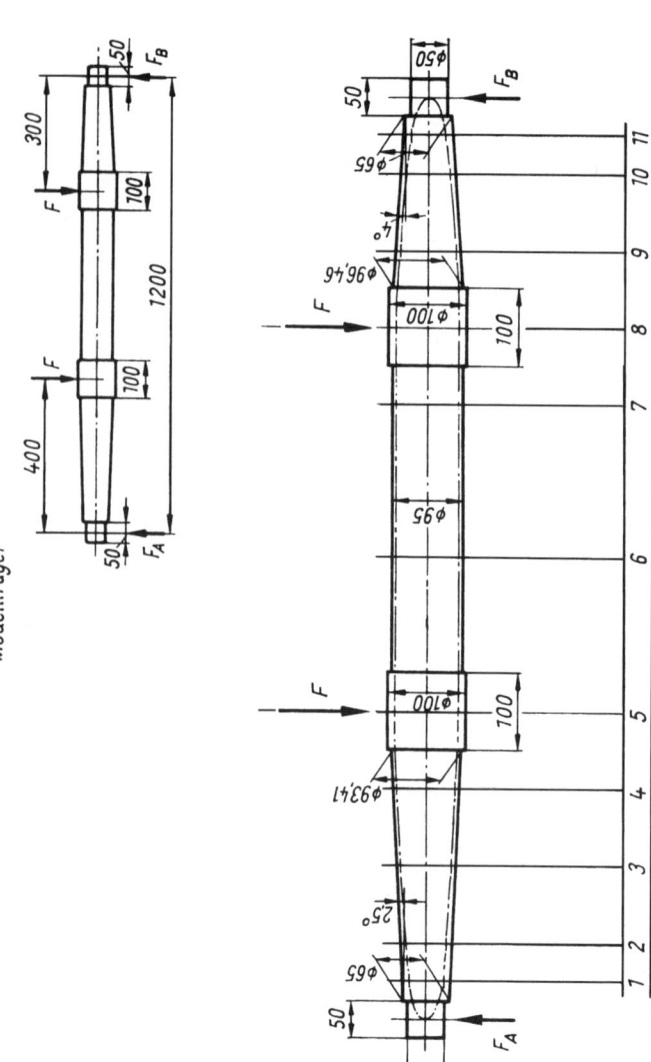

Bild 123

Stützkräfte: $F_A = 18{,}3$ kN; $F_B = 21{,}7$ kN

Wertetabelle:

Querschnitt	z in mm	$M_b(z)$ in N · m	$d(z)$ in mm
1	50	915	45,1
2	100	1 830	56,8
3	200	3 660	71, 5
4	300	5 490	81,9
5	400	7 320	90,1
6	600	6 980	88,7
7	800	6 640	87,2
8	900	6 510	86,7
9	1 000	4 340	75,7
10	1 100	2 170	60,1
11	1 150	1 085	47,7

Eine Anpassung an die Beanspruchungswerte erreicht man bei Profilträgern mit *Gurtverstärkungen*. Der ausgewählte Träger, kleineres Widerstandsmoment, wird abschnittsweise durch aufgeschweißte Längsstreifen an seinen Querschnittsrändern verstärkt. Darüber hinaus ist auch der Einsatz von *Leichtbauprofilen* zu empfehlen. Hier liegt ein günstigeres Tragfähigkeits-Masse-Verhältnis (W_x/A) vor.

Beispiel: Für zwei Doppel-I-Träger Nr. 220 ergibt sich (*Anlage A 10*):

I 220 DIN 1 025-1: $(W_x/A)_1 = 278 \text{ cm}^3/39{,}5 \text{ cm}^2 = 7{,}04$ cm
IPE 220 DIN 1 025-5: $(W_x/A)_2 = 252 \text{ cm}^3/33{,}4 \text{ cm}^2 = 7{,}54$ cm

Eine weitere Maßnahme besteht darin, die Belastungseinleitung mit der Kontaktbreite des Übertragungsbauteiles festzulegen. Vorausgesetzte Einzellasten gehen in äquivalente Teil- oder Streckenlasten über (Bild 124). Das führt zum Abbau extremer Biegemomente.

Der Einsatz von Trägern mit einfachsymmetrischen Querschnittsformen ist besonders bei Werkstoffen mit unterschiedlich großen Zug- und Druckfestigkeitswerten zu empfehlen. Nach der Biegespannungsgleichung $\sigma_b = (M_b/I_x)(\pm y)$ muß beispielsweise die Einbaulage für einen Graugußträger so gewählt werden, daß der größere Randabstand im Bereich der Biege-Druck-Spannungen liegt. Man spricht von *Trägern mit werkstoffangepaßten Randspannungen*.

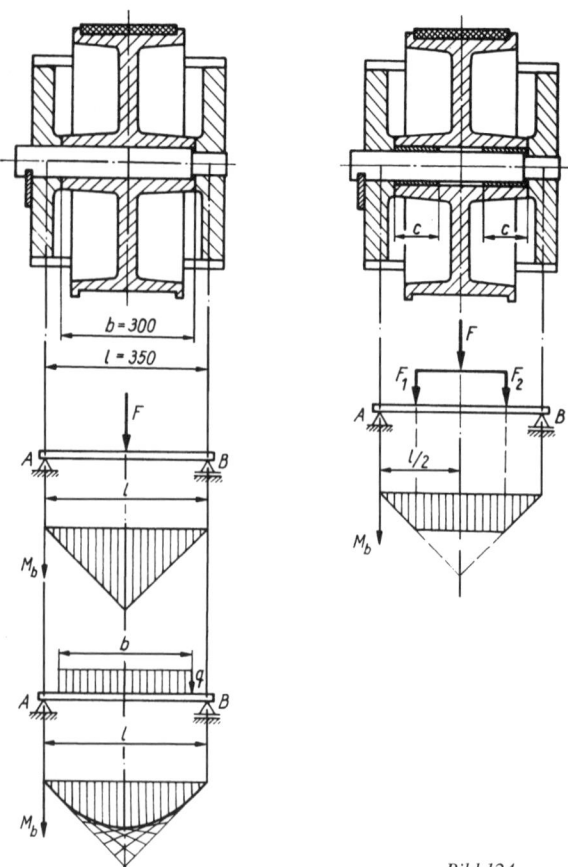

Bild 124

3.3.6 Formänderung bei Biegung

Zur vollständigen Bestimmung der Biegelinie geht man vom Lösungsansatz
einer Differentialgleichung aus. Ihre Integrationen führen auf Gleichungen
für die Formänderungskurve hinsichtlich Tangentenwinkel und Verschiebungen (Durchbiegungen). In vielen Fällen genügt die Kenntnisnahme dieser
Formänderungen an einer ganz bestimmten Stelle. Hierzu wird das auf die
absolute Formänderungsarbeit bezogene Verfahren von CASTIGLIANO angewendet. Da bei diesen Berechnungen oft eine unveränderliche Biegesteifigkeit
(EI) vorausgesetzt wird, kann man für Träger mit veränderlichen Querschnitten das zeichnerische Verfahren nach MOHR bevorzugen.

3.3.6.1 Differentialgleichung der Biegelinie

Der einseitig fest eingespannte Träger (Bild 125) wird durch die Belastung F durchgebogen. Die negativen Schnittmomente bewirken einen positiven Zuwachs der Biegewinkel. Für die Formänderungen des herausgeschnittenen Trägerelementes besteht zwischen Dehnung in der Randschicht und Krümmungsradius die Proportion $\varepsilon_{max} = \lambda\,/\,\mathrm{d}z = y_{max}/r$. Dazu gehört nach dem HOOKEschen Gesetz die Beziehung $\varepsilon_{max} = \sigma_{b\,max}/E = M_b y_{max}/EI$. Setzt man diese Ausdrücke gleich, dann folgt für die *Krümmung* $1/r = M_b/EI$.

3

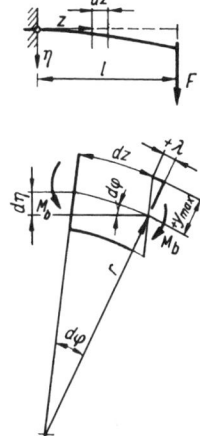

Bild 125

Von dieser Größenordnung kann man sich leicht durch nachfolgendes **Beispiel** überzeugen: I-Träger 200, Randspannung $\sigma_{b\,max} = 10\ \mathrm{N/mm^2}$, Krümmung nach $1/r = \sigma_{b\,max}/Ey_{max} = 100\ \mathrm{N/mm^2}/(2{,}1 \cdot 10^5\ \mathrm{N/mm^2} \cdot 100\ \mathrm{mm}) = (1/210)\ \mathrm{m^{-1}}$ bzw. *Krümmungsradius* $r = 210\ \mathrm{m}$.

Infolge sehr kleiner Formänderungen ist nach Bild 125 $\mathrm{d}z = r\,\mathrm{d}\varphi$ und somit $1/r = \mathrm{d}\varphi\,/\,\mathrm{d}z = M_b/EI$. Setzt man $\tan\mathrm{d}\varphi = \mathrm{d}\varphi = \mathrm{d}\eta\,/\,\mathrm{d}z$, dann erhält man mit $\mathrm{d}\varphi\,/\,\mathrm{d}z = \mathrm{d}^2\eta\,/\,\mathrm{d}z^2 = \eta''$ als

Dgl. der Biegelinie

$$\eta'' = \frac{M_b}{EI}$$

Hierbei ist aber unbedingt noch das *Vorzeichen* zu beachten; denn je nach Lagerung und Belastung kann der Zuwachs für die Neigungen der Biegelinie sowohl positiv als auch negativ sein.

● *Vorzeichenregel*: Nehmen mit wachsendem z die Neigungen der Biegelinie zu (positiver Zuwachs des Biegewinkels), dann ist im Lösungsansatz auf der rechten Seite ein positives Vorzeichen vorauszusetzen. Nehmen hingegen mit wachsendem z die Neigungen der Biegelinie ab (negative Zunahme des Biegewinkels), dann muß von einem negativen Vorzeichen ausgegangen werden.

Wenn man diese Formänderungen im voraus nicht einschätzen kann, dann geht man von einem vorzeichenbehafteten Schnittmoment nach den Vereinbarungen in 1.7.5 aus. In diesem Falle lautet die Dgl. der Biegelinie

$$EI\eta''(z) = -M_b(z)$$

Sie geht für den Fall negativer Schnittmomente (Bild 125) in die obige Form $EI\eta''(z) = +M_b(z)$ über.

Beispiel: Einseitig fest eingespannter Träger mit Einzellast F (Bild 125)

Lösungsansatz:

$$EI\eta''(z) = -M_b(z) = +F(l-z)$$

1. Integration:

$$EI\eta' = +F\left(lz - \frac{z^2}{2}\right) + C_1 \tag{1}$$

2. Integration:

$$EI\eta(z) = F\left(\frac{lz^2}{2} - \frac{z^3}{6}\right) + C_1 z + C_2 \tag{2}$$

Die dadurch bedingten Kurvenscharen sind durch geometrische Zwangsbedingungen in die Lage der vorliegenden Biegelinie zu bringen. Hier liegen folgende *Zwangsbedingungen* vor: Am Rande der festen Einspannung ($z = 0$) ist die vertikale Verschiebung des Trägers Null ($\eta = 0$). Eingesetzt in Gl. (2), führt auf $C_2 = 0$. Außerdem existiert an der gleichen Stelle eine *waagerechte* Tangente ($\mathrm{d}\eta/\mathrm{d}z = \eta' = 0$). Mit dieser Bedingung ergibt sich nach Gl. (1) auch $C_1 = 0$.

Die *bestimmten* Gleichungen der Biegelinie lauten

$$\eta'(z) = \frac{F}{EI}\left(lz - \frac{z^2}{2}\right)$$

und

$$\eta(z) = \frac{Fz^2}{2EI}\left(l - \frac{z^3}{3}\right)$$

Maximale Werte findet man für $z = l$, also am Lastangriff

$$\eta'_{max} = \tan\varphi_{max} = \frac{Fl^2}{2EI}$$

$$\eta_{max} = \frac{Fl^3}{3EI}$$

(vgl. *Anlage A 16*)

Beispiel: Träger auf zwei Stützen mit Einzellast (Bild 126)

Das Momentendiagramm zeigt an der Laststelle eine Unstetigkeit. Daher sind zwei Bereiche zu untersuchen. Die Schnittmomente sind in jedem Fall positiv.

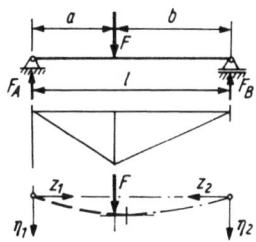

Bild 126

1. Bereich: $0 \leqq z_1 \leqq a$

$$EI\eta_1'' = -M_b(z_1) = -\frac{Fbz_1}{l}$$

$$EI\eta_1' = -\frac{Fb}{l} \cdot \frac{z_1^2}{2} + C_1 \tag{1}$$

$$EI\eta_1 = -\frac{Fb}{l} \cdot \frac{z_1^3}{6} + C_1 z_1 + C_2 \tag{2}$$

2. Bereich: $0 \leqq z_2 \leqq b$

$$EI\eta_2'' = -M_b(z_2) = \frac{-Faz_2}{l}$$

$$EI\eta_2' = -\frac{Fa}{l} \cdot \frac{z_2^2}{2} + C_3 \tag{3}$$

$$EI\eta_2 = -\frac{Fa}{l} \cdot \frac{z_2^3}{6} + C_3 z_2 + C_4 \tag{4}$$

Rand- und Übergangsbedingungen zur Bestimmung der vier Konstanten:

An den Rändern tritt keine Durchbiegung auf. Infolge $\eta_1(z_1 = 0) = 0$ und $\eta_2(z_2 = 0)$ $= 0$ werden nach Gl. (2) $C_2 = 0$ sowie nach Gl. (4) $C_4 = 0$. Der *Ort* für die waagerechte Kurventangente und damit für die maximale Durchbiegung ist noch nicht bestimmt. *Die beiden Kurvenäste müssen jedoch an den Bereichsgrenzen ohne Knick und ohne Stufe ineinander übergehen.* Diese *Zusammenhangsbedingung* lautet für die Durchbiegung $\eta_1(z_1 = a) = \eta_2(z_2 = b)$ und für die Tangentenrichtung $\eta_1'(z_1 = a) = -\eta_2'(z_2 = b)$ (Minuszeichen infolge gegenläufiger Abszisse der beiden Koordinatensysteme).

Daher existiert mit den Gln. (2) und (4) sowie mit (1) und (3) das nachfolgende Gleichungssystem

$$-\frac{Fba^3}{6l} + C_1 a = -\frac{Fab^3}{6l} + C_3 b$$

$$-\frac{Fba^2}{2l} + C_1 = +\frac{Fab^2}{2l} - C_3$$

mit den Lösungen $C_1 = Fab(l + b)/(6l)$ und $C_3 = Fab(l + a)/(6l)$. Man erhält die Gleichungen für Durchbiegungen

$$EI\eta_1 = \frac{Fb}{6l} z_1(l^2 - b^2 - z_1^2) \tag{5}$$

$$EI\eta_2 = \frac{Fa}{6l}z_2(l^2 - a^2 - z_2^2) \tag{6}$$

Spezielle Bestimmungsgleichungen:

Durchbiegung an der Laststelle [mit $\eta_F = \eta_1(z_1 = a) = \eta_2(z_2 = b)$]:

$$\eta_F = \frac{Fab}{6EIl}(l^2 - b^2 - a^2) = \frac{Fa^2b^2}{3EIl} = \frac{Fl^3}{3EI}\left(\frac{a}{l}\right)^2\left(\frac{b}{l}\right)^2$$

Durchbiegung in der Mitte des Trägers [mit $\eta_m = \eta_2(z_2 = l/2)$]:

$$\eta_m = \frac{Fa}{48EI}(3l^2 - 4a^2)$$

Maximale Durchbiegung [mit $\eta'(z_2^*) = 0$ und $\eta_{max} = \eta(z_2 = z_2^*)$]:

Differentiation von Gl. (6):

$$\eta_2'(z_2^*) = 0 = \frac{Fa}{6l}(l^2 - a^2 - 3z_2^{*2}); \qquad z_2^* = \sqrt{\frac{l^2 - a^2}{3}}$$

Maximale Durchbiegung

$$\eta_{max} = \eta(z_2 = z_2^*) = \frac{Fa}{3EIl}\left(\frac{l^2 - a^2}{3}\right)^{\frac{3}{2}}$$

Praktische Rechnungen zeigen, daß die Unterschiede zwischen η_m und η_{max} geringfügig sind.

Sonderfall: Maximale Durchbiegung bei symmetrischer Belastung ($a = b = l/2$):
$\eta_{max} = Fl^3/(48EI)$
(vgl. *Anlage A 16*)

Bei *statisch unbestimmten Systemen* gibt es die entsprechende Anzahl zusätzlicher Formänderungsbedingungen. Man achte auf Symmetriebeziehungen.

Beispiel: Zu bestimmen ist die statisch unbestimmte Stützkraft F_A für den einseitig fest eingespannten Träger mit linear veränderlicher Streckenlast (Bild 127).

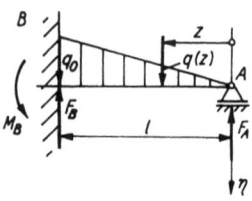

Bild 127

Funktion für die Streckenlast: $q(z) = q_0z/l$

Positive Schnittmomente: $M(z) = +F_A z - q_0z^3/(6l)$

Dgl.

$$EI\eta'' = -F_A z + \frac{q_0z^3}{6l}$$

$$EI\eta' = -\frac{F_A z^2}{2} + \frac{q_0z^4}{24l} + C_1 \tag{1}$$

$$EI\eta = -\frac{F_A z^3}{6} + \frac{q_0z^5}{120l} + C_1z + C_2 \tag{2}$$

Randbedingungen und Bestimmung der Konstanten:

Mit $\eta(z = 0) = 0$ wird nach Gl. (2) $C_2 = 0$.
Infolge $\eta(z = l) = 0$ ergibt sich aus Gl. (2) $C_1 = F_A l^2/6 - q_0 l^3/120$.
Weiterhin ist $\eta'(z = l) = 0$ und nach Gl. (1) $C_1 = F_A l^2/2 - q_0 l^3/24$. Es wird
$F_A l^2(1/2 - 1/6) = q_0 l^3(1/24 - 1/120)$ oder $F_A = q_0 l/10$.

Beispiel: Beidseitig fest eingespannter Träger mit mittiger Einzellast (Bild 128). Man
bestimme die Einspannmomente und die maximale Durchbiegung.

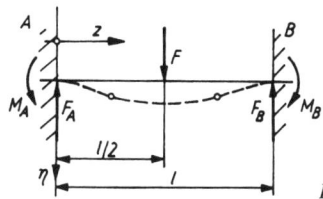

Bild 128

Aus Gründen der *Symmetrie* sind $M_A = M_B$ und $F_A = F_B = F/2$. Die Berechnung
wird auf die halbe Trägerlänge $0 \leqq z \leqq l/2$ eingeschränkt.

Negative Schnittmomente (Zugseite des Trägers oben):

$$-M_b(z) = +M_A - F_A z = +M_A - \frac{Fz}{2}$$

Dgl. der Biegelinie:

$$EI\eta'' = +M_A - \frac{Fz}{2}$$

$$EI\eta' = +M_A z - \frac{Fz^2}{4} + C_1 \tag{1}$$

$$EI\eta = +\frac{M_A z^2}{2} - \frac{Fz^3}{12} + C_1 z + C_2 \tag{2}$$

Randbedingungen:

$\eta(z = 0) = 0$ ergibt $C_2 = 0$
$\eta'(z = 0) = 0$ führt auf $C_1 = 0$

Mit $\eta'(z = l/2) = 0$ wird aus Gl. (1): $0 = M_A l/2 - F/4(l/2)^2$ sowie $M_A = Fl/8 = M_B$.

Maximale Durchbiegung [mit $\eta_{max} = \eta(z = l/2)$]:

$$\eta_{max} = \frac{Fl^3}{EI}\left(\frac{1}{64} - \frac{1}{96}\right) = \frac{Fl^3}{192EI}$$

Beispiel: Für die Stahl-Blattfeder (Bild 129), Kontaktabstand 1 mm, ist die Belastung
F zur Berührung des Gegenkontaktes gesucht.

Lösung:

Diese Aufgabe gehört zu *Grundmodell 1* (*Anlage A 16*). Wir stellen die Bestimmungsgleichung für die Biegelinie mit $z = 40$ mm und $l = 60$ mm nach der gesuchten

Belastung um. Es wird

$$F = \frac{2EI}{z^2 \left(l - \dfrac{z}{3}\right)} = \frac{2 \cdot 2{,}1 \cdot 10^5 \ \text{N/mm}^2 \cdot \dfrac{10}{12} \ \text{mm}^4 \cdot 1 \ \text{mm}}{40^2 \ \text{mm}^2 \left(60 - \dfrac{40}{3}\right) \ \text{mm}} = 4{,}7 \ \text{N}$$

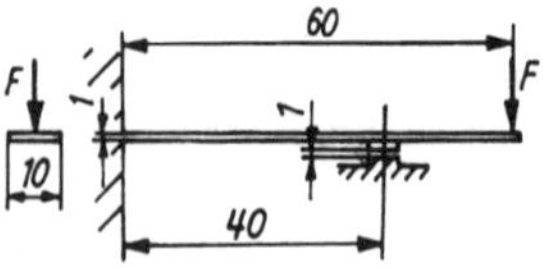

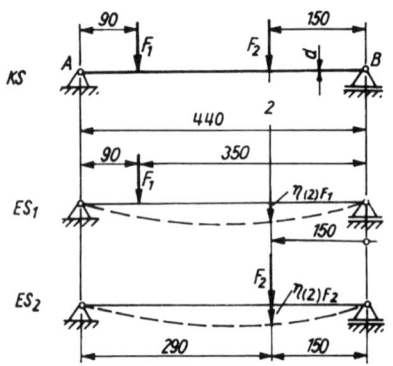

Bild 129

3.3.6.2 Lineares Superpositionsverfahren

Die Gleichungen zur Biegelinie (Auswahl nach *Anlage A 16*) entsprechen ihrem Charakter nach Elementarsystemen. Hier treten die Belastungen (Einzelkräfte, Streckenlasten, Momente) linear auf. Man kann diese Grundmodelle vorteilhaft zur linearen Superposition verwenden und damit spezielle Aufgaben zu den Grundmodellen als auch Mehrfachbelastungen und statisch unbestimmte Systeme behandeln. Hierzu eine Auswahl von Beispielen.

Beispiel: Für die Achse (Bild 130); $d = 40$ mm = konst.; $F_1 = 2$ kN; $F_2 = 8$ kN; St 50; ist die Durchbiegung beim Querschnitt (2) gesucht.

Bild 130

Lösung:

Elementarisierung nach Grundmodell 5:

ES_1: (mit $F_1 = 2$ kN, $a = 90$ mm, $b = 350$ mm, $z_2 = 150$ mm)

$$\eta_{(2)F_1} = \frac{F_1 a}{6EIl} z_2 (l^2 - a^2 - z_2^2)$$

$$= \frac{2 \ \text{kN} \cdot 90 \ \text{mm}}{6EI \cdot 440 \ \text{mm}} \cdot 150 \ \text{mm}(440^2 - 90^2 - 150^2) \ \text{mm}^2$$

$$= \frac{16{,}67 \cdot 10^5}{EI} \ \text{kN} \cdot \text{mm}^3$$

ES$_2$: (mit $F_2 = 8$ kN, $a = 290$ mm, $b = 150$ mm, $l = 440$ mm)

$$\eta_{(2)F_2} = \frac{F_2 l^3}{3EI}\left(\frac{a}{l}\right)^2\left(\frac{b}{l}\right)^2 = \frac{8 \text{ kN} \cdot 440^3 \text{ mm}^3}{3EI}\left(\frac{290}{440}\right)^2\left(\frac{150}{440}\right)^2$$

$$= \frac{117{,}21 \cdot 10^5}{EI} \text{ kN} \cdot \text{mm}^3$$

KS:

$$\eta_{(2)\text{ges}} = \frac{(16{,}67 + 117{,}21) \cdot 10^5 \text{ kN} \cdot \text{mm}^3}{2{,}1 \cdot 10^5 \text{ N/mm}^2 \cdot 12{,}57 \cdot 10^4 \text{ mm}^4} = 0{,}507 \text{ mm}$$

Beispiel: Für den dreifach gelagerten Träger (Bild 131) ist die statisch unbestimmte Stützkraft in C unter Voraussetzung eines starren Lagers zu berechnen.

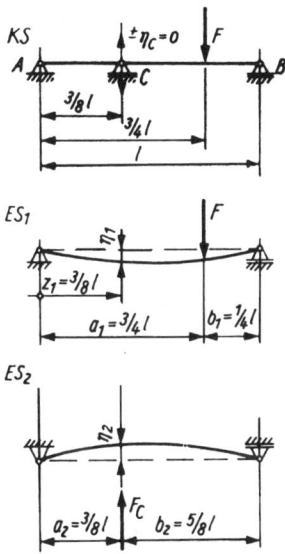

Bild 131

Lösung:

Elementarisierung nach Grundmodell 5:

ES$_1$: (mit F, $z_1 = (3/8)l$, $a = (3/4)l$, $b = (1/4)l$)

$$\eta_1 = \frac{F\frac{1}{4}l}{6EIl}\left(\frac{3}{8}l\right)\left[l^2 - \left(\frac{1}{4}l\right)^2 - \left(\frac{3}{8}l\right)^2\right] = \frac{51}{8^4} \cdot \frac{Fl^3}{EI}$$

ES$_2$: (mit F_C, $a = (3/8)l$, $b = (5/8)l$ und Durchbiegung bei Laststelle)

$$\eta_2 = \frac{F_C\left(\frac{3}{8}l\right)^2\left(\frac{5}{8}l\right)^2}{3EIl} = \frac{75}{8^4} \cdot \frac{F_C l^3}{EI}$$

KS: Konjunktive Verknüpfung mit der Formänderungs-Zwangsbedingung $\pm\eta_C = 0$ bzw. $\eta_1 = \eta_2$.

$$F_C = \frac{51}{75}F = \frac{17}{25}F$$

Beispiel: Für den statisch einfach unbestimmt gelagerten Träger (Bild 132) sind zu bestimmen: Stützkraft F_A, Einspannmoment bei B, Querkraftverlauf (Gleichung, Nullstelle, Diagramm), Momentenverlauf (Gleichung, Nullstelle, extreme Werte, Diagramm).

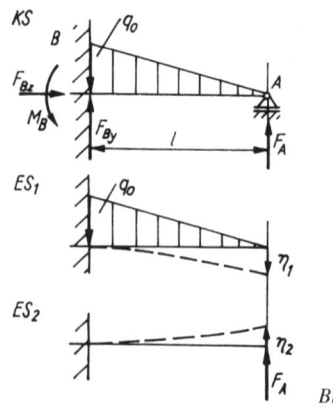

Bild 132

Lösung:

Statisch unbestimmte Stützkraft mit linearer Superposition:

ES_1: Grundmodell 3; $\eta_1 = q_0 l^4/(30EI)$

ES_2: Grundmodell 1; $\eta_2 = F_A l^3/(3EI)$

KS: Konjunktive Verknüpfung bei starrem Lager A führt auf $F_A = q_0 l/10$

Einspannreaktionen:

$$\rightarrow \quad \left| \quad F_{Bz} = 0 \right.$$

$$\uparrow \quad \left| \quad F_{By} = \frac{q_0 l}{2} - F_A = 0{,}4 q_0 l \right.$$

$$\zeta_B \quad \left| \quad +M_B + F_A l - \frac{q_0 l^2}{6} = 0; \quad M_B = \frac{q_0 l^2}{15} \right.$$

Querkraftverlauf [mit Funktion für Streckenlast $q(z) = q_0 z/l$]:

$$F_Q(z) = \frac{q_0 z^2}{2l} - \frac{q_0 l}{10}$$

$$F_Q(z = 0) = -\frac{q_0 l}{10}$$

$$F_Q(z = l) = \frac{q_0 l}{2} - \frac{q_0 l}{10} = 0{,}4 q_0 l$$

Nullstelle:

$$F_Q(z_0) = 0 = q_0 \left(\frac{z_0^2}{2l} - \frac{l}{10} \right)$$

$$z_0 = \sqrt{\frac{2}{10}}\, l = 0{,}447\,2\,l$$

Momentenverlauf:

$$M_b(z) = F_A z - \frac{q_0 z^3}{6l} = q_0 z \left(\frac{l}{10} - \frac{z^2}{6l} \right)$$

$$M_b(z = 0) = 0$$

$$M_b(z = l) = q_0 l^2 \left(\frac{1}{10} - \frac{1}{6} \right) = -\frac{q_0 l^2}{15} = -0{,}067 q_0 l^2$$

Nullstelle:

$$M_b(z_w) = 0 = q_0 \left(\frac{l z_w}{10} - \frac{z_w^3}{6l} \right)$$

$$z_w = \sqrt{\frac{6}{10}}\, l = 0{,}774\,6\,l \quad \text{(momentenfreier Querschnitt)}$$

Extremwert:

$$M_b(z_0) = q_0 l^2 \sqrt{\frac{1}{5}} \left(\frac{1}{10} - \frac{1}{30} \right) = +0{,}029\,8\, q_0 l^2$$

Diagramme siehe Bild 133.

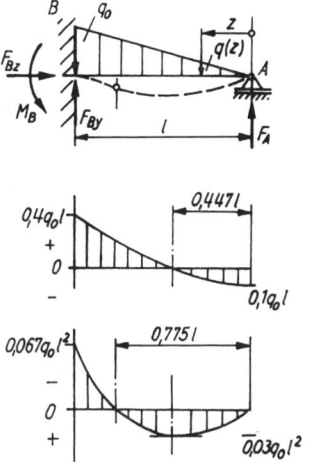

Bild 133

3.3.6.3 Formänderungen nach dem Verfahren von Castigliano

Mit der gleichzeitigen Ausbildung von Spannungen und Formänderungen wird in elastischen Systemen potentielle Energie gespeichert, die der absoluten Formänderungsarbeit $W_{F\,abs} = \sigma^2 V/(2E)$ entspricht. Für Biegespannungen $\sigma_b = M_b y/I_x$ wird

$$W_{F\,abs} = \int\limits_A \int\limits_0^l \frac{M_b^2(z)}{2EI_x^2} y^2 \, dA \, dz = \int\limits_0^l \frac{M_b^2(z)}{2EI_x} \, dz$$

Von der äußeren Belastung F_h (Querschnitt bei $z = h$) soll vorerst nur ein differentiell kleiner Anteil dF_h wirken, der die Verschiebung dv_h verursacht und die äußere Arbeit $dW_1 = dF_h \, dv_h/2$ verrichtet. Wirkt anschließend die volle Belastung F_h, dann kommt für dF_h noch der Anteil $dW_2 = dF_h v_h$ hinzu. Den ersten Anteil kann man als kleine Größe zweiter Ordnung vernachlässigen. Da die äußere Formänderungsarbeit der inneren Formänderungsenergie entsprechen muß, ist $\partial W_2 = \partial W_{F\,abs}$ und die Verschiebung (Durchbiegung) des Trägers bei $(z = h)$

$$v_h = \frac{\partial W_{F\,abs}}{\partial F_h} = \frac{\partial \dfrac{M_b^2(z)}{2EI} \, dz}{\partial F_h}$$

Wir führen vor der Integration die partielle Differentiation durch, beachten die Ableitung $\partial \dfrac{M_b^2}{2}/\partial M_b = M_b$ bzw. den Ausdruck $\partial M_b^2/2 = M_b \partial M_b$ und erhalten für Durchbiegungen, Verschiebungen v an der Stelle h

$$v_h = \frac{\partial W_{F\,abs}}{\partial F_h} = \int\limits_0^l \frac{M_b(z)}{EI} \frac{\partial M_b(z)}{\partial F_h} \, dz$$

Infolge Analogie zwischen den Größen (F, v) und (M, φ) gilt für Tangentenrichtungen (Biegewinkel) an der Stelle h

$$\varphi_h = \frac{\partial W_{F\,abs}}{\partial M_h} = \int\limits_0^l \frac{M_b(z)}{EI} \frac{\partial M_b(z)}{\partial M_h} \, dz$$

Beide Gleichungen setzen die Existenz einer Belastung F_h, M_h zur Berechnung der zugehörigen Formänderungen voraus. Wo das nicht gegeben ist, wird eine Hilfskraft $F_{Hh} = 0$ oder ein Hilfsmoment $M_{Hh} = 0$ angenommen und in die Momentenfunktion sowie in deren partiellen Anteile $\partial M_b(z)/\partial F_{Hh}$, $\partial M_b(z)/\partial M_{Hh}$ aufgenommen. Zur Berechnung statisch unbestimmter Größen F_{uh}, M_{uh} setzt man Formänderungs-Zwangsbedingungen für v_h, φ_h ein. Bei *starrer* Lagerung entsteht dann in Übereinstimmung mit $v_h = 0$: $\partial W_{F\,abs}/\partial F_{uh} = 0$ oder bei *fester* Einspannung (waagerechte Tangente) mit $\varphi_h = 0$: $\partial W_{F\,abs}/\partial M_{uh} = 0$. Diese Ausdrücke ordnet man entsprechend den mathematischen Ableitungen dem *Minimumsatz von Castigliano* zu.

Beispiel: Für den Träger auf zwei Stützen, $EI =$ konst., Belastung F (Bild 134), sind die Verschiebung v_F und der Biegewinkel bei A zu bestimmen.

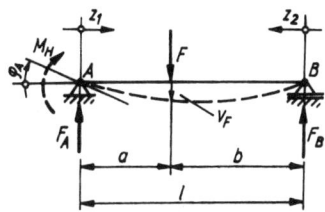

Bild 134

3

Lösung:

An der Stelle der gesuchten Verschiebung wirkt die Belastung F. Zur Ermittlung des Biegewinkels bei A muß in Richtung der Tangentenänderung ein Hilfsmoment $M_H = 0$ vorausgesetzt werden.

Stützreaktionen:

$$F_A = F\frac{b}{l} - \frac{M_H}{l}; \qquad F_B = F\frac{a}{l} + \frac{M_H}{l}$$

Momentenfunktionen:

$$M_b(z_1) = +M_H + F_A z_1 = M_H + (Fb - M_H)\frac{z_1}{l}$$

$$M_b(z_2) = F_B z_2 = (Fa + M_H)\frac{z_2}{l}$$

Partielle Ableitungen:

i	$\partial M_b(z_i)/\partial F$	$\partial M_b(z_i)/\partial M_H$	Integrationsgrenzen
1	$\dfrac{b}{l}z_1$	$1 - \dfrac{z_1}{l}$	$0 \ldots a$
2	$\dfrac{a}{l}z_2$	$\dfrac{z_2}{l}$	$0 \ldots b$

Verschiebung bei F (konstante Biegefestigkeit, $M_H = 0$ beachtet):

$$v_F = \frac{\partial W_{F\,abs}}{\partial F} = \frac{1}{EI}\left\{ \int_0^a M_b(z_1)\frac{\partial M_b(z_1)}{\partial F}\,dz_1 + \int_0^b M_b(z_2)\frac{M_b(z_2)}{F}\,dz_2 \right\}$$

$$= \frac{1}{EI}\left\{ \int_0^a \frac{Fb}{l}z_1\frac{b}{l}z_1\,dz_1 + \int_0^b \frac{Fa}{l}z_2\frac{a}{l}z_2\,dz_2 \right\}$$

$$= \frac{F}{EIl^2}\left\{ b^2\int_0^a z_1^2\,dz_1 + a^2\int_0^b z_2^2\,dz_2 \right\}$$

$$= \frac{F}{EIl^2}\left(b^2\cdot\frac{a^3}{3} + a^2\cdot\frac{b^3}{3} \right) = \frac{Fa^2b^2(a+b)}{3EIl^2} = \frac{Fa^2b^2}{3EIl}$$

Biegewinkel bei A (konstante Biegesteifigkeit, $M_H = 0$ beachtet):

$$\varphi_A = \frac{\partial W_{F\,abs}}{\partial M_H} = \frac{1}{EI}\left\{ \int_0^a M_b(z_1)\frac{M_b(z_1)}{M_H}\,dz_1 + \int_0^b M_b(z_2)\frac{M_b(z_2)}{M_H}\,dz_2 \right\}$$

$$\varphi_A = \frac{1}{EI}\left\{ \int_0^a \left(Fb\frac{z_1}{l}\right)\left(1 - \frac{z_1}{l}\right)\mathrm{d}z_1 + \int_0^b \left(\frac{Fa}{l}z_2\right)\left(\frac{z_2}{l}\right)\mathrm{d}z_2 \right\}$$

$$= \frac{F}{EIl^2}\left\{ b\int_0^a (z_1 l - z_1^2)\,\mathrm{d}z_1 + a\int_0^b z_2^2\,\mathrm{d}z_2 \right\}$$

$$= \frac{F}{EIl^2}\left(\frac{ba^2 l}{2} - \frac{ba^3}{3} + \frac{ab^3}{3} \right) = \frac{Fab}{6EIl}(l + b)$$

Beispiel: Bei dem mit F und $q = $ konst. belasteten Träger, unveränderliche Biegesteifigkeit (Bild 135), sollen sich in Trägermitte keine vertikalen Verschiebungen einstellen. Zu berechnen ist q.

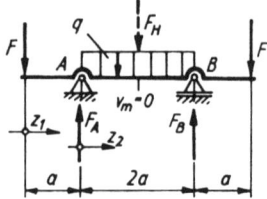

Bild 135

Lösung:

An der Stelle der geforderten Formänderungsbedingung wirkt keine Kraft. Hier wird daher $F_H = 0$ vorausgesetzt. Der Träger ist hinsichtlich Geometrie und Belastung symmetrisch angeordnet. Es genügt, die Gleichungen für Schnittreaktionen auf den halben Träger zu beschränken, wenn anschließend beim Lösungsansatz die gesamte Formänderungsarbeit mit dem Faktor 2 berücksichtigt wird.

Stützkraft:

$$F_A = F + qa + \frac{F_H}{2}$$

Schnittmomente und ihre partiellen Ableitungen:

$M_b(z_1) = Fz_1$; $\partial M_b(z_1)/\partial F_H = 0$ (Das Integral für den ersten Bereich verschwindet.)

$$M_b(z_2) = F(a + z_2) - F_A z_2 + \frac{qz_2^2}{2}$$

$$= F(a + z_2) - \left(F + qa + \frac{F_H}{2}\right)z_2 + \frac{qz_2^2}{2}$$

$$\frac{\partial M_b(z_2)}{\partial F_H} = -\frac{z_2}{2}$$

Ansatz Formänderungsgleichung für $v_m = 0$:

$$v_m = \frac{\partial W_{F\,abs}}{\partial F_H} = 0$$

$$= \frac{2}{EI}\left\{ \int_0^a Fz_1 \cdot 0\,\mathrm{d}z_1 + \int_0^a \left[F(a + z_2) - (F + qa)z_2 + \frac{qz_2^2}{2}\right]\left(-\frac{z_2}{2}\right)\mathrm{d}z_2 \right\}$$

Berechnung von q:

$$0 = -\frac{1}{2} \int_0^a \left[F(az_2 + z_2^2 - z_2^2) - q\left(az_2^2 - \frac{z_2^3}{2}\right)\right] dz_2$$

$$F\left(\frac{a^3}{2}\right) = q \cdot \left(\frac{a^4}{3} - \frac{a^4}{8}\right); \qquad q = \frac{2,4F}{a}$$

Beispiel: Für den Kupferbügel (Bild 136) sind die Bestimmungsgleichungen für die Verschiebungskoordinaten v_{Dx}, v_{Dy} aufzustellen. Anschließend soll die Belastung für $v_{Dy} = 2$ mm berechnet werden, die dadurch verursachte Horizontalverschiebung sowie die resultierenden Normalspannungen in den Querschnitten (1), (2) und (3). $E = 1,25 \cdot 10^5$ N/mm², $r = 20$ mm, Querschnitt $(5 \cdot 1)$ mm²

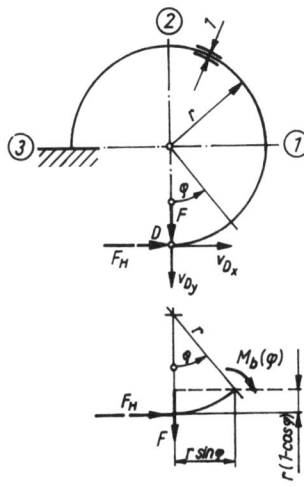

Bild 136

Lösung:

Zur Bestimmung der Horizontalverschiebung muß $F_H = 0$ vorausgesetzt werden.

Schnittmoment und seine partiellen Ableitungen:

$$M_b(\varphi) = Fr\sin\varphi + F_H r(1 - \cos\varphi)$$

$$\frac{\partial M_b(\varphi)}{\partial F} = r\sin\varphi; \qquad \frac{\partial M_b(\varphi)}{\partial F_H} = r(1 - \cos\varphi)$$

Verschiebungen (Bogenelemente $ds = r\,d\varphi$):

$$v_{Dx} = \frac{\partial W_{F\,abs}}{\partial F_H} = \frac{1}{EI} \int_0^{(3/2)\pi} Fr\sin\varphi\, r(1 - \cos\varphi)\, r\,d\varphi$$

$$= \frac{Fr^3}{EI} \int_0^{(3/2)\pi} (\sin\varphi - \sin\varphi\cos\varphi)\, d\varphi$$

$$v_{Dx} = \frac{Fr^3}{EI} \left| -\cos\varphi + \cos\frac{2\varphi}{4} \right|_0^{(3/2)\pi} = +\frac{Fr^3}{2EI}$$

$$v_{Dy} = \frac{\partial W_{F\,abs}}{\partial F} = \frac{1}{EI} \int_0^{(3/2)\pi} Fr\sin\varphi\, r\sin\varphi\, r\, d\varphi$$

$$= \frac{Fr^3}{EI} \int_0^{(3/2)\pi} \sin^2\varphi\, d\varphi = \frac{Fr^3}{EI} \left| \frac{\varphi}{2} - \sin\frac{2\varphi}{4} \right|_0^{(3/2)\pi}$$

$$= \frac{3}{4}\pi\frac{Fr^3}{EI}$$

Belastung für $v_{Dy} = 2$ mm:

$$F = \frac{v_{Dy}EI}{\frac{3}{4}\pi r^3} = \frac{2\text{ mm} \cdot 1{,}25 \cdot 10^5\text{ N/mm}^2 \cdot \frac{5}{12}\text{ mm}^4}{\frac{3}{4}\pi \cdot 20^3\text{ mm}^3} = 5{,}53\text{ N}$$

Horizontalverschiebung:

$$v_{Dx} = +\frac{Fr^3}{2EI} = \frac{5{,}53\text{ N} \cdot 20^3\text{ mm}^3}{2 \cdot 1{,}25 \cdot 10^5\text{ N/mm}^2 \cdot \frac{5}{12}\text{ mm}^4} = 0{,}425\text{ mm}$$

Resultierende Normalspannungen (s. auch Bild 137):

$$\sigma_{res(1)} = +\frac{F}{A} + \frac{Fr}{W_x} = +\frac{5{,}53\text{ N}}{5\text{ mm}^2} + \frac{5{,}53\text{ N} \cdot 20\text{ mm}}{\frac{5}{6}\text{ mm}^3}$$

$$= (+1{,}1 + 132{,}7)\text{ N/mm}^2 = +133{,}8\text{ N/mm}^2$$

$$\sigma_{res(2)} = 0 \quad \text{(Schubspannungen infolge der Querkraft } F\text{)}$$

$$\sigma_{res(3)} = (-1{,}1 - 132{,}7)\text{ N/mm}^2 = -133{,}8\text{ N/mm}^2$$

Beispiel: Für den *einfach* statisch unbestimmten Träger mit linear veränderlicher Streckenlast (Bild 138) sind einmal als Statisch Unbestimmte die Stützkraft F_A und zum anderen das Einspannmoment M_B zu bestimmen.

Lösung (Belastungsfunktion $q(z) = q_0 z/l$):

Festgelegte statisch Unbestimmte F_A:

$$v_A = \frac{\partial W_{F\,abs}}{\partial F_A} = 0 = \frac{1}{EI} \int_0^l \left(F_A z - \frac{q_0}{6l}z^3 \right)(z)\, dz$$

$$0 = \int_0^l \left(F_A z^2 - \frac{q_0}{6l}z^4 \right) dz; \qquad F_A = \frac{q_0 l}{10}$$

Einspannmoment:

$$\circlearrowleft B \qquad \left| \quad +M_B + F_A l - \frac{q_0 l^2}{6} = 0; \quad M_B = \frac{q_0 l^2}{15} \right.$$

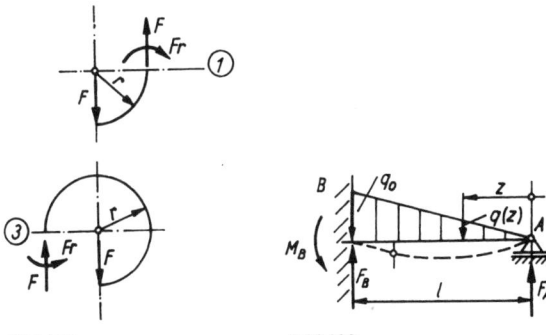

3

Bild 137   Bild 138

Festgelegte statisch Unbestimmte M_B (mit $F_A = q_0 l/6 - M_B/l$):

$$\varphi_B = \frac{\partial W_{\text{F abs}}}{\partial M_B} = 0 = \frac{1}{EI} \int_0^l \left(F_A z - \frac{q_0}{6l} z^3 \right) \frac{\partial M_b(z)}{\partial M_B} \, dz$$

$$0 = \int_0^l \left(\frac{q_0 l}{6} z - M_B \frac{z}{l} - \frac{q_0}{6l} z^3 \right) \left(-\frac{z}{l} \right) dz$$

$$0 = \left(-\frac{q_0 l^3}{18} + M_B \frac{l}{3} + \frac{q_0 l^3}{30} \right); \qquad M_B = \frac{q_0 l^2}{15}$$

Stützkraft in A:

$$\curvearrowleft_B \qquad \Big| +M_B + F_A l - \frac{q_0 l^2}{6} = 0; \quad F_A = \frac{q_0 l}{10}$$

Beispiel: Der geschlossene Rahmen (Bild 139) ist innerlich statisch unbestimmt. Zu ermitteln sind der Momentenverlauf, extreme Biegespannungen und die Horizontalverschiebung beim Kraftangriff. $F = 8$ kN; $B = 800$ mm; $H = 1\,200$ mm; rechteckiger Querschnitt $(40 \cdot 65)$ mm²; $E = 2{,}1 \cdot 10^5$ N/mm²

Lösung:

Der Rahmen ist geometrisch symmetrisch. Die Belastung greift bei $H/2$ an. Beim symmetrischen Vertikalschnitt betragen die Schnittreaktionen in (1) und (3) $F/2$ und $M_{b(1)}$. Die Symmetrie bedingt hier eine waagerechte Tangente für die Formänderungskurve (Bild 140). Wir beschränken uns auf Gleichungen für den Viertelrahmen. Schnittmomente $M_b(z_1) = M_{b(1)} = \text{konst.}$; $M_b(z_2) = M_{b(1)} - F z_2/2$.

Bestimmung des konstanten Schnittmomentes $M_b(z_1)$:

$$\varphi_{(1)} = \frac{\partial W_{\text{F abs}}}{\partial M_{b(1)}} = 0$$

$$= \frac{4}{EI} \left\{ \int_0^{B/2} M_b(z_1) \frac{\partial M_b(z_1)}{\partial M_{b(1)}} \, dz_1 + \int_0^{H/2} M_b(z_2) \frac{\partial M_b(z_2)}{\partial M_{b(1)}} \, dz_2 \right\}$$

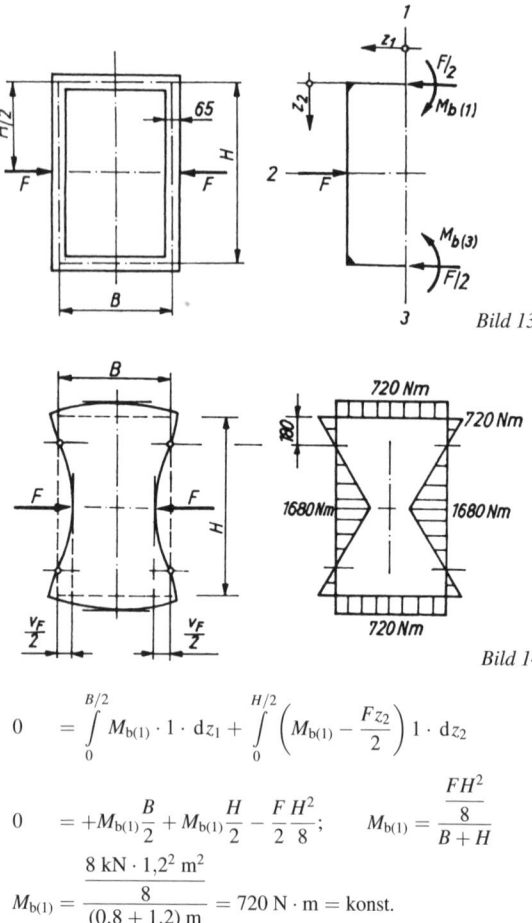

Bild 139

Bild 140

$$0 \quad = \int\limits_{0}^{B/2} M_{b(1)} \cdot 1 \cdot \mathrm{d}z_1 + \int\limits_{0}^{H/2} \left(M_{b(1)} - \frac{F z_2}{2} \right) 1 \cdot \mathrm{d}z_2$$

$$0 \quad = +M_{b(1)} \frac{B}{2} + M_{b(1)} \frac{H}{2} - \frac{F}{2} \frac{H^2}{8}; \qquad M_{b(1)} = \frac{\dfrac{F H^2}{8}}{B + H}$$

$$M_{b(1)} = \frac{\dfrac{8\ \mathrm{kN} \cdot 1{,}2^2\ \mathrm{m}^2}{8}}{(0{,}8 + 1{,}2)\ \mathrm{m}} = 720\ \mathrm{N} \cdot \mathrm{m} = \mathrm{konst.}$$

(Die Biegelinie ist im ersten Bereich ein Kreisbogen.)

Schnittmomente im 2. Bereich:

$$M_b(z_2) \qquad = +M_{b(1)} - \frac{F z_2}{2}$$

$$M_b(z_2 = 0) \qquad = +M_{b(1)} = 720\ \mathrm{N} \cdot \mathrm{m}$$

$$M_b(z_2 = H/2) = M_{b(1)} - \frac{F H}{4} = +720\ \mathrm{N} \cdot \mathrm{m} - 8\ \mathrm{kN} \cdot 0{,}3\ \mathrm{m}$$

$$= -1\,680\ \mathrm{N} \cdot \mathrm{m}$$

Vorzeichenwechsel bedingt eine Nullstelle im Momentenverlauf (Wendepunkt der Biegelinie):

$$M_b(z_w) = 0 = M_{b(1)} - \frac{F z_w}{2}$$

$$z_w = \frac{M_{b(1)}}{\dfrac{F}{2}} = \frac{720\ \text{N} \cdot \text{m}}{4\ \text{kN}} = 0,18\ \text{m}$$

Biegespannungen in (1) und (2) mit $W_x = (4 \cdot 6,5^2 / 6)\ \text{cm}^3 = 28,17\ \text{cm}^3$:

$$\sigma_{b(1)} = \mp \frac{M_{b(1)}}{W_x} = \frac{720\ \text{N} \cdot \text{m}}{28,17\ \text{cm}^3} = \mp 25,6\ \text{N/mm}^2$$

(Zugspannungen am äußeren Rand)

$$\sigma_{b(2)} = \pm \frac{M_{b(2)}}{W_x} = \pm \frac{1\,680\ \text{N} \cdot \text{M}}{28,17\ \text{cm}^3} = \pm 59,6\ \text{N/mm}^2$$

(Zugspannung am inneren Rand)

Horizontalverschiebung bei F:

$$v_F = \frac{\partial W_{F\,\text{abs}}}{\partial F}$$

$$= \frac{4}{EI} \left\{ \int\limits_0^{B/2} M_b(z_1) \frac{\partial M_b(z_1)}{\partial F}\, dz_1 + \int\limits_0^{H/2} M_b(z_2) \frac{\partial M_b(z_2)}{\partial F}\, dz_2 \right\}$$

$$= \frac{4}{EI} \left\{ \int\limits_0^{B/2} M_{b(1)} \cdot 0 \cdot dz_1 + \int\limits_0^{H/2} \left(M_{b(1)} - \frac{F z_2}{2} \right) \left(-\frac{z_2}{2} \right) dz_2 \right\}$$

$$= \frac{4}{EI} \left[-M_{b(1)} \frac{\left(\dfrac{H}{2}\right)^2}{4} + \frac{F}{4} \frac{\left(\dfrac{H}{2}\right)^3}{3} \right] = \frac{\left(\dfrac{H}{2}\right)^2}{EI} \left(-M_{b(1)} + F \frac{\dfrac{H}{2}}{3} \right)$$

$$= \frac{600^2\ \text{mm}^2}{2,1 \cdot 10^5\ \dfrac{\text{N}}{\text{mm}^2} \left(4 \cdot \dfrac{6,5^3}{12} \right) \cdot 10^4\ \text{mm}^4} \left(-720\ \text{N} \cdot \text{m} + \frac{8\ \text{kN} \cdot 600\ \text{mm}}{3} \right)$$

$$= 1,65\ \text{mm}$$

3.3.6.4 Näherungsweise Bestimmung der Biegeverformung

Die exakte analytische Lösung von Balkenproblemen mit Hilfe der bisher aufgezeigten Methoden ist nur für relativ einfache Beispiele möglich. Bau- und Maschinenteile der technischen Praxis hingegen können durch mehrfache Lagerung (hochgradig) statisch unbestimmt sein oder führen z. B. durch Kröpfungen oder Verzweigungen auf komplizierte Modelle.

Mit zunehmender Kompliziertheit wächst der Lösungsaufwand für die Berechnung „von Hand" unverhältnismäßig stark an und macht eine effektive Lösung unmöglich.

Einen Ausweg bieten numerische Näherungsverfahren, die in Verbindung mit der modernen Rechentechnik praktisch ausreichende Genauigkeiten erzielen und somit für technische Probleme brauchbare Ergebnisse liefern. Ihr Nachteil besteht allerdings in der Tatsache, daß derartige Verfahren lediglich die Lösung für jeweils ein konkretes Beispiel ergeben und für jede Abänderung des Modells, der Belastung oder Lagerung neue Berechnungen erfordern.

Das gegenwärtig am häufigsten verwendete numerische Näherungsverfahren für Aufgaben der Festkörpermechanik allgemein und für Balkenprobleme im besonderen ist die *Finite-Elemente-Methode (FEM)*. Sie beruht auf dem Grundgedanken, das mechanische Modell in kleine Teile (Elemente) aufzuteilen, für die vereinfachte Gleichungen angesetzt werden. Im Falle des Balkenproblems erfordert diese Methode folgende Vorgehensweise:

- Träger in endlich viele Abschnitt (Elemente) unterteilen
- Elementgrenzen als Punkte auf der Stabachse (Knoten) markieren. Als Unbekannte fungieren Verschiebungskomponenten der Knoten und (kleine) Drehungen der Stabachse in den Knoten
- äußere Belastungen durch entsprechende Einzelkräfte in den Knoten realisieren
- Lager bzw. Einspannung durch Nullsetzen entsprechender Knotenverschiebungen und -drehungen festlegen
- Aufstellung der (vereinfachten) Gleichungen für die einzelnen Elemente und für das Gesamtsystem
- Berechnung der Unbekannten und Auswertung der Ergebnisse

Die rechentechnische Umsetzungung solcher Aufgaben erfolgt vorzugsweise mit Hilfe kommerzieller Programmsysteme, die häufig in CAD-Programme integriert sind. Die Arbeit mit FEM-Programmen bleibt also nicht nur ausgesprochenen Spezialisten vorbehalten, sondern ist für Nutzer mit technisch-wissenschaftlicher Ausbildung in kurzer Zeit erlernbar. Im bildschirmorientierten Dialog stehen zahlreiche Hilfsmittel für die Modellbildung sowie für die Auswertung der Ergebnisse bereit.

Die Lösung des ebenen Balkenproblems stellt eines der einfachsten Beispiele für die Anwendung eines FEM-Programmsystems dar. Ausgangspunkt ist die aufbereitete technische Aufgabenstellung mit geometrischem Modell, Lagerung und Belastung. Die weitere Bearbeitung des Problems erfolgt in drei Schritten:

1. Teilprogramm (*Preprozessor*)
   - Auswahl des Elementtyps
   - Eingabe von Parametern des Materials und der Geometrie
   - Festlegung aller Knoten
   - Zuordnung der entsprechenden Elemente
   - computergrafische Darstellung zur Kontrolle des geometrischen Modells
   - Eingabe der Belastung
   - Festlegung der Lagerungsbedingungen
   - computergrafische Darstellung des kompletten Modells zur Kontrolle der Eingaben

2. Teilprogramm (*Solver*)
  • interne Aufstellung von Gleichungen zur Berechnung aller Unbekannten
  • Lösung des Gleichungssystems und Bereitstellung der Knotenverschiebungen und -drehungen für alle Knoten

3. Teilprogramm (*Postprozessor*)
  • grafische Darstellung des verformten (und des unverformten) Trägers zur Kontrolle der erwarteten Deformation
  • Berechnung von interessierenden Größen aus den Knotenverschiebungen und -drehungen (Querkräfte, Biegemomente, Randfaserspannungen ...)
  • Bereitstellung der Größen für jeden Knoten als Wertetabellen
  • grafische Darstellung der interessierenden Größen als Verläufe (z. B. Querkraft- und Biegemomentenverlauf)

Beispiel: Festeingespannter abgewinkelter Träger mit Streckenlast und Einzelkraft (Bild 141a), der durch ein zusätzliches Loslager statisch unbestimmt gelagert ist

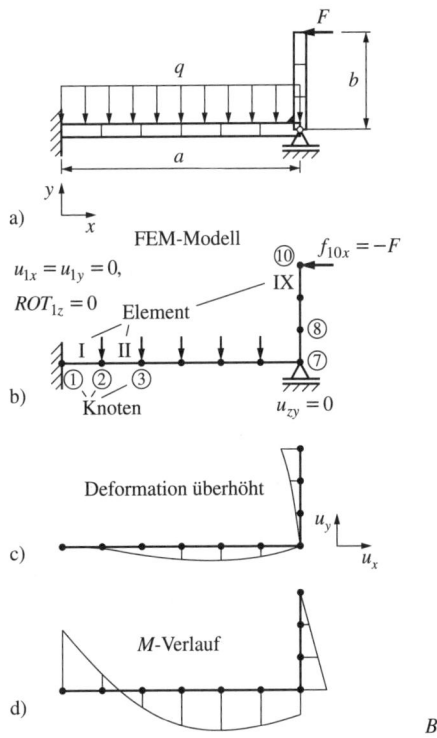

Bild 141

Das für die Diskretisierung ausgewählte FEM-Element ist ein *ebenes Balkenelement* mit zwei Knoten i und j in der x, y-Ebene (Bild 142).

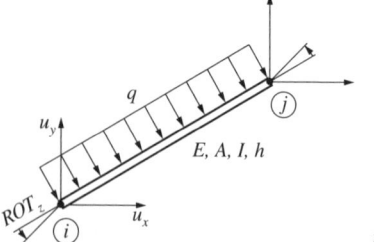

Bild 142

Es hat drei Freiheitsgrade (Unbekannte) pro Knoten:
- zwei Verschiebungskomponenten u_x und u_y,
- eine Drehung der Balkenachse um den (kleinen) Winkel ROT_z

und berücksichtigt als Deformationen
- die Längsdehnung (Zug-Druckstab) und
- die Biegung (ebener Balken).

Das Element erfordert als Eingabegrößen:
- den Elastizitätsmodul E,
- die Querschnittsfläche A,
- das Flächenträgheitsmoment I_{zz},
- die Balkenhöhe h.

Als Belastung können Knotenkräfte sowie eine konstante Streckenlast am Element eingegeben werden.

Für die Knoten 1, 7 und 10 werden die x- und y-Koordinaten festgelegt, die übrigen äquidistanten Zwischenknoten und die entsprechenden Elemente werden automatisch generiert (Bild 141b).

Die feste Einspannung ist durch $u_x = u_y = ROT_z = 0$ im Knoten 1 und das Loslager durch $u_y = 0$ im Knoten 7 einzugeben. Die Belastung besteht aus der konstanten Streckenlast q für die Elemente 1 bis 6 und aus der Einzelkraft $f_x = -F$ im Knoten 10.

Nach dem Aufruf des Solvers wird das Gleichungssystem aufgestellt und das Modell auf Verträglichkeit überprüft. Bei Fehlerfreiheit erfolgt die Berechnung der Unbekannten.

Mit Hilfe des Postprozessors wird die Deformation des Trägers überhöht dargestellt (Bild 141c). Die tatsächlichen Werte der Verschiebungen und der Schnittgrößen können als Wertetabelle für die Knoten 1 bis 10 abgerufen werden. In Bild 141d ist der Biegemomentenverlauf wiedergegeben.

3.4   Scher- und Abscherspannungen

Querkräfte rufen in Querschnitten Schubspannungen hervor. Eine gemeinsame Wirkungslinie von Aktions- und Reaktionskräften kann nur theoretisch vorausgesetzt werden. Vielmehr treten beim Abscheren (Bild 143) infolge des

Schneidespaltes zwischen Stempel und Matrize zusätzliche Biegungen auf, die an den Kontaktstellen mit erheblichen Druckspannungen verbunden sind. Man reduziert diesen Spannungszustand auf Abscherspannungen

$$\tau_{aB} = \frac{F}{A} \approx 0.8\sigma_B$$

F Schneidkraft
A Trennfläche aus Länge der Schnittkanten mal Blechdicke
σ_B Zugfestigkeit des Werkstoffes

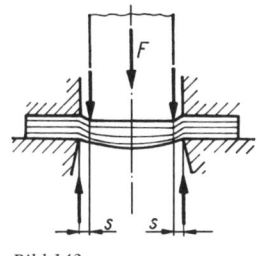
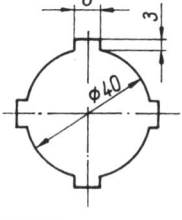

Bild 143   *Bild 144*

Beispiel: Berechnung der Schneidkraft für das Blech nach Bild 144. Blechdicke 2 mm, Werkstoffqualität $R_m = 420\ \text{N/mm}^2$

Lösung:

Schneidkraft $F = 0.8R_m \cdot A = (40\pi + 8 \cdot 3)\ \text{mm} \cdot 2\ \text{mm} \cdot 0.8 \cdot 420\ \text{N/mm}^2 = 100.6\ \text{kN}$

Bei fest sitzenden Verbindungsmitteln (Beispiel: Nietverbindung nach Bild 145) wird der Spannungszustand aus Schub und eingeschränkter Biegung auf Scherspannungen reduziert.

$$\tau_a = \frac{F}{A} \leqq \tau_{a\,zul}$$

F Belastung
A Querschnittsfläche des Verbindungsmittels

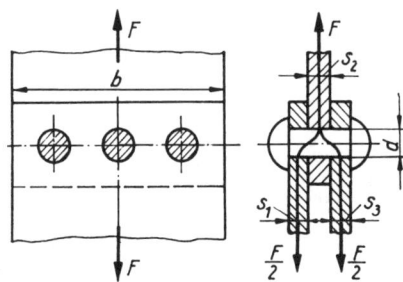

Bild 145

Man achte hier auf den Kraftfluß, der sich bei zweischnittigen Nietverbindungen auf die beiden Querschnitte des Nietschaftes aufteilt. Die begleitende Lochleibung ist bei mehrschnittigen Verbindungen besonders zu beachten.

Beispiel: Für die Nietverbindung (Bild 145), $F = 7,5$ kN; $s_1 = s_2 = s_3 = 3$ mm, sind Nietdurchmesser und Lochleibung zu berechnen: $\tau_{a\,zul} = 67$ N/mm^2

Lösung:

Nietdurchmesser (3 Niete, zweischnittige Verbindung)

$$A_{erf} = \frac{\dfrac{F}{6}}{\tau_{a\,zul}} = \frac{\dfrac{7,5\ kN}{6}}{67\ N/mm^2} = 18,7\ mm^2; \qquad d = 5\ mm$$

Lochleibung zwischen Blechbohrung und Nietschaft

Seitenbleche

$$\sigma_{l1} = \sigma_{l3} = \frac{\dfrac{F}{6}}{d s_1} = \frac{\dfrac{7\,500\ N}{6}}{(5 \cdot 3)\ mm^2} = 83,3\ N/mm^2$$

Mittelblech

$$\sigma_{l2} = \frac{\dfrac{F}{3}}{d s_2} = \frac{\dfrac{7\,500\ N}{3}}{(5 \cdot 3)\ mm^2} = 166,7\ N/mm^2$$

($\sigma_{l\,zul} = 2\sigma_{d\,zul}$ nach 3.2.5)

Bei Spielpaarungen werden vorausgesetzte feste Verbindungen nicht realisiert. Die Bolzenverbindung nach Bild 146 wird daher auf *Schub* und *Biegung* beansprucht.

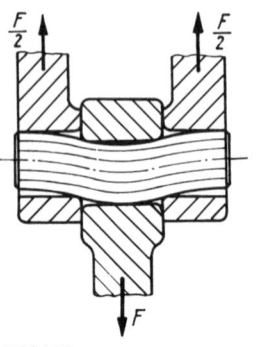

Bild 146

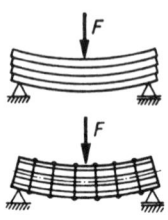

Bild 147

3.5   Schubbeanspruchung

Die Berechnung von Schubspannungen geht von der anschaulichen Vorstellung aus, daß Lamellenträger für jede Längsschicht getrennte Formänderungen aufweisen (Bild 147). An den Kontaktstellen wirken lediglich Reibkräfte.

Erst die Verbindung der Schichten durch Querstifte führt zu Formänderungen wie bei kompakten Trägern. Hier übernehmen die Querstifte Längskräfte und damit Längsschubspannungen τ_l. Da an den beiden Rändern keine Schubspannungen wirken können, ist ihre gleichmäßige Verteilung über den Querschnitt nicht möglich.

3.5.1 Spannungsgleichungen

3

Am herausgeschnittenen Trägerelement (Bild 148) erzeugen Längsschubspannungen $\tau_l = \tau_{yz}$ (senkrecht zur y-Achse und in Richtung der z-Achse) das Kräftepaar $\tau_{yz}\,dx\,dz\,dy$. Statisches Momentengleichgewicht erfordert ein Kompensationsmoment $\tau_{zy}\,dx\,dy\,dz$ infolge Querschubspannungen $\tau_q = \tau_{zy}$. Man erkennt aus diesen Beziehungen, daß Längsschubspannungen τ_l den Querschubspannungen τ_q entsprechen (*Satz von zugeordneten Schubspannungen* in senkrecht zueinander stehenden Schnittebenen). Der Zusammenhang von Längsschub- und Biegespannungen in Trägern führt demnach zu Querschnittsschubspannungen τ_s, die durch Querkräfte hervorgerufen werden.

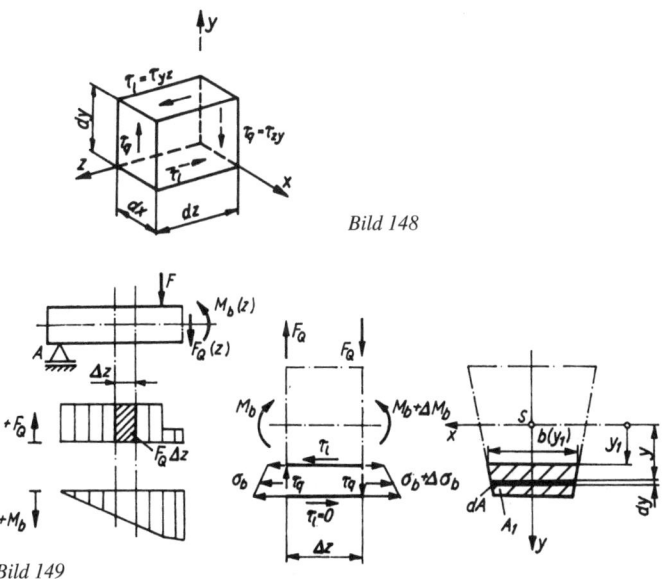

Bild 148

Bild 149

Das Trägerelement nach Bild 149, Länge Δz, wurde aus dem unteren Bereich durch den Längsschnitt im Abstand $y = y_1$ herausgetrennt. Der Momentenzuwachs zwischen beiden Querschnitten beträgt ΔM_b oder mit Bezug auf die Querkraftfläche $\Delta M_b = F_Q \Delta z$. Die Biegespannungen $\Delta \sigma_b = \Delta M_b y / I_x = F_Q \Delta z y / I_x$ ergeben in der Teilfläche A_1 einen Längskraftanteil $F_L = \int_{A_1} \Delta \sigma_b \, dA$.

Ihm muß nach dem statischen Kräftegleichgewicht in Richtung der Trägerachse ein gleich großer Längskraftanteil in der oberen Längsschicht, Breite $b(y_1)$, durch Längsschubspannungen $F_L = \tau_l \Delta z b(y_1)$ gegenüberstehen.

Man erhält

$$\tau_l = \tau_s = \frac{F_Q \Delta z}{\Delta z b(y_1) I_x} \int\limits_{A_1} y \, dA = \frac{F_Q \dot{S}_x}{b(y_1) I_x}$$

S_x statisches Moment der Teilfläche bezüglich der x-Achse, Hauptachse des gesamten Querschnitts

Beispiel: Auswertung der Spannungsgleichung für Träger mit *Rechteckquerschnitt* (Bild 150). Querschnittsparameter:

$$b(y_1) = b = \text{konst.}; \qquad I_x = \frac{bh^3}{12}; \qquad S_x = b \int\limits_{y_1}^{h/2} y \, dy$$

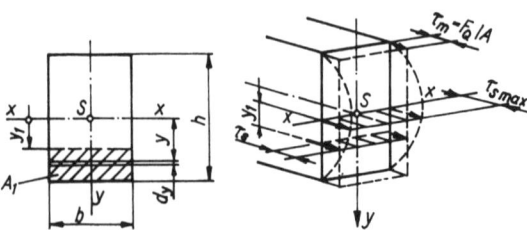

Bild 150

Schubspannung:

$$\tau_s = \frac{F_Q}{\dfrac{bh^3}{12}} \left(\frac{h^2}{8} - \frac{y_1^2}{2} \right) = \frac{6F_Q}{bh^3} \left[\left(\frac{h}{2} \right)^2 - y_1^2 \right]$$

(parabolische Spannungsverteilung)

Grenzwerte:

Normalspannungsfreie Schicht ($y_1 = 0$)

● $\qquad \tau_{s\,max} = \dfrac{3}{2} \dfrac{F_Q}{A}$

Randschicht mit extremen Biegespannungen ($y_1 = h/2$); $\tau_s = 0$. Diese Näherungsrechnung stimmt etwa für $b/h = 0{,}5$. Für Quadrate und flache Rechtecke sind zusätzlich folgende Faktoren zu berücksichtigen:

b/h	0,5	1	2	4
k	1,05	1,13	1,4	2,0

So kann z. B. bei $b = 4h$ (flacher Biegeträger) die maximale Schubspannung auf den doppelten Wert ansteigen.

Beispiel: Maximale Schubspannungen für Träger mit *Kreis*querschnitt

$I_x = \pi r^4/4$; $b(y_1 = 0) = 2r$;
statisches Moment der Halbkreisfläche $S_x = (4r/3\pi)(r^2\pi/2) = 2r^3/3$.

Maximale Schubspannung:

- $$\tau_{s\,max} = \frac{4}{3}\frac{F_Q}{A}$$

Für Kreisringquerschnitte entsteht

- $$\tau_{s\,max} = 2\frac{F_Q}{A}$$

Für einige handelsübliche Profilträger findet man die zur Berechnung maximaler Schubspannungen notwendigen Querschnittsparameter einschließlich des statischen Momentes S_x für die halbe Querschnittsfläche in Profiltabellen. Wo das nicht gegeben ist, kann man sich auf *mittlere Stegschubspannungen*

$$\tau_m = \frac{F_Q}{A_{steg}}$$

beschränken.

3.5.2 Schubmittelpunkt

Bei dünnwandigen Stäben verlaufen die Schubspannungen parallel zu den Umrißlinien (Profil), und man kann (näherungsweise) annehmen, daß sie gleichmäßig über die Wanddicke verteilt sind. Dies berechtigt zu der in Bild 151 gezeigten Darstellung. Die entstehenden inneren Kräfte (aus Steg- und Flanschschubspannungen) können keine Torsionswirkungen hervorrufen. Eine *torsionsfreie* Beanspruchung liegt nur dann vor, wenn die Querkraft den *Schubmittelpunkt M* schneidet (Werte für x_M s. *Anlage A 12* für U-Profilstäbe).

Bei doppeltsymmetrischen Querschnitten fällt der *Schubmittelpunkt M* mit dem Schwerpunkt *S* zusammen.

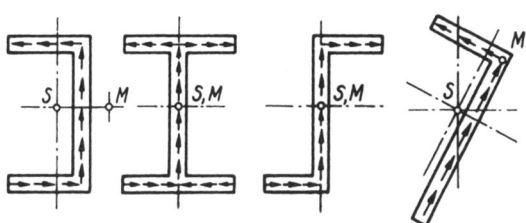

Bild 151

3.5.3   Zusätzliche Durchbiegungen infolge Schubverformung

Die fehlende Linearität für Schubspannungen über den Trägerquerschnitt führt nach Bild 152 auf unterschiedlich große Verzerrungen. Lediglich an den Randschichten bleiben die rechten Winkel zwischen Längs- und Querschicht erhalten. Zusätzliche Schubverschiebungen lassen sich über die äußere und innere Formänderungsarbeit ermitteln. Üblich ist die Berechnungsgleichung

$$\bullet \qquad v = \varkappa \frac{M_b}{GA}$$

$\varkappa$ Schubverteilungszahl
G Gleitmodul

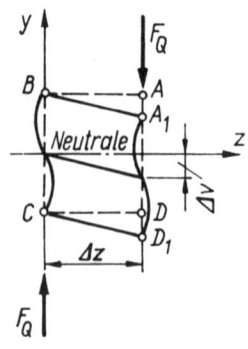

Bild 152

Werte: Rechteckquerschnitt $\varkappa = 1{,}2$; Kreisquerschnitt $\varkappa = 1{,}1$; I-Profile *(Anlage A 10)*: I 100 $\varkappa \approx 2{,}4$; I 400 $\varkappa \approx 2{,}0$.

Beispiel: Zu bestimmen ist die Gesamtverschiebung für einen Träger mit konstanten Rechteckquerschnitten, zweifach gestützt, symmetrisch durch F belastet.

$$v_{\max} = \frac{Fl^3}{48EI} + 1{,}2\frac{\frac{Fl}{4}}{0{,}385EA} = \frac{Fl}{4Ebh}\left[\left(\frac{l}{h}\right)^2 + 3{,}12\right]$$

3.6   Torsionsbeanspruchung

Stäbe mit Kreis- oder Kreisringquerschnitt nehmen Torsionsmomente (Momentenvektor auf der Stabachse) ohne Querschnittsverwölbung auf (Bild 153). Die Querschnitte drehen sich dabei wie starre Scheiben um die Stabachse, entsprechende Verschiebungen wachsen vom Mittelpunkt aus zum Umfang hin linear an.

Ganz anders verhalten sich prismatische Stäbe mit nichtkreisförmigen Querschnittsformen. Bei Torsion verwölben sich hier die Querschnitte, und es kommt zu komplizierten Schubspannungsverteilungen. Insbesondere sind äußere Ecken frei von Schubspannungen und bleiben folglich unverzerrt (bei der Verdrehung bewegen sie sich wie Starrkörper). Es ist daher zweckmäßig, die Beanspruchung für beide Querschnittsarten getrennt zu behandeln.

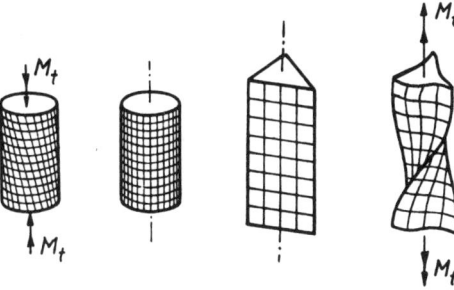

Bild 153

3

3.6.1 Torsionsbeanspruchung bei Stäben mit rotationssymmetrischen Querschnitten

3.6.1.1 Spannungsgleichungen

Durch Torsionsmomente M_t wird die Mantellinie AB für den unbelasteten Zustand in die gedrillte Form AB' gebracht (Bild 154). Von der Stabachse aus kann man den Kreissektor SBB' angeben, der den Torsionswinkel φ bestimmt. Die größte Verschiebung λ tritt am Umfang auf. Für dazwischenliegende Radien r_1 kann λ_1 gemessen werden. Formänderungen und Spannungen in zugehörigen Ringlamellen führen nach $\lambda_1/\lambda = r_1/r = \tau_{t1}/\tau_{t\,max}$ auf das *Spannungsverteilungsgesetz* $\tau_{t1} = \tau_{t\,max}r_1/r$ sowie nach dem statischen Momentengleichgewicht um die Stabachse (äußeres Torsionsmoment gleich inneres Torsionsmoment) auf

$$M_t = \int_A \tau_{t1}\,\mathrm{d}A r_1 = \frac{\tau_{t\,max}}{r}\int_A r_1^2\,\mathrm{d}A$$

$\int_A r_1^2\,\mathrm{d}A = I_p$ *polares* Flächenträgheitsmoment, Mittelpunkt M entspricht dem Bezugspol P

Daraus die Gleichung für maximale Torsionsspannungen in der Randschicht

$$\tau_{t\,max} = \frac{M_t}{I_p}r$$

bzw. mit $I_p/r = W_p$ (*polares* Widerstandsmoment)

$$\tau_{t\,max} = \frac{M_t}{W_p}$$

Bleiben nun noch Betrachtungen zum Belastungs- und Querschnittskennwert übrig.

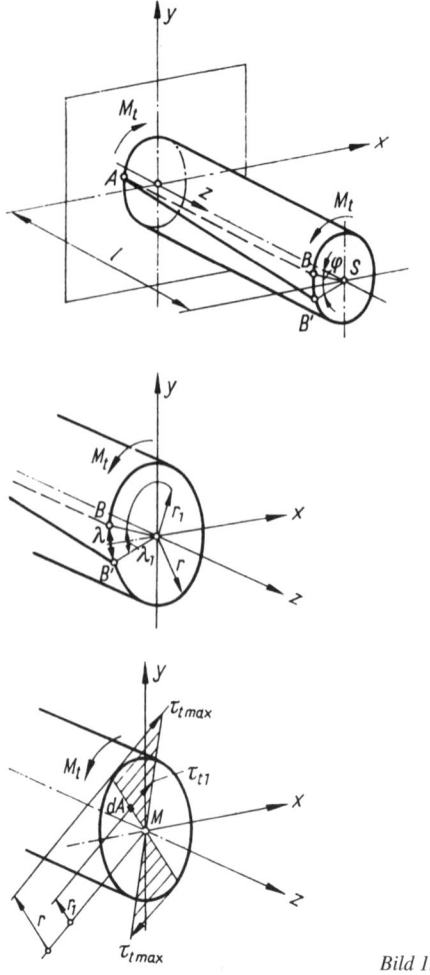

Bild 154

Aus Leistung $P = M\omega = M \cdot 2\pi n$ folgt für das *Torsionsmoment*

$$M_\mathrm{t} = \frac{P}{\omega} = \frac{1}{2\pi}\frac{P}{n}$$

(Setzt man P in W und ω in s^{-1} bzw. n in s^{-1} ein, erhält man M_t in $\mathrm{N}\cdot\mathrm{m}$.)

Üblich ist auch die Anwendung der auf die Leistungseinheit kW und Drehzahleinheit min^{-1} zugeschnittenen Größengleichung

$$M_t = 9,55 \cdot 10^3 \frac{P}{n}$$

M_t	P	n
N · m	kW	min^{-1}

Bei bekannter Umfangskraft und zugehörigem Hebelarm bis zur Torsionsachse gilt

$$M_t = F_u R$$

Polare Flächenträgheitsmomente (s. *Anlage A 8* und Bild 155)

$$I_p = \int_A r_1^2 \, dA = \int_A \left(x^2 + y^2 \right) \, dA = \int_A x^2 \, dA + \int_A y^2 \, dA$$

$$= I_y + I_x$$

bzw. mit $I_y = I_x = (\pi/64) \cdot d^4$

$$I_p = 2I = \frac{\pi}{32} \cdot d^4 \approx 0,1 d^4$$

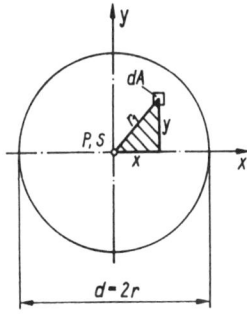

Bild 155

Polare Widerstandsmomente (nur zur Berechnung von Torsionsspannungen in den Randlamellen)

$$W_p = \frac{I_p}{\dfrac{d}{2}} = \frac{\pi}{16} \cdot d^3 \approx 0,2 d^3$$

Für *Kreisringquerschnitte* (*D* Außen-, *d* Innendurchmesser) wird aus der Differenz der Querschnittsflächen mit gleicher Bezugsachse

$$I_p = \frac{\pi}{32} \cdot (D^4 - d^4) = \frac{\pi}{32} D^4 \cdot (1 - a^4) \approx 0,1 D^4 \cdot (1 - a^4)$$

$a = d/D$ Höhlungsverhältnis

sowie

$$W_p = \frac{\pi}{32} D^4 \frac{1 - a^4}{\dfrac{D}{2}} = \frac{\pi}{16} D^3 (1 - a^4) \approx 0,2 D^3 \cdot (1 - a^4)$$

3.6.1.2 Formänderungsgleichungen

Hier stehen Beziehungen zur Verfügung, die für den Teil der aufgerollten Mantelfläche (Bild 156) gelten. Dazu gehören ebenfalls die Zusammenhänge nach Bild 155.

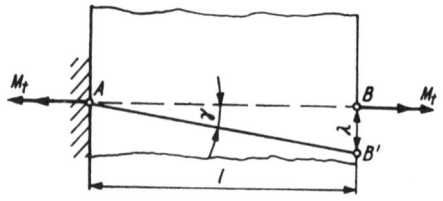

Bild 156

Infolge der Linearität für Torsionsspannungen in Querschnitten gilt nach dem HOOKEschen Gesetz für Tangentialspannungen

Gleitung

$$\tan \gamma \approx \gamma = \frac{\lambda}{l} = \frac{r\varphi}{l} = \frac{1}{G}\tau_{t\,max}$$

sowie mit der Spannungsgleichung $\tau_{t\,max} = M_t r / I_p$ für den

absoluten Drehwinkel

$$\varphi = \frac{M_t}{GI_p}l$$

Die *Drillung* (relativer Drehwinkel – bezogen auf die Stablänge)

$$\vartheta = \frac{\varphi}{l} = \frac{M_t}{GI_p}$$

GI_p Torsionssteifigkeit

3.6.1.3 Anwendungen

Beispiel: Für das skizzierte leistungsverzweigte Getriebe (Bild 157) sind die Wellendurchmesser zu bestimmen. Antriebsleistung $P_1 = 5$ kW; Antriebsdrehzahl $n_1 = 300$ min^{-1}. An den Ausgängen sollen bei Welle (2) $P_2 = 3$ kW und bei Welle (3) $P_3 = 2$ kW zur Verfügung stehen. Die Zähnezahlen der Zahnräder betragen $z = (40, 80; 30, 90)$. Die Entwurfsrechnung ist mit einer verminderten zulässigen Torsionsspannung $\tau_{t\,zul} = 20$ N/mm^2 auszuführen. Zusätzliche Biegemomente durch einseitig wirkende Umfangskräfte werden bei Torsionsrechnungen vernachlässigt (vollständige Berechnungen siehe Kapitel 4 und 5). Außerdem soll für Welle (2) ein Wellendurchmesser vorgeschlagen werden, der sich auf den zulässigen relativen Torsionswinkel $\vartheta = 0,2°$/m bezieht.

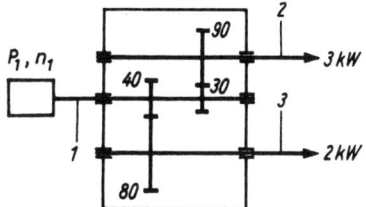

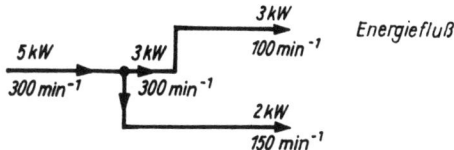

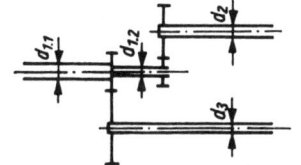

Bild 157

Lösung:

Belastungskennwerte für die drei Wellen nach dem Energiefluß und bei Beachtung des Wellenabstimmungssystems:

$$M_{t1.1} = \frac{P_{1.1}}{\omega_{1.1}} = \frac{5 \text{ kW}}{(2\pi \cdot 300/60) \text{ s}^{-1}} = 159 \text{ N} \cdot \text{m}$$

$$M_{t1.2} = \frac{P_{1.2}}{\omega_{1.2}} = \frac{3 \text{ kW}}{(2\pi \cdot 300/60) \text{ s}^{-1}} = 95,5 \text{ N} \cdot \text{m}$$

$$M_{t2} = \frac{P_2}{\omega_2} = \frac{3 \text{ kW}}{(2\pi \cdot 100/60) \text{ s}^{-1}} = 286,5 \text{ N} \cdot \text{m}$$

$$M_{t3} = \frac{P_3}{\omega_3} = \frac{2 \text{ kW}}{(2\pi \cdot 150/60) \text{ s}^{-1}} = 127,3 \text{ N} \cdot \text{m}$$

Wellendurchmesser:

Nach $\tau_{t\,max} = M_t/W_p = M_t/(0,2d^3)$ ergibt sich die

Entwurfsgleichung $d_{erf} = \sqrt[3]{M_t/(0,2\,\tau_{t\,zul})}$

$$d_{1.1\,erf} = \sqrt[3]{\frac{M_{t1.1}}{0,2\,\tau_{t\,zul}}} = \sqrt[3]{\frac{159 \text{ N} \cdot \text{m}}{0,2 \cdot 20 \text{ N/mm}^2}} = 34,1 \text{ mm}$$

$$d_{1.2\,erf} = \sqrt[3]{\frac{95,5 \text{ N} \cdot \text{m}}{0,2 \cdot 20 \text{ N/mm}^2}} = 28,8 \text{ mm}$$

$$d_{2\,\mathrm{erf}} = \sqrt[3]{\frac{286,5\ \mathrm{N\cdot m}}{0,2\cdot 20\ \mathrm{N/mm^2}}} = 41,5\ \mathrm{mm}$$

$$d_{3\,\mathrm{erf}} = \sqrt[3]{\frac{127,3\ \mathrm{N\cdot m}}{4\ \mathrm{N/mm^2}}} = 31,7\ \mathrm{mm}$$

Ausführungsmaße: $d_{1.1} = 35$ mm; $d_{1.2} = 30$ mm; $d_2 = 42$ mm; $d_3 = 32$ mm Wellendurchmesser für (2) mit vorgegebener zulässiger Formänderung $\vartheta_{\mathrm{zul}} = 0{,}2°/\mathrm{m}$ bzw. $\vartheta_{\mathrm{zul}} = 0{,}2\cdot\pi/180 = 3{,}5\cdot 10^{-3}$ rad/m sowie $G = 0{,}385E = 0{,}385\cdot 2{,}1\cdot 10^5$ N/mm^2 = $81\cdot 10^3$ N/mm^2

Nach $\vartheta = M_{\mathrm{t}}/(GI_{\mathrm{p}})$ und $I_{\mathrm{p}} = 0{,}1d^4$ wird

$$d_{\mathrm{erf}} = \sqrt[4]{\frac{M_{\mathrm{t}}}{0{,}1G\vartheta_{\mathrm{zul}}}}$$

Daher

$$d_{2\,\mathrm{erf}} = \sqrt[4]{\frac{286,5\ \mathrm{N\cdot m}}{0{,}1\cdot 81\cdot 10^3\ \mathrm{N/mm^2}\cdot 3{,}5\cdot 10^{-3}\ \mathrm{rad/m}}} = 56{,}4\ \mathrm{mm}$$

Ausgeführt: $d_2 = 58$ mm

Beispiel: Die Welle nach Bild 158, $n = 200$ min^{-1}; $l_1 = 1{,}1$ m; $l_2 = 1{,}2$ m nimmt bei B $P_B = 150$ kW auf und leitet diese Leistung zu $P_A = 80$ kW zum Abtrieb bei A sowie zu $P_C = 70$ kW zum Abtrieb bei C weiter. Zu bestimmen sind die Wellendurchmesser d_1, d_2 sowie Lage und Größe des maximal absoluten Torsionswinkels. $\tau_{\mathrm{t\,zul}} = 30$ N/mm^2; $G = 81\cdot 10^3$ N/mm^2

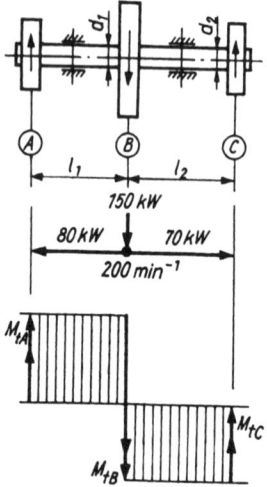

Bild 158

Lösung:

Torsionsmomente:

$$M_{tB} = \frac{9,95 \cdot 10^3 \cdot 150 \text{ kW}}{200 \text{ min}^{-1}} = 7\,163 \text{ N} \cdot \text{m}$$

$$M_{tBA} = \frac{9,55 \cdot 10^3 \cdot 80 \text{ kW}}{200 \text{ min}^{-1}} = 3\,820 \text{ N} \cdot \text{m}$$

$$M_{tBC} = \frac{9,55 \cdot 10^3 \cdot 70 \text{ kW}}{200 \text{ min}^{-1}} = 3\,343 \text{ N} \cdot \text{m}$$

Kontrollrechnung (statisches Momentengleichgewicht um die Wellenachse):

$$M_{tBA} + M_{tBC} = M_{tB}$$

3 820 N · m	7 163 N · m
3 343 N · m	
7 163 N · m	7 163 N · m

Wellendurchmesser:

$$d_{1\,erf} = \sqrt[3]{\frac{M_{tBA}}{0,2\,\tau_{t\,zul}}} = \sqrt[3]{\frac{3\,820 \text{ N} \cdot \text{m}}{6 \text{ N/mm}^2}} = 86 \text{ mm}$$

$$d_{2\,erf} = \sqrt[3]{\frac{M_{tBC}}{0,2\,\tau_{t\,zul}}} = \sqrt[3]{\frac{3\,343 \text{ N} \cdot \text{m}}{6 \text{ N/mm}^2}} = 82,3 \text{ mm}$$

Ausführungsmaße:

$$d_1 = 90 \text{ mm}; \qquad d_2 = 85 \text{ mm}$$

Maximaler Torsionswinkel:

Verhältnis der Torsionswinkel

$$\frac{\varphi_A}{\varphi_C} = \frac{I_{p2}}{I_{p1}} \cdot \frac{M_{tBA}}{M_{tBC}} \cdot \frac{l_1}{l_2} \quad \text{mit}$$

$$\frac{I_{p2}}{I_{p1}} = \frac{512,4}{644,2}$$

$$\frac{\varphi_A}{\varphi_C} = \frac{512,4}{644,2} \cdot \frac{3\,820}{3\,343} \cdot \frac{1,1}{1,2} = 0,83$$

$\varphi_C > \varphi_A$: *Die größte Torsionsformänderung tritt beim Abtrieb C auf.*

$$\varphi_C = \frac{M_{tBC}l_2}{GI_{p2}} = \frac{180°}{\pi} \cdot \frac{3\,343 \text{ N} \cdot \text{m} \cdot 1,2 \text{ m}}{81 \cdot 10^3 \text{ N/mm}^2 \cdot 512,4 \cdot 10^4 \text{ mm}^4} = 0,55°$$

Beispiel: Stäbe mit Kreis- und Kreisringquerschnitten (Höhlungsverhältnis 50 %) sollen mit dem gleichen Torsionsmoment belastet werden. Um wieviel Prozent ändern sich (gleicher Außendurchmesser, gleiche Torsionssteifigkeit) Spannung und Formänderung? Wieviel Prozent Werkstoffmasse werden eingespart?

Lösung: [Ausführungsvarianten: (1) Vollstab, (2) Hohlstab]

Gleiche Torsionsmomente $M_{t1} = M_{t2} = M_t$, *gleiche Außendurchmesser* $D_1 = D_2 = D$ und *Höhlungsverhältnis* $a = d_2/D_2 = 0,5$:

Spannungsverhältnis:

$$\frac{\tau_{t2}}{\tau_{t1}} = \frac{M_{t2}}{M_{t1}} \cdot \frac{W_{p1}}{W_{p2}} = \frac{W_{p1}}{W_{p2}}$$

$$= \frac{0{,}2D^3}{0{,}2D^3(1-a^4)} = \frac{1}{1-a^4} = \frac{1}{1-0{,}5^4} = 1{,}067$$

Spezifischer Werkstoffeinsatz (Flächenvergleich bei konstanten Querschnitten):
$A_2/A_1 = (\pi/4)(D^2 - d_2^2)\,/\,(\pi/4)D^2 = 1 - a^2 = 1 - 0{,}5^2 = 0{,}75$

Die maximale Torsionsspannung erhöht sich beim Kreisring-Torsionsstab um 6,7 %, obwohl hier 25 % Werkstoffmasse eingespart werden.

Formänderungsverhältnis:

$$\frac{\vartheta_2}{\vartheta_1} = \frac{M_{t2}}{GI_{p2}} \cdot \frac{M_{t1}}{GI_{p1}} = \frac{I_{p1}}{I_{p2}}$$

$$= \frac{W_{p1}}{W_{p2}}$$

(gleiche Randabstände für $D_1 = D_2$)

In Übereinstimmung mit der Gleichung für das Spannungsverhältnis ist ebenfalls $\vartheta_2/\vartheta_1 = 1{,}067$.

Gleiche Torsionsmomente, gleiche Torsionssteifigkeit $(GI_p)_1 = (GI_p)_2$, *Höhlungsverhältnis* $a = 0{,}5$:

Außendurchmesser des Rohres mit $I_{p1} = I_{p2} = 0{,}1D_1^4 = 0{,}1D_2^4 \cdot (1 - a^4)$

$$\frac{D_2}{D_1} = \sqrt[4]{\frac{1}{1-a^4}} = \sqrt[4]{\frac{1}{1-0{,}5^4}} = 1{,}016\,3$$

Der Außendurchmesser des Rohres müßte 1,63 % größer als der des Vollstabes sein.

Spannungsverhältnis:

$$\frac{\tau_{t2}}{\tau_{t1}} = \frac{W_{p1}}{W_{p2}} = \frac{0{,}2D_1^3}{0{,}2D_2^3(1-a^4)}$$

$$= \frac{D_1^3}{(1{,}016\,3D_1)^3(1-0{,}5)^4} = 1{,}016$$

Spezifischer Masseeinsatz:

$$\frac{A_2}{A_1} = \frac{\dfrac{\pi}{4}D_2^2 \cdot (1-a^4)}{\dfrac{\pi}{4}D_1^2} = 1{,}016\,3^2 \cdot (1-0{,}5^2) = 0{,}775$$

Formänderungsunterschiede bestehen laut Aufgabenstellung nicht. Der Werkstoffeinsatz beim Rohr verringert sich bei gleichbleibendem Formänderungsverhalten und 1,6 % Spannungserhöhung um 22,5 %.

3.6.1.4 Formänderungsarbeit

Das Torsionsmoment bewirkt eine Verdrehung des Stabes um den Winkel φ. M_t und φ wachsen nach dem *linearen* Formänderungsverhalten gleichzeitig.

Die Fläche unter der M_t, φ-Geraden des Belastungsdiagrammes entspricht der *absoluten* Formänderungsarbeit

$$W_{F\,abs} = \frac{1}{2}M_t\varphi = \frac{1}{2}\frac{M_t^2 l}{GI_p}$$

Zur *spezifischen* Formänderungsarbeit W_F gelangt man durch Division mit dem Stabvolumen $V = Al$, konstante Querschnitte vorausgesetzt.

Es wird

$$W_F = \frac{1}{2}\frac{M_t^2}{GI_p A} = \frac{\tau_{t\,max}^2 W_p^2}{2GW_p\dfrac{d}{2}A} = \frac{W_p}{Ad}\frac{\tau_{t\,max}^2}{G}$$

Für die beiden in Frage kommenden Stabformen lassen sich die nachfolgenden Gleichungen entwickeln:

Vollstäbe

$$W_F = \frac{0,25\,\tau_{t\,max}^2}{G}$$

Hohlstäbe

$$W_F = \frac{d_a^2 - d_i^2}{4d_a^2}\frac{\tau_{t\,max}^2}{G} = 0,25\cdot(1+a^2)\frac{\tau_{t\,max}^2}{G} \qquad (a = d_i/d_a)$$

Beispiel: Für zwei Torsionsstäbe (Torsionsfedern) aus Stahl, konstante Querschnitte, Länge $l = 1$ m, steht ein Vollstab mit $d = 20$ mm und ein Rohr mit $d_a = 20$ mm, Wanddicke $s = 2,5$ mm zur Verfügung. Welche spezifische und absolute Formänderungsarbeit können beide bei $\tau_t = 50$ N/mm^2 aufnehmen?

Lösung:

Vollstab [$\tau_t^2/G = (50\ \text{N/mm}^2)^2/(81\cdot 10^3\ \text{N/mm}^2) = 30,86\cdot 10^{-3}\ \text{N/mm}^2$]:

$$W_F = \frac{0,25\,\tau_t^2}{G} = 0,25\cdot 30,86\cdot 10^{-3}\ \frac{\text{N}\cdot\text{mm}}{\text{mm}^3}$$

$$= 7,72\cdot 10^3\ \frac{\text{N}\cdot\text{m}}{\text{m}^3}$$

$$W_{F\,abs} = W_F V = 7,72\cdot 10^3\ \frac{\text{N}\cdot\text{m}}{\text{m}^3}\cdot 100\cdot 10^{-6}\ \text{m}^2\cdot 1\ \text{m}$$

$$= 2,43\ \text{N}\cdot\text{m}$$

Hohlstab ($\tau_t^2/G = 30,86\cdot 10^{-3}\ \text{N/mm}^2$):

$$W_F = \frac{0,25(1+a^2)\tau_t^2}{G} = 7,72\cdot 10^3\ \frac{\text{N}\cdot\text{m}}{\text{m}^3}\left[1+\left(\frac{15}{20}\right)^2\right]$$

$$= 12,1\cdot 10^3\ \frac{\text{N}\cdot\text{m}}{\text{m}^3}$$

$$W_{F\,abs} = W_F V = 12,1\cdot 10^3\ \frac{\text{N}\cdot\text{m}}{\text{m}^3}\cdot(100\pi - 176,7)\cdot 10^{-6}\ \text{m}^2\cdot 1\ \text{m}$$

$$= 1,66\ \text{N}\cdot\text{m}$$

3.6.2 Torsionsbeanspruchung bei Stäben mit Querschnittsverwölbung

Querschnittsverwölbungen weisen auf Flächenteile hin, die mehr oder weniger der Beanspruchung ausweichen. Die zugehörigen spannungstheoretischen Untersuchungen führen über die POISSONsche Gleichung zu querschnittsabhängigen Ergebnissen, die *nicht durch polare* Querschnittskennwerte ausgedrückt werden können. Für praktische Berechnungen wendet man die Hinweise und Beziehungen nach *Anlage A 17* an oder die Werte aus *Profiltabellen*. Diese Querschnittskenngrößen treten an die Stelle der polaren bei rotationssymmetrischen Querschnittsformen. Dadurch ändern sich die Beanspruchungsgleichungen in ihrem grundsätzlichen Aufbau nicht.

- *Torsionsspannungen* $\tau_{t\,max} = M_t/W_t$
- *Drillung* $\vartheta = M_t/(GI_t)$
- *Formänderungsarbeit* $W_F = c_4\tau_t^2/G$

Zur Unterstützung der Vorstellung über das Spannungsverhalten im Querschnitt bezieht man sich auf ideal kontinuierliche Strömungsvorgänge und definiert aus Torsionsspannungen τ_t und wirksamer Querschnittsbreite s einen *konstanten Schubfluß* $T = \tau_t s$. Daher ist zu folgern, daß eine Verringerung von tragenden Querschnittsteilen zu größeren Torsionsspannungen führt. Anwendung auf Kastenprofile mit unterschiedlicher Wanddicke. Bei dem Rechteckquerschnitt (Bild 159) wird durch die eingezeichneten Schublinien deutlich, daß infolge ihrer Verdichtung im Bereich der x-Achse am Querschnittsrand maximale Schubspannungen auftreten müssen. In der Mitte der kurzen Seiten wirken daher $\tau_{tB} < \tau_{tA}$. Außerdem ist dieser Zusammenhang mit den Hebelarmen zum Querschnittsmittelpunkt einzusehen. *Flächenteile, denen ein kleiner Hebelarm zugeordnet ist, haben größere Beanspruchungen aufzunehmen.* Weiterhin ordnet sich der Schubfluß in der Nähe der hervorstehenden Ecken nicht vollständig in die Querschnittsumrandung ein. Er bleibt abgerundet. Die *Querschnittsecken sind spannungsfrei.*

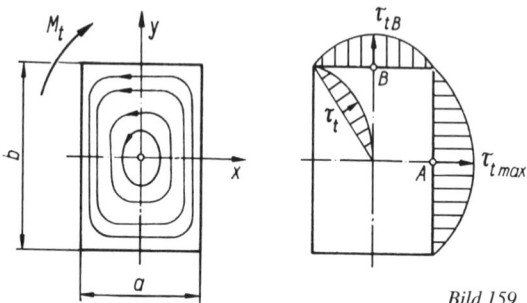

Bild 159

Beispiel: Ein rechteckiger Torsionsstab aus Stahl, Seitenverhältnis $n = 2$; Länge $l = 1,5$ m wird mit $M_t = 200$ N · m belastet. Gesucht sind Querschnittsmaße, extreme Spannungen, Torsionswinkel und Formänderungsarbeit. $\tau_{t\,zul} = 20$ N/mm^2

Lösung:

Entwurf der Querschnittsparameter: Widerstandsmoment $W_t = (c_1/c_2)na^3$ mit $c_1 = 0{,}229$; $c_2 = 0{,}928$ *(Anlage A 21)*

Kleine Rechteckseite:

$$a_{erf} = \sqrt[3]{\frac{M_t}{\frac{c_1}{c_2}n\tau_{t\,zul}}} = \sqrt[3]{\frac{200 \text{ N} \cdot \text{m}}{\frac{0{,}229}{0{,}928} \cdot 2 \cdot 20 \text{ N/mm}^2}} = 27{,}3 \text{ mm}$$

Ausgeführt:

$$a = 30 \text{ mm}; \qquad b = 60 \text{ mm}$$

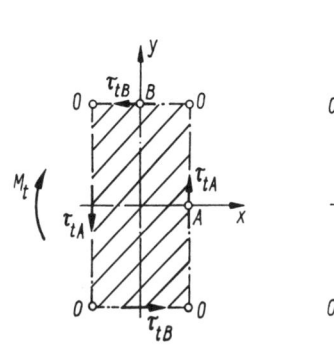 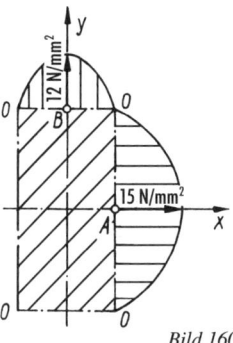

Bild 160

Extreme Spannungen in Übereinstimmung mit Bild 160 und $W_t = (c_1/c_2)a^2b = (0{,}229/0{,}928) \cdot 30^2 \cdot 60 \text{ mm}^3 = 13{,}3 \cdot 10^3 \text{ mm}^3$:

$$\tau_{tA} = \tau_{t\,max} \frac{M_t}{W_t} = \frac{200 \text{ N} \cdot \text{m}}{13{,}3 \cdot 10^3 \text{ mm}^3} = 15 \text{ N/mm}^2$$

$$\tau_{tB} = c_3\tau_{tA} = 0{,}796 \cdot 15 \text{ N/mm}^2 = 12 \text{ N/mm}^2$$

In den vier Ecken ist $\tau_t = 0$

Relative Torsionswinkel (in $°/$m):

$$\vartheta = \frac{180°}{\pi} = \frac{M_t \cdot 10^3 \text{ mm}}{GI_t}$$

$$= \frac{180°}{\pi} \frac{200 \text{ N} \cdot \text{m} \cdot 10^3 \text{ mm}}{81 \cdot 10^3 \text{ N/mm}^2 \cdot 37{,}1 \cdot 10^4 \text{ mm}^4} = 0{,}381°/\text{m}$$

Absoluter Torsionswinkel:

$$\varphi = \vartheta l = 0{,}381°/\text{m} \cdot 1{,}5 \text{ m} = 0{,}572°$$

Spezifische Formänderungsarbeit:

$$W_F = \frac{c_4\tau_{t\,max}^2}{G} = \frac{0{,}132 \cdot 15^2 \text{ (N/mm}^2)^2}{81 \cdot 10^3 \text{ N/mm}^2} = 0{,}367 \cdot 10^{-3} \frac{\text{N} \cdot \text{mm}}{\text{mm}^3}$$

Absolute Formänderungsarbeit:

$$W_{F\,abs} = W_F V = 0{,}367 \cdot 10^{-3} \frac{N \cdot mm}{mm^3} \cdot 30\ mm \cdot 60\ mm \cdot 1{,}5 \cdot 10^3\ mm$$
$$= 0{,}991\ N \cdot m$$

Beispiel: Für einen Torsionsstab mit Kastenprofil unterschiedlicher Wanddicke (Bild 161) sind gegeben: Belastung $M_t = 25$ kN $\cdot$ m; Wanddicken $s_1 = 12$ mm; $s_2 = 8$ mm; $s_3 = 10$ mm; $s_4 = 5$ mm. Abstand der mittleren Umrißlinien $a = 250$ mm; $b = 500$ mm. Zu berechnen sind die Spannungen in den Querschnittsseiten und der relative Drehwinkel des Stabes.

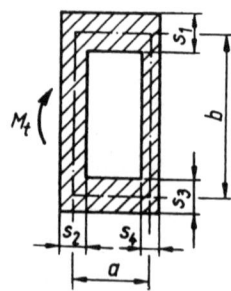

Bild 161

Lösung:

Anlage A 17: Beliebig geformter Ring mit stückweise konstanter Wanddicke und Beachtung des Schubflusses.

Oberer Steg

$$\tau_{t1} = \frac{M_t}{2A_m s_1} = \frac{25\ kN \cdot m}{2 \cdot (250 \cdot 500)\ mm^2 \cdot 12\ mm} = 8{,}3\ N/mm^2$$

Linker Steg

$$\tau_{t2} = \tau_{t1} \frac{s_1}{s_2} = 8{,}3\ N/mm^2 \cdot \frac{12}{8} = 12{,}5\ N/mm^2$$

Unterer Steg

$$\tau_{t3} = \tau_{t1} \frac{s_1}{s_3} = 8{,}3\ N/mm^2 \cdot \frac{12}{10} = 10\ N/mm^2$$

Rechter Steg

$$\tau_{t4} = \tau_{t1} \frac{s_1}{s_4} = 8{,}3\ N/mm^2 \cdot \frac{12}{5} = 20\ N/mm^2$$

Relativer Torsionswinkel (in $°/m$):

$$\vartheta = \frac{180°}{\pi} \cdot \frac{M_t}{GI_t} = \frac{180°}{\pi} \cdot \frac{M_t}{G} \sum_{i=1}^{4} \frac{1}{4A_m^2 \left(\dfrac{s}{U_m}\right)_i}$$

$$= \frac{180°}{\pi} \cdot \frac{M_t}{G4A_m^2} \left(\frac{a}{s_1} + \frac{b}{s_2} + \frac{a}{s_3} + \frac{b}{s_4}\right)$$

$$\vartheta = \frac{180°}{\pi} \cdot \frac{25 \text{ N} \cdot \text{m} \cdot \left[250 \cdot \left(\dfrac{1}{12} + \dfrac{1}{10} \right) + 500 \cdot \left(\dfrac{1}{8} - \dfrac{1}{5} \right) \right]}{81 \cdot 10^3 \text{ N/mm}^2 \cdot 4 \cdot (250 \cdot 500)^2 \text{ mm}^4} \cdot 10^3 \text{ mm}$$

$$= 0{,}06°/\text{m}$$

4 Komplexe Bauteilbeanspruchungen

4

Belastungen, die den einschränkenden Wirkungsbedingungen des Kapitels 3 nicht mehr entsprechen, führen zu komplexen Bauteilbeanspruchungen. Wir gehen jedoch von diesen solitären Erscheinungsformen aus und suchen nach Wegen, wie man zum Gesamtergebnis kommen kann. Sofern nur Normalbeanspruchungen beurteilt werden sollen, wird von den Vektoreigenschaften der Anteile auf gleicher Wirkungslinie ausgegangen und das komplexe Ergebnis mit *resultierenden Normalspannungen* $\sigma_{\text{res max}} \leqq \sigma_{\text{zul}}$ formuliert. Zur Berücksichtigung von Normal- und Tangentialbeanspruchungen hat sich die *Vergleichsspannungsmethode* bewährt. Hier wird auf der Grundlage bewährter Spannungshypothesen eine *Vergleichsspannung* σ_{v} berechnet und mit einer für das Bauteil zulässigen Normalspannung nach der Bedingung $\sigma_{\text{v}} \leqq \sigma_{\text{zul}}$ abgestimmt.

4.1 Komplexe Bauteilbeanspruchungen mit Normalspannungen

Eine Zuordnung der Belastungswirkung (Lage, Richtung) ist hinsichtlich der Bauteilgeometrie (Richtung, Querschnitt, Länge) nützlich. Mit einer solchen Betrachtung im Sinne einer Belastungsanalyse wird nach Bild 162 die Lösung der Aufgabe vorbereitet. Wir betrachten zu diesem Zweck den Verlauf der Stabachse und zerlegen die Belastung in zugehörige Längs- und Querkraftkomponenten. Sofern Belastungs- und Hauptebene des Stabes übereinstimmen oder parallel zueinander liegen, ergeben sich Normalspannungen aus exzentrischen Zug-, Druckanteilen mit Querkraftbiegung. *Bei asymmetrischen Querschnittsformen sind vorher die Hauptachsen zu bestimmen.* Erst dann können bezüglich dieser geometrischen Querschnittseigenschaften Hebelarme für die biegenden Belastungsanteile festgelegt werden.

Eine Vergrößerung der Stablänge, die solitäre Druckbeanspruchungen augenscheinlich ausschließen, führt bei Drucklängskräften zum Stabilitätsproblem der Knickung.

Für alle diese Aufgaben kann der Lösungsalgorithmus nach Bild 162 nützlich sein.

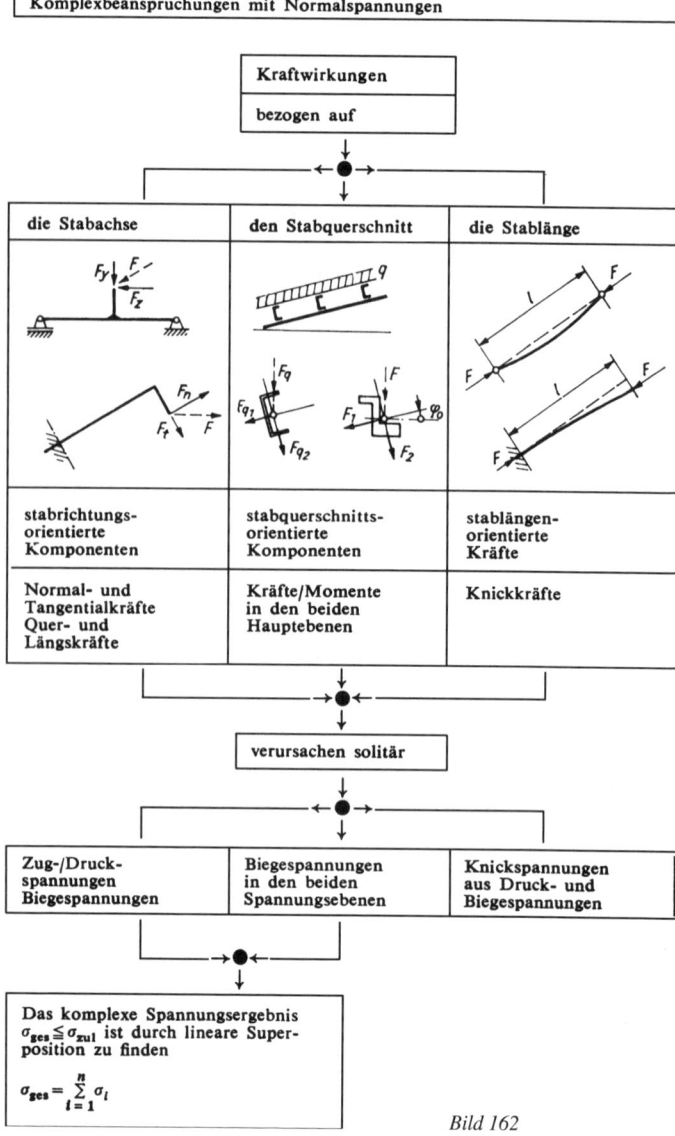

Bild 162

4.1.1 Exzentrische Zug-, Druckbeanspruchungen durch Belastungen in Hauptebenen bzw. in Ebenen parallel dazu

4.1.1.1 Resultierende Normalspannungen

Die parallel zur Stabachse wirkende Zugkraft, Exzentrizität a (Bild 163), soll in der vertikalen Hauptebene liegen. Entsprechend den Schnittreaktionen $F_L = +F = $ konst. und $M_b = Fa = $ konst. treten bei *doppelt symmetrischen Querschnitten* in beiden Randschichten (1), (2) resultierende extreme Normalspannungen

$$\sigma_{res(1)} = \frac{+F}{A} + \frac{Fa}{W_x}; \qquad \sigma_{res(2)} = \frac{+F}{A} - \frac{Fa}{W_x}$$

auf. Die Länge des Bauteils hat darauf keinen Einfluß. Größte Normalspannungen liegen am Rande der Lastseite $\sigma_{res(1)} = \sigma_{res}$. Nach der Spannungsverteilung über den Querschnitt

$$\sigma_{res}(y) = +\frac{F}{A} + \frac{Fa}{I_x}y$$

läßt sich die Lage der normalspannungsfreien Längsschicht über $\sigma_{res}(y = y_0)$ $= 0$ zu $y_0 = -I_x/(Aa)$ bestimmen. Sie befindet sich auf der lastfreien Seite. Ihre Differenz zur Stabachse ist unabhängig von der Belastung und verläuft bei konstanten Querschnitten parallel zur Stabachse.

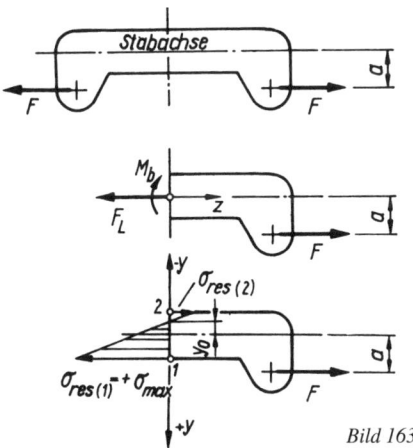

Bild 163

Exzentrische Druckbeanspruchungen führen unter Beachtung der Vorzeichen zu gleichen Ergebnissen.

Bei Stäben mit *einfachsymmetrischen Querschnitten* ist infolge unterschiedlich großer Randabstände in jedem Fall die Gleichung für die Spannungsverteilung zu bevorzugen.

Beispiel: Berechnung des Stabdurchmessers d (Bild 164) für $F = 2,5$ kN; $a = 30$ mm und $\sigma_{b\,zul} = (100 \ldots 120)$ N/mm^2; Spannungskontrolle für die Querschnitte (1) und (2). Querschnitt (2) ist durch Querbohrung $d_2 = 5$ mm geschwächt. Lage der normalspannungsfreien Schicht.

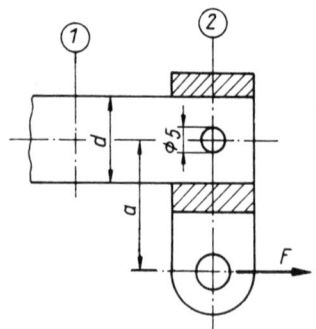

Bild 164

Lösung:

Erforderlicher Stabdurchmesser:

$$d_{\text{erf}} = \sqrt[3]{\frac{Fa}{0,1\sigma_{b\,zul}}} = \sqrt[3]{\frac{2,5\text{ kN} \cdot 30\text{ mm}}{0,1 \cdot 100\text{ N/mm}^2}}$$

$$= 19,6\text{ mm}$$

Ausgeführt:

$$d = 20\text{ mm}$$

Spannungskontrollen:

$$\sigma_{\text{max}(1)} = +\frac{F}{A} + \frac{Fa}{W_x}$$

$$= +\frac{2,5\text{ kN}}{3,14\text{ cm}^2} + \frac{2,5\text{ kN} \cdot 30\text{ mm}}{0,785\text{ cm}^3}$$

$$= (+8 + 95,5)\text{ N/mm}^2 = +103,5\text{ N/mm}^2$$

$$\sigma_{\text{max}(2)} = +\frac{2,5\text{ kN}}{2,14\text{ cm}^2} + \frac{2,5\text{ kN} \cdot 30\text{ mm}}{0,764\text{ cm}^3}$$

$$= (+11,7 + 98,2)\text{ N/mm}^2 = +110\text{ N/mm}^2$$

Lage der normalspannungsfreien Schicht in (1)

$$y_{0(1)} = -\frac{I_{x(1)}}{A_{(1)}a} = -\frac{0,785\text{ cm}^4}{3,14\text{ cm}^2 \cdot 30\text{ mm}}$$

$$= -0,83\text{ mm}$$

Beispiel: An der Stegseite eines U-Profils Nr. 80 (*Anlage A 12*) wurde zur Aufnahme der Längskraft $F = 30$ kN symmetrisch ein $s = 8$ mm dicker Blechstreifen angeschweißt (Bild 165). Man berechne die Randspannungen im Profil, Querschnitt (1).

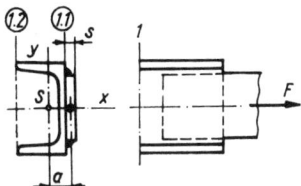

Bild 165

Lösung:

Zug und Biegung um die y-Achse ergeben mit der Exzentrizität $a = e + s/2 = 1,85$ cm die nachfolgenden *Randspannungen*:

$$\sigma_{res(1.1)} = +\frac{F}{A} + \frac{Fae}{I_y}$$

$$= +\frac{30 \text{ kN}}{11 \text{ cm}^2} + \frac{30 \text{ kN} \cdot 1,85 \text{ cm} \cdot 14,5 \text{ mm}}{19,4 \text{ cm}^4}$$

$$= (+27,3 + 41,5) \text{ N/mm}^2 = +68,8 \text{ N/mm}^2$$

$$\sigma_{res(1.2)} = +\frac{F}{A} - \frac{Fa(b - e)}{I_y}$$

$$= +27,3 \text{ N/mm}^2 - 30 \text{ kN} \cdot 1,85 \text{ cm} \cdot \frac{(45 - 14,5) \text{ mm}}{19,4 \text{ cm}^4}$$

$$= (+27,3 - 87,3) \text{ N/mm}^2 = -60 \text{ N/mm}^2$$

4.1.1.2 Kernweite und Querschnittskern

Der Querschnittskern entspricht einem Bereich für exzentrische Druckbeanspruchungen, bei denen die gesamte Querschnittsfläche Druckspannungen auf das Nachbarbauteil (Flächenpressungen) überträgt. Auch im Bauteil selbst treten dann nur Druckspannungen auf. Der Grenzwert dieses Bereiches entspricht der Kernweite a_0. In diesem Fall tangiert die normalspannungsfreie Schicht den Querschnittsrand. Druck- und anteilige Zug-Biege-Spannungen eliminieren sich vollständig. Daher ergibt sich mit $-F/A + Fa_0/W = 0$ die *Kernweite* zu $a_0 = W/A$. (Bezugsachsen für das Widerstandsmoment beachten)

Beispiele für Kernweiten und für den Querschnittskern (schraffierte Fläche) nach Bild 166:

Kreisfläche

$$a_0 = \frac{\pi d^3}{32} \cdot \frac{4}{\pi d^2} = \frac{d}{8}$$

Rechteckfläche

$$a_{0x} = \frac{W_y}{A} = \frac{\dfrac{hb^2}{6}}{bh} = \frac{b}{6}; \qquad a_{0y} = \frac{W_x}{A} = \frac{\dfrac{bh^2}{6}}{bh} = \frac{h}{6}$$

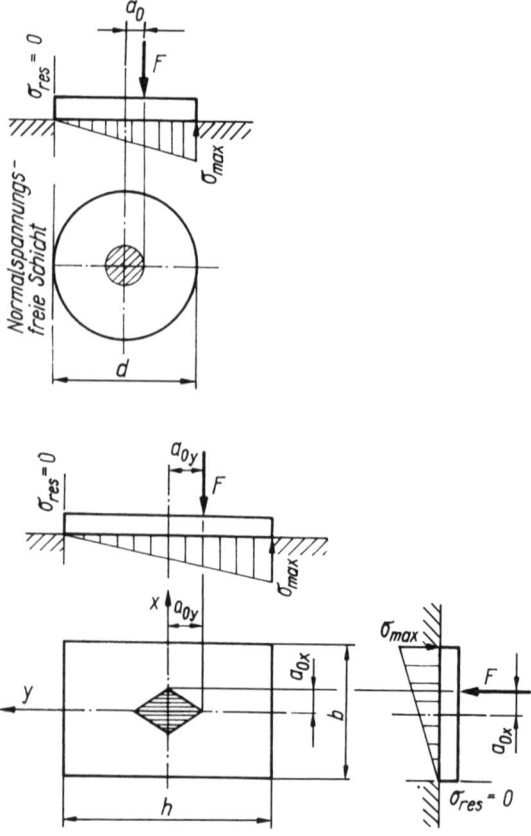

Bild 166

4.1.1.3 Formänderungen

Bild 167 zeigt beide Formänderungskurven. Man erkennt, daß eine exzentrische Druckbeanspruchung zur wirklichen Exzentrizität $[a + \eta(z)]$ führt. Bei kritischen Lasten $F_k = F(\eta_{max} \to \infty)$ verliert das Bauteil seine Stabilität. Diese Grenzbetrachtung führt zu einer der Berechnungsgleichungen für Knicklasten nach EULER (s. 4.1.5).

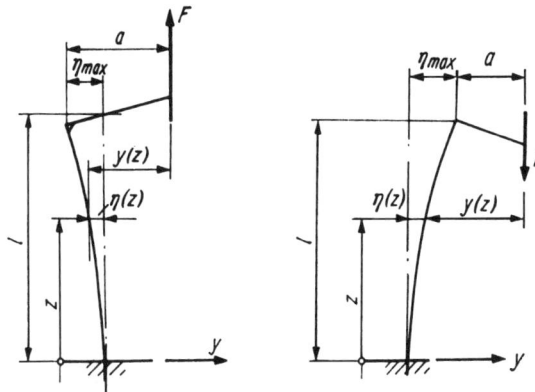

Bild 167

Mit dem Ansatz nach der Dgl. für die Biegelinie wird für die exzentrische *Zug*beanspruchung

$$\eta_{\max} = a \frac{\cosh \sqrt{\dfrac{Fl^2}{EI_x}} - 1}{\cosh \sqrt{\dfrac{Fl^2}{EI_x}}}$$

für die exzentrische *Druck*beanspruchung

$$\eta_{\max} = a \frac{1 - \cos \sqrt{\dfrac{Fl^2}{EI_x}}}{\cos \sqrt{\dfrac{Fl^2}{EI_x}}}$$

Beispiel: Eine GG-Säule, $l = 4$ m; $d_a = 240$ mm; $d_i = 200$ mm, wird durch die Druckkraft $F = 200$ kN mit einer Exzentrizität belastet, die der Kernweite des Querschnittes entspricht. Wie groß ist deren maximale Horizontalverschiebung?

Lösung:

Kernweite:

$$a_0 = \frac{W}{A} = \frac{\dfrac{\pi}{32} d_a^3 \cdot \left[1 - \left(\dfrac{d_i}{d_a} \right)^4 \right]}{\dfrac{\pi}{4} d_a^2 \cdot \left[1 - \left(\dfrac{d_i}{d_a} \right)^2 \right]} = \frac{1}{8} d_a \cdot \left[1 + \left(\dfrac{d_i}{d_a} \right)^2 \right]$$

$$= \frac{1}{8} \cdot 240 \text{ mm} \left[1 + \left(\frac{200}{240} \right)^2 \right] = 50{,}8 \text{ mm}$$

Maximale Horizontalverschiebung:

Mit

$$\cos\sqrt{\frac{Fl^2}{EI}} = \cos\sqrt{\frac{200\ \text{kN} \cdot 16 \cdot 10^6\ \text{mm}^2}{10^5\ \text{N/mm}^2 \cdot 8432 \cdot 10^4\ \text{mm}^4}}$$

$$= \cos 0{,}616\ \text{rad} = \cos 35{,}29° = 0{,}816$$

wird

$$\eta_{max} = 50{,}8\ \text{mm}\,\frac{1 - 0{,}816}{0{,}816} = 11{,}45\ \text{mm}$$

Eine Nachrechnung auf Knickung wäre zweckmäßig.

4.1.1.4 Resultierende Normalspannungen bei doppelter Belastungsexzentrizität

Asymmetrischer Bauteilanschluß kann zu Exzentrizitäten gegenüber beiden Querschnittshauptachsen führen. Dadurch steht in der Spannungsgleichung ein zweiter Biegeanteil. In gleichen Querschnittsrändern sind die resultierenden Normalspannungen unterschiedlich groß. Man muß daher hervorstehende Querschnittsecken untersuchen.

Beispiel: Berechnung der zulässigen Belastung für den Stab nach Bild 168. Zeichnung des Spannungskörpers und Ermittlung der normalspannungsfreien Querschnittsschicht; $\sigma_{zul} = +100\ \text{N/mm}^2$

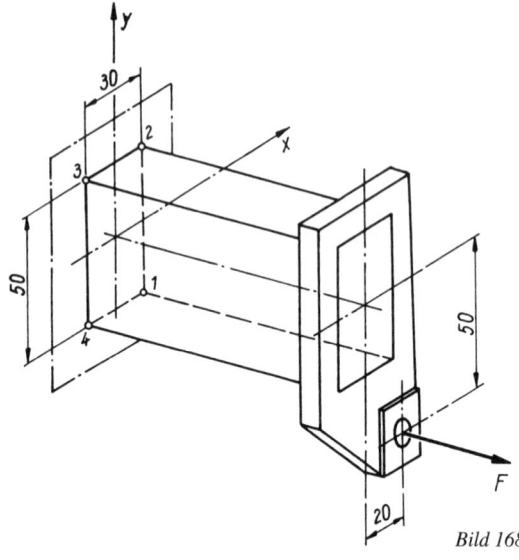

Bild 168

Lösung:

Die maximale Zugspannung tritt auch hier auf der Lastseite auf.

$$\sigma_{res(1)} = \sigma_{max} = \sigma_{zul} = +\frac{F}{A} + \frac{Fa_y}{W_x} + \frac{Fa_x}{W_y} = 100 \text{ N/mm}^2$$

$$A = 30 \cdot 50 \text{ mm}^2 = 1\,500 \text{ mm}^2$$

$$W_x = \frac{30 \cdot 50^2}{6} \text{ mm}^3 = 12\,500 \text{ mm}^3; \qquad W_y = \frac{50 \cdot 30^2}{6} \text{ mm}^3 = 7\,500 \text{ mm}^3$$

4

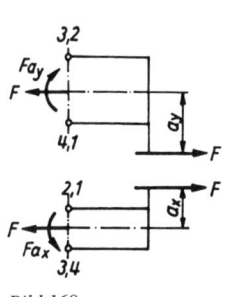

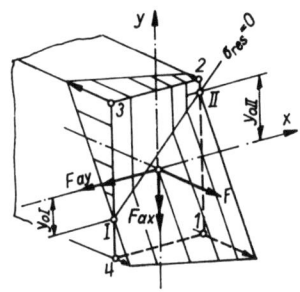

Bild 169   *Bild 170*

Koordinaten das Lastangriffes: $a_y = 50$ mm; $a_x = 20$ mm

$$F_{zul} = \frac{100 \text{ N/mm}^2}{\dfrac{1}{1,5} + \dfrac{50}{12,5} + \dfrac{20}{7,5}} \cdot 10^3 \text{ mm}^2$$

$$= 13,6 \text{ kN}$$

Spannungen in den vier Querschnittsecken (Bild 169):

$$\sigma_{res(1)} = +\frac{F}{A} + \frac{Fa_y}{W_x} + \frac{Fa_x}{W_y}$$

$$= +\frac{13,6 \text{ kN}}{1\,500 \text{ mm}^2} + \frac{13,6 \text{ kN} \cdot 50 \text{ mm}}{12\,500 \text{ mm}^3} + \frac{13,6 \cdot 20 \text{ mm}}{7\,500 \text{ mm}^3}$$

$$= (+9,1 + 54,4 + 36,3) \text{ N/mm}^2 = +99,8 \text{ N/mm}^2$$

$$\sigma_{res(2)} = +\frac{F}{A} - \frac{Fa_y}{W_x} + \frac{Fa_x}{W_y}$$

$$= (+9,1 - 54,4 + 36,3) \text{ N/mm}^2 = -9 \text{ N/mm}^2$$

$$\sigma_{res(3)} = +\frac{F}{A} - \frac{Fa_y}{W_x} - \frac{Fa_x}{W_y}$$

$$= (+9,1 - 54,4 - 36,3) \text{ N/mm}^2 = -81,6 \text{ N/mm}^2$$

$$\sigma_{res(4)} = +\frac{F}{A} + \frac{Fa_y}{W_x} - \frac{Fa_x}{W_y}$$

$$= (+9,1 + 54,4 - 36,3) \text{ N/mm}^2 = +27,2 \text{ N/mm}^2$$

Maßstäbliche Zeichnung des Spannungskörpers nach Bild 170:

Die Querschnittsneutrale entspricht der Verbindung der beiden spannungsfreien Randpunkte. Infolge der Zugspannung $\sigma = F/A$ schneidet sie nicht den Flächenschwerpunkt.

Berechnung der Abstände für die spannungsfreien Randpunkte:

Querschnittsstelle I liegt am linken Rand. Der Spannungsanteil infolge Fa_x kann mit dem Widerstandsmoment W_y erfaßt werden. Zur Berücksichtigung des Spannungsanteiles infolge Fa_y muß man jedoch das Trägheitsmoment I_x und den Abstand y_{0I} in die Berechnungsgleichung einsetzen.

$$\sigma_{res(I)} = +\frac{F}{A} + \frac{Fa_y}{I_x} \cdot (-y_{0I}) - \frac{Fa_x}{W_y} = 0$$

$$y_{0I} = \left(\frac{1}{A} - \frac{a_x}{W_y}\right)\frac{I_x}{a_y}$$

$$= \left(\frac{1}{1\,500\,\text{mm}^2} - \frac{20\,\text{mm}}{7\,500\,\text{mm}^3}\right)\frac{312\,500\,\text{mm}^4}{50\,\text{mm}} = -12,5\,\text{mm}$$

$$\sigma_{res(II)} = +\frac{F}{A} - \frac{Fa_y}{I_x} \cdot (+y_{0II}) + \frac{Fa_x}{W_y} = 0$$

$$y_{0II} = \left(\frac{1}{A} + \frac{a_x}{W_y}\right)\frac{I_x}{a_y} = +20,8\,\text{mm}$$

4.1.2 Längs- und Querkraftbiegung in Hauptebenen

Beanspruchungsanalyse für den Stab nach Bild 171:

Bezüglich Querschnitt (2) sind die Belastungskomponenten F_{z2} (Längskraft) und F_{y2} (Querkraft) zu beachten. Erstere ergibt Zugspannungen $\sigma = +F_{z2}/A_2$ und letztere Biegespannungen $\sigma_b = F_{y2}l_2(\pm y_2)/I_{x2}$. Der hier noch begleitende Schub wird vernachlässigt. Extrem resultierende Spannungen treten in den Querschnittsrändern auf. Bei gleich großen Randabständen wird $\sigma_{res(2.1)} = +F_{z2}/A_2 + F_{y2}l_2/W_{x2}$ und $\sigma_{res(2.2)} = +F_{z2}/A_2 - F_{y2}l_2/W_{x2}$. Diese Zusammenhänge gehören noch zur *solitären* Biegebeanspruchung, wenn Längskräfte nicht ausgeschlossen werden sollen.

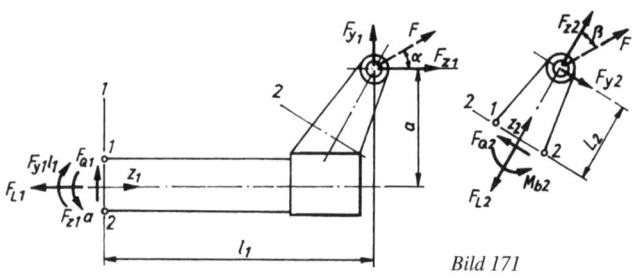

Bild 171

In diesem Abschnitt sollen *Normalbeanspruchungen* betrachtet werden, die beispielsweise im Querschnitt (1) auftreten. Hierfür sind die Längs- und Querkraftkomponenten $F_{L1} = F \cos \alpha$ und $F_{Q1} = F \sin \alpha$ maßgebend. $F \cos \alpha$ ist eine um a wirkende exzentrische Zugkraft, die sowohl Zug- als auch durch ihre Exzentrizität Biegespannungen hervorruft. $F \sin \alpha$ wirkt als Querkraft und verursacht einen weiteren Biegespannungsanteil. Während das Biegemoment der Längskraft konstant ist, muß für die Querkraft der Einfluß der Stablänge l_1 beachtet werden. Im Querschnitt (1) wirken die Schnittreaktionen $F_L = +F \cos \alpha =$ konst. und zwei Momentenanteile $F \cos \alpha \cdot a =$ konst. sowie $F \sin \alpha \cdot l_1$ (linear von der Stablänge abhängig). Das führt zu *resultierenden* Normalspannungen in (1.1) und (1.2)

$$\sigma_{res(1.1)} = +\frac{F \cos \alpha}{A} + \frac{F \cos \alpha \cdot a}{W_x} - \frac{F \sin \alpha \cdot l_1}{W_x}$$

$$\sigma_{res(1.2)} = +\frac{F \cos \alpha}{A} - \frac{F \cos \alpha \cdot a}{W_x} + \frac{F \sin \alpha \cdot l_1}{W_x}$$

Hierbei ist es nicht immer einfach, denjenigen Querschnittsrand zu bestimmen, in dem die maximale Spannung auftritt. Man hilft sich durch einen Spannungsvergleich $\sigma_{res(1.1)}/\sigma_{res(1.2)}$ oder bestimmt die Lage der *normalspannungsfreien* Schicht im Querschnitt.

$$\sigma_{res(1)}(y_0) = 0 = +\frac{F \cos \alpha}{A} + \frac{F \cos \alpha \cdot a}{I_x}y_0 - \frac{F \sin \alpha \cdot l_1}{I_x}y_0$$

$$y_0 = \frac{\cos \alpha}{A} \left(\frac{I_x}{\sin \alpha \cdot l_1 - \cos \alpha \cdot a} \right)$$

Bei konstanten Querschnitten bleiben die Querschnittskennwerte unveränderlich. Die Längsspur der normalspannungsfreien Schicht ist eine geneigte Gerade und kann den Querschnittsrand auf der Lastseite berühren. Einseitige Bauteilanschlüsse mit Belastungen in Ebenen parallel zur Hauptebene sind wegen der Querkrafttorsion nicht zu empfehlen. Der Einfluß der Länge läßt die Schlußfolgerung zu, den Träger nach dem Lastangriff hin zu verjüngen.

Beispiel: Für den Stab nach Bild 172 sind die Zug- und Druckspannungsbereiche zu bestimmen. $F = 7$ kN; $a = 0,5$ m; $l = 3$ m; Querschnitt zwei U-Profile Nr. 100 (*Anlage A 12*)

Lösung:

Querschnittskennwerte: $A = 27$ cm^2, $I_x = 2 \cdot (29,3 + 13,5 \cdot 3,45^2)$ cm$^4 = 380$ cm^4

Abstand der Neutralen im Querschnitt (2):

$$y_{02} = \frac{\cos 30°}{A} \left(\frac{I_x}{\sin 30° l - \cos 30° a} \right)$$

$$= \frac{0,866 \cdot 380 \text{ cm}^4}{27 \text{ cm}^2 \cdot (0,5 \cdot 300 - 0,866 \cdot 50) \text{ cm}}$$

$$= 0,114 \text{ cm} = 1,14 \text{ mm}$$

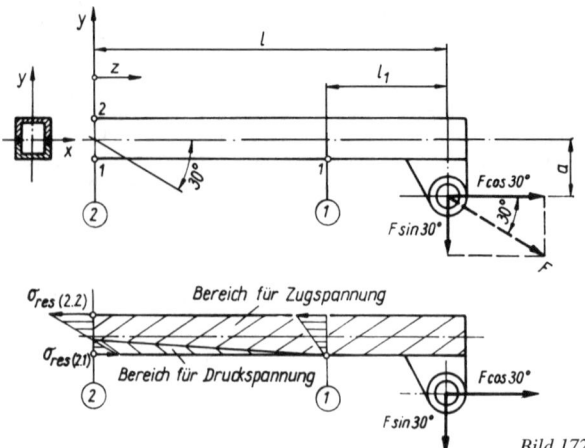

Bild 172

Spannungsansatz für den unteren Rand (1.1):

$$\sigma_{\text{res}(1.1)} = +\frac{F \cos \alpha}{A} + \frac{F \cos \alpha \cdot a}{W_x} - \frac{F \sin \alpha \cdot l_1}{W_x} = 0$$

Zugehörige Stablänge:

$$l_1 = \cos \alpha \cdot \left(\frac{1}{A} + \frac{a}{W_x} \right) \cdot \frac{W_x}{\sin \alpha}$$

$$= 0{,}866 \cdot \left(\frac{1}{27} + \frac{50}{76} \right) \text{cm}^{-2} \cdot \frac{76 \text{ cm}^3}{0{,}5} = 91{,}5 \text{ cm} = 915 \text{ mm}$$

Mit diesen beiden Punkten ist die Längsspur der normalspannungsfreien Schicht bestimmt. Auf der Lastseite gibt es resultierende Druckspannungen und auf der lastfreien Seite resultierende Zugspannungen. Die Gleichungen zeigen, daß die Größe der Belastung selbst keine Rolle spielt, sondern nur ihre geometrische Zuordnung zum Bauteil.

4.1.3 Doppelachsenbiegung

Querkräfte, die den Schubmittelschwerpunkt schneiden (Ausschluß von Torsion) und nicht in einer der beiden Hauptebenen liegen, sind in die *Hauptachsenkomponenten* zu zerlegen (Bild 173). Man erkennt nunmehr eine Doppelachsenbiegung, deren resultierende Biegespannungen durch Überlagerung bestimmbar sind. Da keine Längskräfte wirken, schneidet die normalspannungsfreie Schicht die Trägerachse.

Beispiel: Der Träger (Bild 174), $l = 0{,}5$ m, wird mit $F = 250$ N oder $M_b = Fl = 250$ N $\cdot$ 0,5 m $= 125$ N $\cdot$ m belastet, $\alpha = 30°$. Zu bestimmen sind (rechnerisch und zeichnerisch) die normalspannungsfreie Schicht im Querschnitt (Win-

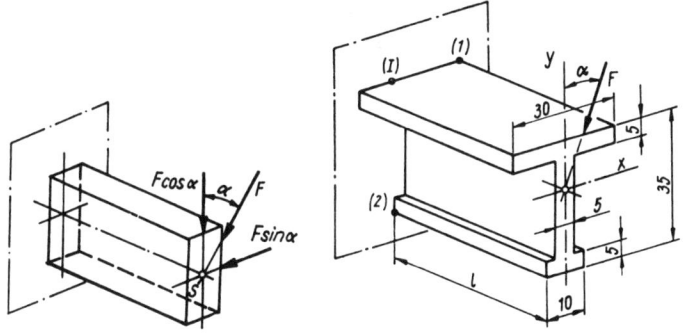

Bild 173   *Bild 174*

kel α_0 gegenüber der y-Achse) sowie Ort und Größe der maximalen Biegespannung. $I_x = 4{,}5$ cm^4; $I_y = 1{,}2$ cm^4; Randabstände (1,3; 2,2) cm

Lösung (in Übereinstimmung mit Bild 175):

Da die Querschnittsneutrale den Flächenschwerpunkt schneidet, ist α_0 über das Kathetenverhältnis $x_I/(h - v_s)$ bestimmbar. Es wird mit

$$\sigma_{\text{res(I)}} = +\frac{F \cos \alpha \cdot l}{I_x}(h - v_s) - \frac{F \sin \alpha \cdot l}{I_y}(x_I) = 0$$

$$\tan \alpha_0 = \frac{x_I}{h - v_s} = \frac{\cos \alpha}{\sin \alpha} \cdot \frac{I_y}{I_x} = \frac{1}{\tan \alpha} \cdot \frac{I_y}{I_x}$$

$$= \frac{1}{\tan 30°} \cdot \frac{1{,}2 \text{ cm}^4}{4{,}5 \text{ cm}^4}$$

$$\alpha_0 = 24{,}8°$$

Von dieser Schicht aus nehmen die resultierenden Biegespannungen linear zu. Es versteht sich, daß maximal periphere Beanspruchungen in den Eckpunkten (1) und (2) auftreten.

Recht anschaulich und auf einfache Weise kann man die normalspannungsfreie Schicht mit dem Trägheitskreis nach MOHR-LAND festlegen. Vom Flächenschwerpunkt aus werden maßstabsgerecht $I_x + I_y = I_p$ als Strecken aufgetragen. $I_p/2$ entspricht dem Radius des *Trägheitskreises*. T nennt man *Trägheitshauptpunkt*. Die Kraftwirkungslinie schneidet den Trägheitskreis in K. Mit der Verbindung K nach T wird auf dem Umfang N gefunden. $N \ldots S$ ist geometrischer Ort für die Querschnittsneutrale.

Extreme Biegespannungen:

$$\sigma_{\text{res(1)}} = +\frac{F \cos \alpha \cdot l}{I_x}y_1 + \frac{F \sin \alpha \cdot l}{I_y}x_1 = Fl \cdot \left(\frac{\cos \alpha}{I_x}y_1 + \frac{\sin \alpha}{I_y}x_1\right)$$

$$= 125 \text{ N} \cdot \text{m} \cdot \left(\frac{\cos 30° \cdot 13 \text{ mm}}{4{,}5 \cdot 10^4 \text{ mm}^4} + \frac{\sin 30° \cdot 15 \text{ mm}}{1{,}2 \cdot 10^4 \text{ mm}^4}\right)$$

$$= +109{,}4 \text{ N/mm}^2$$

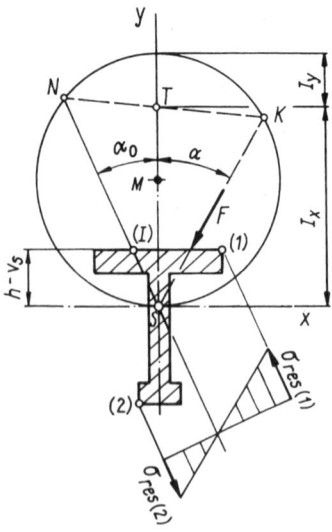

Bild 175

$$\sigma_{\text{res}(2)} = Fl \cdot \left(-\frac{\cos \alpha}{I_x} y_2 - \frac{\sin \alpha}{I_y} x_2 \right)$$

$$= 125 \, \text{N} \cdot \text{m} \cdot \left(-\frac{\cos 30° \cdot 22 \, \text{mm}}{4{,}5 \cdot 10^4 \, \text{mm}^4} - \frac{\sin 30° \cdot 5 \, \text{mm}}{1{,}2 \cdot 10^4 \, \text{mm}^4} \right)$$

$$= -79 \, \text{N}/\text{mm}^2$$

4.1.4 Bestimmung wichtiger Einflußgrößen bei asymmetrischen Querschnittsformen

Bei asymmetrischen Querschnitten versagt die Anschauung, Hauptachsen mit Symmetrieachsen zu identifizieren. Man muß sie bestimmen.

4.1.4.1 Berechnung der Hauptachsen und deren Trägheitsmomente

Wir gehen von einem rechtwinkligen x, y-Koordinatensystem aus und drehen ein zweites (ξ, η-Koordinatensystem) um den Schwerpunkt, *Pol des Querschnittes* (Bild 176). Für die ξ-Achse wird

$$I_\xi = \int\limits_A \eta^2 \, \mathrm{d}A = \int\limits_A (y \cos \varphi - x \sin \varphi)^2 \, \mathrm{d}A$$

$$= \cos^2 \varphi \int\limits_A y^2 \, \mathrm{d}A + \sin^2 \varphi \int\limits_A x^2 \, \mathrm{d}A - 2 \sin \varphi \cos \varphi \int\limits_A xy \, \mathrm{d}A$$

Das letzte Integral bezieht die Flächenteile auf beide Koordinatenachsen. Man bezeichnet $I_{xy} = -\int xy\, dA$ als *Zentrifugalmoment*. Damit ergibt sich für I_ξ die nachfolgende Beziehung:

$$I_\xi = I_x \cos^2\varphi + I_y \sin^2\varphi + 2I_{xy}\sin\varphi\cos\varphi$$

bzw. mit

$$\cos^2\varphi = \frac{1}{2} + \frac{\cos 2\varphi}{2}; \qquad \sin^2\varphi = \frac{1}{2} - \frac{\cos 2\varphi}{2}$$

$$2\sin\varphi\cos\varphi = \sin 2\varphi$$

$$I_\xi = \frac{I_x + I_y}{2} + \frac{I_x - I_y}{2}\cos 2\varphi + I_{xy}\sin 2\varphi$$

4

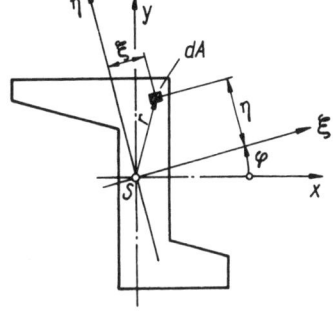

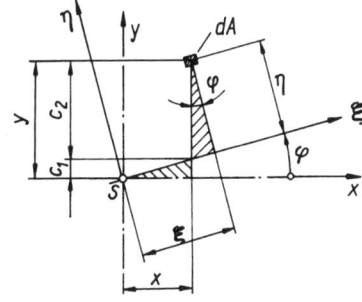

Bild 176

Extreme Werte über $dI_\xi / d\varphi_0 = 0$ ergeben nach $\tan 2\varphi_0 = 2I_{xy}/(I_x - I_y)$ die beiden Richtungen φ_0; $\varphi_0 + 90°$ für *Hauptachsen sowie deren Trägheitsmomente* $I_1 = I_{max}, I_2 = I_{min}$:

$$I_{1,2} = 0{,}5 \cdot (I_x + I_y) \pm 0{,}5\sqrt{(I_x - I_y)^2 + 4I_{xy}^2}$$

Weiterhin läßt sich nachweisen, daß für diese Richtungen das Zentrifugalmoment zu Null wird. Eine vorliegende Querschnittssymmetrie schließt diese Bedingungen ein. Davon geht man auch bei der praktischen Berechnung aus (Bild 177). Das Zentrifugalmoment der Teilfläche A_i (Achsen x_i, y_i) ist Null. Reduziert auf das x, y-Koordinatensystem folgt nach dem *Satz von Steiner* $I_{(xy)i} = I_{xiyi} - A_i k_{iy} k_{ix} = -A_i k_{iy} k_{ix}$ bzw. für eine Summe von Teilflächen $(i = 1, 2, \ldots, n)$ $I_{xy} = - \sum_n A_i k_{iy} k_{ix}$. Es bleibt nur der *Reduktionsanteil.*

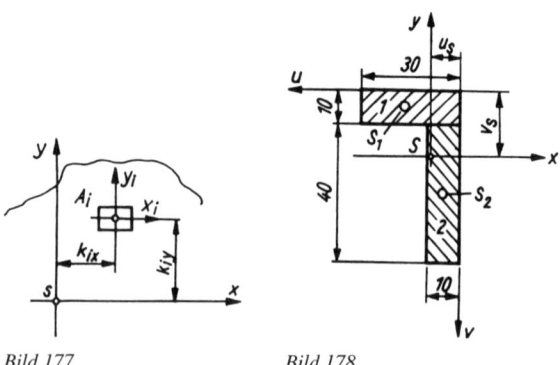

Bild 177   Bild 178

Beispiel: Berechnungen für den Querschnitt nach Bild 178

Koordinaten (u_S, v_S) für den Flächenschwerpunkt:

i	A_i in cm²	u_i in cm	v_i in cm	$A_i u_i$ in cm³	$A_i v_i$ in cm³
1	3	1,5	0,5	4,5	1,5
2	4	0,5	3	2	12
$\sum$	7	—	—	6,5	13,5

$$u_S = \frac{6,5}{7} \text{ cm} = 0,93 \text{ cm}; \qquad v_S = \frac{13,5}{7} \text{ cm} = 1,93 \text{ cm}$$

Flächenträgheitsmomente I_x, I_y:

i	I_{xi} in cm⁴	k_{iy} in cm	$A_i k_{iy}^2$ in cm⁴	I_{yi} in cm⁴	k_{ix} in cm	$A_i k_{ix}^2$ in cm⁴
1	0,25	+1,43	6,13	2,25	−0,57	0,96
2	5,33	−1,07	4,58	0,33	+0,43	0,72
$\sum$	5,58	—	10,71	2,58	—	1,68

$$I_x = (5,58+10,71) \text{ cm}^4 = 16,29 \text{ cm}^4; \quad I_y = (2,58+1,68) \text{ cm}^4 = 4,26 \text{ cm}^4$$

Zentrifugalmoment I_{xy}:

Zur Festlegung der Vorzeichen: Die Reduktionsabstände $k_{iy} = (v_i - v_S)$; $k_{ix} = (u_i - u_S)$ können *positiv* oder *negativ* sein. Liegt der Flächenschwerpunkt der Teilfläche im

1. und 4. Quadranten, dann wird das Produkt aus beiden positiv; sonst negativ.

$$I_{xy} = -A_1 k_{1y} k_{1x} - A_2 k_{2y} k_{2x} = +2{,}445 \text{ cm}^4 + 1{,}840 \text{ cm}^4 = +4{,}285 \text{ cm}^4$$

Hauptachsen:

$$\tan 2\varphi_0 = \frac{+2I_{xy}}{I_x - I_y} = \frac{2 \cdot 4{,}285 \text{ cm}^4}{(16{,}29 - 4{,}26) \text{ cm}^4}$$

$$2\varphi_0 = 35{,}47°; \qquad \varphi_0 = 17{,}74°$$

Hauptträgheitsmomente:

$$I_{1,2} = 0{,}5 \cdot (I_x + I_y) \pm 0{,}5\sqrt{(I_x - I_y)^2 + 4I_{xy}^2}$$

$$= 0{,}5 \cdot (16{,}29 + 4{,}26) \text{ cm}^4$$

$$\pm 0{,}5\sqrt{(16{,}29 + 4{,}26)^2 \text{ cm}^8 + 4 \cdot (-4{,}285 \text{ cm}^4)^2}$$

$$I_1 = 17{,}665 \text{ cm}^4; \qquad I_2 = 2{,}885 \text{ cm}^4$$

Kontrollrechnung mit dem polaren Trägheitsmoment (gleicher Bezugspol infolge Drehung des Koordinatensystems um den Flächenschwerpunkt):

$I_x + I_y = I_1 + I_2$	
16,29 cm^4	17,665 cm^4
4,26 cm^4	2,885 cm^4
20,55 cm^4	20,550 cm^4

4.1.4.2 Zeichnerische Bestimmung der Querschnittskennwerte mit dem Trägheitskreis nach Mohr-Land

Die in 4.1.4.1 berechneten *Hauptwerte* (Hauptachsen und -trägheitsmomente) kann man auch mit dem *Trägheitskreis nach Mohr-Land* zeichnerisch bestimmen (Bild 179). Zuerst wird der Querschnitt maßstäblich aufgezeichnet. Vom Flächenschwerpunkt aus sind sodann Strecken aufzutragen, die I_x und I_y entsprechen. $(I_x + I_y)$ legt den Durchmesser des Trägheitskreises fest. Sein Mittelpunkt liegt in $(I_x + I_y)/2$. Die Strecke für das Zentrifugalmoment, unter Beachtung seines Vorzeichens, zeichnet man von C aus parallel zur x-Achse ein. Für dieses Beispiel kommt $(-I_{xy})$ in Frage. Der so gefundene Trägheitshauptpunkt bestimmt im wesentlichen die nachfolgenden Ergebnisse. Hierzu ist die Linie T bis M bis zum Schnitt mit dem Trägheitskreis zu verlängern (Umfangspunkte A, B).

Koordinatensystem für die Hauptachsen: ASB mit 1. und 2. Hauptachse und $\varphi_0 = 17{,}8°$

Hauptachsenstrecken: $\overline{TB}$ für I_1 und $\overline{TA}$ für I_2. Es sind $I_1 = 17{,}6 \text{ cm}^4$ und $I_2 = 2{,}9 \text{ cm}^4$

Bei vorgegebener Kraftwirkungslinie für Doppelachsenbiegung findet man die Querschnittsneutrale über die Verbindung von K nach T bis N. Ihr Richtungswinkel setzt sich aus φ_0 und β_0 zusammen.

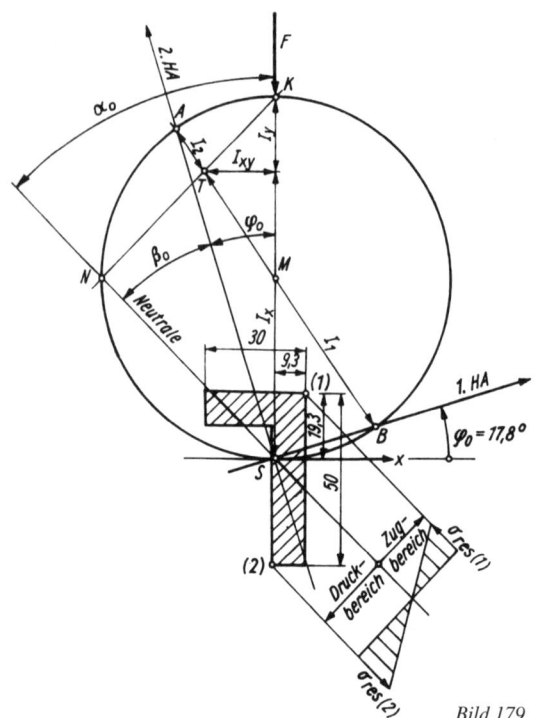

Bild 179

4.1.4.3 Hinweise zur Bestimmung von Spannungen und Formänderungen

Nach Abschluß der Querschnittsuntersuchungen bezieht man sich nunmehr generell auf die Hauptachsen mit ihren Flächenträgheitsmomenten, auf die ξ_i, η_i-Querschnittskoordinaten und auf mögliche Exzentrizitäten a_ξ, a_η der Belastung.

Der allgemeine Spannungsansatz für Doppelachsenbiegung

$$\sigma_{b\,res}(\xi, \eta) = +\frac{M_{b\xi}}{I_1}(\pm\eta_i) + \frac{M_{b\eta}}{I_2}(\pm\xi_i)$$

führt zu maximalen Biegespannungen, aber auch zur Berechnung des Neigungswinkels für die Querschnittsneutrale.

$$\sigma_{b\,res}(\xi_0, \eta_0) = 0; \qquad \tan\beta_0 = \frac{\xi_0}{\eta_0} = \frac{M_{b\xi}}{M_{b\eta}}\frac{I_2}{I_1}$$

sowie mit $\tan \varphi_0 = M_{b\eta}/M_{b\xi}$

$$\tan \beta_0 = \frac{1}{\tan \varphi_0} \cdot \frac{I_2}{I_1}$$

Beispiel (nach Bild 180):

$$\tan \beta_0 = \frac{1}{\tan 17{,}74°} \cdot \frac{2{,}885 \text{ cm}^4}{17{,}665 \text{ cm}^4}; \qquad \beta_0 = 27{,}04°$$

oder gegenüber der Belastungsrichtung $\alpha_0 = \varphi_0 + \beta_0 = 17{,}74° + 27{,}04° = 44{,}78°$

Extreme Biegespannungen treten in den Querschnittsecken (1) und (2) auf.

$$\sigma_{b\,res(1)} = +\frac{F \cos \varphi_0 \cdot l}{I_{max}} \eta_{(1)} + \frac{F \sin \varphi_0 \cdot l}{I_{min}} \xi_{(1)}$$

$$\sigma_{b\,res(2)} = -\frac{F \cos \varphi_0 \cdot l}{I_{max}} \eta_{(2)} - \frac{F \sin \varphi_0 \cdot l}{I_{min}} \xi_{(2)}$$

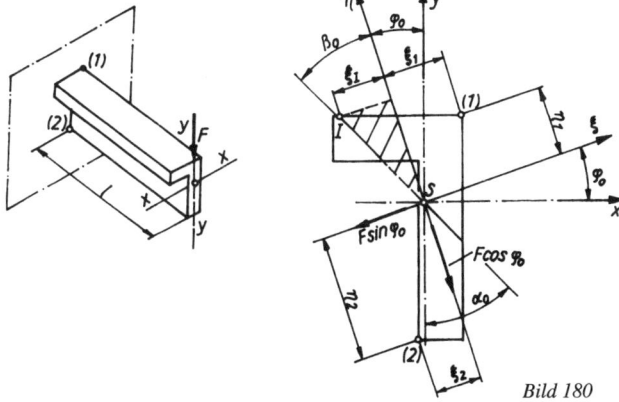

Bild 180

Es genügt, wenn man die Koordinatenabstände für die Spannungspunkte in der Zeichnung abmißt.

Auch Formänderungsuntersuchungen beziehen sich mit ihren Teilergebnissen auf diese Querschnittskennwerte. Das resultierende Ergebnis entsteht aus einer algebraischen Zusammenfassung.

4.1.5 Stabilitätsproblem Knickung

Druckstäbe können bei gleichen Belastungen mit zunehmender Länge das stabile Verhalten plötzlich aufgeben und ausknicken. Je nach Werkstoffeigenschaften sind diese Gefährdungszustände mit neuen Gleichgewichtslagen bei gebogener Stabachse oder mit dem Bruch des Bauteils verbunden. Analoge Erscheinungen führen bei schmalen, hochkant eingebauten Trägern zum *Kippen* und bei dünnen Scheiben zum *Beulen*.

4.1.5.1 Knickungsrechnung nach Euler

Aus dem Gleichgewicht am verformten Stab (Theorie II. Ordnung) läßt sich die *Knicklast* F_k mittels der Dgl. der Biegelinie gewinnen. Zum selben Zwecke kann man auch die Gleichung der Biegelinie des exzentrischen Druckes mit der Grenzbetrachtung $\eta \to \infty$ auswerten.

Knicklast nach Euler:

$$F_{kE} = \frac{\pi^2 E I_{min}}{l_k^2} \geq F S_k$$

E	Elastizitätsmodul
$I = I_{min}$	kleinstes axiales Flächenträgheitsmoment
l_k	Knicklänge
F	Belastung
S_k	Knicksicherheitszahl

Von den vier Modellfällen für Knicklängen (Bild 181), die sich auf geometrische Formänderungs-Zwangsbedingungen stützen sind hinsichtlich einer technischen Bauteilverankerung die Fälle 1, 2 und 3 realisierbar. Eine absolut feste Einspannung in translativ bewegliche Lagerungen führt unter Beachtung möglicher Verschleißerscheinungen in zunehmendem Maße von Modellfall 4 auf Knickfall 3.

Die mit der Knicklast F_{kE} verbundene Knickbeanspruchung entspricht der Knickspannung

$$\sigma_{kE} = \frac{F_{kE}}{A} = \frac{\pi^2 E I_{min}}{A l_k^2}$$

Hier tritt noch die Knicklänge als absolute Bauteilgröße auf. Daher wird ein Schlankheitsgrad

$$\lambda = \frac{l_k}{i_{min}}$$

mit dem Trägheitsradius $i_{min} = \sqrt{I_{min}/A}$ eingeführt.

Man erhält eine Knickspannungsgleichung in der Form

$$\sigma_{kE} = \frac{\pi^2 E}{\lambda^2} \leq R_p \approx 0{,}8 R_e$$

Die Bedingung, daß Knickspannungen nach EULER nur bis zu Spannungen an der Druckproportionalitätsgrenze (R_p) zugelassen werden können, hängt mit dem bis dahin linear-elastischen Werkstoffverhalten ($E = $ konst.) zusammen. Knickungsrechnungen nach EULER schließen immer den Nachweis $\lambda_{vorh} \geq \lambda_P = \pi \sqrt{E/R_p}$ ein. Die grafische Darstellung der Gleichung $\sigma_{kE} = \pi^2 E/\lambda^2$.

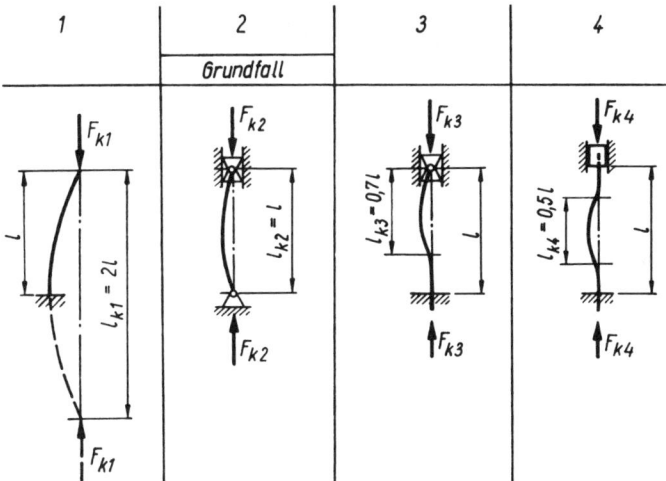

Bild 181

führt im elastischen Beanspruchungsbereich (schlanke Stäbe mit $\lambda_{\text{vorh}} \geqq \lambda_P$) zur *Eulerhyperbel* (Bild 182). Man sieht ein, daß bei großen Schlankheitsgraden die Stabilität des Stabes schon durch seine Eigenmasse gefährdet sein kann.

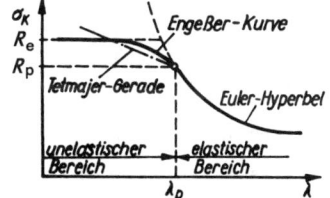

Bild 182

4.1.5.2 Spannungs- und Sicherheitsnachweis für den unelastischen Bereich

Zur Untersuchung der Stabilitätsverhältnisse für den unelastischen Bereich (Schlankheitsgrade $\lambda_{\text{vorh}} \leqq \lambda_P$) stehen nach TETMAJER Spannungsgleichungen in der Form $\sigma_{kT} = a - b\lambda + c\lambda^2$ (a, b, c aus Versuchsergebnissen) zur Verfügung. Man kommt im wesentlichen mit folgenden Zusammenhängen aus:

Werkstoff	Knickspannung σ_{kT} in N/mm²	Gültigkeitsbereich bis zum Grenzwert λ_P
S235	$310 - 1{,}14\lambda$	104
E295, E335	$335 - 0{,}62\lambda$	90
5-%-Ni-Stahl	$470 - 2{,}3\lambda$	85
GG-25	$776 - 12\lambda + 0{,}05\lambda^2$	80
Nadelholz	$29{,}3 - 0{,}194\lambda$	100

Andere Berechnungen stützen sich auf Übergangskurven nach Theorien von ENGESSER, KARMAN und SHANLEY (Bild 183). Sie weichen für S235 und S355 von der TETMAJER-Geraden nur unwesentlich ab.

Spannungsnachweis:

$$\sigma_{k\,vorh} \leqq \sigma_{k\,zul} = \frac{\sigma_k}{S_k}$$

Sicherheitsnachweis:

$$S_k = \frac{F_k}{F} = \frac{\sigma_k A}{F}$$

▶ *Empfehlung*: $S_k = 1{,}6 \ldots 3{,}0$ bei Erfassung aller Belastungseinflüsse und zuverlässiger Werkstoffeigenschaften

Mit den hier angegebenen kritischen Knickspannungen läßt sich ein Entwurf für den unelastischen Bereich nicht durchführen. Man entwirft Bauteilabmessungen nach EULER und vergrößert bei $\lambda_{vorh} < \lambda_P$ die Querschnittsmaße solange, bis die geforderte Bauteilsicherheitszahl erreicht ist.

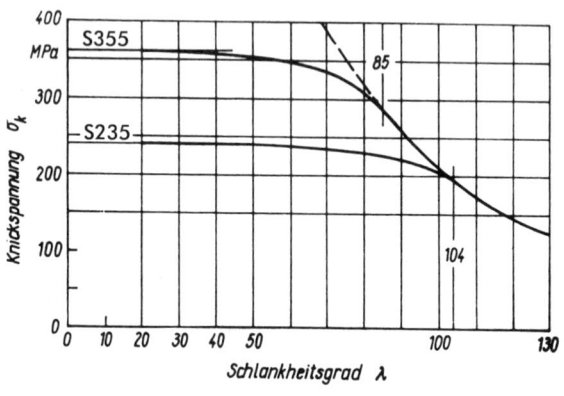

Bild 183

4.1.5.3 **Anwendungsbeispiele**

Beispiel: Zu berechnen sind die Querschnittsmaße für die Stützen (1) und (2) nach Bild 184. S235; $S_k = 2$; rechteckige Querschnitte mit $b = 0{,}7h$; $F = 30$ kN. Welche Querschnittsparameter sind für die Stütze (1) erforderlich, wenn ihre Länge auf 0,3 m reduziert wird?

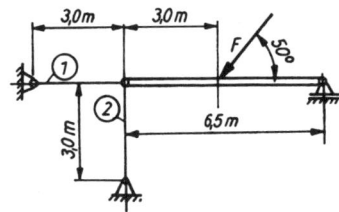

Bild 184

4

Lösung:

Belastungskomponenten des Trägers:

$$F_z = F \cos 50° = 19{,}3 \text{ kN}; \qquad F_y = F \sin 50° = 23{,}0 \text{ kN}$$

Stützkräfte (Reaktionskräfte zur Belastung der Pendelstützen):

$$F_{S1} = 19{,}3 \text{ kN}; \qquad F_{S2} = 12{,}4 \text{ kN}$$

Entwurfsrechnung nach Euler:

Stütze (1): ($l_k = l_1 = 3$ m; $b_1 = 0{,}7h_1$)

$$I_{(1)\text{erf}} = \frac{F_{S1}S_k l_1^2}{\pi^2 E} = \frac{0{,}7^3 h_{1\,\text{erf}}^4}{12}$$

$$h_{1\,\text{erf}} = \sqrt[4]{\frac{12 F_{S1} S_k l_1^2}{0{,}7^3 \cdot \pi^2 \cdot E}} = \sqrt[4]{\frac{12 \cdot 19{,}3 \text{ kN} \cdot 2 \cdot (3 \text{ m})^2}{0{,}7^3 \cdot \pi^2 \cdot 2{,}1 \cdot 10^5 \text{ N/mm}^2}}$$

$$= 49{,}2 \text{ mm}$$

Ausgeführt: $(50 \cdot 35)$ mm^2

Kontrollrechnung für $\lambda_\text{vorh} \geqq \lambda_{P(S235)} = 104$:

Mit

$$i_\text{min} = \sqrt{\frac{I_\text{min}}{A}} = \sqrt{\frac{hb^3}{12bh}} = \frac{b}{\sqrt{12}}$$

wird

$$\lambda_\text{vorh} = \frac{l}{i_\text{min}} = 3 \text{ m}\frac{\sqrt{12}}{35 \text{ mm}} = 297 > \lambda_{P(S235)}$$

Die EULER-Rechnung war berechtigt.

Stütze (2): ($l_k = 3$ m; $b_2 = 0{,}7h_2$)

$$h_{2\,\text{erf}} = \sqrt[4]{\frac{12 F_{S2} S_k l_2^2}{0{,}7^3 \cdot \pi^2 E}} = \sqrt[4]{\frac{12 \cdot 12{,}4 \text{ kN} \cdot 2 \cdot (3 \text{ m})^2}{0{,}7^3 \cdot \pi^2 \cdot 2{,}1 \cdot 10^5 \text{ N/mm}^2}} = 44{,}06 \text{ mm}$$

Ausgeführt: (45 · 30) mm²

Kontrollrechnung:

$$\lambda_{2\,\text{vorh}} = 3\,\text{m}\,\frac{\sqrt{12}}{30\,\text{mm}} = 346 > \lambda_{\text{P(S235)}} = 104$$

Stütze (1): ($l_k = l_1 = 0,3$ m; $b_1 = 0,7 h_1$)

$$h_{1\,\text{erf}} = \sqrt[4]{\frac{12 F_{S1} S_k l_1^2}{0,7^3 \cdot \pi^2 E}} = \sqrt[4]{\frac{12 \cdot 19,3\,\text{kN} \cdot 2 \cdot (0,3\,\text{m})^2}{0,7^3 \cdot \pi^2 \cdot 2,1 \cdot 10^5\,\text{N/mm}^2}} = 15,56\,\text{mm}$$

Vorschlag für Querschnittsmaße: (16 · 12) mm²

Nachweis für den Schlankheitsgrad:

$$\lambda_{\text{vorh}} = 0,3\,\text{m}\,\frac{\sqrt{12}}{12\,\text{mm}} = 86,6 < \lambda_{\text{P(S235)}} = 104$$

Knicksicherheitszahl für den *unelastischen* Bereich (Berechnung nach TETMAJER):

$$S_{k\,\text{vorh}} = \frac{\sigma_{\text{kT}} A}{F_{S1}} = \frac{(310 - 1,14 \cdot 86,6)\,\text{N/mm}^2 \cdot 12 \cdot 16\,\text{mm}^2}{19,3\,\text{kN}} = 2,1$$

Die vorgeschlagenen Querschnittsmaße entsprechen bereits der geforderten Sicherheitszahl.

Beispiel: Unterschiedlich lange Rohre aus S235 sollen als Knickstäbe nach Bild 185 eingesetzt werden. Zu entwickeln ist mit $S_k = 3$ das zulässige Belastungsdiagramm für Stablängen von 1 bis 5 m.

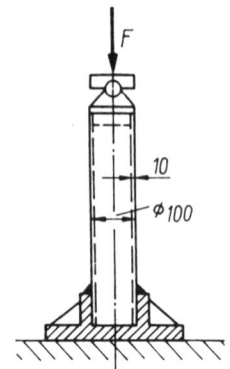

Bild 185

Lösung:

Querschnittskenngrößen:

$$I = 289,8\,\text{cm}^4; \qquad A = 28,3\,\text{cm}^2; \qquad i = 3,2\,\text{cm}$$

Werte für zulässige Belastungen im Bereich *elastischer* Knickung:

$$F_{\text{zul}} = \frac{\pi^2 E I}{S_k (2l)^2} = \frac{\pi^2 \cdot 2,1 \cdot 10^5\,\text{N/mm}^2 \cdot 289,8\,\text{cm}^4}{3 \cdot 4 l^2} = \frac{500,5\,\text{kN} \cdot \text{m}^2}{l^2}$$

(Grenzlänge $l_P = \dfrac{\lambda_{P(S235)}i}{2} = \dfrac{104 \cdot 3,2 \text{ cm}}{2} = 1,664$ m)

l in m	1,664	2	2,5	3	4	5
F_{zul} in kN	108,8	125	80	56	31	20

Werte für zulässige Belastungen im *unelastischen* Bereich (nach TETMAJER):

$$F_{zul} = \frac{\sigma_{kT} A}{S_k}$$

$$F_{zul}(\lambda_P) = \frac{(310 - 1,14 \cdot 104)\,\text{N/mm}^2 \cdot 28,3\,\text{cm}^2}{3} = 180,6 \text{ kN}$$

$$F_{zul}(l = 1 \text{ m}) = \frac{(310 - 1,14 \cdot 62,5)\,\text{N/mm}^2 \cdot 28,3\,\text{cm}^2}{3} = 225,2 \text{ kN}$$

Diagramm siehe Bild 186

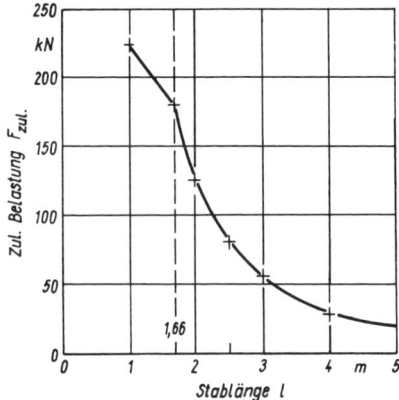

Bild 186

4.2 Komplexe Bauteilbeanspruchungen mit Normal- und Tangentialspannungen

Zum Verständnis der Voraussetzung einer maßgebenden Vergleichsnormalspannung sind die nachfolgenden spannungstheoretischen Betrachtungen erforderlich.

4.2.1 Ebener Spannungszustand

In je zwei Ebenen des Volumenquaders (Bild 187) wirken Normalspannungen in vertikaler und horizontaler Richtung, die von Schubspannungen $\tau = \tau_{zy} = \tau_{yz}$ begleitet sind. Zur Bestimmung extremer Werte in zugeordneten Schnittrichtungen wird das statische Kräftegleichgewicht für den Volumenkeil (Schnittrichtung φ) formuliert.

$\rightarrow$ $\left|\quad -\sigma_z\,dA\cos\varphi - \tau\,dA\sin\varphi + \tau_\varphi\sin\varphi\,dA + \sigma_\varphi\cos\varphi\,dA = 0\right.$

$\uparrow$ $\left|\quad -\sigma_y\,dA\sin\varphi - \tau\,dA\cos\varphi + \tau_\varphi\cos\varphi\,dA + \sigma_\varphi\sin\varphi\,dA = 0\right.$

Mit trigonometrischen Beziehungen erhält man daraus die Gleichungen

$$\sigma_\varphi = \frac{\sigma_z + \sigma_y}{2} + \frac{\sigma_z - \sigma_y}{2}\cos 2\varphi + \tau\sin 2\varphi$$

$$\tau_\varphi = -\frac{\sigma_z - \sigma_y}{2}\sin 2\varphi + \tau\cos 2\varphi$$

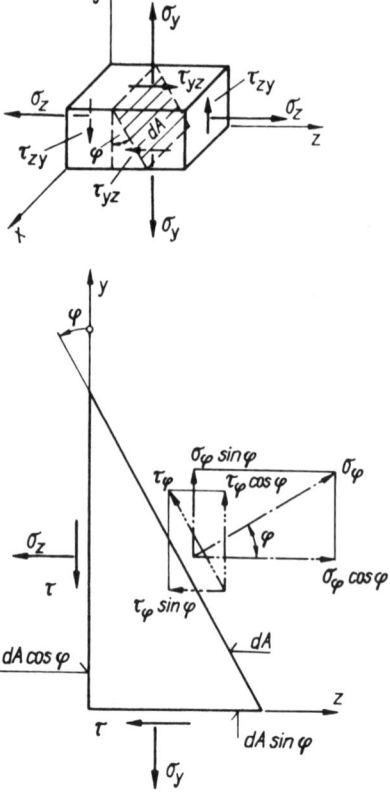

Bild 187

Extremwerte für Normalspannungen:

$$\left.\frac{d\sigma_\varphi}{d\varphi}\right|_{\varphi=\varphi_0} = 0 = -(\sigma_z - \sigma_y)\sin 2\varphi_0 + 2\tau\cos 2\varphi_0$$

$$\tan 2\varphi_0 = \frac{\sin 2\varphi_0}{\cos 2\varphi_0} = \frac{2\tau}{(\sigma_z - \sigma_y)}$$

$$\sigma_{1,2} = \sigma_{\text{max, min}} = \frac{\sigma_z + \sigma_y}{2} \pm \frac{1}{2}\sqrt{(\sigma_z - \sigma_y)^2 + 4\tau^2}$$

Extremwerte für Tangentialspannungen:

$$\frac{d\tau_\varphi}{d\varphi}\bigg|_{\varphi=\varphi_0'} = 0 = -(\sigma_z - \sigma_y)\cos 2\varphi_0' - 2\tau \sin 2\varphi_0'$$

$$\tan 2\varphi_0' = \frac{\sin 2\varphi_0'}{\cos 2\varphi_0'} = \frac{-(\sigma_z - \sigma_y)}{2\tau}$$

$$\tau_{1,2} = \tau_{\text{max, min}} = \pm\frac{1}{2}\sqrt{(\sigma_z - \sigma_y)^2 + 4\tau^2}$$

4

Schnittrichtungen für gleichartige extreme Spannungen stehen senkrecht zueinander. Man nennt sie Hauptnormal(H 1, H 2)- und Hauptschubspannungsrichtungen (HS 1, HS 2). Letzter Sachverhalt und der Ausdruck für $\tau_{1,2}$ entspricht dem *Satz von zugeordneten Schubspannungen* in senkrecht zueinander stehenden Ebenen. Extreme Schubspannungen treten in 45°-Schnittrichtungen gegenüber denen für Normalspannungen auf.

Zeichnerische Bestimmung nach dem Spannungskreis von MOHR (Bild 188):

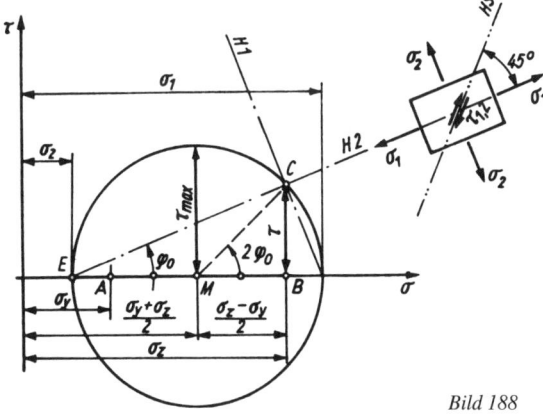

Bild 188

Konstruktionsanleitung: Im rechtwinkligen σ, τ-Koordinatensystem trägt man σ_z, σ_y und τ ein. Im Abstand $(\sigma_z + \sigma_y)/2$ liegt der Mittelpunkt des Spannungskreises mit dem Radius $\sqrt{[(\sigma_z + \sigma_y)/2]^2 + \tau^2}$.

Der Umfang des Spannungskreises bestimmt auf der σ-Achse die Hauptspannungen σ_1, σ_2 und in vertikaler Richtung, entsprechend der τ-Achse, die maximalen Schubspannungen $\tau_{1,2}$. Nach $\tan 2\varphi_0 = \overline{BC}/\overline{BM} = \tau/[0{,}5(\sigma_z - \sigma_y)]$ entspricht $\sphericalangle CEB$ dem Richtungswinkel für σ_1.

4.2.2 Wichtige Vergleichsspannungshypothesen

Die Festigkeitseigenschaften (R_e, R_m) aus relativ einfachen Versuchen beziehen sich auf einachsige Spannungszustände. Für viele technische Anwendungen aus der Konstruktionspraxis ist es sinnvoll, zweiachsige oder ebene Spannungszustände auf einachsige durch Berechnung einer (im eigentlichen Sinne nicht auftretenden) Vergleichsspannung σ_v zurückzuführen, um eine Abstimmung nach der Beziehung $\sigma_v \approx \sigma_{zul}$ zu gewährleisten. Von den bekannten Theorien sollen hier nur die vier wichtigsten beschrieben werden.

1. Theorie: Normalspannungshypothese

Die älteste und naheliegendste Annahme, größte Normalspannungen verursachen den Bruch des Bauteils, wurde bereits im 17. Jahrhundert von GALILEI aufgestellt. Danach ist

$$\sigma_{v1} = \sigma_1 = 0{,}5 \cdot (\sigma_z + \sigma_y) + 0{,}5\sqrt{(\sigma_z - \sigma_y)^2 + 4\tau^2}$$

2. Theorie: Dehnungshypothese

Die Annahme, größte Dehnungen sind für den Bruch des Maschinenteiles verantwortlich zu machen, fand durch die Arbeiten von BACH und GRASHOF weite Verbreitung. Beide Hauptspannungen verursachen in Richtung der ersten Hauptspannung die maximale Dehnung $\varepsilon_{max} = (\sigma_1 - \mu\sigma_2)/E$. Eine zugehörige Vergleichsspannung σ_{v2} bedingt $\varepsilon_{max} = \sigma_{v2}/E$. Setzt man beide gleich, dann folgt

$$\sigma_{v2} = \sigma_1 - \mu\sigma_2 = 0{,}5 \cdot (\sigma_z + \sigma_y) + 0{,}5\sqrt{(\sigma_z - \sigma_y)^2 + 4\tau^2}$$

$$-0{,}5\mu \cdot (\sigma_z + \sigma_y) + 0{,}5\mu\sqrt{(\sigma_z - \sigma_y)^2 + 4\tau^2}$$

$$\sigma_{v2} = 0{,}5 \cdot (1 - \mu)(\sigma_z + \sigma_y) + 0{,}5 \cdot (1 + \mu)\sqrt{(\sigma_z - \sigma_y)^2 + 4\tau^2}$$

bzw. für *Metalle* mit $\mu = 0{,}3$

$$\sigma_{v2} = 0{,}35 \cdot (\sigma_z + \sigma_y) + 0{,}65\sqrt{(\sigma_z - \sigma_y)^2 + 4\tau^2}$$

3. Theorie: Schubspannungshypothese

Eine Weiterentwicklung theoretischer Voraussetzungen, verbunden mit umfangreichen Versuchsergebnissen von GUEST (1900), führte auf die Annahme, daß besonders bei zähen Werkstoffen extreme Schubspannungen zu einer Gefährdung des Bauteiles führen. Mit $\tau_1 = 0{,}5\sigma_{v3}$ nach dem linearen Spannungszustand beträgt die Vergleichsnormalspannung

$$\sigma_{v3} = 2\tau_1 = \sqrt{(\sigma_z - \sigma_y)^2 + 4\tau^2}$$

4. *Theorie*: **Gestaltänderungsenergiehypothese**

Weitergehende Untersuchungen nach HUBER, V. MISES und HENCKY setzten als Ursache des Bauteilversagens die Gestaltänderungsarbeit voraus. Das führt, bezogen auf den ebenen Spannungszustand, auf die Beziehung

$$\sigma_{v4} = \sqrt{\sigma_z^2 + \sigma_y^2 - \sigma_z \sigma_y + 3\tau^2}$$

Spröde Stoffe können zu einem Querbruch führen. In diesem Fall ist die *1. Hypothese* anwendbar. Für *zähe Stoffe* mit ausgeprägter Fließgrenze hat sich die Anwendung der *3. Hypothese* bewährt. Die häufigsten Anwendungsfälle für Stahlwerkstoffe (Berechnung von Wellen) beziehen sich heute auf die Theorie der *4. Hypothese*. Das gleichzeitige Wirken von Normal- und Tangentialspannungen an ein und derselben Stelle erfolgt selten nach der gleichen *Beanspruchungscharakteristik* (statisch, schwellend, wechselnd). C. V. BACH hat daher die Berücksichtigung eines *Anstrengungsverhältnisses* α_0 (Abstimmungsfaktor zu den Tangentialspannungen) bei unterschiedlichen Beanspruchungsschwankungen empfohlen. Die bis dahin bekannten zulässigen Spannungen führen wegen ihrer Streubreite nicht zur Verfeinerung der Genauigkeit. Man muß heute Dauerfestigkeitswerte σ_D, τ_D einsetzen. Für die vier aufgeführten Vergleichsspannungshypothesen wird $\alpha_{01} = \sigma_D/\tau_D$; $\alpha_{02} = \sigma_D/1{,}3\tau_D$; $\alpha_{03} = \sigma_D/\sqrt{4}\tau_D$; $\alpha_{04} = \sigma_D/\sqrt{3}\tau_D$. Allerdings ist eine solche Verfeinerung der Rechengenauigkeit für Entwurfsrechnungen (Einfluß technologisch bedingter Querschnittsmaße) zur Festlegung der Querschnittsparameter weitestgehend redundant.

4.2.3 Anwendungen zur Entwurfsrechnung für Wellen

Die überwiegende Beanspruchung bei Wellen setzt sich aus Biegespannungen $\sigma_z = \sigma_b = M_b/W$ und Torsionsspannungen $\tau = \tau_t = M_t/(2W)$ zusammen. Dieser ebene Spannungszustand wird bei zähen Stoffen und für die meisten Metalle durch die Vergleichsspannungen

$$\sigma_{v3} = \sqrt{\sigma_b^2 + 4(\alpha_0 \tau_t)^2} \quad \text{bzw.} \quad \sigma_{v4} = \sqrt{\sigma_b^2 + 3(\alpha_0 \tau_t)^2}$$

berücksichtigt. Mit $\alpha_{03} = \sigma_D/(\sqrt{4}\tau_D)$ und $\alpha_{04} = \sigma_D/(\sqrt{3}\tau_D)$ gehen beide Beziehungen in

$$\sigma_{v3,4} = \sqrt{\sigma_b^2 + \left(\frac{\sigma_D}{\tau_D}\tau_t\right)^2}$$

über. Biegewechsel- und nahezu konstante Torsionsspannungen ergeben nach Kapitel 5 folgende Festigkeitsverhältnisse:

Werkstoff	E295	E335	E360	34CrMo4	20MnCr5
σ_{bW}/τ_{tF}	1,26	1,27	1,27	1,09	1,14

Mit dem Mittelwert $\sigma_{bW}/\tau_{tF} \approx 1{,}2$ steht eine anwendbare Beziehung $\sigma_{v3,4} = \sqrt{\sigma_b^2 + (1{,}2\tau_t)^2}$ zur Verfügung. Aus ihr läßt sich

$$\sigma_{v3,4} = \sqrt{\left(\frac{M_b}{W}\right)^2 + \left(\frac{1{,}2M_t}{2W}\right)^2} = \frac{1}{W}\sqrt{M_b^2 + 0{,}36M_t^2}$$

ableiten.

Daraus folgt als Entwurfsrechnung $\sigma_{v3,4} \leqq \sigma_{b\,zul}$; $W = 0{,}1d^3$ und $M_{v3,4} = M_v = \sqrt{M_b^2 + 0{,}36M_t^2}$ für erforderliche Wellendurchmesser:

$$d_{erf} = \sqrt[3]{\frac{M_v}{0{,}1\sigma_{b\,zul}}} = \sqrt[3]{\frac{\sqrt{M_b^2 + 0{,}36M_t^2}}{0{,}1\sigma_{b\,zul}}}$$

In der Praxis wird heute vielfach auf die Berücksichtigung der unterschiedlichen Beanspruchungsmerkmale verzichtet. Man rechnet mit $\alpha_0 = 1$. In diesem Fall ergibt sich nach der Gestaltänderungshypothese mit

$$\sigma_{v4} = \sqrt{\sigma_b^2 + 3\tau_t^2} = \sqrt{\left(\frac{M_b}{W}\right)^2 + 3 \cdot \left(\frac{M_t}{2W}\right)^2}$$

$$= \frac{1}{W}\sqrt{M_b^2 + 0{,}75M_t^2}$$

die Entwurfsgleichung zu

$$d_{erf} = \sqrt[3]{\frac{M_v}{0{,}1\sigma_{b\,zul}}} = \sqrt[3]{\frac{\sqrt{M_b^2 + 0{,}75M_t^2}}{0{,}1\sigma_{b\,zul}}}$$

Beispiel: Zu berechnen ist der maximal beanspruchte Durchmesser für die Seiltrommelwelle nach Bild 189. $F_S = 20$ kN; $\sigma_{b\,zul} = 80$ N/mm^2; geradverzahnte Stirnräder

Lösung:

Von den drei vorgesehenen Antriebsvarianten führt die dritte zum kleinsten erforderlichen Durchmesser.

Belastungen am Zahnrad:

$$F_u = 10 \text{ kN}; \qquad F_r = F_u \tan 20° = 3{,}64 \text{ kN}$$

Stützreaktionen:

$$F_{Ay} = 6{,}7 \text{ kN}; \qquad F_{By} = 23{,}3 \text{ kN}; \qquad F_{Ax} = 1{,}21 \text{ kN}; \qquad F_{Bx} = 4{,}85 \text{ kN}$$

Momentendiagramme für M_{bx}, M_{by} und M_t siehe Bild 190. Querschnitt (B) maximal belastet mit

$$M_{b\,res(B)} = \sqrt{(F_u \cdot 0{,}2 \text{ m})^2 + (F_r \cdot 0{,}2 \text{ m})^2} = 2{,}13 \text{ kN} \cdot \text{m}$$

und

$$M_{t(B)} = 2 \text{ kN} \cdot \text{m}$$

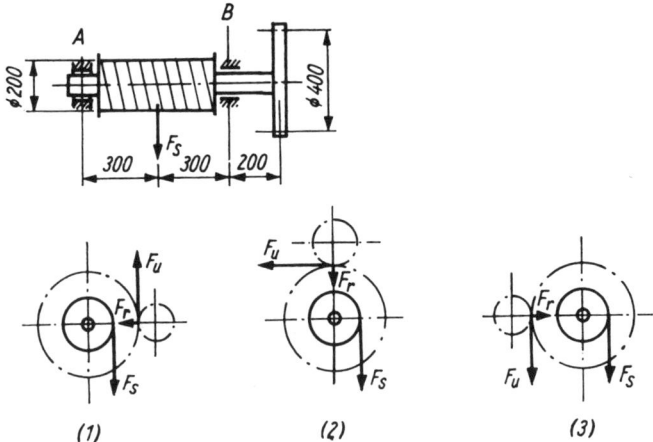

Bild 189

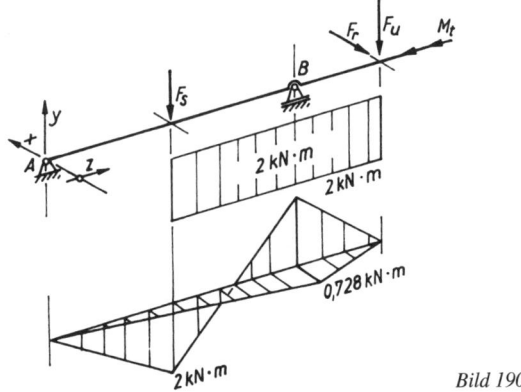

Bild 190

Vergleichsmoment nach der Gestaltänderungshypothese:

$$M_{v(B)} = \sqrt{M_{b\,res(B)}^2 + 0{,}75 M_{t(B)}^2} = \sqrt{2{,}13^2 + 0{,}75 \cdot 2^2}\ kN \cdot m$$
$$= 2{,}75\ kN \cdot m$$

Wellendurchmesser:

$$d_B = \sqrt[3]{\frac{M_{v(B)}}{0{,}1\,\sigma_{b\,zul}}} = 10^2 \sqrt[3]{\frac{2{,}75\ N \cdot mm}{8\ N/mm^2}} = 70\ mm$$

Beispiel: Wie bereits im Teil Statik, Abschn. 2.2, versprochen, soll nun für die konstruktive Gestaltung der Welle (Bild 191) die Berechnung ihrer Durchmesser an den beiden Zahnrädern gezeigt werden. Abstände $a = c = 60$ mm; $b = 160$ mm. Schrägverzahnte Stirnräder: Teilkreishalbmesser $r_{01} = 50,5$ mm; $r_{02} = 141$ mm; Umfangskraft $F_{u1} = 15,25$ kN, Axialkräfte $F_{a1} = 4,13$ kN; $F_{a2} = 2,45$ kN. $\sigma_{b\,zul} = 80\,\mathrm{N/mm^2}$

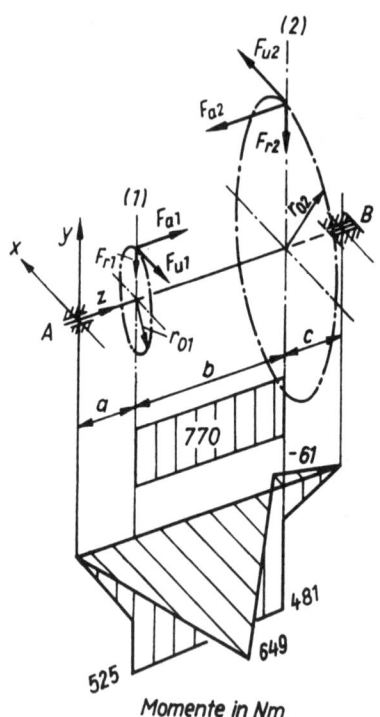

Momente in Nm   *Bild 191*

Lösung:

Belastungskomponenten:

Stirnrad 1: $F_{u1} = 15,25$ kN; $F_{r1} = F_{u1}\tan 20° = 5,55$ kN; $F_{a1} = 4,13$ kN

Stirnrad 2: Mit dem statischen Momentengleichgewicht bezüglich der Wellenachse $F_{u2} = F_{u1}(r_{01}/r_{02}) = 15,25$ kN$(50,5/141) = 5,46$ kN; $F_{r2} = 1,99$ kN; $F_{a2} = 2,45$ kN

Stützreaktionen:

$$F_{Ay} = 5,28\text{ kN}; \qquad F_{By} = 2,26\text{ kN}; \qquad F_{Ax} = 10,81\text{ kN};$$
$$F_{Bx} = 1,02\text{ kN}; \qquad F_{Bz} = 1,68\text{ kN}$$

Resultierende radiale Lagerkräfte:

$$F_{rA} = \sqrt{F_{Ax}^2 + F_{Ay}^2} = \sqrt{10,81^2 + 5,28^2}\text{ kN} = 12\text{ kN}$$

$$F_{rB} = \sqrt{1{,}02^2 + 2{,}26^2}\ \text{kN} = 2{,}5\ \text{kN}$$

Resultierende Biegemomente:

$$M_{b\,\text{res}(1)} = \sqrt{(F_{Ay}a + F_{a1}r_{01})^2 + (F_{Ax}a)^2}$$

$$= \sqrt{(5{,}28 \cdot 60 + 4{,}13 \cdot 50{,}5)^2 + (10{,}81 \cdot 60)^2}\ \text{kN} \cdot \text{mm}$$

$$= 835\ \text{N} \cdot \text{m}$$

$$M_{b\,\text{res}(2)} = \sqrt{(2{,}26 \cdot 60 + 2{,}45 \cdot 141)^2 + (1{,}02 \cdot 60)^2}\ \text{kN} \cdot \text{mm}$$

$$= 485\ \text{N} \cdot \text{m}$$

Torsionsmomente:

$$M_{t(1)} = M_{t(2)} = F_{u1}r_{01} = 15{,}25\ \text{kN} \cdot 50{,}5\ \text{mm} = 770\ \text{N} \cdot \text{m}$$

Entwurfsdurchmesser (Gestaltänderungshypothese mit $\alpha_0 = 1$):

$$d_{(1)} = \sqrt[3]{\frac{M_{v(1)}}{0{,}1\sigma_{b\,\text{zul}}}} = \sqrt[3]{\frac{\sqrt{835^2 + 0{,}75 \cdot 770^2}\ \text{N} \cdot \text{m}}{0{,}1 \cdot 80\ \text{N/mm}^2}} = 51\ \text{mm}$$

$$d_{(2)} = \sqrt[3]{\frac{M_{v(2)}}{0{,}1\sigma_{b\,\text{zul}}}} = \sqrt[3]{\frac{\sqrt{485^2 + 0{,}75 \cdot 770^2}\ \text{N} \cdot \text{m}}{0{,}1 \cdot 80\ \text{N/mm}^2}} = 47\ \text{mm}$$

Nach endgültiger Gestaltung der Welle ist ein Sicherheitsnachweis hinsichtlich dauernder Schwingbeanspruchung erforderlich.

5 Berechnungen zur Dauerfestigkeit

5.1 Festigkeitswerte für Werkstoffproben

Schwingende Beanspruchungen werden als harmonischer Spannungsverlauf (Beispiel nach Bild 192) angenommen: Oberspannung σ_o; Unterspannung σ_u; Mittelspannung $\sigma_m = 0{,}5 \cdot (\sigma_o + \sigma_u)$ und Spannungsausschläge $\pm\sigma_a$.

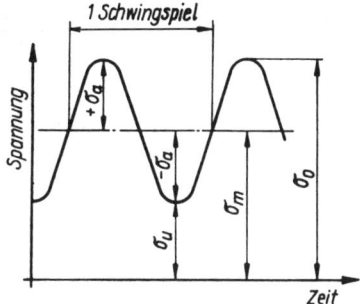

Bild 192

Durch Variation der Belastungsamplitude erhält man aus experimentell ermittelten Bruchlastwechselzahlen eine Grenzkurve, die die WÖHLER-Linie

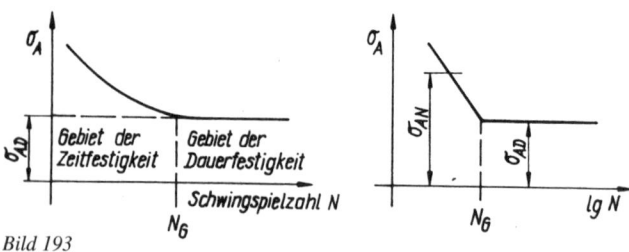

Bild 193

(Bild 193) mit den Gebieten der Zeit- und Dauerfestigkeit darstellt. Relativ hohe Festigkeitswerte σ_A bedingen eine zeitlich begrenzte Haltbarkeit. Hierzu gehört eine ganz bestimmte Anzahl *Schwingspiele N*. Durch eine systematische Verringerung von σ_A kommt man zur Grenzschwingspielzahl N_G. Von dort aus ist eine dauernde Haltbarkeit hinsichtlich Ermüdungsfestigkeit mit dem Dauerfestigkeitswert σ_{AD} zu erwarten. Man rechnet bei Stahl mit $N_G = (2\ldots10) \cdot 10^6$, bei Leichtmetallen mit $N_G = 10^8$ und im Stahlbau mit $N_G = 2 \cdot 10^6$. Die Untersuchung des gesamten Werkstoffverhaltens verlangt die Kenntnis mehrerer WÖHLER-Linien mit geänderten Mittelspannungen, um den gesamten Schwell- und Schwingbereich zu erfassen. All diese Ergebnisse werden in Dauerfestigkeitsschaubildern zusammengefaßt (Bild 194 Dauerfestigkeitsschaubild nach SMITH, s. a. *Anlage A 18*).

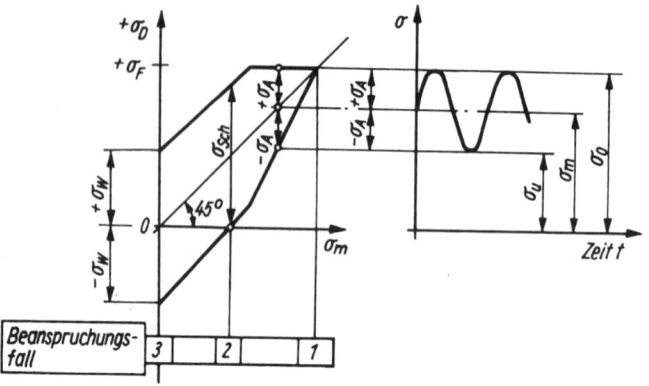

Bild 194

Ihre obere Begrenzung ist durch die Streck- oder Fließgrenze σ_S, σ_F gegeben (*statische* Beanspruchung). Bei $\sigma_U = 0$ findet man Werte für die Schwellfestigkeit $\sigma_{Sch} = 2|\sigma_A|$ und bei $\sigma_m = 0$ diejenigen für die Wechselfestigkeit $\pm\sigma_W$.

Festigkeitswerte für Zug-Druck, Biegung, Torsion nach *Anlagen A 19, A 20*.

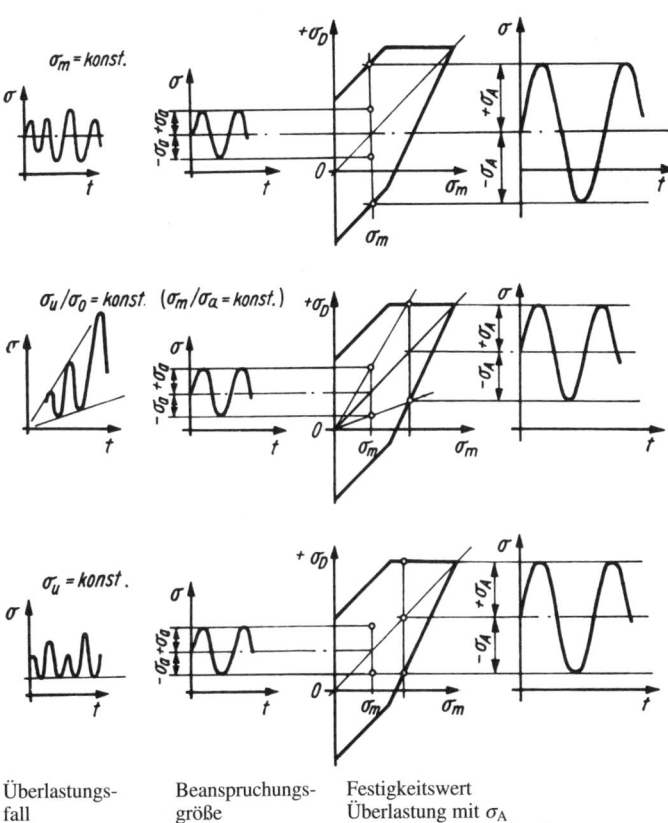

Überlastungs-fall	Beanspruchungs-größe	Festigkeitswert Überlastung mit σ_A	
		im Dauerfestig-keits-Diagramm	im Spannungs-Zeit-Diagramm

Bild 195

Zur Abstimmung des Festigkeitswertes σ_A mit der Beanspruchungsgröße σ_a ist die Einschätzung der Beanspruchungscharakteristik im Überlastungsfall erforderlich. Hierzu werden drei mögliche Kriterien (Bild 195) herangezogen: $\sigma_m = $ konst., $\sigma_u/\sigma_o = $ konst., $\sigma_u = $ konst.

- $\sigma_m = $ konst.: Beanspruchungsgröße σ_a und Festigkeitswert σ_A liegen auf der gleichen Ordinate.

- $\sigma_u/\sigma_o = $ konst. ($\sigma_m/\sigma_a = $ konst.): Spannungsausschläge σ_a der Beanspruchung sind in das Diagramm einzutragen. Verbindet man diese Punkte mit dem Ursprung O, dann entstehen Ähnlichkeitsstrahlen, die auf der oberen und unteren Grenzlinie Spannungsausschläge σ_A als vergleichbare Festigkeitswerte festlegen. Dieser Fall ergibt für $\sigma_m = 0$ die kleinste Dauerfestigkeit bzw. Sicherheit.

• σ_u = konst.: Mit $\sigma_u = \sigma_U$ wird diejenige Ordinate festgelegt, auf der die Spannungsausschläge für σ_A abgelesen werden können.

5.2 Festigkeitsmindernde bzw. beanspruchungserhöhende Einflußfaktoren bei Bauteilen

Zu den Ergebnissen mit Werkstoffproben gehören Bauteiluntersuchungen, um die technisch bedingten Einflüsse hinsichtlich geometrischer Form, Werkstoffempfindlichkeit, Herstellungstechnologie, mögliche Kontaktbeeinflussung und Beanspruchungsstöße weitgehend zu berücksichtigen. Entsprechende Einflußfaktoren sind also für die vorliegende Bauteilgröße, seine Oberflächenrauheit oder Oberflächenbeeinflussung durch schädigende Umweltfaktoren, Formabweichungen vom Kreisquerschnitt, eine Anisotropie, wenn die Walzrichtung des Stahles nicht mit der Normalbeanspruchungsrichtung übereinstimmt, und für konstruktiv notwendige geometrische Änderungen der Bauteilform (Kerbung) mit der zugehörigen Werkstoffempfindlichkeit hinsichtlich Ermüdungserscheinungen zu ermitteln.

5.3 Dauerfestigkeit von Achsen und Wellen

Ursache für viele Ausfälle im Maschinenbau sind Dauerbrüche an Achsen und Wellen. Deshalb wird im folgenden auf die Tragfähigkeitsberechnung von Achsen und Wellen näher eingegangen (siehe auch DIN 743). Eine Übertragung des Berechnungsganges auf andere Bauteile ist gegebenenfalls möglich.

Aufgrund ihrer Geometrie, der häufig verwendeten Werkstoffe, ihrer üblichen Einsatzgebiete und Beanspruchungscharakteristik können einige der genannten Einflußgrößen vernachlässigt werden. Von den unter 5.1 genannten Beanspruchungsfällen (Bild 195) sind die Fälle 1 und 2 für Wellen typisch.

5.3.1 Größeneinflußfaktoren

Der Größen- und Bauteilformeinfluß auf den Abkühlvorgang (z. B. Härten/Vergüten) wird durch den *technologischen Größeneinflußfaktor* K_1 berücksichtigt. Er trägt der Tatsache Rechnung, daß die erreichbare Härte (damit auch Streckgrenze und Ermüdungsfestigkeit) mit steigendem Durchmesser abnimmt. K_1 ist anzuwenden, wenn die wirkliche Festigkeit des Bauteils nicht bekannt ist, sondern für einen Bezugsdurchmesser *Anlage A 19* entnommen wurde.

Der *geometrische Größeneinflußfaktor* K_2 (Bild 197) berücksichtigt, daß bei größer werdendem Durchmesser oder Dicken die Biegewechselfestigkeit in die Zug-Druckwechselfestigkeit übergeht und analog auch die Torsionswechselfestigkeit sinkt.

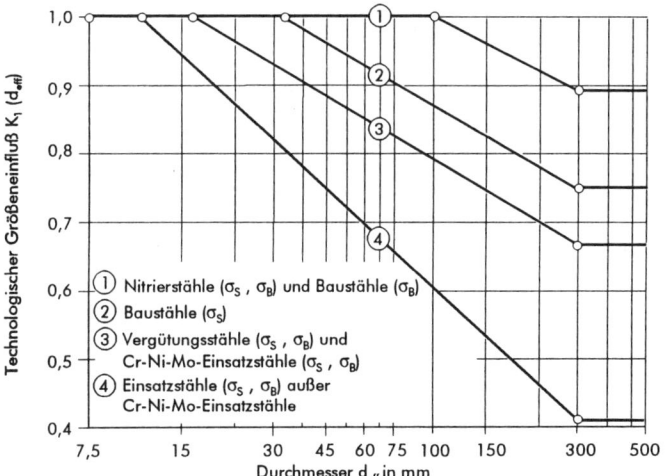

Bild 196   Der technologische Größeneinflußfaktor ist für alle Beanspruchungsarten gleich und wird mit dem für die Wärmebehandlung maßgebenden Durchmesser d_{eff} ermittelt

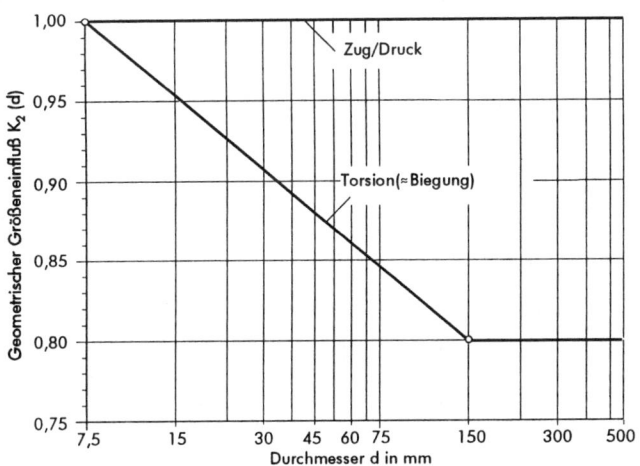

Bild 197

Der *geometrische Größeneinflußfaktor* K_3 (Bild 198) ist zu berücksichtigen, wenn die Kerbwirkungszahl $\beta_{\sigma,\,\tau}$ experimentell für einen vom Bauteildurchmesser abweichenden Bezugsdurchmesser bestimmt wurde.

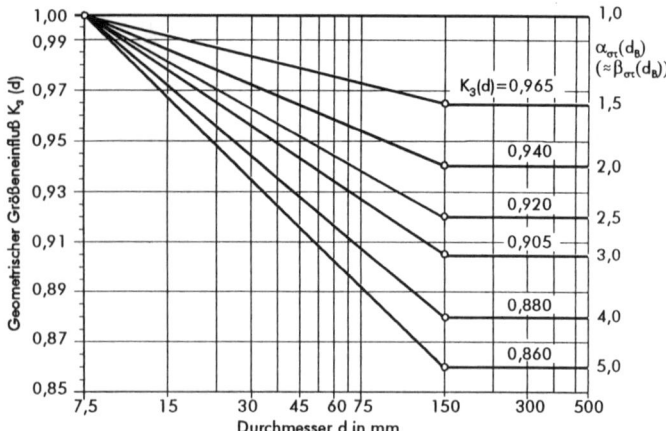

Bild 198 Veränderte Bauteilabmessungen gegenüber der untersuchten Probe bewirken eine Änderung der Kerbwirkung infolge des abweichenden Spannungsgradienten

5.3.2   Oberflächenfaktoren (Rauheit, Verfestigung)

Die Wirkung der *Oberflächenrauheit* wird durch den *Faktor* $K_{F\sigma,\tau}$ (Bild 199) berücksichtigt. Die Oberflächenrauheit beeinflußt die örtlichen Spannungen und damit die Dauerfestigkeit des Bauteils. $K_{F\sigma}$ ist für Zug/Druck oder Biegung nach Gleichung

$$K_{F\sigma} = 1 - 0{,}22 \cdot \lg\left(\frac{R_z}{\mu m}\right) \cdot \left[\lg\left(\frac{\sigma_B(d)}{20\,\text{N/mm}^2}\right) - 1\right]$$

zu berechnen.

Für Torsion gilt:

$$K_{F\tau} = 0{,}575 K_{F\sigma} + 0{,}425$$

Bei Walzhaut ist für die mittlere Rauheit $R_z = 200\,\mu m$ einzusetzen. Falls die Berechnung mit einer experimentell bestimmten Kerbwirkungszahl durchgeführt wird, die für die Probe mit der Oberflächenrauheit R_{zB} gilt, das Bauteil aber die Oberflächenrauheit R_z hat, ist folgende Gleichung anzuwenden:

$$K_{F\sigma} = \frac{K_{F\sigma}(R_z)}{K_{F\sigma}(R_{zB})}; \qquad K_{F\tau} = \frac{K_{F\tau}(R_z)}{K_{F\tau}(R_{zB})}$$

Bei Verwendung von experimentell bestimmten Kerbwirkungszahlen, für die die Oberflächeneinflußfaktoren $K_{F\sigma}$, $K_{F\tau}$ ohne zusätzliche Werte der Oberflächenrauheit angegeben sind, entfällt die Berechnung von $K_{F\sigma}$, $K_{F\tau}$.

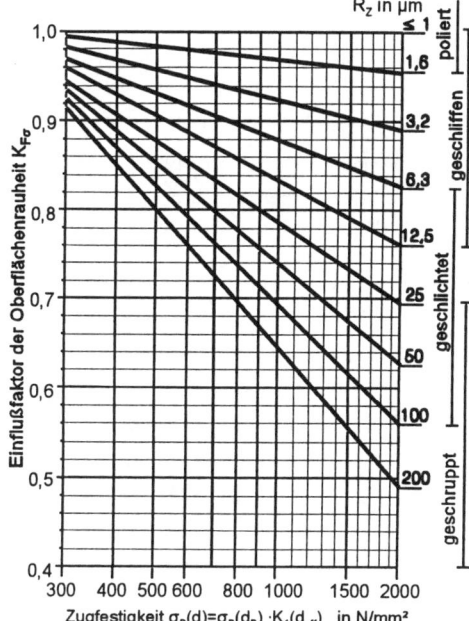

Bild 199

Der veränderte Oberflächenzustand durch bestimmte technologische Verfahren (Kugelstrahlen Rollen, Nitrieren, Einsatzhärten usw.) kann die Dauerfestigkeit erhöhen. Dieser Einfluß wird durch den *Oberflächenverfestigungsfaktor* K_V einbezogen. Liegen keine Erfahrungswerte vor, sollte er mit $K_V = 1$ angenommen werden.

5.3.3 Kerbwirkungszahl

Die *Kerbwirkungszahl* $\beta_{\sigma, \tau}$ des Bauteils ist durch

$$\beta_\sigma = \frac{\sigma_{zd,bW}(d)}{\sigma_{zd,bWK}}; \qquad \beta_\tau = \frac{\tau_{tW}(d)}{\tau_{tWK}}$$

$\sigma_{zd,bWK}$, τ_{tWK} Wechselfestigkeit des Bauteils mit dem Durchmesser d im Kerbquerschnitt

$\sigma_{zd,bW}(d)$, $\tau_{tW}(d)$ Wechselfestigkeit der ungekerbten, polierten Rundprobe mit dem Durchmesser d unter sonst gleichen Bedingungen

definiert. Die Bestimmung der Kerbwirkungszahl für Zug-Druck, Biegung β_σ oder Torsion β_τ kann entsprechend den Möglichkeiten rechnerisch oder experimentell erfolgen.

Experimentell bestimmte Kerbwirkungszahlen

Die Kerbwirkungszahlen ($\beta_\sigma(d_{BK}), \beta_\tau(d_{BK})$), die experimentell nur für bestimmte Probendurchmesser (Bezugsdurchmesser d_{BK}) gelten, sind auf den Bauteildurchmesser d umzurechnen:

$$\beta_\sigma = \beta_\sigma(d_{BK}) \frac{K_3(d_{BK})}{K_3(d)}$$

$K_3(d)$, $K_3(d_{BK})$ geometrischer Größeneinflußfaktor; siehe Bild 198

Diese Gleichung gilt für Zug/Druck oder Biegung, aber auch für Torsion, wenn σ durch τ ersetzt wird. Für spezielle Bauteile sind die Kerbwirkungszahlen experimentell zu bestimmen.

Für die in der Praxis häufigsten Welle–Nabe-Verbindungen sind die Kerbwirkungszahlen der folgenden Tabelle zu entnehmen.

Kerbwirkungszahlen $\beta_\sigma(d_{BK})$ für Paßfeder- und Preßverbindungen bei Biegung und Torsion

Wellen- und Nabenform	$\sigma_B(d)$ in N/mm^2								
	400	500	600	700	800	900	1 000	1 100	1 200
	2,1	2,3	2,5	2,6	2,8	2,9	3,0	3,1	3,2
	$\beta_\sigma = 0,2145 \cdot (\sigma_B(d)/(\text{N/mm}^2))^{0,383}$ Bei zwei Paßfedern ist die Kerbwirkungszahl $\beta_{\sigma,\eta}$ mit dem Faktor 1,15 zu erhöhen (Minderung des Querschnittes) $\beta_{\sigma(2\ \text{Paßfedern})} = 1,15 \cdot \beta_\sigma$									
	1,8	2,0	2,2	2,3	2,5	2,6	2,7	2,8	2,9
	$\beta_\sigma = 0,1364 \cdot (\sigma_B(d)/(\text{N/mm}^2))^{0,432}$								

Zug: $\sigma_n = 4 \cdot F/(\pi d^2)$
Biegung: $\sigma_n = 32 \cdot M_b/(\pi d^3)$
Torsion: $\tau_n = 16 \cdot T/(\pi d^3)$
Bei Torsion: $\beta_\tau(d_{BK}) = 1 + 0,45 \cdot (\beta_\sigma(d_{BK}) - 1)$
Bei Zug/Druck: gleiche Werte wie für Biegung
- Bezugsdurchmesser $d = d_{BK} = 40$ mm
- Einflußfaktor der Oberflächenrauheit: $K_{F\sigma} = 1$ oder $K_{F\tau} = 1$
- Biege- oder Torsionsmoment wird auf die Nabe übertragen
- Die Kerbwirkungszahlen gelten für die Enden des Nabensitzes
- $K_1(d)$ nach Bild 196

Die angegebenen β_σ-Werte für Paßfederverbindungen sind Richtwerte, die für ein Beanspruchungsverhältnis von $\tau_{tm}/\sigma_{ba} = 0,5$ gelten. Wird dieses Verhältnis überschritten, ist mit einer Verringerung der Kerbwirkungszahlen zu rechnen. Bei reiner Umlaufbiegung sind dagegen Erhöhungen bis zu 30 % möglich.

Weitere Angaben zu Kerbwirkungszahlen und Einflüssen (z. B. Tribokorrosion) bei Paßfedern sind in DIN 6892 enthalten.

Die Kerbwirkungszahlen für Keilwellen, Kerbzahnwellen und Zahnwellen, für Rundstäbe mit Spitzkerbe und für umlaufende Rechtecknut sind *Anlage A 26* zu entnehmen.

Kerbwirkungszahlen für Kerben mit bekannter Formzahl

Ist das bezogene Spannungsgefälle bekannt, dann kann die Kerbwirkungszahl für den Bauteildurchmesser mit Hilfe der *Formzahl* $\alpha_{\sigma,\tau}$ und der *Stützziffer n* (Kerbempfindlichkeit) berechnet werden (Verfahren von STIELER):

$$\beta_{\sigma,\tau} = \frac{\alpha_{\sigma,\tau}}{n}$$

Bei vergüteten oder normalisierten Wellen oder einsatzgehärteten Wellen mit nicht aufgekohlten Konturen und dergleichen ist die Stützziffer n:

$$n = 1 + \sqrt{G' \cdot \text{mm}} \cdot 10^{-\left(0{,}33 + \frac{\sigma_S(d)}{712\ \text{N/mm}^2}\right)}$$

Bei harter Randschicht gilt:

$$n = 1 + \sqrt{G' \cdot \text{mm}} \cdot 10^{-0{,}7}$$

(siehe auch Bild 200; G' bezogenes Spannungsgefälle)

Bezogenes Spannungsgefälle G'

Bauteilform	Belastung	Bezogenes Spannungsgefälle G'
	Zug-Druck	$\dfrac{2 \cdot (1 + \varphi)}{r}$
	Biegung	$\dfrac{2 \cdot (1 + \varphi)}{r}$
	Torsion	$\dfrac{1}{r}$
	Zug-Druck	$\dfrac{2{,}3 \cdot (1 + \varphi)}{r}$
	Biegung	$\dfrac{2{,}3 \cdot (1 + \varphi)}{r}$
	Torsion	$\dfrac{1{,}15}{r}$

Für Rundstäbe gelten die Formeln näherungsweise auch dann, wenn eine Längsbohrung vorliegt.

$$d/D > 0{,}67;\ r > 0: \quad \varphi = \frac{1}{4\sqrt{\dfrac{t}{r}} + 2}; \qquad \text{sonst: } \varphi = 0$$

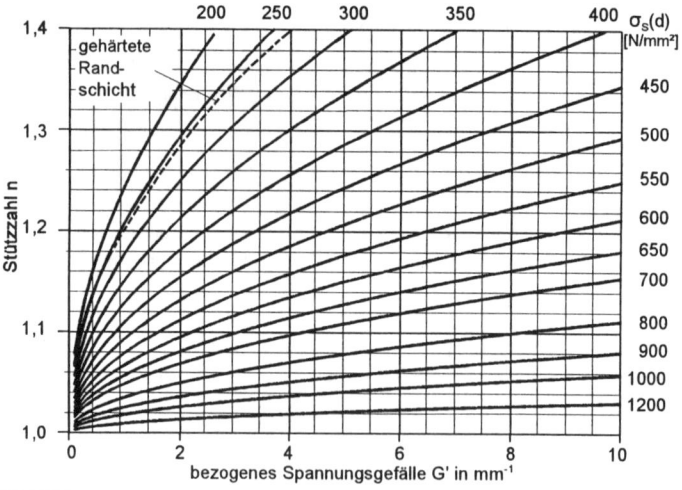

Bild 200

5.3.4 Formzahl

Die *Formzahl* $\alpha_{\sigma,\tau}$ des Bauteils (oder der Probe) läßt sich allgemein durch

$$\alpha_\sigma = \frac{\sigma_{\max K}}{\sigma_n}$$

$$\alpha_\tau = \frac{\tau_{t\max K}}{\tau_n}$$

mit der maßgebenden *örtlichen* Spannung ($\sigma_{\max K}$, $\tau_{t\max K}$) und der Nennspannung (σ_n, τ_n) ausdrücken.

Die Formzahlen für abgesetzte Rundstäbe bei Zug/Druck, Biegung oder Torsion können aus den Bildern 201 bis 203 abgelesen oder mit den dort angegebenen Gleichungen berechnet werden. Formzahlen für weitere Kerbformen (Rundnut, Absatz mit Freistich, Querbohrung) sind *Anlage A 22* zu entnehmen.

Formzahlen für gekerbte Rundstäbe bei Zug:

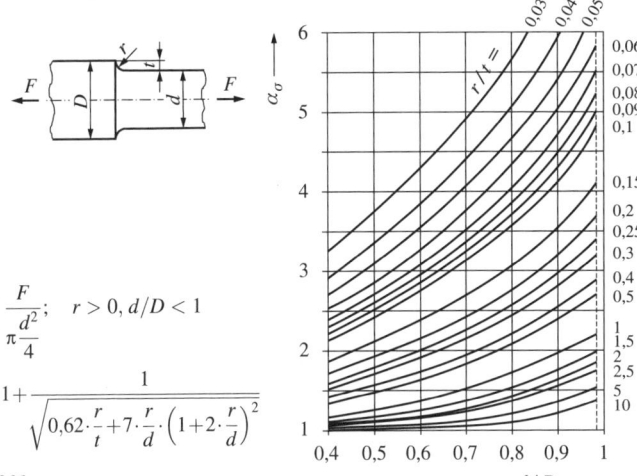

$$\sigma_n = \frac{F}{\pi \dfrac{d^2}{4}}; \quad r > 0, d/D < 1$$

$$\alpha_\sigma = 1 + \cfrac{1}{\sqrt{0{,}62 \cdot \dfrac{r}{t} + 7 \cdot \dfrac{r}{d} \cdot \left(1 + 2 \cdot \dfrac{r}{d}\right)^2}}$$

Bild 201

Formzahlen für gekerbte Rundstäbe bei Biegung:

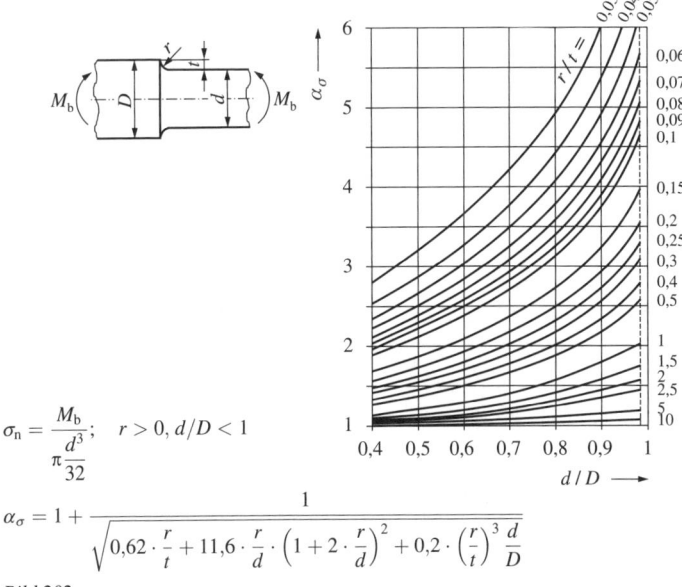

$$\sigma_n = \frac{M_b}{\pi \dfrac{d^3}{32}}; \quad r > 0, d/D < 1$$

$$\alpha_\sigma = 1 + \cfrac{1}{\sqrt{0{,}62 \cdot \dfrac{r}{t} + 11{,}6 \cdot \dfrac{r}{d} \cdot \left(1 + 2 \cdot \dfrac{r}{d}\right)^2 + 0{,}2 \cdot \left(\dfrac{r}{t}\right)^3 \dfrac{d}{D}}}$$

Bild 202

Formzahlen für gekerbte Rundstäbe bei Torsion:

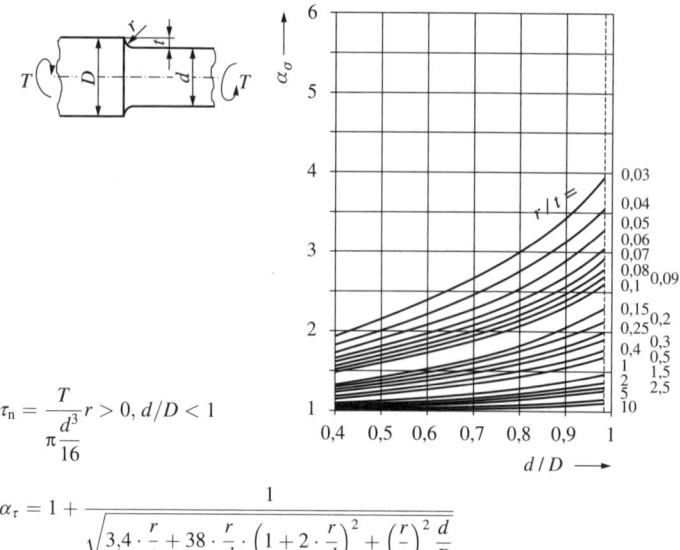

$$\tau_n = \frac{T}{\pi \dfrac{d^3}{16}} \quad r > 0, \, d/D < 1$$

$$\alpha_\tau = 1 + \cfrac{1}{\sqrt{3{,}4 \cdot \dfrac{r}{t} + 38 \cdot \dfrac{r}{d} \cdot \left(1 + 2 \cdot \dfrac{r}{d}\right)^2 + \left(\dfrac{r}{t}\right)^2 \dfrac{d}{D}}}$$

Bild 203

5.3.5   Gesamteinflußfaktor

Die bisher ermittelten Einzeleinflußgrößen werden in einem *Gesamteinfluß-faktor* $K_{\sigma,\tau}$ wie folgt zusammengefaßt:

$$K_\sigma = \left(\frac{\beta_\sigma}{K_2(d)} + \frac{1}{K_{F\sigma}} - 1\right)\frac{1}{K_V}; \quad K_\tau = \left(\frac{\beta_\tau}{K_2(d)} + \frac{1}{K_{F\tau}} - 1\right)\frac{1}{K_V}$$

Der Gesamteinflußfaktor dient zur Ermittlung der *Wechselfestigkeit des (ge-kerbten) Bauteils* $\sigma_{zd,bWK}(d)$, $\tau_{tWK}(d)$ (Bild 204).

5.3.6   Gestaltfestigkeit

Die Ermittlung der zu erwartenden *Gestaltfestigkeit* $\sigma_{zd,bADK}$ bzw. τ_{tADK} (Ausschlags-Dauerfestigkeit des gekerbten Bauteils) ist eine der wesentlichen Voraussetzungen für die Einschätzung der Tragfähigkeit von Achsen und Wellen. Sie wird als Nennspannung angegeben und stellt die maximal dauernd ertragbare Amplitude des Bauteils für den vorliegenden Lastfall dar (Bild 204).

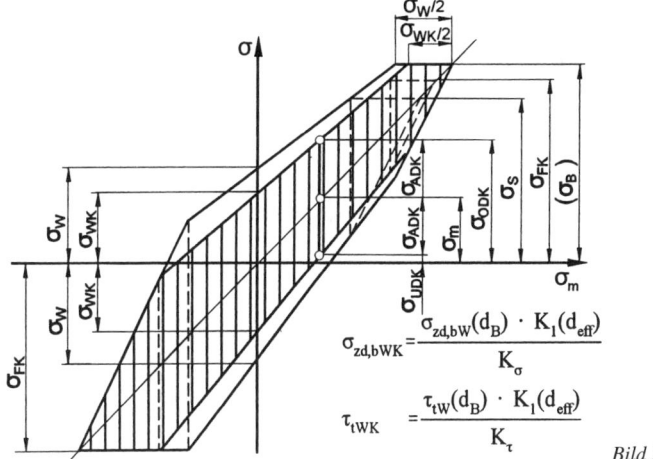

Bild 204

Voraussetzung für die Berechnung der Gestaltfestigkeit ist die Ermittlung der *Mittelspannungsempfindlichkeit* $\psi_{zd,b\sigma}$, $\psi_{\tau K}$.

$$\psi_{zd,b\sigma K} = \frac{\sigma_{zd,bWK}}{2 \cdot K_1(d_{eff}) \cdot \sigma_B(d_B) - \sigma_{zd,bWK}}$$

$$\psi_{\tau K} = \frac{\tau_{tWK}}{2 \cdot K_1(d_{eff}) \cdot \sigma_B(d_B) - \tau_{tWK}}$$

und der *Vergleichsmittelspannungen* σ_{mv}, τ_{mv}

$$\sigma_{mv} = \sqrt{(\sigma_{zdm} + \sigma_{bm})^2 + 3 \cdot \tau_m^2} \quad \text{bzw.} \quad \tau_{mv} = \frac{\sigma_{mv}}{\sqrt{3}}$$

Die Gestaltfestigkeit ist abhängig davon zu berechnen, in welchem Verhältnis sich die maßgebenden Spannungen bei einer Beanspruchungserhöhung ändern. Es wird an dieser Stelle nur zwischen den Beanspruchungsfällen $\sigma_{mv} = $ konst. ($\tau_{mv} = $ konst.) und $\sigma_{zd,ba}/\sigma_{mv} = $ konst. ($\tau_{ta}/\tau_{mv} = $ konst.) unterschieden (Bild 195).

Fall 1: ($\sigma_{mv} = $ konst. bzw. $\tau_{mv} = $ konst.)

Fall 1 gilt, wenn bei Änderung der Betriebsbelastung die Amplitude der Spannung beeinflußt wird und die Mittelspannung konstant bleibt. Unter der *Bedingung*

$$\sigma_{mv} \leqq \frac{\sigma_{zd,bFK} - \sigma_{zd,bWK}}{1 - \psi_{zd,b\sigma K}} \quad \text{bzw.} \quad \tau_{mv} \leqq \frac{\tau_{tFK} - \tau_{tWK}}{1 - \psi_{\tau K}}$$

ist die *ertragbare Amplitude* für $\sigma_{mv} = $ konst. ($\tau_{mv} = $ konst.):

$$\sigma_{zd,bADK} = \sigma_{zd,bWK} - \psi_{zd,b\sigma K} \cdot \sigma_{mv} \quad \text{bzw.} \quad \tau_{tADK} = \tau_{tWK} - \psi_{\tau K} \cdot \tau_{mv}$$

Wird diese *Bedingung nicht erfüllt*, ist die *ertragbare Amplitude* für $\sigma_{mv} = $ konst. ($\tau_{mv} = $ konst.):

$$\sigma_{zd,bADK} = \sigma_{zd,bFK} - \sigma_{mv} \quad \text{bzw.} \quad \tau_{tADK} = \tau_{tFK} - \tau_{mv}$$

Bei $\sigma_{zdm} + \sigma_{bm} < 0$ ist anstelle von σ_{mv} mit $\sigma_{mv} = \sigma_{zdm} + \sigma_{bm}$ ($\tau_{mv} = \tau_{tm}$) zu rechnen. Die Bedingung für die Gültigkeit der Gleichungen ist $\sigma_{zdm} + \sigma_{bm} \geqq \sigma_{m\,grenz\,F1}$.

$$\sigma_{m\,grenz\,F1} = (\sigma_{zd,bWK} - \sigma_{dFK}) \cdot \left(1 - \frac{\sigma_{zd,bWK}}{2 \cdot \sigma_B(d)}\right)$$

Für den Fall $\sigma_{zdm} + \sigma_{bm} < \sigma_{m\,grenz\,F1}$ gilt:

$$\sigma_{zd,bADK} = \sigma_{zdm} + \sigma_{bm} + \sigma_{zd,bFK}$$

Fall 2: ($\sigma_{zd,ba}/\sigma_{mv} = $ konst. bzw. $\tau_{ta}/\tau_{mv} = $ konst.):

Fall 2 gilt, wenn bei einer Änderung der Betriebsbelastung das Verhältnis zwischen Ausschlagspannung und Mittelspannung konstant bleibt. Unter der *Bedingung*

$$\frac{\sigma_{mv}}{\sigma_{zd,ba}} \leqq \frac{\sigma_{zd,bFK} - \sigma_{zd,bWK}}{\sigma_{zd,bWK} - \sigma_{zd,bFK} \cdot \psi_{zd,b\sigma K}} \quad \text{bzw.}$$

$$\frac{\tau_{mv}}{\tau_{ta}} \leqq \frac{\tau_{tFK} - \tau_{tWK}}{\tau_{tWK} - \tau_{tFK} \cdot \psi_{tK}}$$

ist die *ertragbare Amplitude* für $\sigma_{zd,ba}/\sigma_{mv} = $ konst. ($\tau_{ta}/\tau_{mv} = $ konst.):

$$\sigma_{zd,bADK} = \frac{\sigma_{zd,bWK}}{1 + \psi_{zd,b\sigma K} \cdot \dfrac{\sigma_{mv}}{\sigma_{zd,ba}}} \quad \text{bzw.} \quad \tau_{tADK} = \frac{\tau_{tWK}}{1 + \psi_{\tau K} \cdot \dfrac{\tau_{mv}}{\tau_{ta}}}$$

Wird diese *Bedingung nicht erfüllt*, ist die *ertragbare Amplitude* für $\sigma_{zd,ba}/\sigma_{mv} = $ konst. ($\tau_{ta}/\tau_{mv} = $ konst.):

$$\sigma_{zd,bADK} = \frac{\sigma_{zd,bFK}}{1 + \dfrac{\sigma_{mv}}{\sigma_{zd,ba}}} \quad \text{bzw.} \quad \tau_{tADK} = \frac{\tau_{tFK}}{1 + \dfrac{\tau_{mv}}{\tau_{ta}}}$$

Bei $\sigma_{zdm} + \sigma_{bm} < 0$ ist anstelle von σ_{mv} bzw. τ_{mv} mit $\sigma_{zdm} + \sigma_{bm}$ bzw. τ_{tm} zu rechnen. Die Bedingung für die Gültigkeit der Gleichungen ist:

$$\frac{\sigma_{zdm} + \sigma_{bm}}{\sigma_{zd,ba}} > \left(\frac{\sigma_{zdm} + \sigma_{bm}}{\sigma_{zd,ba}}\right)_{grenz\,F2}$$

mit

$$\left(\frac{\sigma_{zdm} + \sigma_{bm}}{\sigma_{zd,ba}}\right)_{grenz\,F2} = \frac{\sigma_{zd,bWK} - \sigma_{dFK}}{\psi_{zd,b\sigma K} \cdot \sigma_{dFK} + \sigma_{zd,bWK}}$$

Ist diese *Bedingung nicht erfüllt*, wird die ertragbare Amplitude wie folgt bestimmt

$$\sigma_{zd,bADK} = \frac{\sigma_{zd,bFK} \cdot \sigma_{zd,ba}}{\sigma_{zd,ba} - \sigma_{zdm} - \sigma_{bm}}$$

5.3.7 Nachweis der Sicherheit zur Vermeidung von Dauerbrüchen

Die rechnerische Sicherheit S muß gleich oder größer der Mindestsicherheit S_{min} sein:

$$S \geqq S_{min}$$

Die Grundsätze des Berechnungsverfahrens allein erfordern die Mindestsicherheit $S_{min} = 1,2$.

Unsicherheiten bei der Annahme der Belastung, mögliche Folgeschäden usw. erfordern höhere Sicherheiten. Diese sind entsprechend festzulegen.

Die rechnerische Sicherheit S wird unter Berücksichtigung von Biege-, Zug/Druck- und Torsionsbeanspruchungen unter Annahme der Phasengleichheit ermittelt:

$$S = \cfrac{1}{\sqrt{\left(\cfrac{\sigma_{zda}}{\sigma_{zdADK}} + \cfrac{\sigma_{ba}}{\sigma_{bADK}}\right)^2 + \left(\cfrac{\tau_{ta}}{\tau_{aADK}}\right)^2}}$$

Ist z. B. nur Biegung oder Torsion vorhanden, gilt

$$S = \frac{\sigma_{zd,\,bADK}}{\sigma_{ba}} \quad \text{bzw.} \quad S = \frac{\tau_{tADK}}{\tau_{ta}}$$

5.3.8 Anwendungsbeispiel

Berechnung der Sicherheit einer abgesetzten Welle bei Umlaufbiegung gegen Dauerbruch (Bild 205)

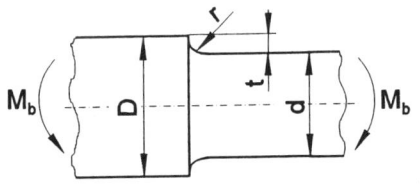

Bild 205

Gegeben:

Abmessungen: $D = 60$ mm; $d = 50$ mm; $r = 5$ mm; $t = 5$ mm

Beanspruchung (Querschnitt bei d):

$$\sigma_b = \sigma_{bm} \pm \sigma_{ba} = 0 \, \text{N/mm}^2 \pm 150 \, \text{N/mm}^2$$

Werkstoff: 42CrMo4 (Festigkeitskennwerte nach DIN 743-3, $d_B \leqq 16$ mm)

$$\sigma_B = 1\,100 \, \text{N/mm}^2; \quad \sigma_S = 900 \, \text{N/mm}^2; \quad \sigma_{bW} = 550 \, \text{N/mm}^2$$

Oberflächenrauheit: $R_Z = 12,5 \, \mu$m

Gesucht:

Vorhandene Sicherheit für den Dauerfestigkeitsnachweis nach Beanspruchungsfall 1 (σ_m = konst.)

Lösung:

Technologischer Größeneinflußfaktor $K_1(d_{eff})$ *mit* d_B = 16 mm *und* d_{eff} = 60 mm

$$K_1(d_{eff}) = 1 - 0,26 \cdot \lg\left(\frac{d_{eff}}{d_B}\right) = 1 - 0,26 \cdot \lg\left(\frac{60\,\text{mm}}{16\,\text{mm}}\right) = 0,851$$

Geometrischer Größeneinflußfaktor $K_2(d)$

$$K_2(d) = 1 - 0,2\frac{\lg\left(\dfrac{d}{7,5\,\text{mm}}\right)}{\lg 20} = 1 - 0,2\frac{\lg\left(\dfrac{50\,\text{mm}}{7,5\,\text{mm}}\right)}{\lg 20} = 0,873$$

Einflußfaktor der Oberflächenrauheit $K_{F\sigma}$ *mit*
$\sigma_B(d) = \sigma_B(d_B) \cdot K_1(d_{eff}) = 936,1\ \text{N/mm}^2$

$$K_{F\sigma} = 1 - 0,22 \cdot \lg\left(\frac{R_Z}{\mu m}\right) \cdot \left(\lg\frac{\sigma_B(d)}{20\,\text{N/mm}^2} - 1\right)$$

$$= 1 - 0,22 \cdot \lg 12,5 \cdot \left(\lg\frac{936,1\,\text{N/mm}^2}{20\,\text{N/mm}^2} - 1\right) = 0,838$$

Einflußfaktor der Oberflächenverfestigung

$$K_v = 1$$

Formzahl α_σ *mit* d/D = 0,833; r/t = 1; r/d = 0,1

$$\alpha_\sigma = 1 + \frac{1}{\sqrt{0,62 \cdot \dfrac{r}{t} + 11,6 \cdot \dfrac{r}{d} \cdot \left(1 + 2 \cdot \dfrac{r}{d}\right)^2 + 0,2 \cdot \left(\dfrac{r}{t}\right)^3 \cdot \dfrac{d}{D}}}$$

$$= 1 + \frac{1}{\sqrt{0,62 \cdot 1 + 11,6 \cdot 0,1 \cdot (1 + 2 \cdot 0,1)^2 + 0,2 \cdot (1)^3 \cdot 0,833}}$$

$$= 1,638$$

Bezogenes Spannungsgefälle G' *mit* φ = 0,166 7

$$G' = 0,537\ \text{mm}^{-1}$$

Stützziffer n *mit* $\sigma_S(d) = K_1(d_{eff}) \cdot \sigma_S(d_B) = 765,9\ \text{N/mm}^2$

$$n = 1 + \sqrt{G' \cdot \text{mm}} \cdot 10^{-\left(0,33 + \frac{\sigma_S(d)}{712\,\text{N/mm}^2}\right)}$$

$$= 1 + \sqrt{0,537} \cdot 10^{-\left(0,33 + \frac{765,9\,\text{N/mm}^2}{712\,\text{N/mm}^2}\right)} = 1,029$$

Kerbwirkungszahl β_σ

$$\beta_\sigma = \frac{\alpha_\sigma}{n} = \frac{1,638}{1,029} = 1,592$$

Gesamteinflußfaktor K_σ

$$K_\sigma = \left(\frac{\beta_\sigma}{K_2(d)} + \frac{1}{K_{F\sigma}} - 1 \right) \cdot \frac{1}{K_v} = \left(\frac{1{,}592}{0{,}838} + 1 - 1 \right) \cdot 1 = 2{,}017$$

Bauteilwechselfestigkeit σ_{bWK}

$$\sigma_{bWK} = \frac{\sigma_{bW} \cdot K_1(d_{eff})}{K_\sigma} = \frac{550 \text{ N/mm}^2 \cdot 0{,}851}{2{,}017} = 232{,}1 \text{ N/mm}^2$$

Vergleichsmittelspannung

$$\sigma_{mv} = \sigma_m = 0$$

Einflußfaktor der Mittelspannungsempfindlichkeit entfällt, da $\sigma_{mv} = 0$

Spannungsamplitude der Bauteildauerfestigkeit σ_{bADK}

$$\sigma_{bADK} = \sigma_{bWK} = 232{,}1 \text{ N/mm}^2$$

vorhandene Sicherheitszahl S

$$S = \frac{\sigma_{bADK}}{\sigma_{ba}} = \frac{232{,}1 \text{ N/mm}^2}{105 \text{ N/mm}^2} = 1{,}55$$

Die berechnete Sicherheit von $S = 1{,}55$ liegt oberhalb des geforderten Mindestsicherheitswertes von $S_{min} = 1{,}2$. Der betrachtete Wellenabsatz ist für die gegebene Beanspruchung dauerfest ausgelegt.

5

Kinematik und Kinetik

Einführung

Die Begriffe und Lehrsätze der Mechanik stellen in Ihrer Einfachheit und Klarheit eine sehr weitgehende Abstraktion der Realität dar. Dieser hohe Abstraktionsgrad ist eng verbunden mit einem umfassenden begrifflichen Inhalt. Daraus resultiert die Notwendigkeit, das betrachtete technische System in ein Berechnungsmodell zu überführen, das die Anwendung der Gesetze der Mechanik ermöglicht. Die Lösung eines Problems mit einem Berechnungsmodell (siehe dazu Bild 207 und 6.2) erlaubt oft, typische dynamische Eigenschaften zu erkennen.

Die *Kinematik* befaßt sich mit der zeitlichen und räumlichen Darstellung der Bewegung eines Körpers bzw. Massenpunktes oder eines Punktes eines Körpers, ohne vorhandene Kräfte zu berücksichtigen. Dabei werden die geometrischen Bindungen in Form von Zwangsbedingungen dargestellt. Diesem Anliegen ist der Kapitel 7 gewidmet.

Die *Kinetik* hat zum einen die Aufgabe, die Bewegung von Körpern infolge gegebener Kräfte zu bestimmen, andererseits können die durch Bewegungen hervorgerufenen Kräfte die gesuchten Größen sein.

Zur Beschreibung der Probleme der Dynamik kommt neben den die Lage bestimmenden Ortsvektoren bzw. Koordinaten und ihren Zeitableitungen noch die Zeit t hinzu.

In den Formeln und Beziehungen wird die Ableitung nach der Zeit mit einem Punkt bezeichnet:

$$\frac{\mathrm{d}(\ )}{\mathrm{d}t} = (\ )^{\cdot}.$$

6 Grundelemente der Kinematik und Kinetik

6.1 Grundbegriffe

Zusammenhang zwischen Kraft und Masse:

Eine Masse von 1 kg übt im Ruhezustand unter dem Einfluß der Fallbeschleunigung (für technische Berechnungen: $g = 9{,}81$ m/s²) eine Kraft von 9,81 N auf die Aufhängung bzw. Unterlage aus (Bild 206).

Diese beiden in Bild 206 gezeigten einfachen Beispiele illustrieren den Sachverhalt, daß Kräfte bestimmte Wechselwirkungen zwischen Körpern beschreiben.

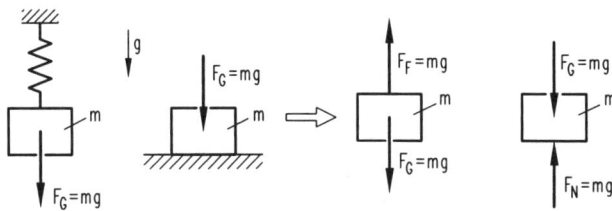

Bild 206 Zusammenhang zwischen Masse und Kraft im Erdschwerefeld
Es sind die Reaktionskräfte F_F und F_N, die durch Feder und Unterlage
hervorgerufen werden, im Freikörperbild eingezeichnet

Nach dem 2. NEWTONschen Axiom gilt:

$$F = \frac{\mathrm{d}p}{\mathrm{d}t} = \frac{\mathrm{d}(mv)}{\mathrm{d}t} = (mv)^{\cdot}$$

p Impuls bzw. Bewegungsgröße

Bei *veränderlicher Masse*:

$$F = \frac{\mathrm{d}m}{\mathrm{d}t}v + m\frac{\mathrm{d}v}{\mathrm{d}t} = \dot{m}v + ma$$

Bei *konstanter Masse*:

$$F = m\frac{\mathrm{d}v}{\mathrm{d}t} = ma \qquad \text{(Dynamische Grundgleichung)}$$

F ist hierbei die auf den freigeschnittenen Körper wirkende resultierende Kraft. Ist $a \equiv o$, so befindet sich der Körper im statischen Gleichgewicht.

Kinematische Größen:

Dazu zählen Weg s, Geschwindigkeit v und Beschleunigung a. Bei der Berechnung dynamischer Probleme wird meist die Beschleunigung a benutzt. Das resultiert aus der dynamischen Grundgleichung, in der die Beschleunigung mit den wirkenden Kräften direkt verknüpft wird. Ist die Beschleunigung bekannt, dann sind Geschwindigkeit v und Weg s bestimmbar (s. dazu 7.1). Zur Beschreibung der Bewegungen werden *Berechnungsmodelle* (Bild 207) benutzt.

Freiheitsgrad:

Anzahl der kinematisch voneinander unabhängigen Bewegungen eines mechanischen Systems. Die Anzahl der Koordinaten, die mindestens notwendig sind, um die Bewegung eines mechanischen Systems eindeutig zu beschreiben, entspricht seinem Freiheitsgrad.

Führt ein starrer Körper eine reine Translation aus, so kann die Masse des starren Körpers im Schwerpunkt vereinigt gedacht werden.

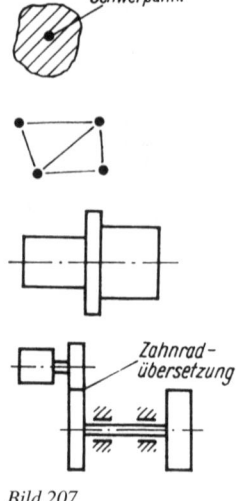

Sind die Abmessungen des Körpers klein gegenüber den Bahnabmessungen, so kann der Körper oft näherungsweise als Massenpunkt betrachtet werden.

Eine Ansammlung von Massenpunkten, die alle durch starre, elastische oder andere Bindungen miteinander gekoppelt sind, wird als Punkthaufen bezeichnet.

Ein Körper endlicher Ausdehnung mit kontinuierlicher Masseverteilung, bei dem Formänderungen bei den kinetischen Betrachtungen nicht berücksichtigt werden, wird als starrer Körper betrachtet.

Mehrere starre Körper, deren Bewegungen miteinander verknüpft sind, sind ein System starrer Körper. Die Verknüpfungen können durch Kräftebeziehungen dargestellt werden.

Bild 207

Koordinatensysteme:

Bewegungen werden meist in kartesischen Koordinaten (x, y, z-System) (Bild 208), in Polarkoordinaten (R, φ-System) bei ebenen bzw. in Zylinderkoordinaten (R, φ, z-System) (Bild 209) bei räumlichen Problemen oder in natürlichen Koordinaten beschrieben. Die aufgestellten Beziehungen (Formeln und Prinzipien) gelten für ein raumfestes Bezugs- bzw. Inertialsystem. Es muß deshalb der Koordinatenursprung stets in einem raumfesten oder geradlinig gleichförmig bewegten Bezugspunkt liegen.

Daß für die Untersuchung technischer Systeme oft die Erde als Inertialsystem angesehen werden darf (obwohl sie rotiert!), hat seinen Grund in der Größenordnung der dabei auftretenden Effekte.

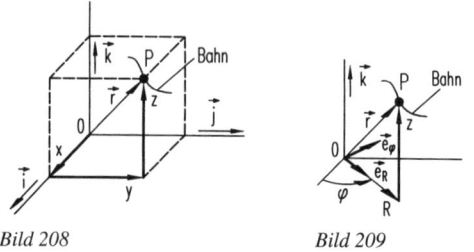

Bild 208   *Bild 209*

Die benutzten Koordinatensysteme sollten Rechtssysteme sein.

Der Einführung von für ein Berechnungsmodell zweckmäßigen Koordinaten ist besonderes Augenmerk zu schenken.

Eingeprägte Kraftgrößen:

Eingeprägte Kräfte (und Momente) sind vorgegebene physikalische Größen, wie z. B. Schwerkraft, Federkraft, elektromagnetische Kräfte, Bewegungswiderstände u. a. Sie resultieren aus Wechselwirkungen mit anderen Körpern bzw. Feldern und sind durch physikalische Gesetze bestimmt.

Translation:

Alle Punkte eines sich translativ bewegenden Körpers haben in jedem beliebigen Zeitpunkt gleich große und gleich gerichtete Geschwindigkeitsvektoren. Die Bahnen der Punkte sind zueinander kongruent. Es genügt, die Bewegung des Schwerpunktes oder eines anderen beliebigen Punktes zu betrachten (Bild 210).

6

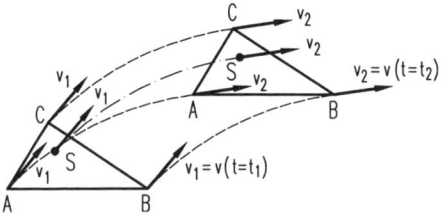

Bild 210

Rotation um eine raumfeste Achse:

Die Rotationsachse behält ihre Lage im Raum. Die Bahnen der Punkte des Körpers sind Kreise, deren Radius der Abstand des betrachteten Punktes von der Rotationsachse ist. Die Bahnen liegen in zur Rotationsachse senkrechten Ebenen (Bild 211).

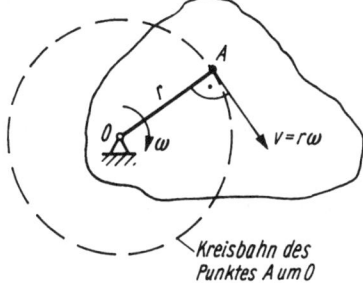

Bild 211   r Radius der Bahn des Punktes A, ω Winkelgeschwindigkeit, v Umlaufgeschwindigkeit des Punktes A

Allgemeine Bewegung:

Jede allgemeine Bewegung eines starren Körpers läßt sich aus der Translation eines Bezugspunktes (meist Schwerpunkt) und Rotation um eine Achse durch diesen Bezugspunkt zusammensetzen.

Allgemeine ebene Bewegung:

Alle Körperpunkte bewegen sich in zueinander parallelen Ebenen, und die Vektoren der Dreh- oder Winkelgeschwindigkeit und der Dreh- oder Winkelbeschleunigung stehen senkrecht dazu.

Zum Berechnen dynamischer Probleme sind meist noch zusätzliche Bedingungen notwendig.

Zwangsbedingungen:

Geometrische oder kinematische Beziehungen zwischen den Koordinaten.

$$z = k - f$$

z Anzahl der Zwangsbedingungen
f Freiheitsgrad des betrachteten Systems
k Anzahl der zur Beschreibung eingeführten Koordinaten

Beispiele für Zwangsbedingungen s. *Anlagen A 24* und *A 25*.

Anfangsbedingungen:

(Meist kinematische) Bedingungen zum Zeitpunkt des Beginns der Betrachtung. Zum Beispiel: $t = 0$; $s = s_0$; $\dot{s} = v = v_0$.

6.2   Hinweise zur Lösung von Aufgaben und zur Überführung des technischen Systems in ein Berechnungsmodell

Die Berechnung der Probleme der Dynamik muß in einer Form erfolgen, die den Ansprüchen des berechnenden und konstruierenden Ingenieurs genügt. Da die Dynamik mit abstrakten Begriffen, wie Massenpunkt, Punkthaufen, starrer Körper usw., arbeitet, ist der Ingenieur gezwungen, sein Problem soweit zu abstrahieren, daß die Gesetze der Dynamik darauf anwendbar sind. Die Überführung des technischen Systems in ein Berechnungsmodell ist ein Prozeß, der viel Können und Erfahrung voraussetzt. Das ist z. B. ein Hauptanliegen der Maschinendynamik. Dieser Umstand läßt vielleicht in der Darstellung den Schluß zu, daß einige Dinge zu „theoretisch" behandelt werden. Oft ist jedoch eine solche Darstellungsart notwendig, um das eigentliche Problem verdeckende Beiwerk zu beseitigen. Dann erst werden Beispiele typisch für den dynamischen Sachverhalt und repräsentieren eine große Anzahl von praktisch vorkommenden Aufgaben. Die Gewöhnung an diese Art der Behandlung von Berechnungsproblemen der Dynamik ist die notwendige Voraussetzung für ein erfolgreiches Lösen von Aufgaben der verschiedensten Art.

Im folgenden werden Hinweise zum Herangehen an die Lösung dynamischer Aufgaben gegeben. Sie sind kein Dogma, sondern jeder sollte aus seinen

Erfahrungen die Lösungsschritte und ihre Abfolge entsprechend den konkreten Gegebenheiten modifizieren.

1. Schritt: Anfertigen einer klaren *Skizze*, die das technische System repräsentiert. Gegebenenfalls ist die technische Zeichnung in ihren Zusammenhängen zu analysieren, wobei das Wesentliche vom Unwesentlichen zu trennen ist. Außerdem muß eine Systemabgrenzung erfolgen. Es sind Aussagen zu treffen hinsichtlich der
* bewegten Körper
* Bindungen dieser Körper

2. Schritt: Formulierung einer *Aufgabenstellung*. Festlegung der gegebenen und gesuchten Größen. Angabe, welche *Endergebnisse* zu ermitteln sind.

3. Schritt: Feststellung des Bewegungszustandes der Körper:
* Translation
* Rotation um eine feste Achse
* allgemeine ebene Bewegung u. a.

4. Schritt: Festlegen des Berechnungsmodells, das z. B. sein kann:
* Massenpunkt bzw. Punkthaufen
* starrer Körper bzw. System starrer Körper u. a.

Dabei sind zur Beschreibung der Bewegung der einzelnen Modellelemente zweckmäßige Koordinaten einschließlich ihrer positiven Richtung zu definieren.

Eine Hilfe bei der Festlegung des Berechnungsmodells soll die Abarbeitung des in Bild 212 angegebenen Algorithmus sein.

5. Schritt: Einordnen der Aufgabe in die Gebiete:

Kinematik, wenn keine Kräfte berücksichtigt werden, sondern nur Bewegungszusammenhänge betrachtet werden (Lösungsverfahren siehe Kapitel 7).

Weiterrechnen mit dem 7. Schritt

Kinetik, wenn der Zusammenhang zwischen Bewegung und wirkenden Kräften betrachtet wird (siehe dazu 8 bis 12).
* Stoß: Kapitel 13
* Schwingungen: Kapitel 14

6. Schritt: Die am Berechnungsmodell wirkenden Kräfte und Momente werden analysiert und eingeordnet:
* eingeprägte Kräfte und/oder Momente
* Reaktions- bzw. Zwangskraftgrößen

Die eingeprägten Größen können konstant, weg- und/oder geschwindigkeitsabhängig bzw. auch explizit von der Zeit abhängig sein. Eine explizite Zeitabhängigkeit bedeutet aber immer die Vernachlässigung einer Rückwirkung auf die Quelle der betreffenden Kraftgröße.

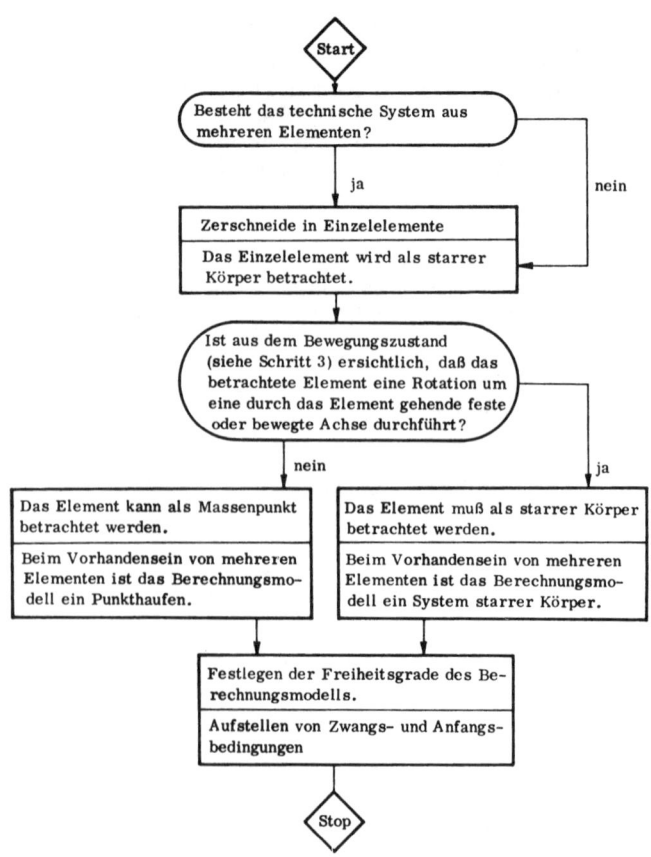

Bild 212   Algorithmus zum 4. Schritt

7. Schritt: Festlegen der zur Bestimmung der gesuchten Größen anwendbaren Prinzipien und Methoden:

Kinematik: Kapitel 7
Kinetik: Kapitel 12
• Stoß: Kapitel 13
• Schwingungen: Kapitel 14

Auswahl des günstigsten Prinzips; notwendige Zwischenergebnisse festlegen.

8. Schritt: Aufstellen der *Differentialgleichungen*.

9. Schritt: Lösung der Dgln. Je nach dem gewählten Prinzip bzw. Verfahren ergibt sich die gesuchte Größe direkt oder durch Differentiation oder durch Integration.

10. Schritt: Die Berechnung von weiteren Zwischen- bzw. Endergebnissen erfolgt durch eine Wiederholung der Lösungsschritte.

Zur Erleichterung der Auswahl des günstigsten Prinzips sind in Kapitel 12 noch einmal mögliche Ansätze und Prinzipien zusammengestellt. Deshalb wurde weitgehend auf eine Begründung und Beschreibung der Prinzipien in den Abschnitten, die die Dynamik des Punkthaufens und des starren Körpers behandeln, verzichtet.

Bei der Rechnung ist auf die Einhaltung der richtigen Dimension (bei Zahlenrechnung auf die richtige Einheit) der benutzten Größen zu achten. Für die Interpretation und Prüfung der Ergebnisse betrachte man Sonderfälle und stelle Plausibilitätsbetrachtungen an.

7 Kinematik

7.0 Grundgrößen

Als *Geschwindigkeit* wird die Veränderung einer Größe in einer bestimmten Zeiteinheit bezeichnet. In der Kinematik ist bei der Bewegung eines Körpers oder eines Massenpunktes die Veränderung der Lage in der Zeiteinheit die Geschwindigkeit. Da die Lage des bewegten Körpers bzw. Massenpunktes durch Ortsvektoren r festgelegt ist und die Geschwindigkeit für einen bestimmten Zeitpunkt (ein Zeitabschnitt ergibt eine mittlere Geschwindigkeit) gesucht wird, ergibt sich

● Die Geschwindigkeit ist die erste Ableitung des Ortsvektors nach der Zeit.

$$v = \frac{dr}{dt} = \dot{r}$$

oder in Komponentenform (kartesische Koordinaten)

$$v_x = \frac{dx}{dt} = \dot{x}; \qquad v_y = \frac{dy}{dt} = \dot{y}; \qquad v_z = \frac{dz}{dt} = \dot{z}$$

Der Absolutbetrag der Geschwindigkeit ist

$$|v| = \sqrt{v_x^2 + v_y^2 + v_z^2}$$

Die Änderung der Geschwindigkeit v in der Zeiteinheit (sowohl bez. ihres Betrages als auch bez. ihrer Richtung) ist die Beschleunigung a, d. h., es gilt

$$a = \frac{d^2r}{dt^2} = \frac{dv}{dt}$$

●   Die Beschleunigung ist die erste Ableitung der Geschwindigkeit nach der Zeit oder die zweite Ableitung des Ortsvektors nach der Zeit.

in Komponentenform (kartesische Koordinaten)

$$a_x = \frac{\mathrm{d}^2x}{\mathrm{d}t^2} = \frac{\mathrm{d}v_x}{\mathrm{d}t} = \ddot{x}$$

$$a_y = \frac{\mathrm{d}^2y}{\mathrm{d}t^2} = \frac{\mathrm{d}v_y}{\mathrm{d}t} = \ddot{y}$$

$$a_z = \frac{\mathrm{d}^2z}{\mathrm{d}t^2} = \frac{\mathrm{d}v_z}{\mathrm{d}z} = \ddot{z}$$

Der Absolutbetrag der Beschleunigung ist

$$|a| = \sqrt{a_x^2 + a_y^2 + a_z^2}$$

In einigen Fällen (z. B. bei vorgegebener Bahnkurve) ist es sinnvoll, die Bahnkoordinate s (Weg) zur Bewegungsbeschreibung einzuführen. Zwischen den Geschwindigkeitskoordinaten $\dot{x}, \dot{y}, \dot{z}$ und dem Wegelement $\mathrm{d}s$ besteht der Zusammenhang

$$\mathrm{d}s = \pm\sqrt{\dot{x}^2 + \dot{y}^2 + \dot{z}^2} \cdot \mathrm{d}t$$

$\mathrm{d}s$ ist positiv (negativ), wenn sich für $\mathrm{d}t > 0$ der betrachtete Punkt in positive (negative) Koordinatenrichtung s bewegt, d. h., die Koordinate s muß sowohl hinsichtlich Ursprung als auch bez. ihrer positiven Richtung festgelegt werden.

Bewegungsdiagramme:

Der Zusammenhang zwischen den kinematischen Größen (Weg, Geschwindigkeit, Beschleunigung) und der Zeit kann in Bewegungsdiagrammen dargestellt werden (Bilder 213 bis 215).

Der augenblickliche Bewegungszustand läßt sich auch aus den Bewegungsdiagrammen durch eine Ermittlung der Fläche, die sich unter der Kurve befindet, bestimmen. Dabei sind die jeweils verwendeten Maßstäbe zu beachten.

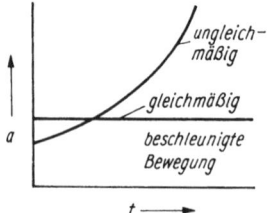

Bild 213
Beschleunigungs-Zeit-Diagramm

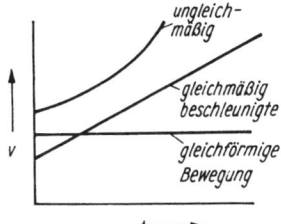

Bild 214
Geschwindigkeits-Zeit-Diagramm

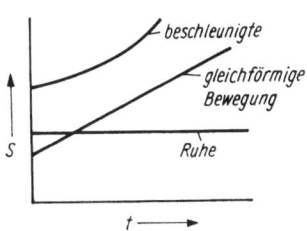

Bild 215
Weg-Zeit-Diagramm

7.1 Geradlinige Bewegung

Zuerst werden die verschiedenen Bewegungszustände anhand der geradlinigen Bewegung durch die *Bewegungsdiagramme* erklärt. Als Koordinate wird der Weg s längs der Bewegungsgeraden benutzt.

Die hier für die geradlinige Bewegung angegebenen Beziehungen gelten auch für beliebig gekrümmte räumliche Bahnen, wenn sie vorgegeben sind und $s(t)$ die Bahnkoordinate, v die Bahngeschwindigkeit und a die Tangentialbeschleunigung ist, vgl. auch Abschnitt 7.3.

7.1.1 Gleichförmige Bewegung

Bei der gleichförmigen Bewegung ist die Beschleunigung immer gleich Null ($\ddot{s} \equiv 0$).

Es gilt:

Beschleunigung:

$$a(t) = \ddot{s}(t) = 0$$

Geschwindigkeit:

$$v(t) = \dot{s}(t) = \text{konst.} = v_0; \quad \dot{s}(t = t_1) = v_0 \quad \text{(Bild 216)}$$

Weg:

$$s(t) = v_0 t + s_0; \quad s(t = t_1) = v_0 t_1 + s_0 \quad \text{(Bild 217)}$$

$v_0 t_1$ ist dabei die „Fläche" A im Geschwindigkeits-Zeit-Diagramm (Bild 216).

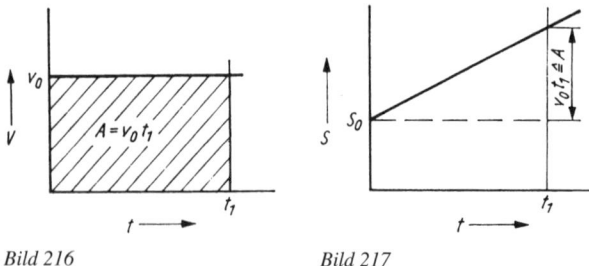

Bild 216   Bild 217

7.1.2 Gleichmäßig beschleunigte Bewegung

Bei der gleichmäßig beschleunigten Bewegung hat die Beschleunigung immer einen konstanten Wert ($\ddot{s}$ = konst.).

Es gilt:

Beschleunigung:

$$\ddot{s}(t) = \text{konst.} = a_0; \quad \ddot{s}(t = t_1) = a_0 \qquad \text{(Bild 218)}$$

Geschwindigkeit:

$$\dot{s}(t) = a_0 t + v_0; \quad \dot{s}(t = t_1) = a_0 t_1 + v_0 \qquad \text{(Bild 219)}$$

$a_0 t_1$ ist dabei die „Fläche" A_1 im Beschleunigungs-Zeit-Diagramm (Bild 218).

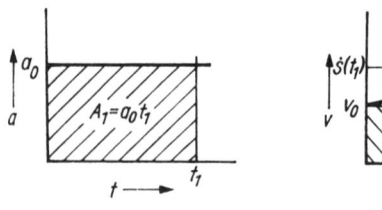

Bild 218   Bild 219

▶ *Bemerkung*: Die Fläche A_1 im Beschleunigungs-Zeit-Diagramm entspricht der Geschwindigkeit zur Zeit t_1, die durch a_0 hervorgerufen wird. Um den Wert der Geschwindigkeit zu erhalten, muß dazu die Anfangsgeschwindigkeit v_0 addiert werden.

Weg:

$$s(t) = \frac{a_0 t^2}{2} + v_0 t + s_0$$

$$s(t = t_1) = \frac{a_0 t_1^2}{2} + v_0 t_1 + s_0 \qquad \text{(Bild 220)}$$

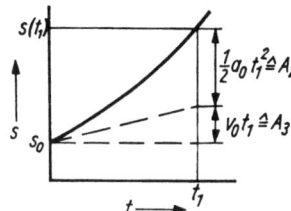

Bild 220

Die Größen $a_0 t_1^2/2$ und $v_0 t_1$ entsprechen dabei den „Flächen" A_2 und A_3 im Geschwindigkeits-Zeit-Diagramm (Bild 219).

7.1.3 Ungleichmäßig beschleunigte Bewegung

Je nach der Art der funktionalen Abhängigkeit werden im folgenden die jeweiligen Zusammenhänge behandelt.

$a = a(t)$: Die Beschleunigung ist Funktion der Zeit.

Mit den Anfangsbedingungen $t = 0$: $s = s_0$ und $\dot{s} = v_0$ ergibt sich aus

$$\mathrm{d}v = a(t)\,\mathrm{d}t$$

nach der Integration dieser Dgl.

$$\int\limits_{v_0}^{v(t)} \mathrm{d}v^* = \int\limits_0^t a(t^*)\,\mathrm{d}t^* \quad \text{oder} \quad v(t) = v_0 + \int\limits_0^t a(t^*)\,\mathrm{d}t^*$$

Nach nochmaliger Integration ergeben sich die Beziehungen für den Weg

$$s(t) = s_0 + v_0 t + \int\limits_0^t \left[\int\limits_0^{t^*} a(\bar{t})\,\mathrm{d}\bar{t}\right]\,\mathrm{d}t^*$$

Aus

$$\mathrm{d}s = v(t)\,\mathrm{d}t$$

folgt nach der Integration eine weitere Beziehung für den Weg

$$s(t) = s_0 + \int\limits_0^t v(t^*)\,\mathrm{d}t^*$$

$a = a(s)$: Die Beschleunigung ist Funktion des Weges.

Wegen

$$a = \frac{\mathrm{d}v}{\mathrm{d}t} = \frac{\mathrm{d}v}{\mathrm{d}s} \cdot \frac{\mathrm{d}s}{\mathrm{d}t} = v \cdot \frac{\mathrm{d}v}{\mathrm{d}s}$$

ergibt sich

$$v\,\mathrm{d}v = a(s)\,\mathrm{d}s$$

als die *zeitfreie Differentialgleichung* der Bewegung. In einer anderen Form lautet sie:

$$a(s)\,\mathrm{d}s = \mathrm{d}(v^2)/2$$

Die Integration der zeitfreien Dgl. ergibt

$$\int\limits_{v_0}^{v(s)} v^*\,\mathrm{d}v^* = \int\limits_{s_0}^{s} a(s^*)\,\mathrm{d}s^* \quad \text{oder} \quad v^2(s) = v_0^2 + 2\int\limits_{s_0}^{s} a(s^*)\,\mathrm{d}s^*$$

Eine *Zeit-Weg-Beziehung* ergibt sich bei Benutzung von

$$v = \frac{\mathrm{d}s}{\mathrm{d}t} \quad \text{bzw.} \quad \mathrm{d}t = \frac{\mathrm{d}s}{v(s)}$$

Das liefert mit $t_0 = 0$:

$$t(s) = \int\limits_{s_0}^{s} \frac{\mathrm{d}s^*}{v(s^*)}$$

$a = a(v)$: Die Beschleunigung ist Funktion der Geschwindigkeit.

Aus der Beziehung

$$a = \frac{\mathrm{d}v}{\mathrm{d}t} \quad \text{bzw.} \quad \mathrm{d}t = \frac{\mathrm{d}v}{a(v)}$$

ergibt sich durch Integration eine *Zeit-Geschwindigkeits-Beziehung* ($t_0 = 0$ gesetzt):

$$t(v) = \int\limits_{v_0}^{v} \frac{\mathrm{d}v^*}{a(v^*)}$$

Daraus folgt, indem die zeitfreie Dgl. eingesetzt wird, eine *Weg-Geschwindigkeits-Beziehung*

$$\mathrm{d}s = \frac{v\,\mathrm{d}v}{a(v)} \Rightarrow \int\limits_{s_0}^{s} \mathrm{d}s^* = \int\limits_{v_0}^{v} \frac{v^*\,\mathrm{d}v^*}{a(v^*)} \quad \text{oder} \quad s(v) = s_0 + \int\limits_{v_0}^{v} \frac{v^*\,\mathrm{d}v^*}{a(v^*)}$$

Eine Zusammenfassung der Ergebnisse dieses Abschnittes gibt *Anlage A 23*. Diese Tabelle gibt gleichzeitig Hinweise für die Durchführung von Rechnungen zur Lösung derartiger Aufgaben.

Wenn die Verläufe einzelner kinematischer Größen in Form von Bewegungsdiagrammen gegeben sind, können die anderen noch unbekannten kinematischen Größen auch durch numerische Differentiation bzw. Integration gewonnen werden.

7.1.4   Beispiel zur geradlinigen Bewegung

Landläufig wird dem Kraftfahrer empfohlen, einen Abstand zum vor ihm fahrenden Fahrzeug einzuhalten, der dem Stand des Tachometers, der die Geschwindigkeit in km/h anzeigt, in Meter ausgedrückt, entspricht.

Welche konstant vorausgesetzte Beschleunigung beim Bremsen ist nötig, um in einem diesem Abstand entsprechenden Bremsweg zum Anhalten zu kommen? Als Geschwindigkeitswerte werden 30, 50, 80, 100 und 120 km/h angenommen.

Lösung:

Für gleichmäßig beschleunigte Bewegung ($a(t) = $ konst.) gelten die Beziehungen

$$\dot{s}(t) = v_0 + a_0 t \tag{1}$$

$$s(t) = s_0 + v_0 t + \frac{1}{2} a_0 t^2 \tag{2}$$

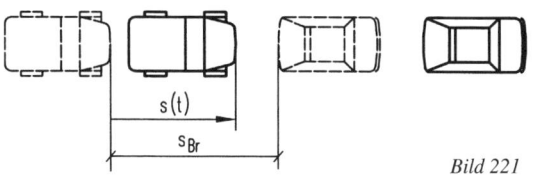

Bild 221

Wird der Bremsbeginn dem Zeitpunkt $t = 0$ (in Bild 221 gestrichelt dargestellt) und dem Koordinaten-Nullpunkt ($s = 0$) zugeordnet, so folgt daraus sofort $s_0 = 0$. Aus der Bedingung, daß zum Zeitpunkt $t = t_{Br}$ das Fahrzeug zum Stillstand gekommen sein soll, resultiert eine Beziehung zwischen v_0, a_0 und t_{Br}:

$$v(t = t_{Br}) = v_0 + a_0 t_{Br} \overset{!}{=} 0 \quad \Rightarrow t_{Br} = -\frac{v_0}{a_0} \tag{3}$$

Für den Anhalte- oder Bremsweg ergibt sich damit

$$s_{Br} = v_0 t_{Br} + \frac{1}{2} a_0 t_{Br}^2 = -\frac{v_0^2}{2a_0} \tag{4}$$

Diese Beziehung nach a_0 umgestellt, liefert:

$$a_0 = -\frac{v_0^2}{2s_{Br}} \tag{5}$$

Aus (3) ließe sich damit die erforderliche Bremszeit bestimmen, was der Leser bei Bedarf selbst vornehmen möge.

Für das Geschwindigkeits-Zeit-Diagramm erhält man den in Bild 222 gezeigten Verlauf [$v(t) = v_0 \left(1 - \frac{v_0 t}{2s_{Br}} \right)$].

Mit Gl. (5) werden die erforderlichen Bremsbeschleunigungen (Verzögerungen) berechnet.

v_0 in km/h	s_{Br} in m	a_0 ($g = 9{,}81$ m/s^2) in m/s^2
30	30	$-1{,}156 = -0{,}12g$
50	50	$-1{,}929 = -0{,}197g$
80	80	$-3{,}085 = -0{,}314g$
100	100	$-3{,}859 = -0{,}393g$
120	120	$-4{,}637 = -0{,}473g$

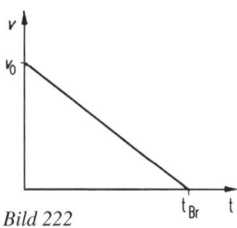

Bild 222

7

Vorgaben für Bremsanlagen:

Als Mindestbeschleunigung wird für eine Bremsanlage $a_{min} = -0{,}4g$ angenommen. Bei guter Bremsanlage und trockener, griffiger Straße kann ein Wert von $a_{max} = -0{,}8g$ erreicht werden. Wie sind bei diesen Beschleunigungswerten für die vorgegebenen Fahrgeschwindigkeiten die Bremswege?

Die Gl. (5) wird umgestellt.

$$s_{Br} = -\frac{v_0^2}{2a} \tag{6}$$

Die Bremswege errechnen sich zu

v_0 in km/h	s_{Br} in m bei $a_{min} = 0{,}4g$	$a_{max} = -0{,}8g$
30	8,85	4,42
50	24,58	12,29
80	62,92	31,46
100	98,32	49,16
120	141,58	70,79

Nach diesen Bremswegen wird das Kraftfahrzeug zum Stehen kommen. Bei einem Zustand der Bremsanlage und der Fahrbahn, die einen Beschleunigungswert von $-0{,}4g$ bringen, stimmt die „Tacho-Regel" in Bereichen der Fahrgeschwindigkeit, die den Reisegeschwindigkeiten entsprechen. Es läßt sich errechnen, daß für 101,5 km/h Fahrgeschwindigkeit der Bremsweg den gleichen „Wert" von 101,5 m (bei $a_{min} = -0{,}4g$) hat. Bei guter Fahrbahn und guter Bremsanlage ($a_{max} = -0{,}8g$) ist eine Gleichheit dieser „Werte" erst bei 203,1 km/h erreicht. Daraus ist zu ersehen, welche Rolle dieser technisch gute Zustand der Bremsanlage (d. h. aber auch der Reifen) und die Beachtung der Fahrbahnverhältnisse spielen.

Um den tatsächlichen Verhältnissen nahezukommen, ist die „Schrecksekunde", d. h. 1 s Reaktionszeit, bevor der Fahrer bei Wahrnehmung eines Hindernisses reagiert, zu berücksichtigen.

Wie ändern sich dadurch die Diagramme und die errechneten Werte?

Die Bilder 223 und 224 zeigen die veränderten Diagramme. Sie sind gegenüber Bild 222 in Richtung der Zeitachse verschoben.

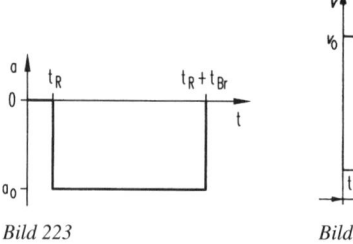

Bild 223

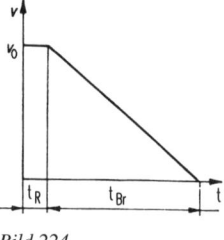

Bild 224

Beim Geschwindigkeits-Zeit-Diagramm stellt sich der Bewegungszustand während der „Schrecksekunde" als gleichförmige Bewegung dar. Zur Berechnung des Bremsweges wird der Zusammenhang zwischen „Fläche" unter der Kurve und Bewegungszustand benutzt. Der gesamte Anhalteweg s_A entspricht für $0 \leqq t \leqq t_R + t_{Br}$ der Fläche unter dem Geschwindigkeits-Zeit-Diagramm:

$$s_A = v_0 t_R + \frac{1}{2} v_0 t_{Br} \tag{7}$$

mit t_R als Reaktionszeit, für die üblicherweise der Wert $t_R = 1$ s benutzt wird.

Aus dem Beschleunigungs-Zeit-Diagramm ergibt sich die Geschwindigkeit

$$v(t) = \begin{cases} v_0; & 0 \leqq t \leqq t_R \\ v_0 + a_0 \cdot (t - t_R); & t_R \leqq t \leqq t_R + t_{Br} \end{cases} \tag{8}$$

Aus der Bedingung $v(t = t_R + t_{Br}) = 0$ folgt

$$t_{Br} = -\frac{v_0}{a_0} \tag{9}$$

Der Wert für die Bremszeit t_{Br} (9) wird in (7) eingesetzt.

$$s_A = s_R + s_{Br} = v_0 t_R - \frac{v_0^2}{2a_0} \tag{10}$$

Gegenüber Gl. (6) hat sich die Beziehung (10) um das Glied $v_0 t_R$ erweitert, das die Einbeziehung des in der Reaktionszeit zurückgelegten Weges enthält.

Die Anhaltewege verändern sich wie folgt:

v_0 in km/h	$s_R = v_0 t_R$ in m	$s_A = s_R + s_{Br}$ in m	
		$a_{min} = -0{,}4g$	$a_{max} = -0{,}8g$
30	8,33	17,18	12,76
50	13,89	38,47	26,18
80	22,22	85,15	53,68
100	27,78	126,10	76,94
120	33,33	174,91	104,12

Auch die Werte, bei denen der absolute Zahlenwert der Fahrgeschwindigkeit in km/h mit dem des Anhalteweges in m übereinstimmt, ändern sich.

Es ergeben sich

bei $a_{min} = -0{,}4g$: $v_0 = 73{,}32$ km/h

bei $a_{max} = -0{,}8g$: $v_0 = 146{,}64$ km/h

Der bisher berechnete Brems- bzw. Anhalteweg entspricht aber nicht dem *Sicherheitsabstand*. Der Sicherheitsabstand kann kleiner sein als der Anhalteweg bzw. Bremsweg, da der Vordermann nur in äußerst seltenen Fällen (Frontalzusammenstoß, Auffahren auf Brückenpfeiler u. ä.) ruckartig stehenbleibt. Er ist aber so zu bemessen, daß auch bei einer unerwarteten Vollbremsung des Vordermannes ein Auffahrunfall vermieden wird. Bremst der Vordermann bis zum Stand und soll das folgende Fahrzeug dicht dahinter zum Stehen kommen, so ist der Anhalteweg des vorn fahrenden Fahrzeuges vom Bremsweg des folgenden Fahrzeuges zu subtrahieren. Das ist ein zureichender Sicherheitsabstand. Aus Gln. (10) und (6) ergibt sich

$$s_{Si} = v_{02}t_R - \frac{1}{2}\left(\frac{v_{02}^2}{a_{02}} - \frac{v_{01}^2}{a_{01}}\right) \tag{11}$$

(v_{01} Fahrgeschwindigkeit des vorn fahrenden und v_{02} die des hinten fahrenden Fahrzeuges zu Beginn des Bremsens von Fahrzeug *1*) (Bild 225)

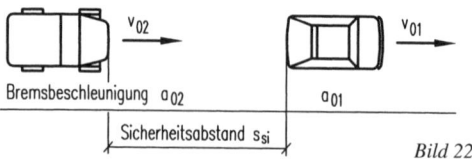

Bild 225

a_{01} und a_{02} sind die Bremsbeschleunigungen, die jedes Fahrzeug erreichen kann. Da der Fahrer zwar seine eigene Fahrgeschwindigkeit kennt, den Wert der Bremsbeschleunigung seines eigenen Fahrzeuges einschätzen kann, jedoch bei der Geschwindigkeit des Vordermannes bereits auf grobe Schätzungen angewiesen ist und den Wert der maximalen Bremsbeschleunigung des Vordermannes nicht kennt, ist das Ganze ein Spiel gegen das Unfallrisiko mit unvollständiger Information. Zu brauchbaren Ergebnissen führt die Voraussetzung, daß Vordermann und eigener Wagen die gleiche Geschwindigkeit haben (gegeben z. B. bei Kolonnenfahrten), d. h.,

$$v_0 = v_{01} = v_{02}, \tag{12}$$

und die Annahme eines Vordermannes mit guten Bremsen und eines Hintermannes mit schlechten Bremsen. Diese Annahme wird durch

$$a_{01} = a_{max} = -0,8g \quad \text{und} \quad a_{02} = a_{min} = -0,4g$$

realisiert. Dann wird aus (11)

$$s_{Si} = v_0t_R - \frac{v_0^2}{2}\left(\frac{1}{a_{min}} - \frac{1}{a_{max}}\right) \tag{13}$$

Mit Gl. (13) werden verschiedene Sicherheitsabstände errechnet, wobei für a_{02} verschiedene Werte eingesetzt werden sollen. Für das vordere Fahrzeug werden gute Bremsbeschleunigungsverhältnisse vorausgesetzt, d. h., $a_{01} = a_{max} = -0,8g$.

Sicherheitsabstand (in m):

v_0 in km/h	$a_{01} = a_{max} = -0,8g$ $a_{02} = a_{min} = -0,4g$	$= -0,5g$	$= -0,6g$	$= -0,7g$
30	$s_{Si} = 12,76$	10,99	9,81	8,97
40	18,98	15,83	13,73	12,24
50	26,18	21,26	17,99	15,64
60	34,36	27,29	22,57	19,19
70	43,53	33,90	27,47	22,89
80	53,68	41,10	32,71	26,72
90	64,82	48,89	38,27	30,69
100	76,94	57,27	44,16	34,80
120	104,12	75,81	56,93	43,45

Fahrzeugdurchsatz in einer Stunde

Es soll der Fahrzeugdurchsatz $n/\Delta T$ (Fahrzeuge/h) je Fahrspur für verschiedene Fahrgeschwindigkeiten berechnet werden. Angenommen wird Kolonnenfahrt (alle Fahrzeuge haben die gleiche Geschwindigkeit) und Einhalten des notwendigen Sicherheitsabstandes. Zur Berechnung des Sicherheitsabstandes nach Gl. (13) gilt, daß für das vordere Fahrzeug eine Bremsbeschleunigung von $a_{max} = -0,8g$ angenommen wird. Das Folgefahrzeug besitzt eine Bremsbeschleunigung a_{min}. Die Bremsbeschleunigung a_{min} variiert ($a_{min} = -0,4g, -0,5g, -0,6g, -0,7g$). Die durchschnittliche Fahrzeuglänge beträgt $l = 5$ m.

Lösung:

Ein Fahrzeug benötigt einen Raum, der aus durchschnittlicher Fahrzeuglänge und Sicherheitsabstand gebildet wird.

$$s_F = l + s_{Si} \tag{14}$$

Fahren alle mit konstanter Geschwindigkeit v_0, so stellt ein am Straßenrand stehender Beobachter die Zeitdifferenz

$$\Delta t = \frac{s_F}{v_0} \tag{15}$$

für die Aufeinanderfolge zweier Fahrzeuge fest, d. h., es muß $n \cdot \Delta t = \Delta T$ gelten. Daraus folgt

$$\frac{n}{\Delta T} = \frac{1}{\Delta t} = \frac{v_0}{s_F(v_0)} \tag{16}$$

Mit den vorgegebenen Werten ergeben sich Tabelle und Diagramm Bild 226.

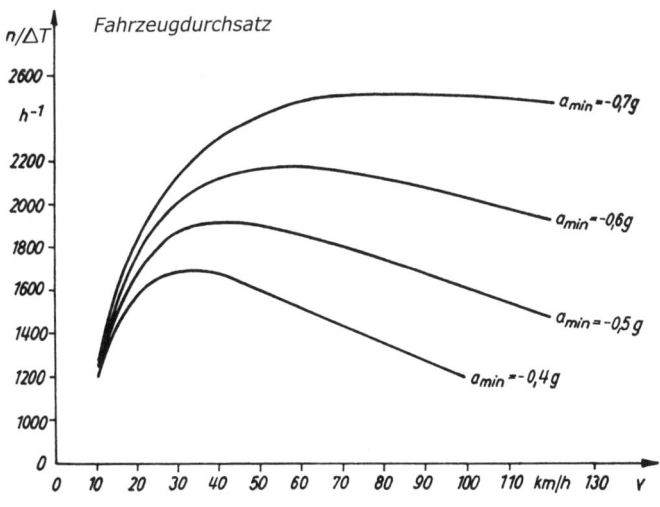

Bild 226

Fahrzeugdurchsatz $n/\Delta T$:

v_0 in km/h	$a_{min} = -0{,}4g$	$= -0{,}5g$	$= -0{,}6g$	$= -0{,}7g$
10	1 209	1 238	1 259	1 274
20	1 597	1 704	1 783	1 845
30	1 689	1 876	2 025	2 148
35	1 687	1 908	2 092	2 246
40	1 668	1 920	2 135	2 320
45	1 639	1 917	2 161	2 378
50	1 603	1 903	2 175	2 421
55	1 564	1 883	2 179	2 455
60	1 524	1 858	2 176	2 479
70	1 442	1 799	2 155	2 510
75	1 402	1 767	2 139	2 518
80	1 363	1 735	2 121	2 522
85	1 325	1 702	2 101	2 523
90	1 289	1 670	2 079	2 521
95	1 254	1 637	2 057	2 518
100	1 220	1 605	2 033	2 512
110	1 157	1 543	1 986	2 496
120	1 099	1 485	1 937	2 476

Die Tabelle und die Diagramme zeigen, daß der Fahrzeugdurchsatz einen maximalen Wert hat. Da mit besseren Bremsverhältnissen (größerer absoluter Wert von a_{min}) der Sicherheitsabstand kleiner wird, wird ebenso der Fahrzeugdurchsatz größer. Gute Bremsverhältnisse (etwa $a_{min} = -0{,}6g$) vorausgesetzt, ergeben sich für etwa 60 km/h Fahrgeschwindigkeit die besten Werte für den Fahrzeugdurchsatz. Das hat für den Planer von Straßen große Bedeutung, denn bei Fahrgeschwindigkeiten, die weit vom Maximum des Fahrzeugdurchsatzes entfernt sind, ist die Stauanfälligkeit und die Gefahr von Auffahrunfällen größer.

7.2   Krummlinige Bewegung

Bewegungen werden durch Vektoren beschrieben. Je nach verwendetem Koordinatensystem werden die entsprechenden Einheitsvektoren zu Grunde gelegt.

7.2.1   Darstellung in kartesischen Koordinaten

Dem Bahnpunkt P (Bild 208) sind Ortsvektor r, Geschwindigkeitsvektor v und Beschleunigungsvektor a zugeordnet.

Bei Nutzung kartesischer Koordinaten ist es in vielen Fällen vorteilhaft, einen Vektor mittels seiner Koordinaten als Spaltenmatrix zu schreiben, d. h. auf die explizite Angabe der Einheitsvektoren i, j, k zu verzichten. Die Nutzung der

Matrixalgebra (s. z. B. /4/, /38/) gestattet eine übersichtliche Darstellung und zeigt unmittelbar, wie bestimmte Rechenvorschriften koordinatenweise auszuwerten sind.

Ortsvektor:

$$\boldsymbol{r} = \boldsymbol{i}x + \boldsymbol{j}y + \boldsymbol{k}z = \begin{pmatrix} x \\ y \\ z \end{pmatrix} = (x, y, z)^{\mathrm{T}}$$

Geschwindigkeitsvektor:

$$\boldsymbol{v} = \frac{\mathrm{d}\boldsymbol{r}}{\mathrm{d}t} = \boldsymbol{i}\dot{x} + \boldsymbol{j}\dot{y} + \boldsymbol{k}\dot{z} = (\dot{x}, \dot{y}, \dot{z})^{\mathrm{T}}$$

Beschleunigungsvektor:

$$\boldsymbol{a} = \frac{\mathrm{d}^2\boldsymbol{r}}{\mathrm{d}t^2} = \frac{\mathrm{d}\boldsymbol{v}}{\mathrm{d}t} = \boldsymbol{i}\ddot{x} + \boldsymbol{j}\ddot{y} + \boldsymbol{k}\ddot{z} = (\ddot{x}, \ddot{y}, \ddot{z})^{\mathrm{T}}$$

Die Beträge von Geschwindigkeit und Beschleunigung – für jeden Bahnpunkt errechenbar – sind:

$$|\boldsymbol{v}| = \sqrt{\boldsymbol{v}^{\mathrm{T}}\boldsymbol{v}} = \sqrt{\dot{x}^2 + \dot{y}^2 + \dot{z}^2}; \qquad |\boldsymbol{a}| = \sqrt{\boldsymbol{a}^{\mathrm{T}}\boldsymbol{a}} = \sqrt{\ddot{x}^2 + \ddot{y}^2 + \ddot{z}^2}$$

7

Beispiel: Der schiefe Wurf – Darstellung der krummlinigen Bewegung in kartesischen Koordinaten (Bild 227). Der Luftwiderstand wird vernachlässigt. Der schiefe Wurf wird als ebenes Problem in der y, z-Ebene betrachtet. Demzufolge werden in den Berechnungen Anteile in x-Richtung nicht auftreten.

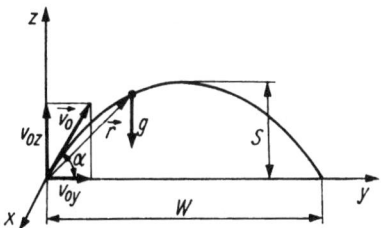

Bild 227

Beim schiefen Wurf wirkt auf den Körper, der als Massenpunkt betrachtet wird, nur die Fallbeschleunigung g. Die Fallbeschleunigung g wirkt in negativer z-Richtung. Anfangsbedingungen sind:

$$\boldsymbol{r}(t = 0) = \boldsymbol{i}0 + \boldsymbol{j}0 + \boldsymbol{k}0 = (0, 0, 0)^{\mathrm{T}} = \boldsymbol{o}$$

$$\boldsymbol{v}(t = 0) = \boldsymbol{v}_0 = \boldsymbol{i}0 + \boldsymbol{j}v_{0y} + \boldsymbol{k}v_{0z} = (0, v_{0y}, v_{0z})^{\mathrm{T}}$$

Für die *Abwurfgeschwindigkeit* v_0 gilt

Absolutbetrag $|\boldsymbol{v}_0| = \sqrt{v_{0y}^2 + v_{0z}^2}$

Geschwindigkeitskomponenten $v_{0y} = v_0 \cos \alpha$; $\quad v_{0z} = v_0 \sin \alpha$

Abwurfwinkel $\tan \alpha = v_{0z}/v_{0y}$

Als *Beschleunigung* des Körpers ergibt sich in Koordinatenschreibweise

$$\boldsymbol{a}(t) = (0, 0, -g)^{\mathrm{T}}$$

Daraus folgt durch Integration nach der Zeit die *Geschwindigkeit*

$$\boldsymbol{v}(t) = (C_1, C_2, C_3 - gt)^{\mathrm{T}}$$

mit C_1, C_2, C_3 als Integrationskonstanten, die mit den Anfangsbedingungen zu

$$C_1 = 0, \quad C_2 = v_{0y} \quad \text{und} \quad C_3 = v_{0z}$$

bestimmt werden. Damit lautet die Beziehung für die *Geschwindigkeit*

$$\boldsymbol{v}(t) = (\dot{x}(t), \dot{y}(t), \dot{z}(t))^{\mathrm{T}} = (0, v_{0y}, v_{0z} - gt)^{\mathrm{T}}$$

Die Geschwindigkeit integriert, ergibt den Weg:

$$\boldsymbol{r}(t) = \left(C_4, v_{0y}t + C_5, v_{0z}t - \frac{gt^2}{2} + C_6 \right)^{\mathrm{T}}$$

Die Integrationskonstanten C_4, C_5, C_6 errechnen sich aus den Anfangsbedingungen zu

$$C_4 = C_5 = C_6 = 0$$

Also lautet die Beziehung für den Ort:

$$\boldsymbol{r}(t) = (x(t), y(t), z(t))^{\mathrm{T}} = \left(0, v_{0y}t, v_{0z}t - \frac{gt^2}{2} \right)^{\mathrm{T}}$$

Damit sind die Beziehungen für die kinematischen Größen Beschleunigung, Geschwindigkeit und Ort beim schiefen Wurf als Abhängige von der Zeit ermittelt.

Aus der Bedingung $\dot{z}(t = T_1) = 0$ errechnet sich die *Steigdauer* T_1 zu

$$0 = v_{0z} - gT_1 \quad \Rightarrow \quad T_1 = v_{0z}/g$$

Mit der Steigdauer T_1 ergibt sich aus der Wegbeziehung $z(T_1)$ die *Steighöhe* S

$$S = z(t = T_1) = v_{0z}T_1 - \frac{gT_1^2}{2} \quad \Rightarrow \quad S = \frac{v_{0z}^2}{2g}$$

Aus der Bedingung $z(t = T_2) = 0$ errechnet sich die *Wurfzeit* T_2 zu

$$0 = v_{0z}T_2 - \frac{gT_2^2}{2} \quad \Rightarrow \quad T_2 = \frac{2v_{0z}}{g}$$

Mit der Wurfzeit T_2 ergibt sich aus der Beziehung $y(t = T_2)$ die *Wurfweite* W

$$W = y(t = T_2) = v_{0y}T_2 \quad \Rightarrow \quad W = \frac{2v_{0y}v_{0z}}{g} = \frac{v_0^2 \sin 2\alpha}{g}$$

Die Wurfbahn kann als Funktion $z = z(y)$ – als *Wurfparabel* – dargestellt werden, wenn die Beziehung für die y-Komponente $y = v_{0y}t$ des Weges nach der Zeit t aufgelöst wird ($t = y/v_{0y}$) und in die Beziehung für die z-Komponente des Ortes $z = v_{0z}t - (gt^2)/2$ eingesetzt wird. Es ergibt sich:

$$z = y \tan \alpha - \frac{y^2 g}{2v_{0y}^2}$$

Beispiel: Ein Sportler wirft einen Schlagball mit einer Anfangsgeschwindigkeit v_0. Unter welchem Winkel α muß er werfen, um eine maximale Wurfweite zu erzielen? Wie groß muß die Abwurfgeschwindigkeit sein, um 100 m weit zu werfen? Wie verändern sich die Beziehungen, wenn horizontal eine aus einer Widerstandskraft (z. B. Luftwiderstand infolge Gegenwind) resultierende Beschleunigung $a_x = -\gamma g$ wirkt? Wie verändern unterschiedliche Werte des Faktors γ ($\gamma = 0{,}5$; 1; 1,5) die Wurfweite, wenn die für $\gamma = 0$ berechnete Abwurfgeschwindigkeit beibehalten wird und unter dem Winkel, der maximale Wurfweiten bringt, geworfen wird?

Lösung:

Die Beziehung für die Wurfweite $W = v_0^2 \sin 2\alpha / g$ wird differenziert, um den *Winkel* für die maximale Wurfweite zu berechnen.

$$\frac{\mathrm{d}W}{\mathrm{d}\alpha} = \frac{2v_0^2 \cos 2\alpha}{g} = 0 \qquad \text{(für Extremwert)}$$

Daraus folgt: $0 = \cos 2\alpha$ mit $2\alpha = \pi/2$; $3\pi/2$ oder $\alpha = \pi/4$; $\alpha = 3\pi/4$

Maximale Wurfweite wird für Abwurfwinkel von 45° bzw. 135° erzielt. Die für 100 m Wurfweite erforderliche Abwurfgeschwindigkeit ergibt sich damit zu:

$$v_0 = \sqrt{\frac{100\ \mathrm{m} \cdot 9{,}81\ \mathrm{m}}{\mathrm{s}^2 \cdot \sin(\pi/2)}} \approx 31{,}32\ \frac{\mathrm{m}}{\mathrm{s}}$$

Bei Berücksichtigung der durch Gegenwind verursachten Horizontalbeschleunigung ändern sich die Verhältnisse. Im Bild 228 ist die horizontal wirkende Beschleunigung γg zusätzlich zur Fallbeschleunigung eingetragen.

7

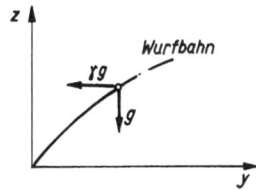

Bild 228

Die auf den Ball wirkende *Beschleunigung* $\boldsymbol{a}$ ist jetzt

$$\boldsymbol{a}(t) = (0,\ -\gamma g,\ -g)^{\mathrm{T}} \tag{1}$$

Integriert ergibt sich die *Geschwindigkeit*

$$\boldsymbol{v}(t) = (C_1,\ C_2 - \gamma g t,\ C_3 - g t)^{\mathrm{T}} \tag{2}$$

Mit den bekannten, von Null verschiedenen Komponenten der Abwurfgeschwindigkeit $\boldsymbol{v}_0$ werden die Integrationskonstanten C_1, C_2, C_3 berechnet.

Anfangsbedingung ist

$$\boldsymbol{v}(t = 0) = (0,\ v_{0y},\ v_{0z})^{\mathrm{T}} \tag{3}$$

Gl. (3) wird in (2) eingesetzt

$$(0,\ v_{0y},\ v_{0z})^{\mathrm{T}} = (C_1,\ C_2,\ C_3)^{\mathrm{T}} \tag{4}$$

Aus dem Vergleich folgt

$$C_1 = 0, \quad C_2 = v_{0y}, \quad C_3 = v_{0z} \tag{5}$$

Damit wird (2) zu

$$\boldsymbol{v}(t) = (\dot{x}(t),\ \dot{y}(t),\ \dot{z}(t))^{\mathrm{T}} = (0,\ v_{0y} - \gamma g t,\ v_{0z} - g t)^{\mathrm{T}} \tag{6}$$

Gl. (6) integriert, ergibt die Beziehung für den *Ort*

$$\boldsymbol{r}(t) = \left(C_4, C_5 + v_{0y}t - \frac{1}{2}\gamma g t^2, C_6 + v_{0z}t - \frac{1}{2}g t^2 \right)^{\mathrm{T}} \tag{7}$$

Aus $\boldsymbol{r}(t = 0) = \boldsymbol{o}$ ergeben sich die Integrationskonstanten zu $C_4 = C_5 = C_6 = 0$. Damit lauten die Zeitfunktionen für die einzelnen Koordinaten

$$x(t) = 0 \tag{8}$$

$$y(t) = v_{0y}t - \frac{\gamma g}{2}t^2 \tag{9}$$

$$z(t) = v_{0z}t - \frac{g}{2}t^2 \tag{10}$$

Die Beziehungen (8), (9) und (10) sind die veränderten Beziehungen bei Berücksichtigung des Luftwiderstandes.

Aus der Bedingung $z(t = T) = 0$ ergibt sich die Wurfzeit $T > 0$

$$0 = v_{0z}T - \frac{g}{2}T^2 \quad \text{bzw.} \quad T = \frac{2v_{0z}}{g} \tag{11}$$

Die Wurfzeit T wird in (9) eingesetzt:

$$y(t = T) = W = \frac{2v_{0y}v_{0z}}{g} - \frac{2\gamma v_{0z}^2}{g}$$

oder mit

$$v_{0y} = v_0 \cos \alpha$$
$$v_{0z} = v_0 \sin \alpha$$

ergibt sich die *Wurfweite W*

$$W = \frac{v_0^2}{g}(\sin 2\alpha - 2\gamma \sin^2 \alpha) \tag{12}$$

Zur Berechnung des *Winkels für die maximale Wurfweite* wird (12) abgeleitet:

$$\left. \frac{\mathrm{d}W}{\mathrm{d}\alpha} \right|_{\alpha = \alpha^*} = \frac{v_0^2}{g}(2\cos 2\alpha^* - 2\gamma \cdot 2\sin \alpha^* \cos \alpha^*) \overset{!}{=} 0 \tag{13}$$

Daraus folgt

$$\alpha^* = \frac{1}{2}\arctan\left(\frac{1}{\gamma}\right) \tag{14}$$

Die Berechnungsergebnisse sind für $v_0^2 = 981 \ (\mathrm{m/s})^2$ in der folgenden Tabelle zusammengefaßt bzw. in Bild 229 grafisch dargestellt.

γ	α^*	$W_{\max} = W(\alpha = \alpha^*)$
0	45°	100 m
0,5	31,717 5°	61,80 m
1	22,5°	41,42 m
1,5	16,845°	30,28 m

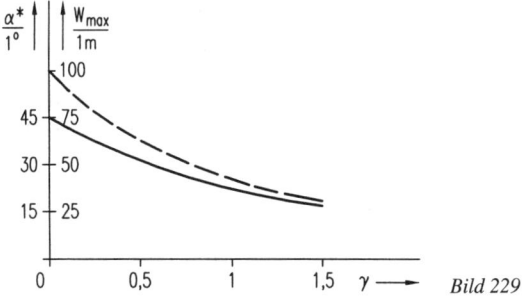

Bild 229

7.2.2 Darstellung in Zylinderkoordinaten

Bei der Nutzung krummliniger Koordinaten ist generell zu beachten, daß die entsprechenden Einheitsvektoren ihre Richtung im Raum (bez. eines raumfesten Systems) ändern können, also zeitabhängig sind. So gelten für die im Bild 209 eingezeichneten, zueinander orthogonalen Einheitsvektoren ($e_R \cdot e_\varphi = e_R \cdot k = e_\varphi \cdot k = 0$) folgende Zusammenhänge:

$$\dot{e}_R = \dot{\varphi} e_\varphi; \quad \dot{e}_\varphi = -\dot{\varphi} e_R; \quad \dot{k} \equiv o$$

Für die Beschreibung der freien Bewegung eines Punktes werden hier der Radius R (Projektion des Ortsvektors r auf die x, y-Ebene), der Winkel φ und die Höhenkoordinate z eingeführt (vgl. Bild 209).

Ortsvektor:

$$r = R \cdot e_R + z \cdot k$$

Geschwindigkeitsvektor:

$$v = \dot{r} = \dot{R} e_R + R \dot{e}_R + \dot{z} k = \dot{R} e_R + R \dot{\varphi} e_\varphi + \dot{z} k$$

Die Geschwindigkeitskomponenten in Richtung der Koordinaten sind damit:

$$v_R = \dot{R}; \quad v_\varphi = R \dot{\varphi}; \quad v_z = \dot{z}$$

Beschleunigungsvektor:

$$a = \dot{v} = \ddot{r} = \ddot{R} e_R + \dot{R} \dot{e}_R + (\dot{R} \dot{\varphi} + R \ddot{\varphi}) e_\varphi + R \dot{\varphi} \dot{e}_\varphi + \ddot{z} k$$
$$= (\ddot{R} - R \dot{\varphi}^2) e_R + (R \ddot{\varphi} + 2 \dot{R} \dot{\varphi}) e_\varphi + \ddot{z} k$$

Die Komponenten der Beschleunigung in Koordinatenrichtung sind:

$$a_R = \ddot{R} - R \dot{\varphi}^2; \quad a_\varphi = R \ddot{\varphi} + 2 \dot{R} \dot{\varphi}; \quad a_z = \ddot{z}$$

Gilt $z \equiv$ konst. (d. h., $\dot{z} \equiv 0$ und $\ddot{z} \equiv 0$), so beschreiben die angegebenen Formeln die ebene Bewegung in Polarkoordinaten (vgl. Abschn. 7.3).

7.3   Gezwungene Bewegung eines Punktes

Wird ein Punkt auf einer vorgegebenen Bahnkurve oder auf einer vorgegebenen Fläche geführt, so reduziert sich der Freiheitsgrad von ursprünglich 3 auf 1 bzw. 2, d. h., die Zahl der voneinander unabhängigen Koordinaten zur Beschreibung der Bewegung wird durch die entsprechenden Zwangsbedingungen verringert.

7.3.1   Bewegung eines Punktes auf gegebener Fläche

Zur Beschreibung der Bewegung können beliebige, hinsichtlich der Form der Fläche möglichst zweckmäßige Koordinaten q_1, q_2 oder z. B. auch Zylinderkoordinaten in der Form R, φ, $z(R,\varphi)$ (vgl. Bild 230 und Abschn. 7.2.2) genutzt werden.

Für den *Ortsvektor* gilt dann:

$$r = i \cdot x(q_1, q_2) + j \cdot y(q_1, q_2) + k \cdot z(q_1, q_2) = R \cdot e_R(\varphi) + k \cdot z(R, \varphi)$$

Geschwindigkeitsvektor:

$$v = \dot{r} = \sum_{i=1}^{2} \left[i\frac{\partial x}{\partial q_i} + j\frac{\partial y}{\partial q_i} + k\frac{\partial z}{\partial q_i} \right] \dot{q}_i$$

$$= \dot{R}e_R + R\dot{\varphi}e_\varphi + k \cdot \left(\frac{\partial z}{\partial R}\dot{R} + \frac{\partial z}{\partial \varphi}\dot{\varphi} \right)$$

Beschleunigungsvektor:

$$a = \dot{v} = \ddot{r} = \sum_{i=1}^{2} \sum_{k=1}^{2} \left[i\frac{\partial^2 x}{\partial q_i \partial q_k} + j\frac{\partial^2 y}{\partial q_i \partial q_k} + k\frac{\partial^2 z}{\partial q_i \partial q_k} \right] \dot{q}_i \dot{q}_k$$

$$+ \sum_{i=1}^{2} \left[i\frac{\partial x}{\partial q_i} + j\frac{\partial y}{\partial q_i} + k\frac{\partial z}{\partial q_i} \right] \ddot{q}_i$$

$$= (\ddot{R} - R\dot{\varphi}^2)e_R + (R\ddot{\varphi} + 2\dot{R}\dot{\varphi})e_\varphi$$

$$+ k \left(\frac{\partial z}{\partial R}\ddot{R} + \frac{\partial z}{\partial \varphi}\ddot{\varphi} + \frac{\partial^2 z}{\partial R^2}\dot{R}^2 + 2\frac{\partial^2 z}{\partial R \partial \varphi}\dot{R}\dot{\varphi} + \frac{\partial^2 z}{\partial \varphi^2}\dot{\varphi}^2 \right)$$

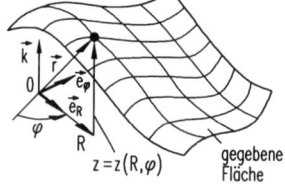

$$z = z(R,\varphi)$$ gegebene Fläche   *Bild 230*

Für $z \equiv$ konst. (d. h., alle partiellen Ableitungen von z sind identisch Null) liegt ebene Bewegung vor.

7.3.2 Bewegung auf gegebener Bahnkurve

Die Beschreibung der Bewegung erfolgt zweckmäßigerweise mit der Bahn-koordinate s, deren Nullpunkt und positive Richtung auf der Kurve zu de-finieren ist (vgl. Bild 231). Hierbei ist es sinnvoll, das sogenannte „beglei-tende Dreibein" (natürliche Koordinaten) mit seinen zueinander orthogona-len Einheitsvektoren (Tangenteneinheitsvektor $e_t(s)$, Normaleneinheitsvektor $e_n(s)$, Binormaleneinheitsvektor $e_b(s)$) zu Grunde zu legen. Zwischen ihnen be-stehen die *Frenet*schen Beziehungen der Differentialgeometrie. Für die Kine-matik des Punktes ist jedoch nur eine dieser Relationen relevant. Wird mit $\varrho(s)$ der Krümmungsradius der Kurve bezeichnet, so gilt

$$\dot{e}_t = \frac{\dot{s}}{\varrho(s)} e_n$$

Im folgenden werden die Formeln sowohl in Verbindung mit den kartesischen Koordinaten x, y, z als auch bezüglich der natürlichen Koordinaten als Funk-tion der Bahnkoordinate s angegeben, woraus bei Bedarf auch auf ihren ge-genseitigen Zusammenhang geschlossen werden kann.

Ortsvektor:

$$r = r(s) = i x(s) + j y(s) + k z(s)$$

(Parameterdarstellung der räumlichen Bahnkurve)

Geschwindigkeitsvektor:

$$v = \dot{r} = \frac{dr}{ds}\dot{s} = \left(i\frac{dx}{ds} + j\frac{dy}{ds} + k\frac{dz}{ds}\right)\dot{s} = e_t(s)\cdot\dot{s} = e_t(s)\cdot v$$

Die Bahngeschwindigkeit ist damit:

$$v = \dot{s}$$

Beschleunigungsvektor:

$$a = \dot{v} = \ddot{r} = \frac{d^2 r}{ds^2}\dot{s}^2 + \frac{dr}{ds}\ddot{s}$$

$$= \left(i\frac{d^2 x}{ds^2} + j\frac{d^2 y}{ds^2} + k\frac{d^2 z}{ds^2}\right)\dot{s}^2 + \left(i\frac{dx}{ds} + j\frac{dy}{ds} + k\frac{dz}{ds}\right)\ddot{s}$$

$$= e_n(s)\frac{\dot{s}^2}{\varrho(s)} + e_t(s)\cdot\ddot{s} = e_n(s)\cdot a_n + e_t(s)\cdot a_t$$

Tangential- und Normalbeschleunigung sind demnach:

$$a_t = \dot{v} = \ddot{s}; \qquad a_n = \frac{v^2}{\varrho} \geqq 0$$

Ein wichtiger Sonderfall der an eine vorgegebene Bahnkurve gebundenen Be-wegung liegt vor, wenn sie auf einer ebenen Kreisbahn mit dem konstanten Radius R_0 erfolgt.

7

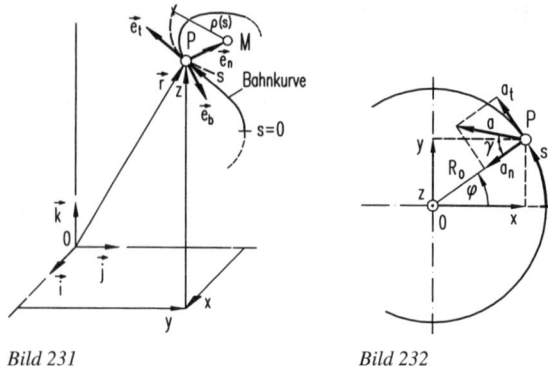

Bild 231   Bild 232

Definiert man das Koordinatensystem so, daß die durch die Kreisbahn aufgespannte Ebene eine Ebene $z \equiv$ konst. ist, weiterhin die Bahnkoordinate s ihren Nullpunkt bei $\varphi = 0$ hat und ihre positive Richtung mit der des Winkels
φ übereinstimmt (vgl. Bild 232), so gilt:

$$s = R_0\varphi; \quad e_t = e_\varphi; \quad e_n = -e_R; \quad \varrho = R_0$$

Damit berechnen sich Geschwindigkeit und Beschleunigung der *Kreisbewegung* zu:

$$v = R_0\dot{\varphi}e_\varphi = \dot{s}e_t;$$
$$a = -R_0\dot{\varphi}^2e_R + R_0\ddot{\varphi}e_\varphi = R_0\dot{\varphi}^2e_n + R_0\ddot{\varphi}e_t$$

Für die Bahngeschwindigkeit erhält man also:

$$v = \dot{s} = R_0\dot{\varphi} = R_0\omega$$
$$(\omega = \dot{\varphi} = \frac{d\varphi}{dt} \dots \text{Winkelgeschwindigkeit})$$

Die Beschleunigungskomponenten sind:

Normal- bzw. Radialbeschleunigung: $a_n = -a_R = R_0\dot{\varphi}^2 = \dfrac{v^2}{R_0}$

Tangentialbeschleunigung: $a_t = a_\varphi = \ddot{s} = R_0\ddot{\varphi} = R_0\dot{\omega} = R_0\alpha$

Betrag der Beschleunigung: $|a| = \sqrt{a_n^2 + a_t^2} = \sqrt{a_R^2 + a_\varphi^2}$

Als Winkelbeschleunigung ergibt sich:

$$\alpha = \dot{\omega} = \ddot{\varphi}$$

Der Beschleunigungsvektor schließt mit dem Radiusstrahl den Winkel γ ein
(Bild 232). Er errechnet sich aus

$$\tan\gamma = \frac{a_t}{a_n}$$

Handelt es sich insbesondere um eine *gleichförmige Drehbewegung*, so ist wegen $\dot\varphi = \omega = $ konst.:

$$\varphi = \varphi_0 + \omega t$$

Dauer einer Umdrehung:

$$T = 2\pi/\omega$$

Frequenz der Drehung:

$$f = \frac{1}{T} = \frac{\omega}{2\pi}$$

Ein weiterer wichtiger Sonderfall ist der schon im Abschn. 7.1 behandelte Fall der Bewegung auf einer Geraden. Dafür gilt

$$\varrho(s) \to \infty, \quad \text{d. h.}, \quad a_n \equiv 0$$

7.4 Kinematik des starren Körpers und Relativbewegung

7.4.1 Allgemeine Bewegung des starren Körpers

Zur Beschreibung der allgemeinen Bewegung eines starren Körpers ist es vor allem auch im Hinblick auf die Kinetik des starren Körpers zweckmäßig, zusätzlich zum raumfesten x, y, z-Bezugssystem noch ein körperfestes und deshalb mitbewegtes ξ, η, ζ-System einzuführen (vgl. Bild 233), dessen Ursprung im Punkt $\overline{O}$ des Körpers liegt.

7

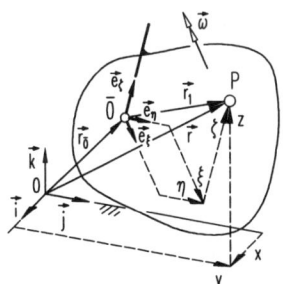

Bild 233

Werden die bez. des körperfesten Systems zerlegten Vektoren mit einem Querstrich gekennzeichnet, so gilt für die Umrechnung der Koordinaten ein und desselben Vektors die Drehtransformation

$$r_1 = A\bar{r}_1; \qquad r_1 = \begin{pmatrix} x - x_{\overline{0}} \\ y - y_{\overline{0}} \\ z - z_{\overline{0}} \end{pmatrix}; \qquad \bar{r}_1 = A^{\mathrm{T}} r_1; \qquad \bar{r}_1 = \begin{pmatrix} \xi \\ \eta \\ \zeta \end{pmatrix}$$

wobei A die Matrix der Richtungskosinus zwischen beiden Systemen ist. Für sie gilt die wichtige Beziehung

$$A^{\mathrm{T}}A = AA^{\mathrm{T}} = E = \begin{pmatrix} 1 & 0 & 0 \\ 0 & 1 & 0 \\ 0 & 0 & 1 \end{pmatrix}$$

d. h., A ist eine sogenannte orthogonale Matrix, die durch die Eigenschaft $A^{-1} = A^{\mathrm{T}}$ gekennzeichnet ist. Sie kann z. B. aus 3 nacheinander ausgeführten Elementardrehungen (z. B. EULER- oder Kardanwinkel) aufgebaut werden, vgl. z. B. /19/, /32/.

Für den vom Ursprung O des raumfesten Systems zum Punkt P des Körpers zeigenden Ortsvektor r gilt somit:

$$r = r_{\bar 0} + r_1 = r_{\bar 0} + A\bar r_1$$

Differentiation nach der Zeit liefert Geschwindigkeit von P:

$$v = \dot r = \dot r_{\bar 0} + \dot r_1 = \dot r_{\bar 0} + A\dot{\bar r}_1 \qquad (\dot{\bar r}_1 \equiv o,\ \text{da}\ P\ \text{körperfest})$$

$$= \dot r_{\bar 0} + \dot A A^{\mathrm{T}} r_1 = \dot r_{\bar 0} + \tilde\omega r_1 = \dot r_{\bar 0} + \omega \times r_1$$

Es zeigt sich nun, daß das Matrizenprodukt $\dot A A^{\mathrm{T}}$ eine schiefsymmetrische Matrix liefert, deren Elemente die Koordinaten des Drehgeschwindigkeitsvektors $\omega = (\omega_x, \omega_y, \omega_z)^{\mathrm{T}}$ sind:

$$\dot A A^{\mathrm{T}} = \tilde\omega = \begin{pmatrix} 0 & -\omega_z & \omega_y \\ \omega_z & 0 & -\omega_x \\ -\omega_y & \omega_x & 0 \end{pmatrix} = -\tilde\omega^{\mathrm{T}}$$

Der Tilde-Operator „erzeugt" also aus einem Vektor eine schiefsymmetrische (3×3)-Matrix, die bei Multiplikation mit einem weiteren Vektor das Vektor- oder Kreuzprodukt realisiert.

Die drei Einzelgleichungen der soeben abgeleiteten Vektorbeziehung

$$\begin{pmatrix} v_x \\ v_y \\ v_z \end{pmatrix} = v = \dot r_{\bar 0} + \tilde\omega r_1 = \begin{pmatrix} \dot x_{\bar 0} + [-\omega_z \cdot (y - y_{\bar 0}) + \omega_y \cdot (z - z_{\bar 0})] \\ \dot y_{\bar 0} + [\ \ \omega_z \cdot (x - x_{\bar 0}) - \omega_x \cdot (z - z_{\bar 0})] \\ \dot z_{\bar 0} + [-\omega_y \cdot (x - x_{\bar 0}) + \omega_x \cdot (y - y_{\bar 0})] \end{pmatrix}$$

werden als EULERsche kinematische Gln. bezeichnet. Sie beschreiben den Sachverhalt, daß sich die Geschwindigkeit eines beliebigen körperfesten Punktes P aus der Geschwindigkeit eines Bezugspunktes (hier: $\overline O$) und einem aus der Drehung des Körpers um diesen Bezugspunkt ergebenden Anteil zusammensetzt. Die im allgemeinen zu jedem Zeitpunkt t andere Richtung dieser Drehachse ist mit der des Drehgeschwindigkeitsvektors $\omega(t)$ identisch.

Differentiation des Geschwindigkeitsvektors nach t liefert den Beschleunigungsvektor von P:

$$a = \dot v = \ddot r = \ddot r_{\bar 0} + \dot{\tilde\omega} r_1 + \tilde\omega \dot r_1$$

$$= \ddot r_{\bar 0} + (\dot{\tilde\omega} + \tilde\omega\tilde\omega) r_1$$

Die Vektoren v, a, ω können analog zur oben angegebenen Beziehung zwischen r_1 und $\bar r_1$ transformiert werden, also z. B.:

$$\omega = A\bar\omega; \qquad \bar\omega = A^{\mathrm{T}}\omega$$

Aus $\tilde\omega = \dot A A^{\mathrm{T}}$ und $\tilde{\bar\omega} = A^{\mathrm{T}}\dot A$ folgen wegen $AA^{\mathrm{T}} = A^{\mathrm{T}}A = E$ weiterhin die Transformationen

$$\tilde\omega = A\tilde{\bar\omega}A^{\mathrm{T}}; \qquad \tilde{\bar\omega} = A^{\mathrm{T}}\tilde\omega A$$

Unterliegt die Bewegung des starren Körpers keinerlei Einschränkungen, so hat er den Freiheitsgrad 6, d. h., die Bewegung wird durch 6 voneinander unabhängige Koordinaten (z. B. 3 Verschiebungen eines Bezugspunktes plus 3 geeignet definierte Winkelkoordinaten) beschrieben. Gelten bestimmte Zwangsbedingungen zwischen diesen Koordinaten und ihren ersten Zeitableitungen, so reduziert sich der Freiheitsgrad entsprechend.

7.4.2 Relativbewegung eines Punktes

Je nach Standpunkt des Beobachters können unterschiedliche Bewegungsabläufe beobachtet werden.

Die absolute Bewegung eines Punktes ist die Bewegung gegenüber einem ruhenden Bezugssystem; im weiteren werden dafür die Koordinaten $x(t)$, $y(t)$, $z(t)$ verwendet. Die Absolutbewegung setzt sich aus der Bewegung des Punktes relativ zum bewegten System (Referenzsystem) und der Bewegung des Referenzsystems gegenüber dem ruhenden Bezugssystem zusammen. Die Relativbewegung wird im Referenzsystem mit den Koordinaten $\xi(t)$, $\eta(t)$, $\zeta(t)$ beschrieben.

Die Bewegung des Referenzsystems wird auch System- oder Führungsbewegung genannt.

Ist der Punkt P aus Bild 233 nicht mehr körperfest, so sind seine Koordinaten $\bar{r}_1 = (\xi, \eta, \zeta)^{\mathrm{T}}$ zeitlich veränderlich, d. h., $\bar{r}_1 = \bar{r}_1(t)$. Das hat zur Konsequenz, daß bei Differentiation der geometrischen Beziehung $r = r_0 + A\bar{r}_1$ nach t die Produktregel zu beachten ist:

$$v = \dot{r} = \dot{r}_{\bar{0}} + \dot{A}\bar{r}_1 + A\dot{\bar{r}}_1 = \dot{r}_{\bar{0}} + \tilde{\omega}r_1 + A\dot{\bar{r}}_1$$
$$= \dot{r}_{\bar{0}} + A \cdot (\tilde{\bar{\omega}}r_1 + \dot{\bar{r}}_1)$$

Wie man erkennt, kommt gegenüber dem Ausdruck für die Geschwindigkeit eines körperfesten Punktes noch der auf die raumfesten Richtungen umgerechnete Term für die Relativbewegung hinzu.

Nochmalige Differentiation liefert für P die absolute Beschleunigung:

$$a = \dot{v} = \ddot{r} = \ddot{r}_{\bar{0}} + (\dot{\tilde{\omega}} + \tilde{\omega}\tilde{\omega})r_1 + 2\tilde{\omega}A\dot{\bar{r}}_1 + A\ddot{\bar{r}}_1$$
$$= \ddot{r}_{\bar{0}} + A\left[\left(\dot{\tilde{\bar{\omega}}} + \tilde{\bar{\omega}}\,\tilde{\bar{\omega}}\right)\bar{r}_1 + 2\tilde{\bar{\omega}}\dot{\bar{r}}_1 + \ddot{\bar{r}}_1\right]$$

Die Absolutbeschleunigung eines zu einem bewegten Bezugssystem relativ bewegten Punktes läßt sich also

- aus der Absolutbeschleunigung eines Bezugspunktes (hier: $\overline{O}$)
- plus aus der Rotation des Referenzsystems sich ergebenden Anteilen
- plus aus der in die raumfesten Richtungen transformierten Relativbeschleunigung
- sowie aus einem Anteil bestimmen, der durch die Relativgeschwindigkeit in Verbindung mit der Rotation des Referenzsystems bedingt ist (CORIOLIS-Beschleunigung).

Der Vorteil der zuletzt für die Beschleunigung angegebenen Formel besteht darin, daß alle in der eckigen Klammer vorkommenden Größen sich auf das bewegte Referenzsystem beziehen, die dann nach Addition der einzelnen Anteile mittels einer einzigen Matrizenmultiplikation auf die raumfesten Richtungen umgerechnet werden.

Welche Form man schließlich für eine Berechnung nutzt, hängt oft von der konkreten Aufgabenstellung ab. Es sind aber immer die Transformationsbeziehungen zu beachten, wenn die einzelnen Größen in verschiedenen Koordinatensystemen dargestellt werden.

7.4.3 Ebene Bewegung

Die allgemeine ebene Bewegung eines starren Körpers ist im Hinblick auf technische Anwendungen ein wichtiger Sonderfall (z. B. Dynamik ebener Mechanismen). Hinsichtlich der Relativbewegung eines Punktes sollen zunächst keine weiteren Einschränkungen gemacht werden. Setzt man aber $\ddot{\vec{r}}_1 \equiv o$, so erhält man die Gln. für den einzelnen starren Körper.

Das raumfeste x, y, z-System werde so gelegt, daß die Bewegung aller Körperpunkte parallel zur x, y-Ebene erfolgt, vgl. Bild 234. Die Drehung wird dann durch den Winkel φ zwischen positiver x- und positiver ξ-Achse beschrieben, wobei die ζ-Achse parallel zur z-Achse gerichtet sein soll.

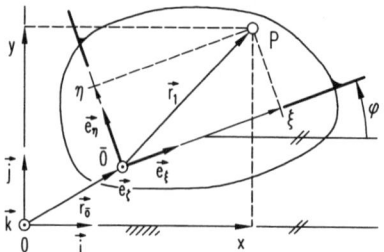

Bild 234

Die Drehtransformationsmatrix A hat damit die folgende Belegung:

$$A = \begin{pmatrix} \cos\varphi & -\sin\varphi & 0 \\ \sin\varphi & \cos\varphi & 0 \\ 0 & 0 & 1 \end{pmatrix}$$

Der Drehgeschwindigkeitsvektor besitzt nur noch ein von Null verschiedenes Element:

$$\boldsymbol{\omega} = \overline{\boldsymbol{\omega}} = \begin{pmatrix} 0 \\ 0 \\ \dot{\varphi} \end{pmatrix} \quad \Rightarrow$$

$$\tilde{\boldsymbol{\omega}} = \tilde{\overline{\boldsymbol{\omega}}} = \dot{\varphi} \cdot \begin{pmatrix} 0 & -1 & 0 \\ 1 & 0 & 0 \\ 0 & 0 & 0 \end{pmatrix} ; \quad \dot{\tilde{\boldsymbol{\omega}}} = \dot{\tilde{\overline{\boldsymbol{\omega}}}} = \ddot{\varphi} \cdot \begin{pmatrix} 0 & -1 & 0 \\ 1 & 0 & 0 \\ 0 & 0 & 0 \end{pmatrix}$$

Die absolute Geschwindigkeit von P ist damit:

$$v = \begin{pmatrix} \dot{x} \\ \dot{y} \\ \dot{z} \end{pmatrix} = \begin{pmatrix} \dot{x}_{\bar{0}} \\ \dot{y}_{\bar{0}} \\ 0 \end{pmatrix} + \begin{pmatrix} \cos\varphi & -\sin\varphi & 0 \\ \sin\varphi & \cos\varphi & 0 \\ 0 & 0 & 1 \end{pmatrix} \begin{pmatrix} \dot{\xi} - \eta\,\dot{\varphi} \\ \dot{\eta} + \xi\,\dot{\varphi} \\ \dot{\zeta} \end{pmatrix}$$

$$= \begin{pmatrix} \dot{x}_{\bar{0}} + (\dot{\xi} - \eta\,\dot{\varphi})\cos\varphi - (\dot{\eta} + \xi\,\dot{\varphi})\sin\varphi \\ \dot{y}_{\bar{0}} + (\dot{\xi} - \eta\,\dot{\varphi})\sin\varphi + (\dot{\eta} + \xi\,\dot{\varphi})\cos\varphi \\ \dot{\zeta} \end{pmatrix}$$

Und für die Absolutbeschleunigung ergibt sich:

$$a = \begin{pmatrix} \ddot{x} \\ \ddot{y} \\ \ddot{z} \end{pmatrix} = \begin{pmatrix} \ddot{x}_{\bar{0}} \\ \ddot{y}_{\bar{0}} \\ 0 \end{pmatrix} + \begin{pmatrix} \cos\varphi & -\sin\varphi & 0 \\ \sin\varphi & \cos\varphi & 0 \\ 0 & 0 & 1 \end{pmatrix} \times$$

$$\times \left[\begin{pmatrix} -\dot{\varphi}^2 & -\ddot{\varphi} & 0 \\ \ddot{\varphi} & -\dot{\varphi}^2 & 0 \\ 0 & 0 & 0 \end{pmatrix} \begin{pmatrix} \xi \\ \eta \\ \zeta \end{pmatrix} + 2\dot{\varphi} \begin{pmatrix} -\dot{\eta} \\ \dot{\xi} \\ 0 \end{pmatrix} + \begin{pmatrix} \ddot{\xi} \\ \ddot{\eta} \\ \ddot{\zeta} \end{pmatrix} \right]$$

Oft ist es zweckmäßig, den Vektor der Absolutbeschleunigung in die Richtungen des bewegten Referenzsystems zu zerlegen:

$$\bar{a} = \begin{pmatrix} a_\xi \\ a_\eta \\ a_\zeta \end{pmatrix} = A^\mathrm{T} a$$

$$= \begin{pmatrix} \ddot{x}_{\bar{0}}\cos\varphi + \ddot{y}_{\bar{0}}\sin\varphi - \xi\,\dot{\varphi}^2 - \eta\,\ddot{\varphi} - 2\dot{\varphi}\dot{\eta} + \ddot{\xi} \\ -\ddot{x}_{\bar{0}}\sin\varphi + \ddot{y}_{\bar{0}}\cos\varphi + \xi\,\ddot{\varphi} - \eta\,\dot{\varphi}^2 + 2\dot{\varphi}\dot{\xi} + \ddot{\eta} \\ \ddot{\zeta} \end{pmatrix}$$

7.4.4 Beispiele

Beispiel: Freie Relativbewegung (Bild 235)

Von einem mit konstanter Horizontalgeschwindigkeit v_0 bewegten Körper (z. B. Eisenbahnwagen o. ä.) fällt eine Punktmasse infolge der Erdziehung ohne Relativ-Anfangsgeschwindigkeit nach unten. Gesucht ist die Bewegung der Punktmasse, beschrieben sowohl im raumfesten x, y, z-System als auch im bewegten Referenzsystem.

Lösung:

Da sowohl der Bezugskörper als auch die Punktmasse eine ebene Bewegung ausführen, kann auf die Betrachtung der z- bzw. ζ-Richtung verzichtet werden.

Gegeben ist die Absolutbeschleunigung der Punktmasse:

$$\ddot{x}(t) = 0; \qquad \ddot{y}(t) = g$$

Weiterhin bekannt ist:

$$\ddot{x}_{\bar{0}}(t) = 0; \qquad \ddot{y}_{\bar{0}}(t) = 0; \qquad \dot{x}_{\bar{0}}(t) = v_0; \qquad \dot{y}_{\bar{0}}(t) = 0$$

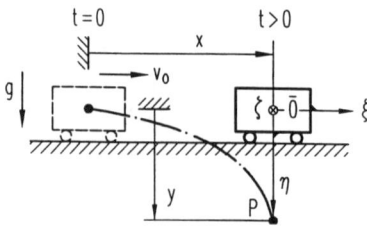

Bild 235

Als Anfangsbedingungen sind gegeben:

$$\dot{\xi}(t=0) = 0; \qquad \dot{\eta}(t=0) = 0$$
$$\xi(t=0) = 0; \qquad \eta(t=0) = 0$$
$$x(t=0) = 0; \qquad y(t=0) = 0$$

Da sich der Bezugskörper nicht dreht, ist $\dot{\varphi} \equiv 0$ (d. h. auch $\ddot{\varphi} \equiv 0$).
Damit gilt:

$$\begin{pmatrix} 0 \\ g \end{pmatrix} = \begin{pmatrix} \ddot{\xi} \\ \ddot{\eta} \end{pmatrix}$$

Integration nach t liefert:

$$\begin{pmatrix} \dot{\xi}(t) \\ \dot{\eta}(t) \end{pmatrix} = \begin{pmatrix} C_1 \\ gt + C_2 \end{pmatrix}; \qquad \begin{pmatrix} \xi(t) \\ \eta(t) \end{pmatrix} = \begin{pmatrix} C_1 t + C_3 \\ \dfrac{g}{2}t^2 + C_2 t + C_4 \end{pmatrix}$$

Die Integrationskonstanten werden so bestimmt, daß auch die Anfangsbedingungen erfüllt werden:

$$C_1 = C_3 = 0; \qquad C_2 = C_4 = 0$$

Also gilt für die Relativbewegung:

$$\dot{\xi}(t) = 0; \qquad \xi(t) = 0$$
$$\dot{\eta}(t) = gt; \qquad \eta(t) = \frac{g}{2}t^2$$

Setzt man diese Ergebnisse in die Beziehung für die Absolutgeschwindigkeit ein, so erhält man:

$$\begin{pmatrix} \dot{x}(t) \\ \dot{y}(t) \end{pmatrix} = \begin{pmatrix} v_0 \\ 0 \end{pmatrix} + \begin{pmatrix} 0 \\ gt \end{pmatrix}$$

und nach Integration unter Beachtung der Anfangsbedingungen:

$$x(t) = v_0 t; \qquad y(t) = \frac{g}{2}t^2$$

Elimination von t liefert die Bahnkurve im raumfesten System:

$$y(x) = \frac{g x^2}{2 v_0^2}$$

Während sich also für einen mit dem Wagen mitbewegten Beobachter eine Gerade als Bahnkurve ($\xi \equiv 0$) der Punktmasse ergibt, zeigt sich für einen raumfesten Beobachter eine Parabel („Wurfparabel") als Bahn.

Beispiel: Geführte Relativbewegung

In einem exzentrisch angeordneten und sich mit bekannter Winkelgeschwindigkeit $\dot{\varphi}(t)$ drehenden Rohr bewegt sich eine Punktmasse gemäß der (hier vorgegebenen) Funktion $\xi(t)$, vgl. Bild 236. Zu ermitteln ist die Absolutbeschleunigung der Punktmasse, dargestellt sowohl im raumfesten als auch im bewegten Koordinatensystem.

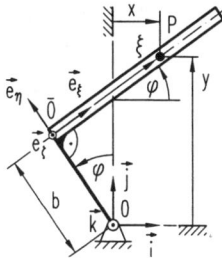

Bild 236

Lösung:

Zunächst werden die kinematischen Größen des Bezugspunktes $\overline{O}$ bestimmt. Dieser vollführt eine Kreisbewegung mit dem Radius b, so daß mit den in Bild 236 definierten Größen wird:

$$\boldsymbol{r}_{\overline{0}} = (x_{\overline{0}}, y_{\overline{0}}, z_{\overline{0}})^{\mathrm{T}} = b \cdot (-\sin\varphi,\ \cos\varphi,\ 0)^{\mathrm{T}}$$

$$\dot{\boldsymbol{r}}_{\overline{0}} = (\dot{x}_{\overline{0}}, \dot{y}_{\overline{0}}, \dot{z}_{\overline{0}})^{\mathrm{T}} = -b\dot{\varphi} \cdot (\cos\varphi,\ \sin\varphi,\ 0)^{\mathrm{T}}$$

$$\ddot{\boldsymbol{r}}_{\overline{0}} = (\ddot{x}_{\overline{0}}, \ddot{y}_{\overline{0}}, \ddot{z}_{\overline{0}})^{\mathrm{T}} = -b\ddot{\varphi} \cdot (\cos\varphi,\ \sin\varphi,\ 0)^{\mathrm{T}} - b\dot{\varphi}^2 \cdot (-\sin\varphi,\ \cos\varphi,\ 0)^{\mathrm{T}}$$

$$\boldsymbol{\omega} = \overline{\boldsymbol{\omega}} = \begin{pmatrix} 0 \\ 0 \\ \dot{\varphi} \end{pmatrix} ; \qquad A = \begin{pmatrix} \cos\varphi & -\sin\varphi & 0 \\ \sin\varphi & \cos\varphi & 0 \\ 0 & 0 & 1 \end{pmatrix}$$

Die Anwendung der Gln. für die ebene Bewegung liefert unter Beachtung von $\eta \equiv 0$ und $\zeta \equiv 0$:

$$\boldsymbol{a} = \begin{pmatrix} \ddot{x} \\ \ddot{y} \\ \ddot{z} \end{pmatrix} = -b\ddot{\varphi} \cdot \begin{pmatrix} \cos\varphi \\ \sin\varphi \\ 0 \end{pmatrix} - b\dot{\varphi}^2 \cdot \begin{pmatrix} -\sin\varphi \\ \cos\varphi \\ 0 \end{pmatrix}$$

$$+ \begin{pmatrix} \cos\varphi & -\sin\varphi & 0 \\ \sin\varphi & \cos\varphi & 0 \\ 0 & 0 & 1 \end{pmatrix} \cdot \begin{pmatrix} -\xi\dot{\varphi}^2 + \ddot{\xi} \\ \xi\ddot{\varphi} + 2\dot{\xi}\dot{\varphi} \\ 0 \end{pmatrix}$$

$$= \begin{pmatrix} \cos\varphi & -\sin\varphi & 0 \\ \sin\varphi & \cos\varphi & 0 \\ 0 & 0 & 1 \end{pmatrix} \cdot \begin{pmatrix} -b\ddot{\varphi} - \xi\dot{\varphi}^2 + \ddot{\xi} \\ -b\dot{\varphi}^2 + \xi\ddot{\varphi} + 2\dot{\xi}\dot{\varphi} \\ 0 \end{pmatrix} = A\overline{\boldsymbol{a}}$$

Und im körperfesten System:

$$\overline{\boldsymbol{a}} = \begin{pmatrix} a_\xi \\ a_\eta \\ a_\zeta \end{pmatrix} = A^{\mathrm{T}}\boldsymbol{a} = \begin{pmatrix} -b\ddot{\varphi} - \xi\dot{\varphi}^2 + \ddot{\xi} \\ -b\dot{\varphi}^2 + \xi\ddot{\varphi} + 2\dot{\xi}\dot{\varphi} \\ 0 \end{pmatrix}$$

Für konstante Winkelgeschwindigkeit entfallen die Summanden mit $\ddot{\varphi}$.

7

8   Kinetik des materiellen Punktes

Manchmal kann der materielle Punkt (Massenpunkt) als Berechnungsmodell des gesamten technischen Systems oder auch nur für einen Teil desselben benutzt werden.

Die Kinetik befaßt sich mit den Wirkungen von Kräften hinsichtlich des Bewegungszustandes und umgekehrt, d. h., die im Teilgebiet Kinematik ermittelten Beschleunigungen sind entweder die Ursache oder auch das Ergebnis der am Massenpunkt wirkenden Kräfte. Der Zusammenhang zwischen den Kräften und den kinematischen Größen wird durch das dynamische Grundgesetz (s. 8.1) hergestellt.

Zu diesen am Massenpunkt wirkenden Kräften sei folgendes gesagt:

Äußere Kräfte sind solche, die infolge des Freischneidens der Punktmasse an ihr angreifen. Sie lassen sich wie folgt unterteilen:

- *äußere eingeprägte Kräfte F_e*; sie folgen aus physikalischen Gesetzen,
- *äußere Zwangskräfte* bei geführten Bewegungen (wie Führungskräfte, Kräfte in starren Bindungen, Lagerkräfte u. a.).

Die Resultierende dieser Kräfte ist die auf den Massenpunkt wirkende Kraft.

Weiter entstehen noch *Trägheitskräfte*. Zum Beispiel sind Flieh- und CORIO-LIS-Kraft besondere Komponenten des Trägheitskraftvektors bei bestimmten krummlinigen Bewegungen.

Innere Kräfte können beim Modell des Massenpunktes – falls überhaupt – nur in Form von Zwangskräften infolge eines gedachten Schnittes durch den hinsichtlich der Kinetik als Punktmasse angesehenen Körper auftreten. Man könnte aber in diesem Fall die Auffassung vertreten, daß es sich dann bereits um ein Punktmassensystem handelt.

Die in diesem Abschnitt vorgenommenen Betrachtungen werden in den Kapiteln 9 „Kinetik des Punkthaufens" und 11 „Kinetik des starren Körpers" weitergeführt.

8.1   Impuls, dynamisches Grundgesetz, kinetische Energie

Nach dem GALILEIschen Trägheitsgesetz gilt

- Der Bewegungszustand einer Punktmasse verändert sich nicht, d. h., er verharrt im Zustand der Ruhe oder der geradlinigen, gleichförmigen Bewegung, solange die Resultierende der auf ihn einwirkenden Kräfte identisch Null ist.

Als Bewegungsgröße eines Massenpunktes wird der *Impuls p* eingeführt:

$$p \equiv mv$$

Im folgenden wird $\dot{m} \equiv 0$, d. h. $m = $ konst., vorausgesetzt.

Wirken auf den Massenpunkt äußere Kräfte, deren Resultierende verschieden Null ist, so ändert sich die den Bewegungszustand beschreibende Größe – der Impuls.

Den Zusammenhang zwischen der Änderung des Impulses in der Zeiteinheit und der resultierenden äußeren Kraft beschreibt das zweite NEWTONsche Axiom (vgl. Abschn. 6.1):

$$\dot{p} \equiv \frac{\mathrm{d}p}{\mathrm{d}t} \equiv m \cdot \frac{\mathrm{d}v}{\mathrm{d}t} \equiv ma = F$$

Die Beschleunigung a muß hierbei immer diejenige bezüglich eines Inertialsystems sein, unabhängig davon, in welchem Koordinatensystem sie dargestellt wird.

Aus dieser Beziehung folgt

$$\mathrm{d}p = F\,\mathrm{d}t$$

und integriert

$$p - p_0 = \int\limits_{t_0}^{t} F\,\mathrm{d}\bar{t}$$

der *Impulssatz* (s. auch 12.1).

- Die Änderung des Impulses ist gleich dem Zeitintegral der resultierenden äußeren Kraft.

Dabei ist das Integral $\int F\,\mathrm{d}t$ nur dann direkt lösbar, wenn die Kraft F konstant oder eine bekannte Funktion der Zeit ist.

Die Beziehung zwischen Kraft und Impulsänderung in der Form

$$ma = F$$

bezeichnet man auch als *dynamisches Grundgesetz* (s. Kapitel 6). Es verknüpft die kinematische Größe Beschleunigung mit der auf die Punktmasse einwirkenden resultierenden Kraft. In dieser Beziehung steht die Masse m faktisch als Proportionalitätsfaktor.

Mit dem dynamischen Grundgesetz können zwei dynamische Grundaufgaben gelöst werden:

- Der zeitliche Verlauf der kinematischen Größen der Bewegung eines Massenpunktes ist bekannt. Berechnet wird die auf den Massenpunkt wirkende Kraft. Mathematisch bedeutet das die Lösung algebraischer Gleichungen.

- Die auf den Massenpunkt wirkenden äußeren Kräfte bzw. deren Resultierende sind als Funktion der Zeit, der Geschwindigkeit bzw. des Ortes bekannt. Berechnet wird der Verlauf der Beschleunigung des Massenpunktes, d. h., es muß die *Differentialgleichung der Bewegung* (Bewegungsgleichung) aufgestellt werden. Aus dieser erhält man durch Integration (s. 7.1.3) den Verlauf von Geschwindigkeit und Weg.

8

Die *kinetische Energie E* eines sich mit der Geschwindigkeit v bewegenden Punktes der Masse m ist

$$E = \frac{1}{2}m v^{\mathrm{T}} v = \frac{1}{2}m v^2$$

Bewegt sich der Massenpunkt auf einer Kreisbahn mit dem Radius r, dann ergibt sich für dessen kinetische Energie

$$E = \frac{1}{2}m r^2 \omega^2$$

wobei $\omega = v/r$ die Winkelgeschwindigkeit des Radius-Strahls ist.

Beispiel: Anwendung des dynamischen Grundgesetzes

Eine auf einen Massenpunkt m wirkende Kraft sei explizit zeitabhängig, d. h. $F = F(t)$. Der Anfangszustand ist dadurch festgelegt, daß sich zur Zeit $t = 0$ der Massenpunkt an einem durch den Ortsvektor $r_0 = (x_0, y_0, z_0)^{\mathrm{T}}$ beschriebenen Ort befindet und eine Geschwindigkeit $v_0 = (v_{x0}, v_{y0}, v_{z0})^{\mathrm{T}}$ besitzt (Bild 237). Mit $ma = F$ wird

$$a = \frac{\mathrm{d}v}{\mathrm{d}t} = \frac{1}{m}F(t) \tag{1}$$

bzw. nach Trennung der Variablen

$$\mathrm{d}v = \frac{1}{m}F(t)\,\mathrm{d}t \tag{2}$$

Die Beziehung (2) wird unter Beachtung der Anfangsbedingungen integriert

$$\int_{v_0}^{v} \mathrm{d}v^* = \frac{1}{m}\int_0^t F(t^*)\,\mathrm{d}t^* \tag{3}$$

und bringt die *Geschwindigkeit des Massenpunktes* als Funktion der Zeit

$$v(t) = \frac{1}{m}\int_0^t F(t^*)\,\mathrm{d}t^* + v_0 \tag{4}$$

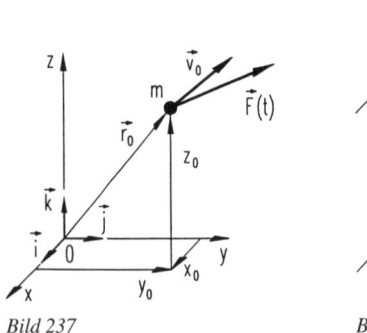

Bild 237

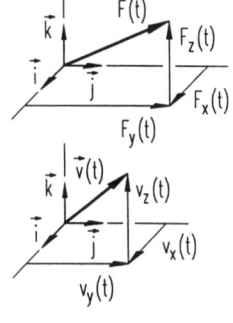

Bild 238

Diese allgemein mit der Vektorgleichung durchgeführte Rechnung ist natürlich für jede Komponente vorzunehmen (Bild 238). Die Ergebnisse sind die *Geschwindigkeitskomponenten* als Funktion der Zeit

$$\begin{pmatrix} \dot{x}(t) \\ \dot{y}(t) \\ \dot{z}(t) \end{pmatrix} = \begin{pmatrix} v_x(t) \\ v_y(t) \\ v_z(t) \end{pmatrix} = \frac{1}{m} \int_0^t \begin{pmatrix} F_x(t^*) \\ F_y(t^*) \\ F_z(t^*) \end{pmatrix} dt^* + \begin{pmatrix} v_{x0} \\ v_{y0} \\ v_{z0} \end{pmatrix} \tag{5}$$

Die Geschwindigkeit ist die erste Ableitung des Ortsvektors nach der Zeit, so daß nach Trennung der Variablen unter Berücksichtigung der Anfangsbedingungen integriert wird

$$\boldsymbol{r}(t) = \frac{1}{m} \int_0^t \left[\int_0^{t^*} \boldsymbol{F}(\bar{t}) \, d\bar{t} \right] dt^* + \boldsymbol{v}_0 t + \boldsymbol{r}_0 \tag{6}$$

oder in Komponentenform

$$\begin{pmatrix} x(t) \\ y(t) \\ z(t) \end{pmatrix} = \frac{1}{m} \int_0^t \left[\int_0^{t^*} \begin{pmatrix} F_x(\bar{t}) \\ F_y(\bar{t}) \\ F_z(\bar{t}) \end{pmatrix} d\bar{t} \right] dt^* + \begin{pmatrix} v_{x0} \\ v_{y0} \\ v_{z0} \end{pmatrix} t + \begin{pmatrix} x_0 \\ y_0 \\ z_0 \end{pmatrix} \tag{7}$$

Ist z. B. insbesondere $F_x = F_y = 0$ und $F_z = mg$ (freier Fall eines Massenpunktes ohne Luftwiderstand; positive z-Achse zeigt in Richtung der Fallbeschleunigung), so folgt unter Beachtung der speziellen Anfangsbedingungen $\boldsymbol{r}_0 = \boldsymbol{o}$ und $\boldsymbol{v}_0 = \boldsymbol{o}$ der Geschwindigkeits- und Ortsvektor zu:

$$\boldsymbol{v}(t) = \begin{pmatrix} \dot{x}(t) \\ \dot{y}(t) \\ \dot{z}(t) \end{pmatrix} = \begin{pmatrix} 0 \\ 0 \\ gt \end{pmatrix}; \qquad \boldsymbol{r}(t) = \begin{pmatrix} x(t) \\ y(t) \\ z(t) \end{pmatrix} = \begin{pmatrix} 0 \\ 0 \\ gt^2/2 \end{pmatrix} \tag{8}$$

D. h., die *Fallgeschwindigkeit* ist $v_z(t) = \dot{z}(t) = gt$ und der Fallweg $z(t) = gt^2/2$.

▶ *Hinweis*: Oft ist es zweckmäßig, anstelle der bestimmten Integrale unbestimmt zu integrieren. Die Integrationskonstanten sind dann aus den vorliegenden Anfangs- oder Übergangsbedingungen (an Intervallgrenzen) zu bestimmen.

Beispiel: Bewegung einer Masse m an einer Feder – Elastischer Schwinger

Wird die Masse m um einen Weg s ausgelenkt, dann entsteht eine Federkraft cs, die an der Masse als Rückstellkraft wirkt. Die Wirkungsrichtung der Rückstellkraft (Bild 239) ist der Auslenkung s entgegengesetzt.

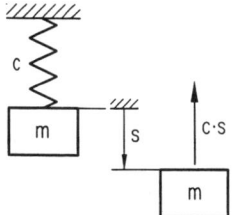

Bild 239

Mit dem dynamischen Grundgesetz ergibt sich

$$m\ddot{s} = -cs \qquad (ma = F) \tag{1}$$

oder

$$\ddot{s} = -\frac{c}{m}s = -\omega^2 s \tag{2}$$

Der Wert $\omega^2 = c/m$ wird als *Eigenkreisfrequenz* des aus der Masse m und der Feder mit der Federzahl c gebildeten Schwingungssystems bezeichnet (s. 14.2). Aus (2) ergibt sich als Dgl. der freien ungedämpften Schwingungen

$$\ddot{s} + \omega^2 s = 0 \tag{3}$$

Die Beschleunigung nach Gl. (2) ist eine wegabhängige Größe und wird in die zeitfreie Dgl. ($v \, dv = a(s) \, ds$; s. 7.1.3) eingesetzt.

$$v \, dv = -\omega^2 s \, ds \tag{4}$$

Integration liefert mit $v(s = s_0) = v_0$

$$\frac{1}{2}(v^2 - v_0^2) = -\omega^2 \cdot \frac{1}{2}(s^2 - s_0^2) \tag{5}$$

Ein Umformen dieser Beziehung ergibt

$$\frac{v^2}{\omega^2} + s^2 = \frac{v_0^2}{\omega^2} + s_0^2 \tag{6}$$

oder mit

$$\frac{v_0^2}{\omega^2} + s_0^2 = r^2 \tag{7}$$

wird (6) zu

$$\frac{v^2}{\omega^2 r^2} + \frac{s^2}{r^2} = 1 \tag{8}$$

Die Beziehung (8) ist eine Ellipsengleichung. In einem Koordinatensystem mit der Geschwindigkeit als Ordinate, dem Weg als Abszisse heißt die Darstellung einer Bewegung auf diese Art *Phasendiagramm* und die Kurve *Phasenkurve* (Bild 240). Die Benutzung der *zeitfreien* Dgl. zur Berechnung der Phasenkurven ist dann relativ einfach, wenn die Bahnbeschleunigung $\ddot{s}$ ausschließlich als Funktion der Koordinate s vorliegt.

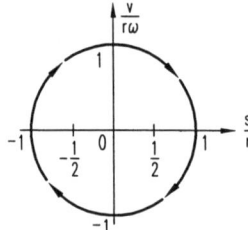

Bild 240

Beispiel: Bewegung einer Masse m in einer zähen Flüssigkeit unter dem Einfluß ihres Eigengewichts

Bei einer Bewegung in einer zähen Flüssigkeit tritt eine Widerstandskraft auf, die der Geschwindigkeit v proportional ist (Bild 241).

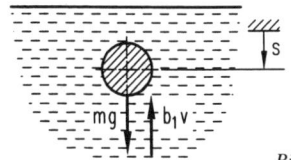

Bild 241

Nach dem dynamischen Grundgesetz ist

$$m\ddot{s} = -b_1 v + mg \tag{1}$$

Mit der Abkürzung $b = b_1/m$ ergibt sich aus (1)

$$\ddot{s} = -bv + g \tag{2}$$

und damit die Beschleunigung als Funktion der Geschwindigkeit. Mit $\ddot{s} = \mathrm{d}v/\mathrm{d}t$ und nach Trennung der Variablen erhält man aus (2) unter Beachtung der Anfangsbedingung $v(t=0) = v_0$

$$\int\limits_0^t \mathrm{d}t = \int\limits_{v_0}^v \frac{\mathrm{d}v^*}{g - bv^*} \tag{3}$$

Die Lösung des Integrales der Gl. (3) wird einer Integraltafel entnommen.

$$\int \frac{\mathrm{d}x}{ax + b} = \frac{1}{a} \ln |ax + b|$$

Damit ergibt sich aus (3)

$$t = -\frac{1}{b} \ln \left| \frac{-bv + g}{-bv_0 + g} \right| \tag{4}$$

oder

$$-bt = \ln \left| \frac{-bv + g}{-bv_0 + g} \right| \tag{5}$$

bzw.

$$\mathrm{e}^{-bt}(-bv_0 + g) = -bv + g \tag{6}$$

Nach der Geschwindigkeit v aufgelöst

$$v = \frac{g}{b} + \frac{1}{b}(bv_0 - g)\,\mathrm{e}^{-bt} \tag{7}$$

Für v wird in die Beziehung (7) $v = \mathrm{d}s/\mathrm{d}t$ eingesetzt. Die Trennung der Variablen bringt

$$\int\limits_{s_0}^s \mathrm{d}s^* = \int\limits_0^t \left(\frac{g}{b} + \left(v_0 - \frac{g}{b} \right) \mathrm{e}^{-bt^*} \right) \mathrm{d}t^* \tag{8}$$

Berechnen der Integrale:

$$s - s_0 = \frac{g}{b}t + \left(v_0 - \frac{g}{b} \right) \left(-\frac{1}{b}\mathrm{e}^{-bt^*} \right) \Bigg|_0^t \tag{9}$$

Einsetzen der Integrationsgrenzen und nach s auflösen:

$$s(t) = \frac{gt}{b} + \left(\frac{v_0}{b} - \frac{g}{b^2} \right)(1 - \mathrm{e}^{-bt}) + s_0 \tag{10}$$

8

Beispiel: Bewegung im Kraftfeld der Erde (Anwendung des NEWTONschen Gravitationsgesetzes)

Vermöge der Erdanziehung soll sich ein Massenpunkt der Masse m_2 auf die als ruhend angesehene Erde zu bewegen. Es ist die Auftreffgeschwindigkeit dieses Massenpunktes auf die Erde zu bestimmen, wenn der Luftwiderstand vernachlässigt und angenommen wird, daß die Punktmasse vom Gravitationsfeld der Erde „eingefangen" wird.

Die Anfangsgeschwindigkeit des Massenpunktes sei Null.

Nach dem NEWTONschen Gravitationsgesetz, das aus dem Physikunterricht als bekannt vorausgesetzt wird, ist die auf zwei sich anziehende Massen m_1 (Erdmasse) und m_2 ausgeübte Anziehungskraft

$$F_{\mathrm{gr}} = \gamma \frac{m_1 m_2}{s^2} \tag{1}$$

Hierbei ist γ die Gravitationskonstante und s der Abstand beider Massenmittelpunkte voneinander.

Die Anwendung des dynamischen Grundgesetzes ergibt für die Masse m_2

$$m_2 a = -F_{\mathrm{gr}} = -\gamma \frac{m_1 m_2}{s^2}; \qquad s \geq R \tag{2}$$

Das Minuszeichen der Gravitationskraft in Gl. (2) ergibt sich daraus, daß sie an der Masse m_2 entgegengesetzt zur positiv definierten Koordinatenrichtung s wirkt, deren Nullpunkt in den Mittelpunkt der Erde gelegt wurde (Bild 242). Da die Erde hier als ruhend vorausgesetzt wird (Inertialsystem), ist s eine Absolutkoordinate. Aus (2) ergibt sich deshalb die Beschleunigung der Masse m_2

$$\ddot{s} = a = -\gamma \frac{m_1}{s^2}; \qquad s \geq R \tag{3}$$

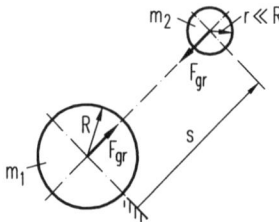

Bild 242

Die durch die Fallbeschleunigung g erzeugte Gewichtskraft der Masse m_2 muß auf der Erdoberfläche gleich der Anziehungskraft sein, wenn $s = R$ (Erdradius) gesetzt wird.

$$m_2 g = \gamma \frac{m_1 m_2}{R^2} \tag{4}$$

Diese Beziehung nach m_1 aufgelöst und in (3) eingesetzt, ergibt

$$a = -g \cdot \left(\frac{R}{s}\right)^2; \qquad s \geq R \tag{5}$$

Gl. (5) bzw. Gl. (3) stellt die vom Abstand abhängige Beschleunigung dar, mit der sich eine Punktmasse auf Grund der Gravitationskraft auf die Erde zu bewegt. Um die Geschwindigkeit auszurechnen, wird (5) in die zeitfreie Dgl.

$$v\,\mathrm{d}v = a\,\mathrm{d}s \qquad (6)$$

eingesetzt und unter Berücksichtigung der Anfangsbedingungen integriert:

$$\int_0^v v^*\,\mathrm{d}v^* = -\int_{s_0}^s \frac{R^2 g}{s^{*2}}\,\mathrm{d}s^* \quad \text{oder} \qquad (7)$$

$$v^2 = 2gR^2 \cdot \left(\frac{1}{s} - \frac{1}{s_0}\right); \qquad s \geq R \qquad (8)$$

Das „Einfangen" von m_2 durch das Gravitationsfeld der Erde wird dadurch erfaßt, daß man annimmt, m_2 komme aus dem Unendlichen, d. h., $s_0 \to \infty$.

Damit wird (8) zu

$$v^2 = 2g \cdot \frac{R^2}{s}; \qquad s \geq R \qquad (9)$$

Setzt man $s = R$, so folgt daraus als Auftreffgeschwindigkeit

$$v_{\mathrm{a}} = \sqrt{2gR} \qquad (10)$$

Mit $g = 9{,}81 \ \mathrm{m/s^2}$ und $R \approx 6{,}4 \cdot 10^6$ m wird v_{a} zu

$$v_{\mathrm{a}} \approx 11{,}2 \ \mathrm{km/s} \qquad (11)$$

Dieser Wert ist gleichzeitig die Geschwindigkeit, auf die eine Masse gebracht werden muß, um die Erde zu verlassen (*2. kosmische Geschwindigkeit*).

8

Beispiel: Es soll die Bewegung einer Punktmasse in einem mit konstanter Winkelgeschwindigkeit Ω rotierenden, exzentrisch angeordneten Rohr (vgl. zweites Beispiel in Abschn. 7.4.4 und Bild 236) ermittelt werden. Reibung zwischen Masse und Rohr ist beim Aufstellen der Bewegungsgleichung zu berücksichtigen, jedoch in der weiteren Rechnung zu vernachlässigen. Der Einfluß des Eigengewichts soll gänzlich außer acht gelassen werden.

Als beschreibende Koordinate wird zweckmäßigerweise die Relativkoordinate $\xi(t)$ benutzt (Bild 243). Der Anfangszustand sei mit $\xi(t = 0) = \xi_0$ und $\dot{\xi}(t = 0) = 0$ vorgegeben, und es gelte $\xi_0 \geq \mu_0 b$, d. h., Haften wird ausgeschlossen.

Bild 243 zeigt die auf die freigeschnittene Punktmasse wirkenden Kräfte. Nach dem dynamischen Grundgesetz gilt (bezüglich Reibung wird $\dot{\xi} > 0$ vorausgesetzt):

$$ma_\xi = -\mu \cdot |F_{\mathrm{N}}|; \qquad ma_\eta = F_{\mathrm{N}}$$

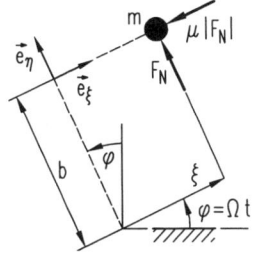

Bild 243

In der Reibkraft steht die Normalkraft deshalb als Betrag, weil wegen der Möglichkeit des Anlagewechsels im Rohr die Normalkraft ihr Vorzeichen wechseln kann, die Reibkraftrichtung dadurch aber nicht verändert werden darf, da sie immer entgegen der Relativgeschwindigkeit wirkt.

Aus dem zweiten Beispiel in Abschn. 7.4.4 sind die bez. der körperfesten Koordinatenrichtungen gültigen Komponenten a_ξ und a_η der Absolutbeschleunigung bekannt. Werden sie in obige Kraftgleichungen eingesetzt, so erhält man:

$$m \cdot (\ddot{\xi} - \xi \Omega^2) = -\mu \cdot |F_N|; \qquad m \cdot (2\dot{\xi}\Omega - b\Omega^2) = F_N$$

Das sind zwei Gln. für F_N und $\xi(t)$. Einsetzen der zweiten in die erste Gl. ergibt die Dgl. für $\xi(t)$:

$$\ddot{\xi} = \begin{cases} \xi \Omega^2 - 2\mu\Omega\dot{\xi} + \mu b\Omega; & \dot{\xi} \geq \dfrac{b\Omega}{2} \quad \text{(d.\,h. } F_N \geq 0\text{)} \\[2mm] \xi \Omega^2 + 2\mu\Omega\dot{\xi} - \mu b\Omega; & \dot{\xi} \leq \dfrac{b\Omega}{2} \quad \text{(d.\,h. } F_N \leq 0\text{)} \end{cases}$$

Der Beginn ist durch $\xi = 0$ gekennzeichnet, d. h., die Lösung $\xi(t)$ muß zunächst aus der zweiten Dgl. unter Berücksichtigung der Anfangsbedingungen bestimmt werden. Diese Lösung ist aber nur solange gültig, bis F_N einen Nulldurchgang hat, d. h., wenn $\dot{\xi}(t = t_1) = b\Omega/2$ wird. Ab dem Zeitpunkt t_1 wird dann die Bewegung durch die Lösung der ersten Dgl. beschrieben, wobei aus der Forderung nach der Gleichheit von ξ bzw. $\dot{\xi}$ am Ende des ersten Zeitintervalls mit ihren Werten zu Beginn des folgenden Zeitintervalls die beiden Integrationskonstanten zu berechnen sind.

Dieser hier nur kurz verbal skizzierte Rechenweg zur Ermittlung der Bewegung unter Berücksichtigung der Reibung führt bei seiner konkreten Ausführung zu doch schon erheblichem Rechenaufwand, so daß im folgenden nur der reibfreie Fall weiterverfolgt werden soll.

Mit $\mu = 0$ entfällt das Problem der Fallunterscheidung, und es gilt die Dgl.:

$$\ddot{\xi} - \Omega^2\xi = 0$$

Dies ist eine homogene Dgl. mit konstanten Koeffizienten, deren Lösung sich unter Berücksichtigung der Anfangsbedingungen wie folgt angeben läßt:

$$\xi(t) = \frac{1}{2}\xi_0 \cdot \left(e^{\Omega t} + e^{-\Omega t} \right) = \xi_0 \cdot \cosh(\Omega t)$$

Interessiert man sich für die Anpreßkraft F_N im Rohr, so ist die Lösung $\xi(t)$ einmal nach der Zeit zu differenzieren und in die Gleichung für F_N einzusetzen

$$F_N(t) = m\Omega^2 \cdot (2\xi_0 \sinh(\Omega t) - b)$$

Wie man aus der Funktion $F_N(t)$ erkennt, hat die Normalkraft zum Zeitpunkt $t_1 = (1/\Omega) \cdot \text{arsinh}(b/2\xi_0)$ einen Nulldurchgang, d. h., sie wechselt zu diesem Zeitpunkt ihre Wirkrichtung, was Anlagewechsel im Rohr bedeutet.

8.2   Arbeit, Leistung

Bewegt eine Kraft $\boldsymbol{F}$ einen Massenpunkt m auf einer Bahn, dann verrichtet diese Kraft Arbeit. Diese Arbeit ist das skalare Produkt von Kraft- und Ortsvektor. Für ein Wegelement $\mathrm{d}\boldsymbol{r} = \boldsymbol{e}_t\,\mathrm{d}s$ gilt (Bild 244)

$$\mathrm{d}W = \boldsymbol{F} \cdot \mathrm{d}\boldsymbol{r} = \boldsymbol{F}^\mathrm{T}\,\mathrm{d}\boldsymbol{r} = \mathrm{d}\boldsymbol{r}^\mathrm{T}\boldsymbol{F} = \boldsymbol{e}_t^\mathrm{T}\,\boldsymbol{F}\,\mathrm{d}s$$
$$= F\cos\alpha\,\mathrm{d}s = F_t\,\mathrm{d}s$$

oder integriert

$$W - W_0 = \int_{\boldsymbol{r}_0}^{\boldsymbol{r}} \boldsymbol{F}^{\mathrm{T}} \, \mathrm{d}\boldsymbol{r} = \int_{s_0}^{s} F \cos \alpha \, \mathrm{d}s = \int_{s_0}^{s} F_\mathrm{t} \, \mathrm{d}s$$

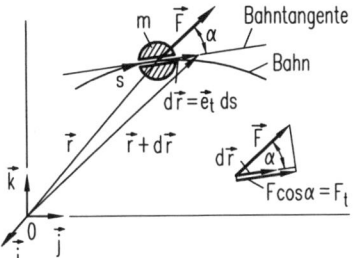

Bild 244

Diese Integrale lassen sich nur lösen, wenn die in Richtung der Bahntangente zeigende Kraft F_t entweder konstant oder eine Funktion des Weges ist. Ist die Kraft konstant, so gilt:

●   Arbeit ist das Produkt aus Weg und Kraftkomponente in Wegrichtung.

Von den *äußeren Kräften* verrichten nur die in Wegrichtung zeigenden Anteile der eingeprägten Kräfte Arbeit.

Innere Kräfte verrichten nur dann Arbeit, wenn eine Relativverschiebung ihrer Angriffspunkte vorliegt (z. B. bei Federn, Rutschkupplung).

Liegt eine derartige Relativverschiebung vor, dann hat das System mehr als einen Freiheitsgrad, und der Massenpunkt kann nicht mehr als Berechnungsmodell genutzt werden.

Die den starren Bindungen zugeordneten Zwangskräfte verrichten keine Arbeit, da sie senkrecht zur Wegrichtung stehen ($\cos \alpha = 0$).

Die Haftkraft verrichtet keine Arbeit, weil sie eine derartige Zwangskraft darstellt. Die Reibarbeit hat stets *Gleitreibung* als Ursache.

Analoge Aussagen wie für eine Kraft können für die *Arbeit eines Momentes* getroffen werden. Statt des Wegelementes $\mathrm{d}s$ steht das Winkelelement $\mathrm{d}\varphi$ und anstelle der Kraft F_t das in Richtung φ zeigende Moment M_φ. Dann gilt:

$$\mathrm{d}W = M_\varphi \, \mathrm{d}\varphi$$

oder integriert

$$W - W_0 = \int_{\varphi_0}^{\varphi} M_\varphi \, \mathrm{d}\varphi$$

Zu beachten ist generell, daß das Arbeitsdifferential dW vorzeichenbehaftet ist, d. h., zeigt die Kraft F_t in positive (negative) Wegrichtung s, so ist dW positiv (negativ). Für die Arbeit des Momentes M_φ gilt dies analog.

Beispiel: Berechnung der Arbeit der für das Anfahren des Schlittens einer Werkzeugmaschine erforderlichen Antriebskraft

Der Schlitten einer Werkzeugmaschine wird mit einer exzentrisch angeordneten Zugspindel bewegt und kantet deshalb beim Beschleunigen. Dadurch entstehen in der Führung Reibungskräfte (Reibungszahl μ).

Gesucht ist die Arbeit der für einen Anfahrvorgang gemäß $\dot{s}(s) = v_\infty \cdot \sqrt{1 - e^{-s/s_0}}$ erforderlichen Antriebskraft (v_∞ und s_0 gegebene Parameter).

Lösung:

Aus der Skizze (Bild 245) ist ersichtlich, daß A und B die Kontaktpunkte sind. Da keine Drehung um den Schwerpunkt S und keine Verschiebung senkrecht zum Weg s auftritt, muß diesbezüglich statisches Gleichgewicht am freigeschnittenen Tisch herrschen.

$$\uparrow: \quad F_3 - F_2 = 0 \tag{1}$$

$$\circlearrowleft S: \quad F_1 \cdot (l + h) - \mu F_2 h + \mu F_3 \cdot (b - h) - F_2 \frac{d}{2} - F_3 \frac{d}{2} = 0 \tag{2}$$

Hieraus folgt

$$F_3 = F_2 = \frac{l + h}{d - \mu \cdot (b - 2h)} \cdot F_1 \tag{3}$$

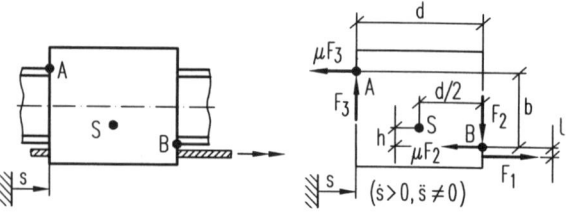

Bild 245

Die Resultierende in Koordinatenrichtung s ist:

$$F = F_1 - \mu F_2 - \mu F_3 = \left(1 - 2\mu \cdot \frac{l + h}{d - \mu \cdot (b - 2h)}\right) F_1 \tag{4}$$

Das dynamische Grundgesetz liefert:

$$m\ddot{s} = \frac{d - \mu \cdot (b + 2l)}{d - \mu \cdot (b - 2h)} \cdot F_1 \tag{5}$$

Aus der gegebenen Geschwindigkeits-Weg-Beziehung folgt die Beschleunigung wegen $\ddot{s} = \dot{s} \cdot d\dot{s}/ds$ zu:

$$\ddot{s}(s) = \frac{v_\infty^2}{2s_0} \cdot e^{-s/s_0} \tag{6}$$

In (5) eingesetzt und nach F_1 aufgelöst, ergibt

$$F_1 = F_1(s) = \frac{m \cdot [d - \mu \cdot (b - 2h)]}{d - \mu \cdot (b + 2l)} \cdot \frac{v_\infty^2}{2s_0} \cdot e^{-s/s_0} \qquad (7)$$

Hieraus wird deutlich, daß möglichst $\mu \ll d/(b+2l)$ erfüllt sein sollte, um die maximale Antriebskraft nicht zu groß werden zu lassen (Schmierung!). Zur Bestimmung der Arbeit dieser Kraft wird nach s integriert ($W_0 = 0$):

$$W(s) = \int\limits_0^s F_1(s^*)\,ds^* = \frac{mv_\infty^2 \cdot [d - \mu \cdot (b - 2h)]}{2[d - \mu \cdot (b + 2l)]} \cdot \left(1 - e^{-s/s_0}\right) \qquad (8)$$

Hieraus läßt sich z. B. der vom Antrieb für das Anfahren erforderliche Energieaufwand abschätzen. Eine obere Grenze erhält man für $s \to \infty$:

$$W_\infty = \lim_{s \to \infty} W(s) = \frac{1}{2}mv_\infty^2 \cdot [d - \mu \cdot (b - 2h)] \cdot [d - \mu \cdot (b + 2l)]^{-1} \qquad (9)$$

Man erkennt, daß die benötigte Energie mit größer werdender Reibung zunimmt. Den interessanten Fall $l = -h$, d. h., die Wirkungslinie von F_1 verläuft durch den Schwerpunkt, möge der Leser selbst betrachten.

Bei Systemen, deren *Berechnungsmodell* ein *Punkthaufen*, ein *starrer Körper* oder ein *System starrer Körper* ist, ergibt sich die Gesamtarbeit als Summe der Arbeiten aller äußeren und inneren eingeprägten Kräfte und Momente.

$$W_{\text{ges}} = \sum_k \int F_{tk}\,ds_k + \sum_j \int M_{\varphi j}\,d\varphi_j$$

Die *Leistung* der *eingeprägten Kräfte* und *Momente* ist

$$P = \frac{dW}{dt} = \sum_k F_{tk}v_k + \sum_j M_{\varphi j}\dot{\varphi}_j$$

8.3 Potential, potentielle Energie

Ein Kraftfeld besitzt dann und nur dann ein Potential, wenn es wirbelfrei ist, d. h., wenn

$$\operatorname{rot} \boldsymbol{F} = -\frac{\partial \tilde{\boldsymbol{F}}}{\partial \boldsymbol{r}^{\mathrm{T}}} = \begin{pmatrix} \dfrac{\partial F_z}{\partial y} - \dfrac{\partial F_y}{\partial z} \\[2mm] \dfrac{\partial F_x}{\partial z} - \dfrac{\partial F_z}{\partial x} \\[2mm] \dfrac{\partial F_y}{\partial x} - \dfrac{\partial F_x}{\partial y} \end{pmatrix} \overset{!}{\equiv} \begin{pmatrix} 0 \\ 0 \\ 0 \end{pmatrix}$$

gilt. Ist diese Bedingung erfüllt, so läßt sich eine aus dem Kraftfeld resultierende Kraft durch die *Potentialfunktion* $U = U(\boldsymbol{r}, t)$ darstellen.

$$\boldsymbol{F}(\boldsymbol{r}, t) = -\operatorname{grad} U(\boldsymbol{r}, t) = \frac{-\partial U}{\partial \boldsymbol{r}^{\mathrm{T}}} = \left(-\frac{\partial U}{\partial x}, \ -\frac{\partial U}{\partial y}, \ -\frac{\partial U}{\partial z}\right)^{\mathrm{T}}$$

oder

$$F_x = -\frac{\partial U}{\partial x}; \qquad F_y = -\frac{\partial U}{\partial y}; \qquad F_z = -\frac{\partial U}{\partial z}$$

Hierbei ist die Potentialfunktion U eine Funktion des Ortsvektors r und der Zeit t.

Ist die Potentialfunktion oder das Potential nur eine Funktion des Ortes $U = U(r)$, dann spricht man von einem *konservativen Kraftfeld*.

Hier gilt:

- In einem konservativen Kraftfeld ist das Arbeitsdifferential dW das *vollständige Differential* des negativen Potentials.

$$dW = F^{\mathrm{T}} dr = -\left(\frac{\partial U}{\partial x} dx + \frac{\partial U}{\partial y} dy + \frac{\partial U}{\partial z} dz\right) = -dU$$

Mit der Beziehung $dW = -dU$ läßt sich der Energiesatz formulieren (s. 12.4). Der Wert des Potentials U ist gleich der *potentiellen Energie U*. Diese Identität drückt sich in der gleichen Bezeichnung aus.

Die Eigenschaften eines konservativen Kraftfeldes lassen sich wie folgt beschreiben:

- Die aus einem Potential eines konservativen Kraftfeldes resultierende Kraft, die auf einen Massenpunkt wirkt, ist nur von der Lage des Massenpunktes abhängig.
- Die von der konservativen Kraft verrichtete Arbeit ist nicht von der Bahnkurve abhängig und wird nur durch die Anfangslage (0) und die Endlage bestimmt.

$$W = \int_{r_0}^{r} F \, dr = -\int_{U_0}^{U} dU = U_0 - U$$

Das Potential ergibt sich als Arbeit, die gegen das Kraftfeld verrichtet werden muß.

Beispiel: Bewegung im Schwerefeld (Bild 246)

Der Massenpunkt m wird in der Nähe der Erdoberfläche um h nach oben bewegt. Die dabei verrichtete Arbeit errechnet sich zu

$$dW = F^{\mathrm{T}} dr = (0, 0, -mg) \cdot \begin{pmatrix} dx \\ dy \\ dz \end{pmatrix} = -mgz \quad \Rightarrow$$

$$W = -mg \cdot (z - z_0) = -mgh$$

Mit $U_0 = 0$ ergibt sich die potentielle Energie des Massenpunktes zu

$$U = U_0 - W = -W = mgh$$

Beispiel: Potentielle Energie einer Feder (Bild 247)

Eine an einer für $x = 0$ ungespannten linearen Feder der Steifigkeit c befestigte Masse wird um den Weg x verschoben. Auf die freigeschnittene Masse wirkt entgegen der

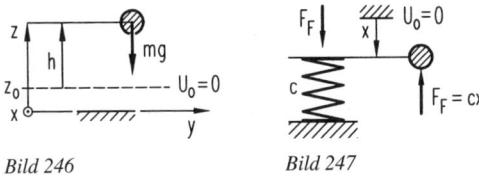

Bild 246   *Bild 247*

aufgebrachten Verschiebung x die Federkraft $F_F = cx$. Die von ihr bei einer zusätzlichen Verschiebung dx verrichtete Arbeit ist

$$dW = -dU = -cx \cdot dx$$

Damit folgt nach Integration mit $U_0 = 0$ die potentielle Energie der Feder zu

$$U = \frac{cx^2}{2}$$

9   Kinetik des Punkthaufens

Zur Definition des Punkthaufens siehe 6.1. Die zwischen den Massenpunkten des Punkthaufens vorhandenen starren, elastischen oder anderweitigen Bindungen bedingen Kräfte, die als innere Kräfte durch das Freischneiden der Einzelmassen bez. dieser zu äußeren Kräften werden. Als Summe dieser *inneren* Kräfte über den gesamten Punkthaufen ergibt sich wegen $\boldsymbol{F}_{ik} = -\boldsymbol{F}_{ki}$ (actio = reactio):

$$\sum_i \sum_k \boldsymbol{F}_{ik} = \boldsymbol{o}$$

Hierbei kennzeichnet i den gerade betrachteten und k denjenigen Massenpunkt, mit dem m_i durch die innere Kraft $\boldsymbol{F}_{ik}$ wechselwirkt. Mit dieser Bezeichnung ergibt sich für den i-ten Massenpunkt als Resultierende $\sum_k \boldsymbol{F}_{ik} + \boldsymbol{F}_i$, wenn $\boldsymbol{F}_i$ die auf m_i von außerhalb des Punkthaufens herrührende Kraft ist.

9.1   Schwerpunktsätze

Aus der Beziehung für den Schwerpunkt des Punkthaufens (siehe Statik)

$$m\boldsymbol{r}_S = \sum_i m_i \boldsymbol{r}_i$$

$m = \sum_i m_i$ Masse des Punkthaufens

$\boldsymbol{r}_S$ Ortsvektor zum Schwerpunkt
m_i Masse des i-ten Massenpunktes
$\boldsymbol{r}_i$ Ortsvektor zur i-ten Masse

folgt durch Differentiation die Beziehung für die *Bewegungsgröße* bzw. den *Impuls des Punkthaufens* (*1. Schwerpunktsatz*).

$$\boldsymbol{p} = m\dot{\boldsymbol{r}}_S = m\boldsymbol{v}_S = \sum_i m_i \dot{\boldsymbol{r}}_i = \sum_i \boldsymbol{p}_i$$

• Die Bewegungsgröße oder der Impuls des Punkthaufens ergibt sich als Bewegungsgröße des Schwerpunktes, in welchem sich die gesamte Masse des Punkthaufens vereinigt gedacht werden muß.

Die Wirkung von äußeren Kräften auf den Punkthaufen zeigt der *2. Schwerpunktsatz.* Differentiation der Bewegungsgröße des Punkthaufens liefert

$$\dot{p} = m\ddot{r}_S = ma_S = \sum_i m_i \ddot{r}_i$$

Setzt man die aus dem dynamischen Grundgesetz für die *i*-te Punktmasse folgende Beziehung

$$m\ddot{r}_i = F_i + \sum_k F_{ik}$$

ein und beachtet, daß die Doppelsumme über die inneren Kräfte verschwindet, so folgt daraus:

$$\dot{p} = m\ddot{r}_S = \sum_i F_i = F \qquad \text{bzw.}$$

$$ma_S = F$$

F Resultierende aller am Punkthaufen angreifenden äußeren Kräfte
a_S Beschleunigung des Schwerpunktes des Punkthaufens

• Der Schwerpunkt eines Punkthaufens bewegt sich so, als ob seine ganze Masse im Schwerpunkt vereinigt wäre und die Resultierende der äußeren Kräfte im Schwerpunkt angreifen würde.

Diese Aussage gilt für $m = \text{konst.}$

9.2   Drall, Drallsatz

Der Drall eines einzelnen – des *i*-ten – Massenpunktes ist als Vektorprodukt seines Ortsvektors r_i mit seinem Impuls definiert.

$$L_i^0 = \tilde{r}_i \cdot (m_i v_i) = m_i \tilde{r}_i \dot{r}_i$$

Wird das dynamische Grundgesetz für die freigeschnittene *i*-te Punktmasse vektoriell mit r_i multipliziert und dabei beachtet, daß sich die Momentenwirkungen der inneren Kräfte aufheben, so folgt nach Summation über alle Massen:

$$M^0 = \sum_i \tilde{r}_i F_i = \sum_i m_i \cdot (\tilde{r}_i \dot{r}_i)^\cdot = \sum_i (L_i^0)^\cdot = \frac{dL^0}{dt}$$

Setzt man die aus Bild 248 ablesbare Relation $r_i = r_S + u_i$ ein, so ergibt sich unter Berücksichtigung von $\sum_i m_i u_i \equiv o$:

$$M^S = \sum_i \tilde{u}_i F_i = \sum_i m_i \cdot (\tilde{u}_i \dot{u}_i)^\cdot = \sum_i (L_i^S)^\cdot = \frac{dL^S}{dt}$$

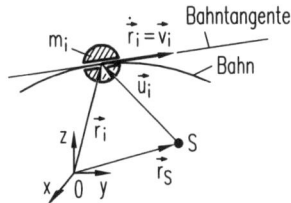

Bild 248 S Schwerpunkt des Punkthaufens;
$\vec{r}_i = \vec{r}_S + \vec{u}_i$ *Ortsvektor zu* m_i

● Die zeitliche Änderung des Dralls ist gleich dem resultierenden Moment der äußeren Kräfte, wobei als Bezugspunkt entweder ein raumfester Punkt oder der Schwerpunkt des Punkthaufens zu wählen ist.

Integration über die Zeit liefert den Drehimpulssatz:

$$\int_{t_A}^{t} \boldsymbol{M}^0 \, \mathrm{d}t = \boldsymbol{L}^0 - \boldsymbol{L}_A^0; \qquad \int_{t_A}^{t} \boldsymbol{M}^S \, \mathrm{d}t = \boldsymbol{L}^S - \boldsymbol{L}_A^S$$

(Index A charakterisiert den Anfangszustand)

● Die Änderung des Dralles ist gleich dem Zeitintegral des resultierenden Momentes der äußeren Kräfte.

9

9.3   Kinetische Energie, Potential

Die *kinetische Energie* eines Punkthaufens ergibt sich als Summe der kinetischen Energien der Massenpunkte.

$$E = \frac{1}{2} \sum_i m_i \dot{\boldsymbol{r}}_i^{\mathrm{T}} \dot{\boldsymbol{r}}_i = \frac{1}{2} \sum_i m_i v_i^2$$

Das *Potential* oder die *potentielle Energie* aller eingeprägten konservativen Kräfte – sowohl der äußeren als auch der inneren – berechnet sich zu

$$U = U_0 - \sum_i \int \boldsymbol{F}_j^{\mathrm{T}} \, \mathrm{d}\boldsymbol{r}_j - \sum_i \sum_{\substack{k \\ k \neq i}} \int \boldsymbol{F}_{ik}^{\mathrm{T}} \, \mathrm{d}(\boldsymbol{r}_i - \boldsymbol{r}_k)$$

Die inneren konservativen Kräfte haben dann ein Potential, wenn Relativverschiebungen ihrer Kraftangriffspunkte auftreten (s. 8.2). Dieser Fall tritt z. B. bei elastischen oder magnetischen Kopplungen der Massenpunkte auf.

Die Ausdrücke für die kinetische und die potentielle Energie werden für den Energiesatz (s. 12.4) bzw. für die LAGRANGEschen Bewegungsgleichungen (s. 12.5) benötigt.

10   Trägheits- und Zentrifugalmomente von Körpern

Dreht sich ein Körper der Masse m um eine feste Achse A mit der Winkelgeschwindigkeit $\boldsymbol{\omega}$, dann ist die kinetische Energie eines Massenelementes dm (Bild 249) dieses Körpers (s. 8.1)

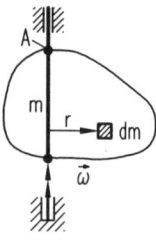

$$E_{dm} = \frac{dm\, r^2 \omega^2}{2}$$

Bild 249

Die kinetische Energie des Körpers bei der Drehung um die Achse A folgt daraus durch Integration über den gesamten Körper zu

$$E_{\text{Rot}} = \frac{\omega^2}{2} \int\limits_K r^2\, dm$$

Das hierbei auftretende Integral $\int\limits_K r^2\, dm$ wird als *Massenträgheitsmoment J_A* (oder *Massenmoment 2. Grades*) des Körpers bezüglich der Achse A bezeichnet.

$$J_A = \int\limits_K r^2\, dm \quad \Rightarrow \quad E_{\text{Rot}} = \frac{1}{2} J_A \omega^2$$

10.1   Massenträgheitsmoment für parallele Achsen

Ist das Massenträgheitsmoment J_A eines Körpers zu einer Achse A bekannt, dann kann es mittels des STEINERschen Satzes in das Massenträgheitsmoment J_S des Körpers zu einer Achse S, die durch den Schwerpunkt geht und zur Achse A parallel ist, umgerechnet werden. Dafür gilt die Beziehung

$$J_S = J_A - ma^2$$

wobei a der Abstand der Achsen A und S voneinander ist (Bild 250). Umgekehrt kann natürlich auch aus einem bekannten Massenträgheitsmoment bezüglich einer Achse S durch den Schwerpunkt das Massenträgheitsmoment bezüglich einer zu dieser Achse parallelen Achse berechnet werden.

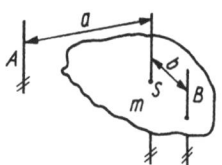

Bild 250

$$J_A = J_S + ma^2$$

Aus diesen Beziehungen ist zu sehen, daß der Körper im Vergleich aller zueinander parallelen Achsen bezüglich der Achse durch den Schwerpunkt immer das kleinste Trägheitsmoment aufweist.

Die Berechnung eines Trägheitsmomentes J_B bezüglich einer Achse B, die nicht durch den Schwerpunkt geht, aus einem Massenträgheitsmoment J_A, dessen Bezugsachse ebenfalls nicht durch den Schwerpunkt verläuft, aber zur Achse B parallel ist, muß *immer* mit Hilfe des STEINERschen Satzes über den Schwerpunkt gehen. Mit den senkrechten Abständen a und b der Achsen A und B von der Schwerpunktachse (Bild 250) ergibt sich dafür die Beziehung

$$J_A = J_B + m \cdot (a^2 - b^2)$$

10.2 Trägheitsradius, Schwungmoment, reduzierte Masse

Als *Trägheitsradius* i_A bezeichnet man die Entfernung der punktförmig gedachten Gesamtmasse m des Körpers von der Drehachse A, wobei die Punktmasse bezüglich A das gleiche Massenträgheitsmoment hat wie der ausgedehnte Körper um diese Achse.

Es gelten die Beziehungen:

$$J_A = m i_A^2; \qquad J_S = m i_S^2;$$
$$i_A^2 = i_S^2 + a^2 \qquad (a \text{ s. Bild 250})$$

Als *Schwungmoment* GD_A^2 bezeichnet man das Produkt aus Gewichtskraft $G = mg$ und dem Quadrat des Trägheitsdurchmessers $D_A = 2i_A$, wobei der folgende Zusammenhang besteht:

$$GD_A^2 = 4g J_A$$

Die *reduzierte Masse* m_{red} ist die im willkürlich vorgebbaren Abstand R von der Drehachse punkt- oder ringförmig gedachte Ersatzmasse, die das gleiche Massenträgheitsmoment besitzt wie der Originalkörper um diese Achse.

$$m_{red} = \frac{J}{R^2}$$

10

Beispiel: Dünner Stab (Bild 251)

Für einen dünnen Stab mit der Masse m und der Länge l wird das Massenträgheitsmoment, bezogen auf eine Achse durch Aufhängung A, mit der Beziehung

$$J_A = \int_K r^2 \, dm$$

mit

$$dm = \frac{m}{l} \, dr$$

ausgerechnet. Mit den Integralgrenzen 0 und l ergibt sich

$$J_A = \int_0^l \frac{m}{l} r^2 \, dr = \frac{m}{l} \frac{r^3}{3} \Big|_0^l = \frac{1}{3} m l^2$$

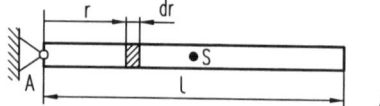

Bild 251

Mit diesem Ergebnis errechnet sich das Massenträgheitsmoment des dünnen Stabes bezüglich des Schwerpunktes unter Benutzung des STEINERschen Satzes (s. 10.1) zu

$$J_S = \frac{1}{3}ml^2 - m\left(\frac{l}{2}\right)^2 = \frac{1}{12}ml^2$$

Der Trägheitsradius i_S folgt daraus zu

$$i_S = \frac{l}{\sqrt{12}}$$

10.3 Massenträgheitsmomente und Deviationsmomente bezüglich eines orthogonalen Achsensystems

Bezüglich eines orthogonalen Achsensystems x, y, z durch den Punkt O (Bild 252) lauten die Massenträgheitsmomente eines Körpers:

$$J_{xx}^O = \int_K (y^2 + z^2)\, dm = \int_K (r^2 - x^2)\, dm$$

$$J_{yy}^O = \int_K (x^2 + z^2)\, dm = \int_K (r^2 - y^2)\, dm$$

$$J_{zz}^O = \int_K (x^2 + y^2)\, dm = \int_K (r^2 - z^2)\, dm$$

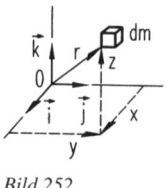

Bild 252

Das Trägheitsmoment eines aus mehreren Teilkörpern zusammengesetzten Körpers bezüglich einer Achse ist gleich der Summe der einzelnen Massenträgheitsmomente, bezogen auf diese Achse.

Massenträgheitsmomente sind stets positiv.

Deviations- oder Zentrifugalmomente sind

$$J_{xy}^O = -\int_K xy\, dm; \quad J_{xz}^O = -\int_K xz\, dm; \quad J_{yz}^O = -\int_K yz\, dm$$

Die Deviationsmomente können positiv, negativ oder gleich Null sein. Das Deviationsmoment bezüglich zweier Achsen eines aus Teilkörpern zusammengesetzten Körpers ist gleich der Summe der Deviationsmomente der einzelnen Teilkörper in bezug auf diese Achsen.

Besitzt ein homogener Körper eine Symmetrieachse, dann wird das Zentrifugalmoment, bezogen auf zwei Achsen, deren eine in der Symmetrieebene liegt und die andere darauf senkrecht steht, gleich Null. Diese Achsen werden *Hauptträgheitsachsen* (s. 10.6) genannt.

Massenträgheitsmomente und Deviationsmomente eines Körpers bezüglich des Punktes O und der Richtungen x, y, z sind die Koordinaten des symmetrischen *Trägheitstensors* $\boldsymbol{J}^O$, der sich als (3×3)-Matrix schreiben läßt:

$$\boldsymbol{J}^O = \begin{pmatrix} J_{xx}^O & J_{xy}^O & J_{xz}^O \\ J_{yx}^O & J_{yy}^O & J_{yz}^O \\ J_{zx}^O & J_{zy}^O & J_{zz}^O \end{pmatrix}$$

mit

$$J_{yx}^O = J_{xy}^O; \qquad J_{zx}^O = J_{xz}^O; \qquad J_{zy}^O = J_{yz}^O$$

10.4 Berechnung der Massenträgheits- und Deviationsmomente eines allgemeinen Zylinders mit paralleler Grund- und Deckfläche

Bei dem in Bild 253 dargestellten allgemeinen Zylinder mit über dem Volumen konstanter Dichte ϱ ist die Masse eines Körperelementes

$$\mathrm{d}m = \varrho \cdot \mathrm{d}z \cdot \mathrm{d}A$$

Der Ursprung des x, y, z-Systems liegt im Schwerpunkt des Körpers. $x = 0$ und $y = 0$ beschreiben die Schwereachse. Hinsichtlich des Querschnitts werden keine Einschränkungen gemacht.

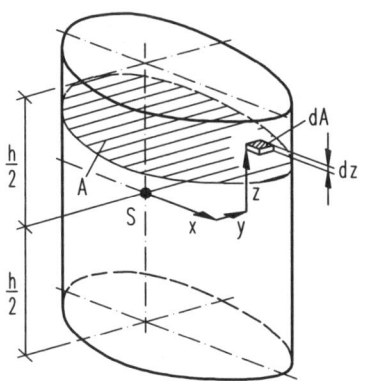

10

Bild 253

Das Massenträgheitsmoment J_{xx}^S folgt aus

$$J_{xx}^S = \varrho \int_A \int_{z=-h/2}^{h/2} (y^2 + z^2) \, \mathrm{d}z \, \mathrm{d}A = \varrho \left[h \int_A y^2 \, \mathrm{d}A + \frac{h^3}{12} \int_A \mathrm{d}A \right]$$

Wegen $\int_A \mathrm{d}A = A$ und $\int_A y^2 \, \mathrm{d}A = I_{xx}$ (axiales Flächenträgheitsmoment des Querschnitts) und mit $m = \varrho h A$ wird daraus

$$J_{xx}^S = mh^2 \cdot \left(\frac{1}{12} + \frac{I_{xx}}{Ah^2} \right)$$

Die Rechnung ist für J_{yy}^S analog. Es ergibt sich

$$J_{yy}^S = mh^2 \cdot \left(\frac{1}{12} + \frac{I_{yy}}{Ah^2} \right)$$

Das Massenträgheitsmoment J_{zz}^S errechnet sich zu

$$J_{zz}^S = \varrho \int\limits_A \int\limits_{z=-h/2}^{h/2} (x^2 + y^2)\,\mathrm{d}A = \varrho h \int\limits_A (x^2 + y^2)\,\mathrm{d}A = \varrho h \cdot (I_{yy} + I_{xx})$$

oder

$$J_{zz}^S = mh^2 \frac{I_{xx} + I_{yy}}{Ah^2}$$

Im Falle des Deviationsmomentes $J_{xy}^S = J_{yx}^S$ gilt:

$$J_{xy}^S = -\varrho \int\limits_A \int\limits_{z=-h/2}^{h/2} xy\,\mathrm{d}z\,\mathrm{d}A = \varrho h I_{xy} = mh^2 \frac{I_{xy}}{Ah^2}$$

Hieraus folgt, daß das Deviationsmoment J_{xy}^S dann verschwindet, wenn das Flächenzentrifugalmoment I_{xy} der Querschnittsfläche Null ist, d. h., wenn die x, y-Achsen Querschnittshauptachsen sind.

Für $J_{xz}^S = J_{zx}^S$ ist zu schreiben:

$$J_{xz}^S = -\varrho \int\limits_A \int\limits_{z=-h/2}^{h/2} xz\,\mathrm{d}z\,\mathrm{d}A = -\varrho \int\limits_A x \cdot 0\,\mathrm{d}A = 0$$

Analog gilt $J_{yz}^S = J_{zy}^S = 0$.

Zusammengefaßt läßt sich der Trägheitstensor des allgemeinen Zylinders also wie folgt darstellen:

$$\boldsymbol{J}^S = mh^2 \cdot \begin{pmatrix} \dfrac{1}{12} + \dfrac{I_{xx}}{Ah^2} & \dfrac{I_{xy}}{Ah^2} & 0 \\[3mm] \dfrac{I_{xy}}{Ah^2} & \dfrac{1}{12} + \dfrac{I_{yy}}{Ah^2} & 0 \\[3mm] 0 & 0 & \dfrac{I_{xx} + I_{yy}}{Ah^2} \end{pmatrix}$$

Beispiel: Quader (Bild 254)

Masse: $m = \varrho abc$

Querschnittskenngrößen:

$$A = ab; \qquad I_{xx} = \frac{a^3 b}{12}; \qquad I_{yy} = \frac{ab^3}{12}; \qquad I_{xy} = 0$$

Trägheitstensor:

$$J^S = \frac{m}{12} \cdot \begin{pmatrix} a^2 + c^2 & 0 & 0 \\ 0 & b^2 + c^2 & 0 \\ 0 & 0 & a^2 + b^2 \end{pmatrix}$$

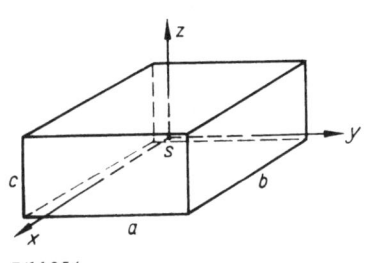
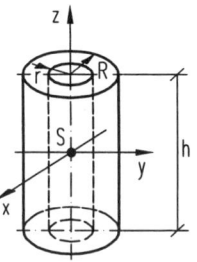

Bild 254   *Bild 255*

Beispiel: Kreis-Hohlzylinder (Bild 255)

Masse: $m = \varrho h \pi \cdot (R^2 - r^2)$

Querschnittskenngrößen:

$$A = \pi \cdot (R^2 - r^2); \qquad I_{xx} = I_{yy} = \frac{\pi}{4} \cdot (R^4 - r^4); \quad I_{xy} = 0$$

Trägheitstensor:

$$J^S = \frac{mR^4}{4} \cdot \begin{pmatrix} 1 + \left(\dfrac{r}{R}\right)^2 + \dfrac{1}{3}\left(\dfrac{h}{R}\right)^2 & 0 & 0 \\ 0 & 1 + \left(\dfrac{r}{R}\right)^2 + \dfrac{1}{3}\left(\dfrac{h}{R}\right)^2 & 0 \\ 0 & 0 & 2 \cdot \left[1 + \left(\dfrac{r}{R}\right)^2\right] \end{pmatrix}$$

10

Weitere Beispiele für häufig vorkommende, geometrisch einfache homogene Körper findet man in *Anlage A 36*.

10.5 Wechsel des Bezugspunktes, Steinerscher Satz

Aus Bild 256 liest man den Zusammenhang $\boldsymbol{r} = \boldsymbol{r}_S + \boldsymbol{r}_1$ ab. Einsetzen in die Definitionsgleichungen (s. 10.3), die sich mittels Matrizenschreibweise in kompakter Form gemäß

$$J^O = \int_K \tilde{\boldsymbol{r}}^{\mathrm{T}} \tilde{\boldsymbol{r}} \, \mathrm{d}m$$

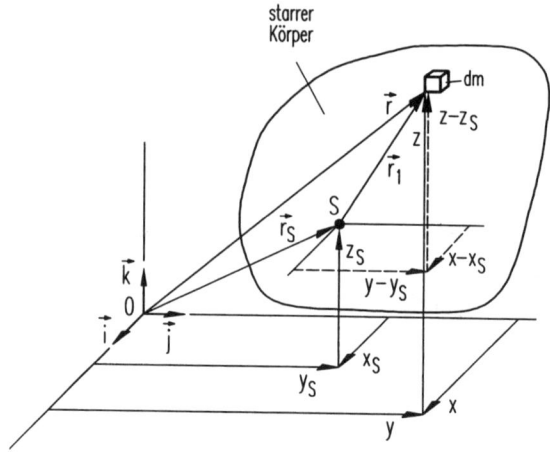

Bild 256

angeben lassen (zur Definition des Tilde-Operators vgl. Abschn. 7.4.1), ergibt unter Beachtung von $\int\limits_K \boldsymbol{r}_1 \, \mathrm{d}m = \boldsymbol{o}$ und $\int\limits_K \mathrm{d}m = m$

$$\boldsymbol{J}^O = \int\limits_K \tilde{\boldsymbol{r}}_1^{\mathrm{T}} \tilde{\boldsymbol{r}}_1 \, \mathrm{d}m + m \tilde{\boldsymbol{r}}_S^{\mathrm{T}} \tilde{\boldsymbol{r}}_S$$

$$\boldsymbol{J}^O = \boldsymbol{J}^S + m \tilde{\boldsymbol{r}}_S^{\mathrm{T}} \tilde{\boldsymbol{r}}_S$$

Ausführlich geschrieben lauten die Beziehungen (STEINERscher Satz):

$$J_{xx}^O = J_{xx}^S + m \cdot (y_S^2 + z_S^2)$$

$$J_{yy}^O = J_{yy}^S + m \cdot (x_S^2 + z_S^2)$$

$$J_{zz}^O = J_{zz}^S + m \cdot (x_S^2 + y_S^2)$$

$$J_{xy}^O = J_{xy}^S - m x_S y_S$$

$$J_{xz}^O = J_{xz}^S - m x_S z_S$$

$$J_{yz}^O = J_{yz}^S - m y_S z_S$$

Der STEINERsche Satz gilt bezüglich gleicher Richtungen für zwei Bezugspunkte, von denen einer der Schwerpunkt sein *muß*.

Beispiel: Massenträgheits- und Deviationsmomente des in Bild 257 dargestellten homogenen Körpers

Gegeben ist die als konstant vorausgesetzte Dichte ϱ und die Länge l. Zu bestimmen sind die Masse, die Koordinaten des Schwerpunktes S sowie die Elemente von $\boldsymbol{J}^O$ und $\boldsymbol{J}^S$.

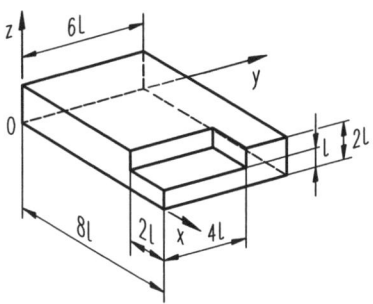

Bild 257

Lösung:

Denkt man sich den Körper aus zwei Teilkörpern – dem Quader der Abmessungen $8l \times 4l \times l$ als positiven sowie dem Quader der Kantenlängen $2l \times 4l \times l$ als negativen Teilkörper – zusammengesetzt, so ergibt sich:

$$m = \sum_i m_i = \varrho \cdot (8l \cdot 6l \cdot 2l - 2l \cdot 4l \cdot l) = 88\varrho l^3$$

$$\boldsymbol{r}_S = \frac{1}{m} \sum_i m_i \boldsymbol{r}_{S_i} \quad \Rightarrow$$

$$\begin{pmatrix} x_S \\ y_S \\ z_S \end{pmatrix} = \frac{1}{m} \cdot \begin{pmatrix} 96\varrho l^3 \cdot 4l - 8\varrho l^3 \cdot 7l \\ 96\varrho l^3 \cdot 3l - 8\varrho l^3 \cdot 2l \\ 96\varrho l^3 \cdot l - 8\varrho l^3 \cdot (3/2)l \end{pmatrix} = \frac{l}{88} \cdot \begin{pmatrix} 328 \\ 272 \\ 84 \end{pmatrix}$$

$$\boldsymbol{J}^O = \sum_i (\boldsymbol{J}^O)_i = \sum_i \left[(\boldsymbol{J}^{S_i})_i + m_i \tilde{\boldsymbol{r}}_{S_i}^{\mathrm{T}} \tilde{\boldsymbol{r}}_{S_i} \right]$$

$$= 96\varrho l^5 \cdot \left[\frac{1}{12} \begin{pmatrix} 36+4 & 0 & 0 \\ 0 & 64+4 & 0 \\ 0 & 0 & 36+64 \end{pmatrix} + \begin{pmatrix} 10 & -12 & -4 \\ -12 & 17 & -3 \\ -4 & -3 & 25 \end{pmatrix} \right]$$

$$-8\varrho l^5 \cdot \left[\frac{1}{12} \begin{pmatrix} 16+1 & 0 & 0 \\ 0 & 4+1 & 0 \\ 0 & 0 & 16+4 \end{pmatrix} + \begin{pmatrix} 25/4 & -14 & -21/2 \\ -14 & 205/4 & -3 \\ -21/2 & -3 & 53 \end{pmatrix} \right]$$

10

Ausrechnen liefert:

$$J^O = \frac{\varrho l^5}{3} \cdot \begin{pmatrix} 3\,655 & -3\,120 & -900 \\ -3\,120 & 5\,287 & 792 \\ -900 & 792 & 8\,287 \end{pmatrix}$$

Die Transformation auf den Schwerpunkt S ergibt:

$$J^S = J^O - m\tilde{r}_S^T \tilde{r}_S \approx \varrho l^5 \cdot \begin{pmatrix} 297{,}76 & -25{,}36 & 13{,}28 \\ -25{,}36 & 457{,}63 & -4{,}4 \\ 13{,}28 & -4{,}4 & 697{,}31 \end{pmatrix}$$

10.6 Drehtransformation, Hauptträgheitsmomente, Hauptträgheitsachsen

Sind die Elemente des Trägheitstensors eines Körpers für einen Punkt P bezüglich der Richtungen eines kartesischen Koordinatensystems gegeben, für denselben Punkt bezüglich eines dazu gedrehten Achsensystems aber gesucht, so können diese bei bekannter Drehtransformationsmatrix A (vgl. Abschn. 7.4.1) zwischen beiden Systemen aus den folgenden Beziehungen (Drehtransformation eines Tensors zweiter Stufe) bestimmt werden:

$$J^P = A\overline{J}^P A^T; \qquad \overline{J}^P = A^T J^P A$$

▶ *Sonderfall*: Massenträgheitsmoment für eine im x, y, z-System schräg liegende Achse A durch P (Bild 258)

Die Lage der Achse A ist durch die Richtungswinkel α (Winkel zwischen A und x-Achse) und β (Winkel zwischen A und y-Achse) festgelegt. Dann gilt für das Massenträgheitsmoment bez. dieser Achse:

$$J_A = J_{xx}^P \cos^2 \alpha + J_{yy}^P \cos^2 \beta + J_{zz}^P \cos^2 \gamma$$
$$+ 2J_{xy}^P \cos \alpha \cos \beta + 2J_{xz}^P \cos \alpha \cos \gamma + 2J_{yz}^P \cos \beta \cos \gamma$$

mit $\cos^2 \gamma = 1 - \cos^2 \alpha - \cos^2 \beta$

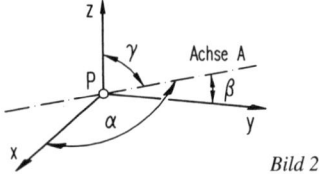

Bild 258

Ist der Trägheitstensor J^P für ein vorgegebenes körperfestes kartesisches Koordinatensystem bez. des Punktes P gegeben, so führt die Frage, ob für diesen Punkt ein gegenüber dem ursprünglichen System gedrehtes Achsensystem existiert, für welches die Deviationsmomente verschwinden, auf das lineare Eigenwertproblem

$$(J^P - J^P E)c = o$$

Aus der Bedingung, daß für nichttriviale Lösungen (homogenes Gleichungssystem!) $\det(\boldsymbol{J}^P - \boldsymbol{J}^P\boldsymbol{E}) = 0$ erfüllt sein muß, folgen die drei Hauptträgheitsmomente (die Eigenwerte) als Wurzeln einer Gleichung dritten Grades, die ihrer Größe nach geordnet werden:

$$J_{\mathrm{I}}^P \geqq J_{\mathrm{II}}^P \geqq J_{\mathrm{III}}^P$$

Die zugehörigen Richtungsvektoren (die Eigenvektoren) $\boldsymbol{c}_k$ ($k =$ I, II, III) lassen sich mit der Normierungsbedingung $\boldsymbol{c}_k^\mathrm{T}\boldsymbol{c}_k = 1$ als die Einheitsvektoren (Richtungskosinus) der gesuchten Hauptträgheitsachsen interpretieren (s. Bild 259). Sie bilden ein orthogonales System, denn es gilt $\boldsymbol{c}_i^\mathrm{T}\boldsymbol{c}_k = 0$ für $i \neq k$. Für zwei dieser Vektoren kann die positive Richtung willkürlich festgelegt werden. Die positive Richtung des dritten Vektors wird aus der Forderung bestimmt, daß sie ein Rechtssystem bilden:

$$\det \boldsymbol{C} = \det(\boldsymbol{c}_{\mathrm{I}}, \boldsymbol{c}_{\mathrm{II}}, \boldsymbol{c}_{\mathrm{III}}) \overset{!}{=} +1$$

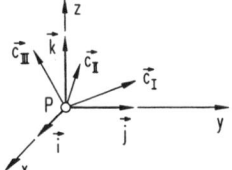

Bild 259

Die Matrix $\boldsymbol{C}$, deren Spalten die Einheitsvektoren des Hauptachsensystems in P sind (dargestellt im ursprünglichen System), stellt also eine spezielle Drehtransformationsmatrix dar, d. h., es gilt

$$\boldsymbol{C}^\mathrm{T}\boldsymbol{J}^P\boldsymbol{C} = \overline{\boldsymbol{J}}^P = \begin{pmatrix} J_{\mathrm{I}}^P & 0 & 0 \\ 0 & J_{\mathrm{II}}^P & 0 \\ 0 & 0 & J_{\mathrm{III}}^P \end{pmatrix}$$

10

Ist insbesondere der betrachtete Punkt der Schwerpunkt S des Körpers, so spricht man von zentralen Hauptträgheitsmomenten sowie von Hauptzentralachsen.

Zur numerischen Lösung linearer Matrix-Eigenwertprobleme gibt es handelsübliche Mathematik-Software.

Beispiel: Hauptträgheitsmomente und Orientierung der Hauptzentralachsen des Körpers aus dem Beispiel in Abschnitt 10.5

Die Lösung des linearen Eigenwertproblems $(\boldsymbol{J}^S - \boldsymbol{J}^S\boldsymbol{E})\boldsymbol{c} = \boldsymbol{o}$ mit Hilfe eines handelsüblichen Mathematik-PC-Programms liefert die Hauptträgheitsmomente

$$J_{\mathrm{I}}^S = 697{,}87\varrho l^5; \qquad J_{\mathrm{II}}^S = 461{,}38\varrho l^5; \qquad J_{\mathrm{III}}^S = 293{,}45\varrho l^5$$

Die Matrix

$$\boldsymbol{C} = (\boldsymbol{c}_{\mathrm{I}}, \boldsymbol{c}_{\mathrm{II}}, \boldsymbol{c}_{\mathrm{III}}) = \begin{pmatrix} 0{,}034\,6 & -0{,}151\,0 & -0{,}987\,9 \\ -0{,}021\,9 & 0{,}988\,2 & -0{,}151\,8 \\ 0{,}999\,2 & 0{,}026\,9 & 0{,}030\,8 \end{pmatrix}$$

beinhaltet die Richtungskosinus der einzelnen Hauptrichtungen relativ zum ursprünglichen x, y, z-System (s. Bild 260).

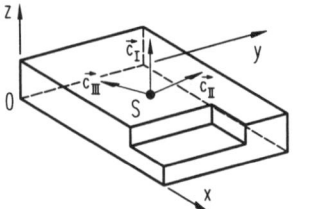

Bild 260

10.7   Experimentelle Bestimmung von Trägheitsmomenten

Bei der experimentellen Bestimmung von Massenträgheitsmomenten geht man vom Zusammenhang zwischen Schwingungsdauer (s. Kapitel 14) und Massenträgheitsmoment bei Dreh- und Pendelschwingungen aus. Häufig benutzte Verfahren sind:

- Torsions- und Drehschwingungsverfahren, z. B. mit Einstabaufhängung (Bild 261) oder bei Mehrfadenaufhängung (Bild 262),
- Pendelverfahren, z. B. die Doppelpendelung (Bild 263).

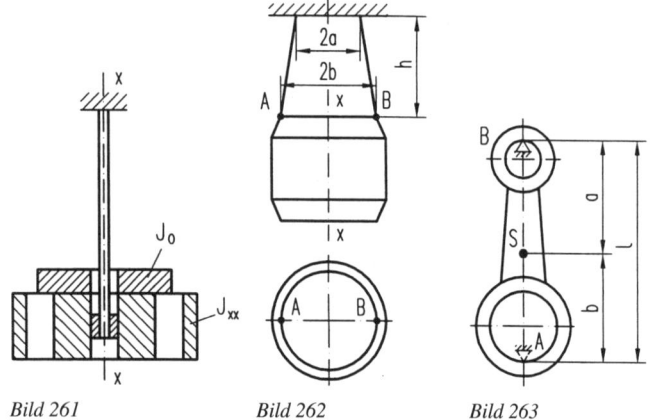

Bild 261   *Bild 262*   *Bild 263*

Torsionsversuch bei Einstabaufhängung: Der zu untersuchende Körper wird an einem Torsionsdraht oder -stab befestigt und die Periodendauer T_1 der angestoßenen Torsionsschwingungen gemessen. Danach wird eine Zusatzscheibe mit bekanntem Massenträgheitsmoment J_0 hinzugefügt und wiederum die Periodendauer gemessen, die jetzt den Wert T_2 hat. Zu beachten ist, daß die wirksame Länge des Torsionsstabes unverändert bleibt. Das gesuchte Massenträgheitsmoment ist dann

$$J_{xx} = \frac{J_0 T_1^2}{T_2^2 - T_1^2}$$

Drehschwingungsversuch bei Mehrfadenaufhängung: Gemessen wird die Periodendauer T_0 der angestoßenen Drehschwingungen, wobei auf kleine Schwingungsausschläge zu achten ist (Nichtlinearität der Bewegungsgleichung). Günstig ist die Verwendung langer Fäden, damit $h \gg a$ und $h \gg b$ wird. Das Massenträgheitsmoment ergibt sich zu

$$J_{xx} = \frac{mg}{4\pi^2} T_0^2 \frac{ab}{h}$$

Doppelpendelung: Der Körper, dessen Trägheitsmoment zu bestimmen ist, besitzt zwei Aufhängepunkte A und B. Sein Schwerpunkt liegt auf der Verbindungsgeraden dieser beiden Punkte. T_A ist die Periodendauer bei Pendelung um A, T_B die bei Pendelung um B. Es ergibt sich

$$a = l \frac{T_A^2 - (4\pi^2 l/g)}{T_A^2 + T_B^2 - 2(4\pi^2 l/g)}$$

als Schwerpunktabstand, und das Massenträgheitsmoment J_S bezüglich des Schwerpunktes ist

$$J_S = \frac{T_B^2}{4\pi^2} mga - ma^2$$

Es ist auf kleine Ausschläge und auf eine hohe Genauigkeit der Zeitmessung (Periodendauern) zu achten.

Weitere Verfahren sind in /21/ beschrieben.

11 Kinetik des starren Körpers

11.1 Impuls, Drall, kinetische Energie

11

Der *Impuls* eines starren Körpers ist

$$\boldsymbol{p} = m\boldsymbol{v}_S = \int \boldsymbol{v} \, dm$$

$\boldsymbol{v}_S$ Geschwindigkeitsvektor des Körperschwerpunktes bezüglich eines raumfesten Koordinatensystems

m Masse des Körpers

$\boldsymbol{v}$ Geschwindigkeit des Massenteilchens dm bezüglich des raumfesten Koordinatensystems

Für die Translation eines Körpers gelten in bezug auf seinen Schwerpunkt die gleichen Beziehungen wie beim Massenpunkt.

Der *Drall*- oder *Drehimpulsvektor* eines starren Körpers bezüglich eines raumfesten Körperpunktes P (hier auch Ursprung des raumfesten x, y, z-Koordinatensystems) bzw. bezüglich des beliebig bewegten Schwerpunktes S ist (Bild 264)

$$L^P = \int_K \tilde{r} \cdot (\tilde{\omega}r)\,dm = J^P\omega; \quad P \text{ raumfester Körperpunkt}$$

$$L^S = J^S\omega; \quad S \text{ beliebig bewegter Schwerpunkt}$$

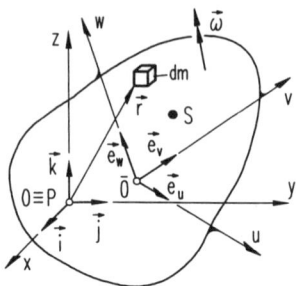

Bild 264

Führt man ein körperfestes u, v, w-System gemäß Bild 264 ein, so sind die Komponenten des Trägheitstensors bezüglich dieser körperfesten Richtungen zeitlich konstant. Zerlegt man den Drallvektor in die Richtungen der Einheitsvektoren e_u, e_v, e_w, so gilt:

$$\overline{L}^{P,S} = \overline{J}^{P,S}\overline{\omega}$$

Ausführlich geschrieben:

$$\begin{pmatrix} L_u \\ L_v \\ L_w \end{pmatrix}_{P,S} = \begin{pmatrix} J_{uu}^{P,S}\omega_u + J_{uv}^{P,S}\omega_v + J_{uw}^{P,S}\omega_w \\ J_{vu}^{P,S}\omega_u + J_{vv}^{P,S}\omega_v + J_{vw}^{P,S}\omega_w \\ J_{wu}^{P,S}\omega_u + J_{wv}^{P,S}\omega_v + J_{ww}^{P,S}\omega_w \end{pmatrix}$$

Bei Drehung um eine raumfeste Achse A, die durch P verläuft und z. B. die Richtung von e_u hat (das körperfeste System ist willkürlich wählbar), ergibt sich wegen $\overline{\omega} = (\omega_u, 0, 0)^T$:

$$\begin{pmatrix} L_u \\ L_v \\ L_w \end{pmatrix}_P = \begin{pmatrix} J_{uu}^P \\ J_{vu}^P \\ J_{wu}^P \end{pmatrix}\omega_u$$

Für den Fall, daß die u-Richtung für den betreffenden Bezugspunkt eine Trägheitshauptachse ist, gilt:

$$L_u^P = J_{uu}^P\omega_u = J_A\omega_u; \qquad L_v^P = L_w^P = 0$$

Sind alle 3 Richtungen des körperfesten Systems Trägheitshauptachsen für den jeweiligen Bezugspunkt (P oder S), die in diesem Fall mit ξ, η, ζ bezeichnet werden sollen (d. h., es gilt $e_u = c_I = e_\xi$, $e_v = c_{II} = e_\eta$, $e_w = c_{III} = e_\zeta$), so ergeben sich die entsprechenden Komponenten des Drallvektors zu

$$L_\xi^{P,S} = J_I^{P,S}\omega_\xi; \qquad L_\eta^{P,S} = J_{II}^{P,S}\omega_\eta; \qquad L_\zeta^{P,S} = J_{III}^{P,S}\omega_\zeta$$

Für den starren Körper gilt neben dem Schwerpunktsatz (dynamisches Grundgesetz) als weiteres unabhängiges Axiom der Momenten- oder Drallsatz. Im

Falle eines raumfesten (nicht bewegten) Körperpunktes P oder für den beliebig bewegten Schwerpunkt S lautet er in bezug auf raumfeste Richtungen:

$$M^{P,S} = \frac{dL^{P,S}}{dt}$$

● Das resultierende Moment aller am freigeschnittenen Körper angreifenden Kräfte und Momente ist gleich der zeitlichen Änderung des Dralls.

Die *allgemeine Bewegung eines Körpers* läßt sich immer als Überlagerung von Translation des Schwerpunktes S und Rotation um S auffassen. Die Absolutgeschwindigkeit eines Massenteilchens dm des Körpers kann dann entsprechend der kinematischen Beziehung

$$v = v_S + \tilde{\omega}r_1$$

ausgedrückt werden (Bild 265). Setzt man diesen Zusammenhang in das Integral $\int_K (v^T v \, dm/2)$ ein, erhält man die *kinetische Energie*:

$$E = E_{\text{trans}} + E_{\text{rot}} = \frac{1}{2}mv_S^T v_S + \frac{1}{2}\omega^T L^S$$
$$= \frac{1}{2}mv_S^2 + \frac{1}{2}\omega^T J^S \omega = \frac{1}{2}mv_S^2 + \frac{1}{2}\overline{\omega}^T \overline{J}^S \overline{\omega}$$

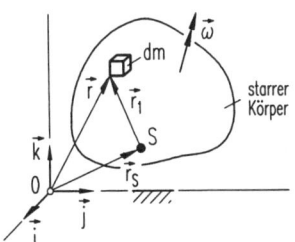

Bild 265

11

Zu E_{trans} ist zu sagen, daß für die Translation des Schwerpunktes eines Körpers die Beziehungen des Massenpunktes gelten.

E_{rot} ergibt sich als Skalarprodukt von Drall- und Drehgeschwindigkeitsvektor.

Die kinetische Energie der Rotation um eine richtungstreue Achse A, die durch den Schwerpunkt verläuft, ist

$$E_{\text{rot}} = \frac{1}{2}J_A \omega^2$$

J_A Massenträgheitsmoment bez. Achse A durch S
ω Winkelgeschwindigkeit

Sind die körperfesten Koordinatenrichtungen Hauptzentralachsen, dann ergibt sich für die kinetische Energie der Rotation

$$E_{\text{rot}} = \frac{1}{2}\left(J_{\text{I}}^S \omega_\xi^2 + J_{\text{II}}^S \omega_\eta^2 + J_{\text{III}}^S \omega_\zeta^2\right)$$

Beispiel: Physikalisches Pendel (Bild 266)

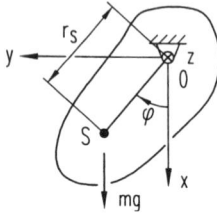

Bild 266

Nach dem *Momentensatz* ergibt sich für das physikalische Pendel bezüglich der raumfesten z-Achse

$$M_z^O = \frac{\mathrm{d}L_z^O}{\mathrm{d}t} = J_{zz}^O \dot{\omega}_z = J_{zz}^O \ddot{\varphi}$$

Das Moment der äußeren Kräfte um die Achse z ergibt sich als das Moment der Gewichtskraft mg zu

$$M_z^O = -mgr_S \sin \varphi$$

r_S Schwerpunktabstand von der z-Achse

Damit folgt als Bewegungsgleichung für das physikalische Pendel

$$J_{zz}^O \ddot{\varphi} + mgr_S \sin \varphi = 0$$

Für kleine Ausschläge gilt $\sin \varphi \approx \varphi$, und damit wird die Periodendauer des physikalischen Pendels zu

$$T = 2\pi \sqrt{\frac{J_{zz}^O}{mgr_S}}$$

Beispiel: Berechnung der kinetischen Energie eines Kreiskegels (Bild 267)

Die kinetische Energie eines Kreiskegels, dessen Spitze A an der z-Achse drehbar befestigt ist und dessen Grundkreis auf einer horizontalen Fläche abrollt, soll berechnet werden. Die Symmetrieachse des Kegels ist der x,y-Ebene parallel. Der Kegel hat einen Grundkreisradius R, eine Masse m und einen Öffnungswinkel 2α. Der Schwerpunktabstand von der Spitze ist $(3/4)h$. Die Bewegung des Kreiskegels im raumfesten x,y,z-System wird durch die Angabe von φ und $\dot{\varphi}$ gekennzeichnet. Um die kinetische Energie der Bewegung des Kegels berechnen zu können, wird ein körperfestes Koordinatensystem benötigt, dessen Ursprung der Schwerpunkt S ist. Das ist deshalb notwendig, weil die Bewegung des Kreiskegels eine allgemeine Bewegung dieses Körpers mit einer Translation des Schwerpunktes und einer Drehung um den Schwerpunkt ist. Demzufolge wird gelten

$$E = E_{\text{trans}} + E_{\text{rot}} \tag{1}$$

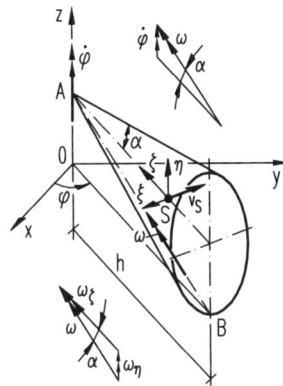

Bild 267

Dieses körperfeste Koordinatensystem wird dann ein Hauptachsensystem, wenn die Achse des Kreiskegels (Symmetrieachse) eine Koordinatenachse ist. Diese Achse soll die ζ-Achse sein. Die Achsen ξ und η werden so gewählt, daß sie auf der ζ-Achse senkrecht stehen und das körperfeste Koordinatensystem ein Rechtssystem ist.

Wenn der Kegel auf seinem Grundkreis in der x, y-Ebene rollt, dann wird die Mantellinie AB des Kegels die momentane Drehachse sein. Der Zusammenhang zwischen den Geschwindigkeiten $\dot{\varphi}$ und ω, der Winkelgeschwindigkeit um die momentane Drehachse, ist

$$\sin \alpha = \frac{\dot{\varphi}}{\omega} \quad \text{oder} \quad \omega = \frac{\dot{\varphi}}{\sin \alpha} \tag{2}$$

Die Komponenten der Drehgeschwindigkeit $\overline{\omega}$ in den Hauptachsenrichtungen sind

$$\omega_\xi = 0 \tag{3}$$

$$\omega_\eta = \omega \sin \alpha = \dot{\varphi} \tag{4}$$

$$\omega_\zeta = \omega \cos \alpha = \dot{\varphi} \cot \alpha \tag{5}$$

Die Schwerpunktgeschwindigkeit v_S ergibt sich zu

$$v_S = \frac{3}{4} h \dot{\varphi} \tag{6}$$

Diese Beziehung ergibt sich aus der Kreisbewegung, die der Schwerpunkt um die z-Achse ausführt.

Der Anteil der kinetischen Energie aus der *Translation* ist

$$E_{\text{trans}} = \frac{1}{2} m v_S^2 = \frac{1}{2} m \left(\frac{3}{4} h \dot{\varphi} \right)^2 \tag{7}$$

Die kinetische Energie der *Rotation* E_{rot} ist

$$E_{\text{rot}} = \frac{1}{2} (J_I \omega_\xi^2 + J_{II} \omega_\eta^2 + J_{III} \omega_\zeta^2)$$

$$= \frac{1}{2} (J_{II} \dot{\varphi}^2 + J_{III} \dot{\varphi}^2 \cot^2 \alpha) \tag{8}$$

11

Es sind noch die Hauptträgheitsmomente J_{II} und J_{III} zu bestimmen. Nach *Anlage A 26* gilt

$$J_I = J_{II} = \frac{3}{20} m \left(R^2 + \frac{1}{4} h^2 \right) \tag{9}$$

$$J_{III} = \frac{3}{10} m R^2 \tag{10}$$

Die kinetische Energie der Bewegung des Kreiskegels ergibt sich nach (1) zu

$$E = \frac{1}{2} m \left(\frac{3}{4} h \dot{\varphi}^2 \right) + \frac{1}{2} \frac{3}{20} m \left(R^2 + \frac{1}{4} h^2 \right) \dot{\varphi}^2 + \frac{1}{2} \frac{3}{10} m R^2 \cot^2 \alpha \dot{\varphi}^2$$

$$= m \dot{\varphi}^2 \left(\frac{9}{32} h^2 + \frac{3}{40} R^2 + \frac{3}{160} h^2 + \frac{3}{20} R^2 \cot^2 \alpha \right) \tag{11}$$

Mit

$$R = h \tan \alpha \quad \text{bzw.} \quad \cot \alpha = h/R \tag{12}$$

wird (11) zu

$$E = m h^2 \dot{\varphi}^2 \left(\frac{9}{32} + \frac{3}{40} \tan^2 \alpha + \frac{3}{160} + \frac{3}{20} \right)$$

$$= m h^2 \dot{\varphi}^2 \frac{3}{40} (6 + \tan^2 \alpha) \tag{13}$$

11.2 Drehung um eine feste Achse, Fliehkraft, Eulersche dynamische Gleichungen

Bei der Drehung eines starren Körpers um eine feste Achse (Bild 268) sei die z-Achse die Drehachse. Dann gilt

$$\boldsymbol{\omega} = \overline{\boldsymbol{\omega}} = (0, 0, \dot{\varphi})^T$$

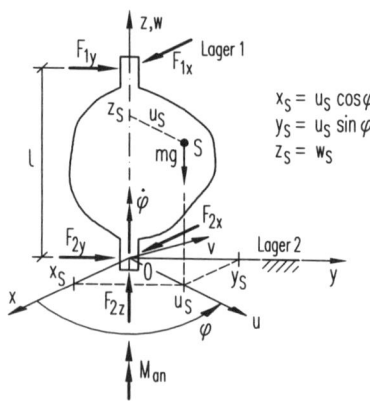

$$x_S = u_S \cos \varphi$$
$$y_S = u_S \sin \varphi$$
$$z_S = w_S$$

Bild 268

Mit der Drehtransformationsmatrix

$$A = \begin{pmatrix} \cos\varphi & -\sin\varphi & 0 \\ \sin\varphi & \cos\varphi & 0 \\ 0 & 0 & 1 \end{pmatrix}$$

ergibt sich für den Drall (Punkt O ist raumfester Körperpunkt)

$$\boldsymbol{L}^O = \begin{pmatrix} L_x^O \\ L_y^O \\ L_z^O \end{pmatrix} = \boldsymbol{A}\overline{\boldsymbol{L}}^O = \boldsymbol{A}\overline{\boldsymbol{J}}^O\overline{\boldsymbol{\omega}} = \begin{pmatrix} J_{uw}^O\cos\varphi - J_{vw}^O\sin\varphi \\ J_{uw}^O\sin\varphi + J_{vw}^O\cos\varphi \\ J_{ww}^O \end{pmatrix}\dot{\varphi}^2$$

Der Momentenvektor der am freigeschnittenen Rotor angreifenden Kräfte ist bei Vernachlässigung von Reibung (Bild 268):

$$\boldsymbol{M}^O = \begin{pmatrix} M_x^O \\ M_y^O \\ M_z^O \end{pmatrix} = \begin{pmatrix} -mgy_S - F_{1y}l \\ mgx_S + F_{1x}l \\ M_{\mathrm{an}} \end{pmatrix} = \begin{pmatrix} -mgu_S\cos\varphi - F_{1y}l \\ mgu_S\sin\varphi + F_{1x}l \\ M_{\mathrm{an}} \end{pmatrix}$$

Damit liefert der Momentensatz:

$$\begin{pmatrix} -mgu_S\cos\varphi - F_{1y}l \\ mgu_S\sin\varphi + F_{1x}l \\ M_{\mathrm{an}} \end{pmatrix} = \begin{pmatrix} J_{uw}^O\cos\varphi - J_{vw}^O\sin\varphi \\ J_{uw}^O\sin\varphi + J_{vw}^O\cos\varphi \\ J_{ww}^O \end{pmatrix}\ddot{\varphi}$$

$$+ \begin{pmatrix} -J_{uw}^O\sin\varphi - J_{vw}^O\cos\varphi \\ J_{uw}^O\cos\varphi - J_{vw}^O\sin\varphi \\ 0 \end{pmatrix}\dot{\varphi}^2$$

Weiterhin gilt nach dem Schwerpunktsatz:

$$\begin{pmatrix} F_{1x} + F_{2x} \\ F_{1y} + F_{2y} \\ F_{2z} - mg \end{pmatrix} = m \cdot \begin{pmatrix} \ddot{x}_S \\ \ddot{y}_S \\ \ddot{z}_S \end{pmatrix} = mu_S \cdot \begin{pmatrix} -\ddot{\varphi}\sin\varphi - \dot{\varphi}^2\cos\varphi \\ \ddot{\varphi}\cos\varphi - \dot{\varphi}^2\sin\varphi \\ 0 \end{pmatrix}$$

11

Es stehen also 6 Gleichungen für 6 Unbekannte zur Verfügung. Das sind zunächst die 5 Lagerkräfte $F_{1x}, F_{1y}, F_{2x}, F_{2y}, F_{2z}$ sowie im Falle des vorgegebenen Antriebsmomentes M_{an} die Drehbewegung $\varphi(t)$ bzw. bei vorgegebenem $\varphi(t)$ das dafür erforderliche Antriebsmoment M_{an}.

Die *Fliehkraft* oder *Zentrifugalkraft* eines starren Körpers, der sich um eine feste, aber nicht durch den Schwerpunkt gehende Achse dreht, ist gleich der Summe der Fliehkräfte aller Massenteilchen $\mathrm{d}m$

$$F_{\mathrm{f}} = \int r\omega^2\,\mathrm{d}m = \omega^2\int r\,\mathrm{d}m = \omega^2 r_S m = \frac{mv_S}{r_S}$$

r senkrechter Abstand der Massenteilchen $\mathrm{d}m$ von der Drehachse
r_S senkrechter Abstand des Schwerpunktes der Masse m von der Drehachse
v_S Geschwindigkeit des Schwerpunktes

Die Fliehkraft steht senkrecht auf der Drehachse. Ihre Wirkungslinie braucht nicht durch den Schwerpunkt zu gehen (siehe Beispiel).

Beispiel: Rotierender Stab (Bild 269)

Ein Stab von der Länge l und der Masse $m = \mu l$ ist drehbar aufgehängt. Er rotiert um die x-Achse mit der konstanten Winkelgeschwindigkeit ω und wird durch die dabei entstehende Fliehkraft F_f um den Winkel φ gegenüber der Vertikalen ausgelenkt. Nach Abklingen von Anfangsstörungen stellt sich eine Gleichgewichtslage ein, für die $\dot{\varphi} \equiv 0$ gilt, d. h., es befindet sich dann das Moment der Gewichtskraft mg bezüglich der horizontalen Drehachse des Lagers und das der Fliehkraft F_f um die gleiche Achse im Gleichgewicht.

Zu berechnen ist die Fliehkraft F_f, die Lage der Wirkungslinie x_f von F_f und der sich einstellende Winkel $\varphi = \varphi(\omega)$.

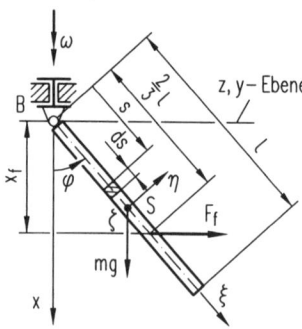

Bild 269

Die Fliehkraft F_f ergibt sich als Summe der Fliehkräfte der einzelnen Massenteilchen $\mathrm{d}m$

$$F_f = \omega^2 \int_0^l s \sin \varphi \mu \, \mathrm{d}s$$

wobei für das Massenteilchen $\mathrm{d}m = \mu \, \mathrm{d}s$ gesetzt wurde.

Die Ausrechnung des Integrals ergibt die Fliehkraft F_f

$$F_f = \omega^2 \mu \frac{l^2}{2} \sin \varphi = \omega^2 m \frac{l}{2} \sin \varphi$$

Das Moment der Fliehkraft F_f um die horizontale Drehachse muß als Summe der Fliehkräfte der Massenteilchen $\mathrm{d}m$ berechnet werden. Es wird

$$M_f^B = \int_0^l \omega^2 \mu \sin \varphi \cos \varphi s^2 \, \mathrm{d}s = \omega^2 \mu \sin \varphi \cos \varphi \frac{l^3}{3}$$

$$= \frac{l^3}{3} \omega^2 m \sin \varphi \cos \varphi = \frac{2}{3} F_f l \cos \varphi \stackrel{!}{=} F_f \cdot x_f$$

Daraus folgt die Lage der Wirkungslinie der Fliehkraft x_f

$$x_f = \frac{2}{3} l \cos \varphi$$

Das Moment der Gewichtskraft mg ist

$$M_g^B = -mg\frac{l}{2}\sin\varphi$$

Aus dem Momentengleichgewicht $M_f^B + M_g^B = 0$ ergibt sich der Winkel φ

$$\cos\varphi = \frac{3g}{2l\omega^2}$$

Transformiert man den entweder für einen raumfesten Körperpunkt P oder für den beliebig bewegten Schwerpunkt S bezüglich raumfester Richtungen gültigen Momentensatz (s. Abschn. 11.1) auf ein körperfestes (und damit mitbewegtes) u, v, w-System, so erhält man:

$$\overline{M}^{P,S} = \overline{J}^{P,S}\dot{\overline{\omega}} + \tilde{\overline{\omega}}\,\overline{J}^{P,S}\overline{\omega}$$

Diese Form hat den Vorteil, daß die Elemente des Trägheitstensors $\overline{J}^{P,S}$ zeitlich konstant sind. Das resultierende Moment der am freigeschnittenen Körper angreifenden Kräfte und Momente muß hierbei natürlich auch für die u, v, w-Richtungen aufgeschrieben werden.

$$\overline{M}^{P,S} = (M_u^{P,S}, M_v^{P,S}, M_w^{P,S})^{\mathrm{T}}$$

Ist das körperfeste System zudem noch ein Hauptachsensystem (hier wieder mit ξ, η, ζ bezeichnet), so nehmen die Gleichungen eine besonders einfache Form an. Sie werden als die *Eulerschen dynamischen Gleichungen* oder auch als *Eulersche Kreiselgleichungen* bezeichnet:

$$M_\xi^{P,S} = J_{\mathrm{I}}^{P,S}\dot{\omega}_\xi + (J_{\mathrm{III}}^{P,S} - J_{\mathrm{II}}^{P,S})\omega_\eta\,\omega_\zeta$$

$$M_\eta^{P,S} = J_{\mathrm{II}}^{P,S}\dot{\omega}_\eta + (J_{\mathrm{I}}^{P,S} - J_{\mathrm{III}}^{P,S})\omega_\xi\,\omega_\zeta$$

$$M_\zeta^{P,S} = J_{\mathrm{III}}^{P,S}\dot{\omega}_\zeta + (J_{\mathrm{II}}^{P,S} - J_{\mathrm{I}}^{P,S})\omega_\eta\,\omega_\xi$$

Wegen dieser relativ einfachen Form formuliert man die Momentengleichungen zweckmäßigerweise bezüglich der körperfesten (Haupt-) Richtungen, wogegen die Kraftgleichungen (Schwerpunktsatz) bevorzugt bezüglich raumfester Richtungen aufgeschrieben werden (von Sonderfällen abgesehen, vgl. folgendes Beispiel).

11

Beispiel: Berechnung der Mahlkraft eines Kollerganges

An einer masselosen waagerechten Achse OS, die sich um die senkrechte Achse durch O sowie um sich selbst drehen kann (Bild 270), ist ein Mühlstein der Masse m befestigt. Für konstant vorausgesetzte Winkelgeschwindigkeit Ω ist die Mahlkraft (Normalkraft F_N) zwischen Mühlstein und Unterlage zu berechnen. Es wird für die Mittelebene des als homogene Kreiszylinder anzusehenden Mühlsteins reines Rollen angenommen.

Die rechte Darstellung in Bild 270 zeigt den freigeschnitten Körper sowie die eingeführten Koordinaten zur Beschreibung seiner Bewegung.

Zunächst sind einige kinematische Zusammenhänge aus dem Bild abzuleiten. Als Abrollbedingung gilt (die Geschwindigkeit des augenblicklichen Auflagepunktes ist gleich Null):

$$R\dot{\varphi} - r\dot{\psi} = 0$$

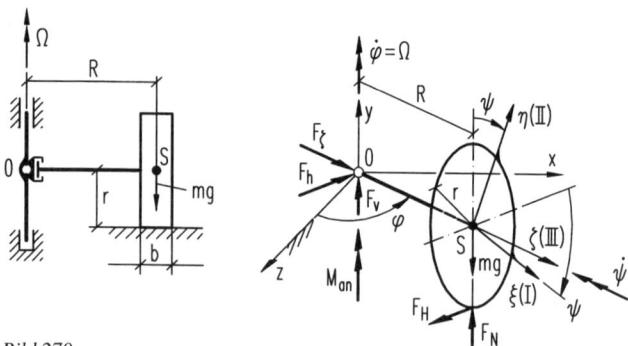

Bild 270

Da sich der Schwerpunkt S auf einer Kreisbahn mit dem Radius R bewegt, wird zweckmäßigerweise die Beschleunigung von S in Zylinderkoordinaten angeschrieben:

$$a_S = \begin{pmatrix} a_R \\ a_\varphi \\ a_y \end{pmatrix}_S = \begin{pmatrix} -R\dot{\varphi}^2 \\ R\ddot{\varphi} \\ 0 \end{pmatrix} = -R\Omega^2 \cdot \begin{pmatrix} 1 \\ 0 \\ 0 \end{pmatrix}$$

Die Komponenten des Drehgeschwindigkeitsvektors bezüglich der körperfesten Hauptrichtungen ξ, η, ζ sind:

$$\overline{\omega} = \begin{pmatrix} \omega_\xi \\ \omega_\eta \\ \omega_\zeta \end{pmatrix} = \begin{pmatrix} -\dot{\varphi}\sin\psi \\ \dot{\varphi}\cos\psi \\ -\dot{\psi} \end{pmatrix} = \Omega \cdot \begin{pmatrix} -\sin\psi \\ \cos\psi \\ -R/r \end{pmatrix}$$

Die Differentiation nach der Zeit liefert

$$\dot{\overline{\omega}} = \begin{pmatrix} \dot{\omega}_\xi \\ \dot{\omega}_\eta \\ \dot{\omega}_\zeta \end{pmatrix} = -\Omega^2 \frac{R}{r} \cdot \begin{pmatrix} \cos\psi \\ \sin\psi \\ 0 \end{pmatrix}$$

Nunmehr können Schwerpunktsatz und die EULERschen Kreiselgleichungen aufgestellt werden:

$$F_\zeta = -mR\Omega^2; \qquad F_\mathrm{h} - F_\mathrm{H} = 0; \qquad F_\mathrm{v} - mg + F_\mathrm{N} = 0$$

$$M_\xi^S \equiv -(M_\mathrm{an} - F_\mathrm{h} \cdot R)\sin\psi + F_\mathrm{v} \cdot R\cos\psi$$

$$= -J_\mathrm{I}^S \Omega^2 \frac{R}{r}\cos\psi - \left(J_\mathrm{III}^S - J_\mathrm{II}^S\right)\Omega^2 \frac{R}{r}\cos\psi$$

$$M_\eta^S \equiv (M_\mathrm{an} - F_\mathrm{h} \cdot R)\cos\psi + F_\mathrm{v} \cdot R\sin\psi$$

$$= -J_\mathrm{II}^S \Omega^2 \frac{R}{r}\sin\psi + \left(J_\mathrm{I}^S - J_\mathrm{III}^S\right)\Omega^2 \frac{R}{r}\sin\psi$$

$$M_\zeta^S \equiv -F_\mathrm{H} \cdot r = -\left(J_\mathrm{II}^S - J_\mathrm{I}^S\right)\Omega^2 \sin\psi\cos\psi$$

Für die Massenträgheitsmomente des homogenen Kreiszylinders gilt (vgl. zweites Beispiel in Abschn. 10.4):

$$J_I^S = J_{II}^S = \frac{mr^2}{4} \cdot \left[1 + \frac{1}{3} \left(\frac{b}{r} \right)^2 \right]; \qquad J_{III}^S = \frac{mr^2}{2}$$

Setzt man diese Größen in obige Gleichungen ein, so ergibt die Auflösung des Gleichungssystems nach den Unbekannten:

$$F_H = F_h = 0; \qquad F_\zeta = -mR\Omega^2; \qquad M_{an} = 0$$

$$F_v = -\frac{1}{2}mr\Omega^2; \qquad F_N = mg \cdot \left(1 + \frac{r\Omega^2}{2g} \right)$$

11.3 Kreiselbewegung

Ein *Kreisel* ist ein starrer Körper, der bezüglich eines raumfesten Punktes eine räumliche Drehbewegung ausführen kann. Eine Kreiselbewegung wird auch eine solche Bewegung genannt, bei der sich ein starrer Körper um eine feste Achse dreht, die selbst festgehalten wird (s. dazu 11.2), oder er sich um eine raumfeste Achse drehen kann.

Freie Achsen sind Hauptträgheitsachsen durch den Schwerpunkt. Nur um sie ist eine gleichförmige Drehung ohne Einwirkung äußerer Kräfte möglich. Drehungen um die Achsen mit dem größten bzw. kleinsten Trägheitsmoment sind stabil.

Einen *symmetrischen Kreisel* nennt man einen Körper, der dynamisch symmetrisch ist; er braucht nicht geometrisch symmetrisch zu sein. Dynamisch symmetrisch ist ein Körper, der zwei Hauptachsen durch den Schwerpunkt mit dem gleichen Trägheitsmoment hat. Dann sind alle Achsen, die in der Ebene der beiden ausgezeichneten Hauptachsen liegen, ebenfalls Hauptachsen mit dem gleichen Trägheitsmoment. Die so gebildete Ebene heißt *Äquatorebene*. Die auf der Äquatorebene senkrecht stehende Achse, die durch den Schwerpunkt geht, ist gleichfalls eine Hauptträgheitsachse und heißt *Figurenachse*.

Ein *kräftefreier Kreisel* ist ein Kreisel, auf den keine Kräfte und Momente einwirken, die seine Bewegung verändern können. Der Schwerpunkt stimmt mit dem Stützpunkt überein (Bild 271).

Bild 271

Als *reguläre Präzession des kräftefreien Kreisels* wird eine Drehbewegung um die Figurenachse F mit der Winkelgeschwindigkeit $\omega_e = $ konst. (Eigendrehung) verstanden, wobei die Figurenachse sich mit einer Winkelgeschwindigkeit $\omega_p = $ konst. (Präzessionsdrehung) um eine raumfeste Achse – die Präzessionsachse Pr – dreht (Bild 272a und 272b). Die von Präzessionsachse und

Figurenachse aufgespannte Ebene heißt Präzessionsebene. In ihr liegt die momentane Drehachse *D*. Die Lage der momentanen Drehachse wird durch die Trägheitsmomente bestimmt. J_I ist auf die Figurenachse bezogen, während J_{III} als Bezugsachse eine Hauptachse der Äquatorebene hat. Der Drallvektor liegt in der Präzessionsachse. Ist δ der Winkel zwischen Drallvektor und Figurenachse, dann gilt für die reguläre Präzession

$$(J_{III} - J_I)\omega_p \cos \delta = \pm J_I \omega_e; \qquad 0 < \delta < 90°$$

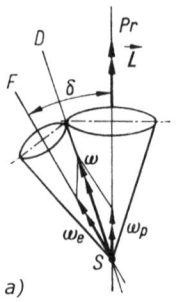 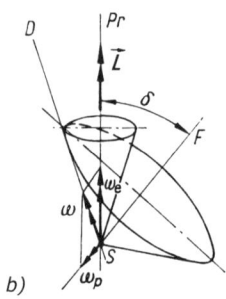

Bild 272 *Reguläre Präzession*
a) epizyklische Bewegung   *b) perizyklische Bewegung*
    ($J_I < J_{III}$)   ($J_I > J_{III}$)
D momentane Drehachse, F Figurenachse, Pr Präzessionsachse, S Schwerpunkt

Figuren- und Drehachse beschreiben Kreiskegel. Es werden *epizyklische* (Bild 272a) und *perizyklische* (Bild 272b) Bewegung je nach Größe von J_I und J_{III} unterschieden.

Bei der *erzwungenen regulären Präzession* wirkt auf den Kreisel ein äußeres Moment. Dann fällt der Drallvektor im allgemeinen nicht mehr in die raumfeste Präzessionsachse. Ein Moment der äußeren Kräfte oder das Präzessionsmoment M_p

$$M_p = [J_I\omega_e + (J_I - J_{III})\omega_p \cos \delta]\omega_p \sin \delta; \qquad 0 < \delta < 180°$$

bewirkt, daß sich ein Kreisel, der sich mit ω_e um seine Figurenachse dreht, mit der Winkelgeschwindigkeit ω_p um die raumfeste Präzessionsachse dreht, wobei δ der Winkel zwischen ω_e und ω_p ist. Die Massenträgheit des Kreisels bewirkt das Kreiselmoment M_k, das dem Präzessionsmoment M_p entgegengerichtet ist:

$$M_p = -M_k$$

Nach dem Satz vom gleichsinnigen Parallelismus der Drehachsen will das Kreiselmoment die Figurenachse mit der Präzessionsachse gleichsinnig zur Deckung bringen.

Ein *schneller Kreisel* (Bild 273) ist ein Kreisel, der mit hoher Winkelgeschwindigkeit ω_e um eine Achse rotiert, die nahe der Figurenachse liegt. Das Kreiselmoment M_k für einen schnellen Kreisel ($\omega_e \gg \omega_p$) ergibt sich in erster Näherung zu

$$M_k = J_I(\boldsymbol{\omega}_e \times \boldsymbol{\omega}_p)$$

Liegt der Schwerpunkt des Kreisels nicht mehr im Stützpunkt, dann spricht man vom *schweren Kreisel*. Stützpunkt O und Schwerpunkt S liegen aber weiterhin auf der Figurenachse. Der Stützpunkt O sei beschleunigungsfrei. Das Moment der Schwerkraft um den Stützpunkt O bewirkt das Präzessionsmoment M_p.

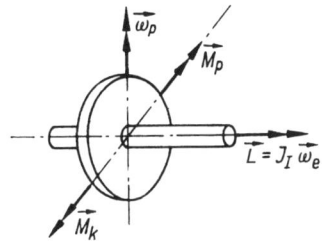

Bild 273

Beispiel: Schief aufgekeiltes Schwungrad (Bild 274)

Die Berechnung der Lagerbelastungen $F_1(F_{1y}; F_{1z})$ und $F_2(F_{2x}; F_{2y}; F_{2z})$ bei einem schief aufgekeilten Schwungrad ist ein Problem, das als Drehung eines starren Körpers um eine feste Achse (s. 11.2) oder als Beispiel zur Kreiselbewegung (s. 11.3) aufgefaßt werden kann.

11

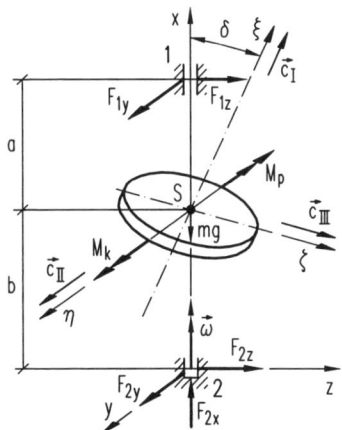

Bild 274

1. Fall: Berechnung als Drehung eines starren Körpers um eine feste Achse

Das Bezugssystem, dessen Ursprung im Schwerpunkt liegt, ist ein Hauptachsensystem. Deshalb werden zur Berechnung die EULERschen dynamischen Gleichungen angewendet.

Das Schwungrad wird als eine mit Masse belegte Kreisscheibe aufgefaßt. Dadurch ergeben sich die Trägheitsmomente (siehe *Anlage A 26*) zu

$$J_\mathrm{I} = \frac{1}{2}mr^2 \quad \text{und} \quad J_\mathrm{II} = J_\mathrm{III} = \frac{1}{4}mr^2$$

Die Scheibe dreht sich mit einer konstanten Winkelgeschwindigkeit ω um die x-Achse. Deshalb gilt

$$\dot{\boldsymbol{\omega}} = \boldsymbol{o} \quad \text{und} \quad \boldsymbol{J}^S \dot{\boldsymbol{\omega}} = \boldsymbol{o}$$

Die Komponenten der Drehgeschwindigkeit $\overline{\boldsymbol{\omega}}$ bezüglich des Hauptachsensystems (s. Bild 275) sind

$$\omega_\xi = \omega \cos\delta; \qquad \omega_\eta = 0; \qquad \omega_\zeta = -\omega \sin\delta$$

Aus den EULERschen dynamischen Gleichungen ergibt sich

$$M_\xi = 0$$

$$M_\eta = -(J_\mathrm{I} - J_\mathrm{II})\omega^2 \sin\delta \cos\delta = -\frac{mr^2}{4}\omega^2 \sin\delta \cos\delta$$

$$M_\zeta = 0$$

Es ergibt sich also nur ein Moment M_η, das gleich dem Moment der am Körper angreifenden äußeren Kräfte um die η-Achse sein muß. In unserem Fall sind die Lagerkräfte $\boldsymbol{F}_1$ und $\boldsymbol{F}_2$ die am Körper angreifenden äußeren Kräfte. Für das Gleichgewicht gilt

$$x \uparrow \ : 0 = F_{2x} - mg \tag{1}$$

$$y \nearrow \ : 0 = F_{1y} + F_{2y} \tag{2}$$

$$z \rightarrow \ : 0 = F_{1z} + F_{2z} \tag{3}$$

Aus den Gln. (1) bis (3) folgt:

$$F_{2x} = mg \tag{1a}$$

$$F_{1y} = -F_{2y} \tag{2a}$$

$$F_{1z} = F_{2z} \tag{3a}$$

Für die Komponenten der Momente ergibt sich (Bild 275)

$$M_\xi = 0 = (F_{1y}a - F_{2y}b)\sin\delta \tag{4}$$

$$M_\eta = -\frac{mr^2}{4}\omega^2 \sin\delta \cos\delta = -F_{1z}a + F_{2z}b \tag{5}$$

$$M_\zeta = 0 = (F_{1y}a - F_{2y}b)\cos\delta \tag{6}$$

Aus (4) und (6) folgt mit (2a):

$$F_{1y} = F_{2y} = 0$$

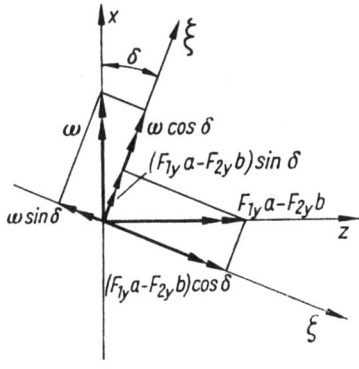

Bild 275

Aus (5) folgt mit (3a):

$$F_{1z} = \frac{mr^2}{4}\omega^2 \sin\delta\cos\delta; \qquad F_{2z} = -\frac{mr^2}{4}\omega^2 \sin\delta\cos\delta$$

Aus den Ergebnissen ist ersichtlich, daß F_{2z} entgegen der im Bild 274 angegebenen Richtung wirkt.

Da das Hauptachsensystem ein körperfestes System ist, rotieren die Achsen im Sinne von ω um die x-Achse. Deshalb drehen sich auch die Lagerkräfte F_{1z} und F_{2z} im Sinne von ω und mit der Winkelgeschwindigkeit ω um die x-Achse.

2. *Fall*: Berechnung als Kreiselbewegung

Die ξ-Achse ist die Figurenachse und die x-Achse ist die Präzessionsachse.

Daraus folgt:

$$\omega_e = 0 \quad \text{und} \quad \omega_p = \omega$$

Die Drehung um die Präzessionsachse ruft ein Präzessionsmoment M_p hervor, das sich als folgendes Vektorprodukt ergibt:

$$M_p = \omega \times L^S = \begin{vmatrix} c_I & c_{II} & c_{III} \\ \omega\cos\delta & 0 & -\omega\sin\delta \\ J_I\omega\cos\delta & 0 & -J_{III}\omega\sin\delta \end{vmatrix}$$

Die Determinante ausgerechnet, ergibt für das Präzessionsmoment M_p

$$M_p = -c_{II}\left(\frac{1}{4}mr^2\omega^2\sin\delta\cos\delta\right)$$

Der Einheitsvektor c_{II} zeigt an, daß das Präzessionsmoment sich als Moment der äußeren Kräfte ergibt, das sich nur um die η-Achse dreht. Damit erhält man das gleiche Ergebnis wie bei der Berechnung im *Fall 1* mit den EULERschen dynamischen Gleichungen, und die Berechnung der Lagerkräfte geht wie dort angegeben weiter. Die Lagerkräfte F_{1z} und F_{2z} liegen in der Präzessionsebene und drehen sich mit ihr um die x-Achse. Das Kreiselmoment M_k ergibt sich als negativer Wert des Präzessionsmomentes M_p.

11

12   Einige Prinzipien der Mechanik

12.1   Impulssatz und Drallsatz

Der *Impulssatz* beschreibt die Änderung der Bewegungsgröße und damit des Bewegungszustandes der Translation beim Wirken von äußeren Kräften.

$$p - p_0 = m(v_S - v_{S0}) = \int_{t_0}^{t} F \, dt^*$$

p_0 Impulsvektor zur Zeit t_0
v_{S0} Schwerpunktgeschwindigkeit zur Zeit t_0
F resultierende äußere Kraft am freigeschnittenen Körper

Diese Beziehung gilt für *einen* Körper bez. Translation oder für den Massenpunkt. Ein System starrer Körper muß in Einzelkörper zerlegt werden. Dabei sind bei der Berechnung die Beziehungen als Komponentengleichungen zu schreiben.

Der *Drallsatz* beschreibt die Änderung der Bewegungsgröße bei der Rotation (siehe dazu auch 9.2)

$$L^{P,S} - L_0^{P,S} \equiv J^{P,S}(\omega - \omega_0) = \int_{t_0}^{t} M^{P,S} \, dt^*$$

$L^{P,S}$ Drallvektor entweder bezüglich eines raumfesten Körperpunktes oder bezüglich des beliebig bewegten Schwerpunktes
$J^{P,S}$ Trägheitstensor
$L_0^{P,S}$ Drall zur Zeit t_0
ω_0 Drehgeschwindigkeitsvektor zur Zeit t_0
$M^{P,S}$ resultierendes Moment der äußeren Kräfte und Momente am freigeschnittenen Körper

Beispiel: Anfahren eines Aggregates

Für ein durch einen Antriebsmotor (Schwungmoment GD^2; Antriebsmoment $M_A =$ konst.) angetriebenes Aggregat (auf Motorwelle reduziertes Massenträgheitsmoment J_A) soll die Hochlaufzeit t_H aus dem Stillstand berechnet werden.

Lösung:

Bei der Berechnung der Hochlaufzeit ist das Massenträgheitsmoment des Motors zu berücksichtigen. Es ist

$$J_{mot} = \frac{GD^2}{4g} \qquad \text{(s. 10.2)}$$

Das gesamte Trägheitsmoment ist

$$J_{ges} = J_{mot} + J_A$$

Weiter gilt

$t = 0$: $n = 0,$ $\omega = 0$

$t = t_H$: $n = n_{nenn},$ $\omega_{nenn} = 2\pi n_{nenn}$

Es soll von Bewegungswiderständen wie Reibung, Lüfterverlusten u. ä. abgesehen werden.

Die Anwendung des Drallsatzes ergibt

$$J_{ges}\omega_{nenn} = \int\limits_{0}^{t_H} M_A\, dt = M_A t_H$$

Damit wird die Hochlaufzeit t_H zu

$$t_H = \frac{J_{ges}\omega_{nenn}}{M_A}$$

▶ *Bemerkung*: Wenn das Massenträgheitsmoment und auch das Antriebsmoment relativ große Werte haben, dann kommt der errechnete Wert den experimentell ermittelten Werten der Hochlaufzeit bekannter Antriebssysteme sehr nahe. Bei kleineren Werten des Massenträgheitsmomentes und des Antriebsmomentes kann der Wert für die Hochlaufzeit aus obiger Formel nur als Näherung betrachtet werden, weil dann die Annahme eines konstanten Antriebsmomentes meist nicht mehr gilt und auch der Einfluß der Bewegungswiderstände nicht mehr vernachlässigbar ist. Gleiches gilt für die Berechnung eines Antriebsmomentes, wenn obige Formel umgestellt wird und die Hochlaufzeit als gegeben gilt.

12.2 Dynamisches Gleichgewicht und Prinzip von d'Alembert

Bei der Anwendung von Schwerpunktsatz und Momentensatz (s. Abschn 11.2) ist es erforderlich, die einzelnen Körper vollständig freizuschneiden. Die dabei entstehenden resultierenden Größen lassen sich in eingeprägte und solche infolge von Zwängen aufteilen (vgl. Abschn. 6.1). Schreibt man Schwerpunkt- und Momentensatz unter Beachtung dieser Aufteilung in der Form

$$\boldsymbol{F}^{(e)} + \boldsymbol{F}^{(z)} + (-m\ddot{\boldsymbol{r}}_S) = \boldsymbol{o}$$

für raumfeste Richtungen:

$$\boldsymbol{M}^{S(e)} + \boldsymbol{M}^{S(z)} + (-\boldsymbol{J}^S\omega)^{\textbf{.}} = \boldsymbol{o}$$

für körperfeste Richtungen:

$$\overline{\boldsymbol{M}}^{S(e)} + \overline{\boldsymbol{M}}^{S(z)} + [-(\overline{\boldsymbol{J}}^S\dot{\overline{\boldsymbol{\omega}}} + \tilde{\overline{\boldsymbol{\omega}}}\,\overline{\boldsymbol{J}}^S\,\overline{\boldsymbol{\omega}})] = \boldsymbol{o}$$

so erkennt man eine Analogie zu den statischen Gleichgewichtsgleichungen, falls man am freigeschnittenen Körper die D'ALEMBERTschen Kräfte $m\ddot{\boldsymbol{r}}_S$ und D'ALEMBERTschen Momente $(\overline{\boldsymbol{J}}^S\dot{\overline{\boldsymbol{\omega}}} + \tilde{\overline{\boldsymbol{\omega}}}\,\overline{\boldsymbol{J}}^S\,\overline{\boldsymbol{\omega}})$ entgegen der positiv definierten Koordinatenrichtungen den eingeprägten und Zwangsgrößen hinzufügt.

12

Es kann also folgendes „Rezept" zur Behandlung von Aufgabenstellungen der Dynamik formuliert werden:

- Das zu untersuchende System wird in einer beliebig ausgelenkten Lage betrachtet. Zur Beschreibung dieser Lage werden zweckmäßig gewählte Koordinaten (Verschiebungen, Winkel) eingeführt und ihre positiven Richtungen festgelegt. Falls erforderlich, sind geometrische und/oder kinematische Beziehungen zwischen den Koordinaten zu formulieren (Zwangsbedingungen).
- Die einzelnen Körper des Systems werden in der betrachteten Lage vollständig freigeschnitten, d. h., es werden alle auf den Körper einwir-

kenden eingeprägten und aus Zwängen resultierenden Kräfte und Momente angetragen.

- Entsprechend obiger Gleichungen werden am freigeschnittenen Körper die D'ALEMBERTschen Kräfte und Momente entgegen der positiv definierten Koordinatenrichtungen hinzugefügt.
- Aufstellen der Gleichgewichtsgleichungen ($\sum F_i = o$; $\sum M_i = o$)
- Gleichgewichtsgleichungen und Zwangsgleichungen bilden unter Beachtung der Kraftgesetze für die eingeprägten Größen ein gekoppeltes System von Differential- und algebraischen Gleichungen, das je nach Aufgabenstellung (gegebene bzw. gesuchte Größen) gelöst werden muß, um die gewünschten Informationen über das betrachtete mechanische System zu erhalten.

Für den wichtigen Sonderfall der allgemeinen ebenen Bewegung (vgl. Abschn. 6.2) eines starren Körpers, für den ein körperfestes u, v, w-System wie in Bild 264 eingeführt wurde, erhält man unter der Voraussetzung, daß die körperfeste w-Achse immer parallel zur raumfesten z-Richtung ausgerichtet ist, folgende Gleichgewichtsgleichungen [$\overline{\omega} = (0, 0, \dot{\varphi})^T$]:

$$F_x^{(e)} + F_x^{(z)} - m\ddot{x}_S = 0$$

$$F_y^{(e)} + F_y^{(z)} - m\ddot{y}_S = 0$$

$$F_z^{(e)} + F_z^{(z)} = 0 \qquad (z_S = \text{konst.})$$

$$M_u^{S(e)} + M_u^{S(z)} - (J_{uw}^S\ddot{\varphi} - J_{vw}^S\dot{\varphi}^2) = 0$$

$$M_v^{S(e)} + M_v^{S(z)} - (J_{vw}^S\ddot{\varphi} + J_{uw}^S\dot{\varphi}^2) = 0$$

$$M_w^{S(e)} + M_w^{S(z)} - J_{ww}^S\ddot{\varphi} = 0$$

φ ist hierbei der zwischen positiver x- und positiver u-Achse liegende Drehwinkel (mathematisch positiv bez. positiver z-Richtung).

Anlage A 27 zeigt am Beispiel eines bewegten Getriebegliedes die Anwendung der Methode des dynamischen Gleichgewichts.

Das *d'Alembertsche Prinzip* sagt aus, daß die Bewegung eines Körpers so erfolgt, daß die *virtuelle Arbeit* der aus Zwängen resultierenden Kräfte und Momente in jedem Augenblick Null ist. Die virtuelle Arbeit ist die von den Kräften und Momenten bei einer *virtuellen Verrückung* geleistete Arbeit, wobei virtuelle Verrückungen gedachte, infinitesimale Verschiebungen oder Verdrehungen sind, die die Zwangsbedingungen erfüllen und selbst „zeitlos" sind ($\delta t \equiv 0$).

Seien δs_i die virtuellen Verschiebungen der Kraftangriffspunkte sowie $\delta\varphi_i$ die virtuellen Verdrehungen für die Momente, so gilt:

$$\delta W^{(z)} = \sum_i F_i^{(z)}\delta s_i + \sum_j M_j^{(z)}\delta\varphi_j = 0$$

Beispiel: Schwinger mit einem Freiheitsgrad (Bild 276)

Der Schwinger besteht aus einer Feder mit der Federzahl c und der Masse m. Der Bewegung entgegen wirkt ein geschwindigkeitsproportionaler Widerstand, der von einem Dämpfer mit der Dämpfungskonstanten b herrührt.

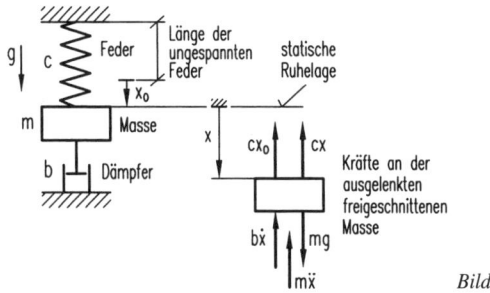

Bild 276

Eine an die ungespannte lineare Feder gehängte Masse m wird im Falle des statischen Gleichgewichtszustandes die Feder um eine Länge x_0 – die statische Auslenkung – ausdehnen. Die Ursache dafür ist die Gewichtskraft mg; die dadurch entstehende Federkraft cx_0 ist hierbei der Gewichtskraft gleich.

$$cx_0 = mg$$

Die sich so einstellende Lage der Masse m heißt *statische Ruhelage*.

Eine Auslenkung aus der statischen Ruhelage um x verursacht die Federkraft cx und die Dämpfungskraft $b\dot{x}$. Die Trägheitskraft $m\ddot{x}$ wird entgegen der positiven x-Richtung angetragen. Bild 276 zeigt die an der freigeschnittenen Masse wirkenden Kräfte. Das Gleichgewicht liefert:

$$m\ddot{x} + b\dot{x} + cx + cx_0 - mg = 0$$

oder, da sich cx_0 und mg wegheben

$$m\ddot{x} + b\dot{x} + cx = 0$$

Das ist die Dgl. der freien Schwingungen eines linearen Schwingers mit einem Freiheitsgrad. Die Schwingungen erfolgen um die statische Ruhelage herum.

Beispiel: Schwinger mit zwei Freiheitsgraden ohne Dämpfung (Bild 277)

Der Schwinger besteht aus zwei Massen m_1 und m_2 und zwei Federn mit den Federzahlen c_1 und c_2. Bei der Aufstellung der Bewegungsgleichungen wird von der statischen Ruhelage ausgegangen. Die *zwei Freiheitsgrade bedingen zwei Koordinaten* x_1 und x_2, die nicht durch Zwangsbedingungen miteinander gekoppelt sind. Nach dem *Superpositionsprinzip* kann man sich die Bewegungen der beiden Massen so vorstellen, daß erst die Masse m_1 um x_1 ausgelenkt wird. Die Masse m_2 wird sich dabei als festgehalten gedacht. Dann wird die Masse m_2 um x_2 ausgelenkt und die Masse m_1 festgehalten gedacht. Die dabei entstehenden Kräfte an den Massen sind in Bild 277 eingetragen, wobei die jeweiligen D'ALEMBERTschen Trägheitskräfte hinzugefügt wurden. Aus dem Gleichgewicht an beiden Massen ergeben sich die Dgln. der Bewegung

$$m_1\ddot{x}_1 + c_1x_1 + c_2x_1 - c_2x_2 = 0$$
$$m_2\ddot{x}_2 + c_2x_2 - c_2x_1 = 0$$

12

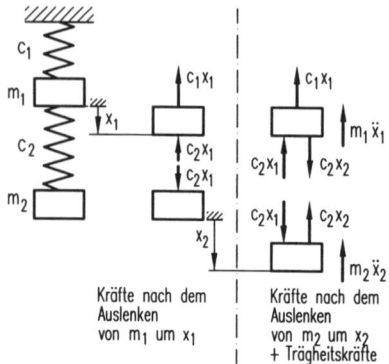

Kräfte nach dem
Auslenken
von m_1 um x_1

Kräfte nach dem
Auslenken
von m_2 um x_2
+ Trägheitskräfte

Bild 277

Beispiel: Gleitende Masse auf schiefer Ebene (Bild 278)

Eine Masse m gleitet auf einer schiefen Ebene (Neigungswinkel β) nach unten. Zwischen Masse und Ebene entsteht Gleitreibung (Reibungszahl μ). In Hangrichtung wirkt die Komponente der Gewichtskraft $mg\sin\beta$, und der Geschwindigkeit $\dot{s}$ entgegen wirkt die Reibkraft μF_N.

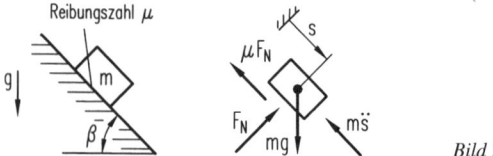

Bild 278

Die Normalkraft F_N ergibt sich aus dem Gleichgewicht in der senkrecht zur Koordinatenrichtung s stehenden Richtung.

$$F_N - mg\cos\beta = 0$$

Nach dem Hinzufügen der D'ALEMBERTschen Kraft $m\ddot{s}$ entgegen der positiven s-Richtung folgt aus dem Kräftegleichgewicht in s-Richtung:

$$mg\sin\beta - m\ddot{s} - \mu F_N = 0$$

Einsetzen von F_N aus der ersten Gleichung liefert die Dgl. für die die Bewegung der Masse beschreibende Koordinate s:

$$\ddot{s} = g\cdot(\sin\beta - \mu\cos\beta); \qquad \dot{s} > 0$$

Beispiel: System starrer Körper (Bild 279)

Das System starrer Körper besteht aus den Massen m_1, m_2 und m_3, den festen Rollen *1* mit J_1 und *3* mit J_3 und der losen Rolle *2* mit der Masse m_2 und dem Trägheitsmoment J_2 sowie der Masse m_4. Um die Bewegung der Massen und Rollen eindeutig zu beschreiben, werden unter Ausschluß des Pendelns der Massen folgende Koordinaten eingeführt:

x_1, x_2, x_3, x_4: senkrechte Verschiebungen der Massen m_1, m_2, m_3, m_4

$\varphi_1, \varphi_2, \varphi_3$: Verdrehungen der Rollen J_1, J_2, J_3

Die Anzahl der definierten Koordinaten ist damit $k = 7$.

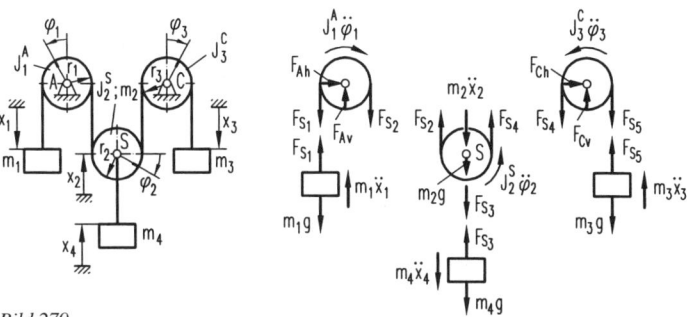

Bild 279

Wird weiterhin vorausgesetzt, daß die Seile dehnstarr und biegeschlaff sind sowie Schlupf nicht auftritt, so gelten wegen dieser Zwänge bei entsprechender Festlegung der Koordinaten-Nullpunkte die folgenden 5 geometrischen Beziehungen für die Koordinaten (Zwangsbedingungen):

$$x_1 = r_1 \varphi_1$$
$$r\varphi_1 = x_2 + r_2 \varphi_2$$
$$r\varphi_3 = x_2 - r_2 \varphi_2$$
$$x_3 = r_3 \varphi_3$$
$$x_4 = x_2$$

Aus der Beziehung $f = k - z$ (vgl. *Anlage A 25*) folgt $f = 7 - 5 = 2$, d. h., das System hat den Freiheitsgrad $f = 2$.

In der Skizze (vgl. *Bild 279*) sind die D'ALEMBERTschen Kräfte und Momente entgegen den positiven Koordinatenrichtungen angetragen. Durch das Trennen des Systems starrer Körper in einzelne starre Körper werden die Seil- und Lagerkräfte zu äußeren Kräften.

Für jeden Körper muß das Kräfte- und Momentengleichgewicht erfüllt sein. Die Gleichgewichtsgleichungen liefern:

12

$$m_1 \uparrow \ : m_1 \ddot{x}_1 - m_1 g + F_{S1} = 0$$
$$J_1^A \rightarrow \ : F_{Ah} = 0$$
$$J_1^A \uparrow \ : F_{Av} - F_{S1} - F_{S2} = 0$$
$$\circlearrowleft A \quad : (F_{S1} - F_{S2}) r_1 - J_1^A \ddot{\varphi}_1 = 0$$
$$m_2 \uparrow \ : F_{S2} + F_{S4} - m_2 g - F_{S3} - m_2 \ddot{x}_2 = 0$$
$$\circlearrowleft S \quad : (F_{S4} - F_{S2}) r_2 + J_2^S \ddot{\varphi}_2 = 0$$
$$m_4 \uparrow \ : F_{S3} - m_4 g - m_4 \ddot{x}_4 = 0$$
$$J_3^C \rightarrow \ : F_{Ch} = 0$$
$$J_3^C \uparrow \ : F_{Cv} - F_{S4} - F_{S5} = 0$$

$$\curvearrowright C \quad : (F_{S4} - F_{S5})r_3 + J_3^C \ddot{\varphi}_3 = 0$$

$$m_3 \uparrow \quad : F_{S5} - m_3 g + m_3 \ddot{x}_3 = 0$$

Aus den 5 Zwangsbedingungen und den obigen 11 Gleichgewichtsgleichungen lassen sich alle Unbekannten berechnen.

12.3   Arbeitssatz

Der *Arbeitssatz in differentieller Form* lautet

$$dW = dE$$

Dabei kann die Arbeit bzw. die kinetische Energie von reiner Translation, Rotation bzw. auch aus einer allgemeinen Bewegung herrühren. Aus dieser Form des Arbeitssatzes erhält man die Beschleunigung eines zwangläufigen Systems, auch wenn die wirkenden Kräfte und Momente beliebige Funktionen sind. Die Integration des Arbeitssatzes in differentieller Form führt für wegabhängige Kräfte bzw. winkelabhängige Momente auf die zeitfreie Dgl. (s. Abschn. 7.1.3)

bei *Translation*:

$$v \, dv = a \, ds$$

bei *Rotation*:

$$\omega \, d\omega = \alpha \, d\varphi$$

Sind die wirkenden Kräfte und Momente konstant oder Funktionen des Weges bzw. des Winkels, dann wird der *Arbeitssatz* in folgender Form benutzt:

$$W^{(e)} = E - E_0$$

$W^{(e)}$ die von den eingeprägten Kräften und Momenten geleistete Arbeit. Beim System mit einem Freiheitsgrad ist die Arbeit der inneren Kräfte gleich Null. Zur Arbeit der inneren Kräfte siehe 8.2

E kinetische Energie (s. 11.1)

E_0 kinetische Energie im Anfangszustand

Die Anwendung des Arbeitssatzes ist vorteilhaft, wenn das Ergebnis in der Form $v = v(s)$ oder $\omega = \omega(\varphi)$ berechnet werden soll. Greifen am System Kräfte an, die sich nicht aus einem Potential herleiten lassen (z. B. Reibungskräfte) und die aber Arbeit verrichten, dann empfiehlt sich die Anwendung des Arbeitssatzes.

Wird die Beschleunigung gesucht, dann ist der Arbeitssatz total nach der Zeit t zu differenzieren.

Er liefert für ein zwangläufiges System starrer Körper eine Gleichung.

Zwischen den einzelnen Koordinaten sind Zwangsbedingungen aufzustellen. Der Arbeitssatz kann auch für ein Teilsystem aufgestellt werden. Dann werden die inneren, die Bindungskräfte, zu äußeren Kräften und sind dementsprechend zu behandeln.

Für ein *System mit zwei oder mehreren Freiheitsgraden* ist bei der Anwendung des Arbeitssatzes darauf zu achten, daß auch die Arbeit der inneren Kräfte und Momente berücksichtigt wird. Als Arbeitssatz schreibt man dann

$$W_{ges}^* = E - E_0$$

W_{ges}^* Gesamtarbeit (s. 8.2)

Wenn z. B. der Schwinger mit zwei Freiheitsgraden betrachtet wird, dann ist zu sehen, daß die Federkraft der Feder zwischen den Massen m_1 und m_2 Arbeit verrichtet.

Außerdem benötigt man noch zusätzliche Gleichungen, die mit Hilfe des dynamischen Gleichgewichts, des Impulssatzes oder anders aufgestellt werden.

Reaktionskräfte können mit dem Arbeitssatz nicht ermittelt werden. Innere Kräfte bei starrer Bindung können nur dann mit dem Arbeitssatz ermittelt werden, wenn sie zu äußeren Kräften werden, d. h., der Arbeitssatz muß für Teilsysteme aufgestellt werden.

Trägheitskräfte verrichten keine Arbeit.

12.4 Energiesatz

Für ein *konservatives Kraftfeld* (s. 8.3) gilt der *Energiesatz* als Sonderfall des Arbeitssatzes. Der Energiesatz oder Erhaltungssatz der Energie lautet

$$E + U = E_0 + U_0 = \text{konst.}$$

- Für ein konservatives Kraftfeld ist zu jedem Zeitpunkt der Bewegung die Summe aus kinetischer und potentieller Energie konstant.

Beispiel: Fall einer Masse auf eine Feder (Bild 280)

Eine Masse m fällt aus einer Höhe h ohne Anfangsgeschwindigkeit auf eine ungespannte Feder (Federkonstante c). Wie groß ist die maximale Zusammendrückung x der Feder?

Lösung:

Zur Berechnung der gesuchten Größe x wird der Energiesatz benutzt. Die Aufgabe wird in zwei Teile zerlegt.

1. Freier Fall der Masse m von der Höhe h auf das Nullniveau und Bestimmen der Auftreffgeschwindigkeit v.

Der *Energiesatz* lautet

$$E + U = E_0 + U_0 \qquad (1)$$

In der Ausgangslage besitzt die Masse m keine kinetische Energie ($E_0 = 0$, da $v = 0$) und eine potentielle Energie $U_0 = mgh$ (siehe Beispiel zu 8.3). Beim Auftreffen auf die Feder besitzt die Masse keine potentielle (Erreichen des Nullniveaus), jedoch die kinetische Energie $E = \dfrac{m}{2}v^2$.

12

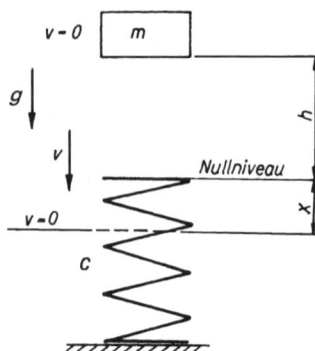

Damit lautet der Energiesatz

$$\frac{m}{2}v^2 + 0 = 0 + mgh \tag{2}$$

Daraus ergibt sich für die *Auftreffgeschwindigkeit*

$$v^2 = 2gh \tag{3}$$

2. Bestimmen der maximalen Zusammendrückung der Feder (in diesem Punkt hat die Masse m eine Geschwindigkeit $v = 0$).

Bei maximaler Zusammendrückung der Feder ($v = 0$) besitzt das System keine kinetische Energie, aber eine potentielle Energie $U = \frac{1}{2}cx^2 - mgx$ (siehe Beispiele zu 8.3). Die linke Seite der Gl. (2) wird zum Energiezustand des Ausganges ($E_0 + U_0$). Damit lautet der Energiesatz für den zweiten Teil der Aufgabe

$$0 - mgx + \frac{1}{2}cx^2 = \frac{1}{2}mv^2 + 0 \tag{4}$$

Die Geschwindigkeit v aus (3) in (4) eingesetzt und diese Gleichung nach x aufgelöst, ergibt für die *maximale Zusammendrückung der Feder*:

$$x = \frac{mg}{c} \cdot \left(1 + \sqrt{1 + \frac{2h}{mg/c}} \right) \tag{5}$$

Beispiel: Anwendung des Energiesatzes am Punkthaufen

Eine Masse $m_1 > m_2$ ist an einer senkrechten Führung befestigt und mit der Masse m_2 durch ein masseloses, biegeschlaffes und dehnstarres Seil (Seillänge l) verbunden (Bild 281). Wenn die Masse m_1 von der gezeichneten Ausgangslage losgelassen wird, dann bewegt sie sich an der Führung senkrecht nach unten und zieht dabei die Masse m_2 nach oben. Zu berechnen ist die Geschwindigkeit $\dot{x}_1$ der Masse m_1 in Abhängigkeit vom zurückgelegten Weg x_1, wenn von Reibungseinflüssen abgesehen wird.

Lösung:

Für diese Aufgabe wird der Energiesatz benutzt, da als wirkende Kräfte nur Gewichtskräfte vorhanden sind, die sich aus einem Potential herleiten lassen.

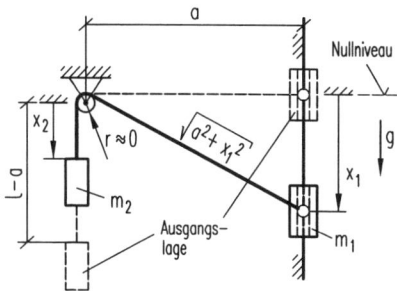

Bild 281

Da die Massen m_1 und m_2 starr miteinander verbunden sind, haben die inneren Kräfte kein Potential, d. h., die potentielle Energie der inneren Kräfte ist Null. Bei der Berechnung der potentiellen Energie ist die potentielle Energie der äußeren Kräfte (s. 8.3) zu ermitteln.

Da zu Beginn des Vorganges ($t = 0$) beide Massen in Ruhe sind, ist

$$E_0 = 0$$

Die potentielle Energie in der Anfangslage wird bei der gewählten Lage des Nullniveaus (s. Bild 281) nur von $m_2 g$ bestimmt:

$$U_0 = -m_2 g \cdot (l - a)$$

Die kinetische und potentielle Energie zu einem Zeitpunkt $t > 0$ ist

$$E = \frac{m_1}{2} \dot{x}_1^2 + \frac{m_2}{2} \dot{x}_2^2; \qquad U = -m_1 g x_1 - m_2 g x_2$$

Aus Bild 281 ist bei Vernachlässigung des Rollenradius der geometrische Zusammenhang

$$l = x_2 + \sqrt{a^2 + x_1^2}$$

zwischen den Koordinaten x_1 und x_2 abzulesen. Differenziert man diese Zwangsbedingung nach der Zeit t, so erhält man:

$$0 = \dot{x}_2 + \frac{x_1 \dot{x}_1}{\sqrt{a^2 + x_1^2}}$$

Einsetzen in die Beziehung für E und U liefert

$$E = \frac{\dot{x}_1^2}{2} \cdot \left(m_1 + m_2 \frac{x_1^2}{a^2 + x_1^2} \right)$$

$$U = -g \cdot \left[x_1 x_1 + m_2 \cdot \left(l - \sqrt{a^2 + x_1^2} \right) \right]$$

Die Anwendung des Energiesatzes ergibt

$$-m_2 g \cdot (l - a) = \frac{\dot{x}_1^2}{2} \cdot \left(m_1 + m_2 \frac{x_1^2}{a^2 + x_1^2} \right)$$

$$-g \cdot \left[m_1 x_1 + m_2 \cdot \left(l - \sqrt{a^2 + x_1^2} \right) \right]$$

12

bzw. nach der gesuchten Geschwindigkeit $\dot{x}_1$ aufgelöst:

$$\dot{x}_1 = \sqrt{2g\frac{m_1 x_1 + m_2 \cdot \left(a - \sqrt{a^2 + x_1^2}\right)}{m_1 + \frac{m_2 x_1^2}{(a^2 + x_1^2)}}}$$

Beispiel: Gleitende Masse auf einer schiefen Ebene

Eine Masse m gleitet auf einer schiefen Ebene (Neigungswinkel β). Zwischen Masse und Ebene entsteht Gleitreibung (Reibungszahl μ). Gesucht sind die Dgl. der Bewegung der auf der schiefen Ebene gleitenden Masse, die Geschwindigkeit v der Masse am Ende der schiefen Ebene und die Strecke s, die die Masse auf der horizontalen Ebene noch rutscht (Bild 282).

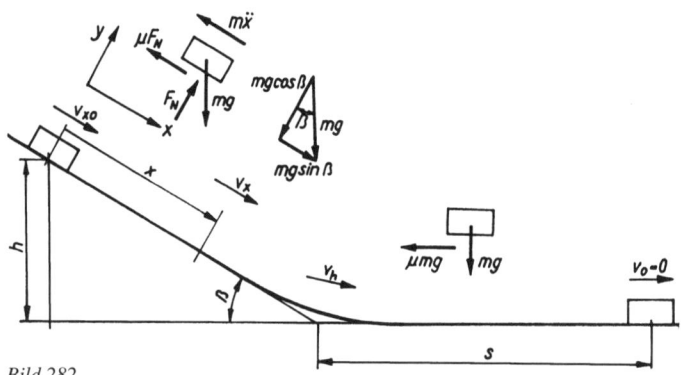

Bild 282

Lösung:

In Hangrichtung wirkt die Komponente der Gewichtskraft $mg \sin \beta$ und entgegen der Geschwindigkeit $\dot{x} > 0$ die Reibkraft μF_N. Die Normalkraft F_N ergibt sich aus dem Gleichgewicht in der senkrecht zur Bewegungsrichtung x stehenden Richtung y. Nach dem Hinzufügen der D'ALEMBERTschen Kraft $m\ddot{x}$ entgegen der positiven x-Richtung ergeben die Kräftegleichgewichte

$$0 = F_N - mg \cos \beta \tag{1}$$

$$0 = mg \sin \beta - \mu F_N - m\ddot{x} \tag{2}$$

Aus (1) ergibt sich die Normalkraft F_N zu

$$F_N = mg \cos \beta \tag{3}$$

F_N wird in die Gl. (2) eingesetzt, und man erhält die Dgl. der Bewegung für die Koordinate x, die die Bewegung der Masse auf der schiefen Ebene beschreibt.

$$\ddot{x} = g(\sin \beta - \mu \cos \beta); \qquad \dot{x} > 0 \tag{4}$$

Dgl. (4) integriert, ergibt die Geschwindigkeit und den Weg als Funktionen der Zeit.

Zur Bestimmung der Geschwindigkeit der Masse m nach Zurücklegen der Strecke x bei einer Anfangsgeschwindigkeit von $\dot{x}(t = 0) = v_{x0} > 0$ wird der Arbeitssatz benutzt. Die Anwendung des Arbeitssatzes erlaubt eine Berechnung der Geschwindigkeit als Funktion des Weges. Die Arbeit ist

$$W = \int\limits_0^x F_x \, dx^* \tag{5}$$

Aus (2) ergibt sich die Kraft in Wegrichtung zu (die D'ALEMBERTsche Trägheitskraft bleibt unberücksichtigt)

$$F_x = mg \sin \beta - \mu mg \cos \beta = mg(\sin \beta - \mu \cos \beta) \tag{6}$$

Die Arbeit ergibt sich wegen $F_x = $ konst. zu

$$W = F_x x = mg(\sin \beta - \mu \cos \beta)x \tag{7}$$

Der Arbeitssatz lautet dann

$$mg(\sin \beta - \mu \cos \beta)x = \frac{m}{2}v_x^2 - \frac{m}{2}v_{x0}^2 \tag{8}$$

Daraus ergibt sich die Geschwindigkeit als Funktion des Weges x zu

$$v_x = \sqrt{v_{x0}^2 + 2g(\sin \beta - \mu \cos \beta)x} \tag{9}$$

Am Ende der schiefen Ebene – die Masse hat die Höhe h zurückgelegt – hat die Masse m eine Geschwindigkeit $v_h = v_x(x = h/\sin \beta)$. Mit Gl. (9) ergibt sie sich zu:

$$v_h = \sqrt{v_{x0}^2 + 2gh(1 - \mu \cot \beta)} \tag{10}$$

Bei der Berechnung des Rutschweges s wird wieder der Arbeitssatz benutzt. Es soll die Annahme getroffen werden, daß die Geschwindigkeit v_h die Anfangsgeschwindigkeit der Masse auf der horizontalen Ebene ist. Arbeit leistet die Reibungskraft $-\mu mg$, und es existiert eine kinetische Energie im Anfangszustand.

$$W = E - E_0; \qquad -\mu mgs = 0 - \frac{m}{2}v_h^2 \tag{11}$$

lautet dann der Arbeitssatz. Nach s aufgelöst, ergibt sich

$$s = \frac{1}{2\mu g}[v_{x0}^2 + 2gh(1 - \mu \cot \beta)] \tag{12}$$

12.5 Die Lagrangeschen Bewegungsgleichungen

12

Die LAGRANGEschen Bewegungsgleichungen werden für *holonome* Systeme mit n Freiheitsgraden angegeben.

Ein System heißt *holonom*, wenn endliche Bedingungsgleichungen zwischen den Koordinaten in der Form

$$f_k(q_1, q_2, \ldots, t) = 0 \qquad k = 1, 2, \ldots, n$$

existieren. Können Bedingungsgleichungen nur in differentieller, nichtintegrierbarer Form angegeben werden, dann heißt das System *nichtholonom*.

Die Lage eines Systems von n Freiheitsgraden ist durch die Angabe von n sogenannten *verallgemeinerten* oder *generalisierten Koordinaten* $q_1, \ldots, q_n$ festgelegt. Die generalisierten Koordinaten können Längen und auch Winkel sein.

Für ein holonomes System ist die *Lagrangesche Funktion*

$$L = E - U$$

eine Funktion der generalisierten Koordinaten q_k und ihrer ersten Ableitungen $\dot{q}_k$ sowie der Zeit t. Die LAGRANGEschen Bewegungsgleichungen lauten für konservative Systeme

$$\frac{\mathrm{d}}{\mathrm{d}t}\left(\frac{\partial L}{\partial \dot{q}_k}\right) - \frac{\partial L}{\partial q_k} = 0 \qquad k = 1, 2, \ldots, n$$

Existieren im System Kräfte, die sich nicht aus einem Potential herleiten lassen oder die man nicht über ein Potential erfassen will, so lauten sie:

$$\frac{\mathrm{d}}{\mathrm{d}t}\left(\frac{\partial L}{\partial \dot{q}_k}\right) - \frac{\partial L}{\partial q_k} = Q_k \qquad k = 1, 2, \ldots, n$$

Q_k heißt die *generalisierte Kraft*, die die Dimension einer Kraft hat, wenn q_k eine Länge ist, bzw. die die Dimension eines Momentes hat, wenn q_k ein Winkel ist. Die generalisierten Kräfte Q_k erhält man aus einem Koeffizientenvergleich bei den virtuellen Verrückungen δq_k in der virtuellen Arbeit $\delta W^{(e)}$ der eingeprägten Größen, denn es gilt allgemein:

$$\delta W^{(e)} = \sum_{k=1}^{n} Q_k \delta q_k$$

Wenn ein System k Koordinaten und z Bedingungsgleichungen (Zwangsbedingungen) hat, dann hat es

$$f = k - z$$

unabhängige Koordinaten bzw. $f = n$ Freiheitsgrade.

Für ein System mit n Freiheitsgraden ergeben sich n Dgln. 2. Ordnung aus den LAGRANGEschen Bewegungsgleichungen. Die Funktion der angreifenden Kräfte und Momente ist dabei beliebig. Bei der Anwendung der LAGRANGEschen Bewegungsgleichungen braucht das System meist nicht durch Schnitte getrennt zu werden. Mit der angegebenen Form der LAGRANGEschen Bewegungsgleichungen können keine Zwangskräfte ermittelt werden.

Beispiel: Zahnradschwingungen /3/ (Bild 283)

In einem durch Zahnräder angetriebenen System entstehen Schwingungen, deren Ursache die Elastizität und damit die Verformung der Zähne ist. Diese Verformung wird durch die Veränderliche x ausgedrückt. Der Wechsel zwischen Einzel- und Doppeleingriff bedingt eine von der Zeit abhängige Federzahlfunktion $C(t)$. Zwischen den Zahnrädern wirkt noch die Zahnfehlerfunktion $f(t)$, die in Bogenmaß gemessen wird und positiv ist, wenn das Zahnrad *2* voreilt. Das System besteht aus den Massen der Zahnräder und der Masse des angetriebenen Aggregates. Die Trägheitsmomente sind J_1, J_2 und J_3. M_k ($k = 1, 2, 3$) sind die an den jeweiligen Massen angreifenden eingeprägten Momente. Die den einzelnen Massen zugeordneten Drehwinkel werden durch φ_k bezeichnet. Das Übersetzungsverhältnis ist $i = z_1/z_2$, wobei z_1 und z_2 die Zähnezahlen der entsprechenden Zahnräder sind. Die Federzahl der die Massen *2* und *3* verbindenden Welle ist konstant und beträgt $c_2 = GI_\mathrm{p}/l$. Dabei sind G der Gleitmodul, I_p das polare Flächenträgheitsmoment und l die Länge der Welle.

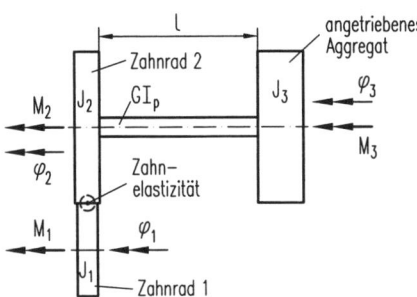

Bild 283

Zur Aufstellung der Bewegungsgleichungen werden die LAGRANGEschen Bewegungsgleichungen in folgender Form benutzt:

$$\frac{\mathrm{d}}{\mathrm{d}t}\left(\frac{\partial L}{\partial \dot{q}_k}\right) - \frac{\partial L}{\partial q_k} = Q_k \qquad k = 1, 2, 3$$

Die kinetische Energie des Systems ist

$$E = \frac{1}{2}\left(J_1\dot{\varphi}_1^2 + J_2\dot{\varphi}_2^2 + J_3\dot{\varphi}_3^2\right)$$

Als potentielle Energie des Systems erhält man:

$$U = \frac{C(t)x^2}{2} + \frac{1}{2}c_2\cdot(\varphi_2 - \varphi_3)^2$$

(Zur Berechnung des Potentials s. Abschn. 8.3)

Die virtuelle Arbeit der eingeprägten Momente ergibt sich zu:

$$\delta W^{(e)} = M_1\delta\varphi_1 + M_2\delta\varphi_2 + M_3\delta\varphi_3$$

Es ist die potentielle Energie, die von den Zahnkräften herrührt, durch die Veränderliche x angegeben. Dazu ist es nötig, folgende Beziehung für den Drehwinkel φ_2 aufzustellen:

$$\varphi_2 = -i\varphi_1 - f(t) + x \quad \text{oder} \quad x = i\varphi_1 + f(t) + \varphi_2$$

Werden zunächst als generalisierte Koordinaten die Drehwinkel φ_1, φ_2, φ_3 gewählt, so ergeben sich die Bewegungsgleichungen zu

$$J_1\ddot{\varphi}_1 + C(t)i\cdot(i\varphi_1 + \varphi_2 + f(t)) = M_1$$
$$J_2\ddot{\varphi}_2 + C(t)\cdot(i\varphi_1 + \varphi_2 + f(t)) + c_2\cdot(\varphi_2 - \varphi_3) = M_2$$
$$J_3\ddot{\varphi}_3 + c_2\cdot(\varphi_3 - \varphi_2) = M_3$$

Zweckmäßigerweise wird mit Gleichungen weitergerechnet, die als Veränderliche den Schwingungsausschlag x der Zahnradschwingungen und die Verdrillung $\psi = \varphi_2 - \varphi_3$ der Welle zwischen den Drehmassen J_2 und J_3 haben.

Mit diesem neuen Satz verallgemeinerter Koordinaten φ_1, x, ψ lauten die Bewegungsgleichungen:

$$\ddot{\varphi}_1 + \frac{C(t)}{J_1}i\cdot x = \frac{M_1}{J_1}$$

$$\ddot{x} + C(t)\left(\frac{i^2}{J_1} + \frac{1}{J_2}\right)x + \frac{c_2}{J_2}\,\psi = \frac{M_1 i}{J_1} + \frac{M_2}{J_2} + \ddot{f}(t)$$

$$\ddot{\psi} + \frac{C(t)}{J_2}x + c_2\left(\frac{1}{J_2} + \frac{1}{J_3}\right)\psi = \frac{M_2}{J_2} - \frac{M_3}{J_3}$$

Die letzten beiden Bewegungsgleichungen bilden ein System inhomogener HILL-scher Dgln, vgl. Abschn. 14.7.

Mit diesem Beispiel sollte gezeigt werden, wie mit Hilfe der LAGRANGEschen Bewegungsgleichungen auch für komplizierte Probleme auf relativ einfache Art die Dgln. der Bewegungen aufgestellt werden können.

12.6   Das Hamiltonsche Prinzip

Besitzen die eingeprägten Kräfte ein Potential, dann lautet das HAMILTONsche Prinzip mit der LAGRANGEschen Funktion L

$$\delta \int_{t_1}^{t_2} L\, dt = 0$$

Das Zeitintegral über die LAGRANGEschen Funktion hat für die vom System in der Zeit $t_2 - t_1$ durchlaufene Bahn im Gegensatz zu beliebig benachbarten Bahnen mit denselben Endpunkten einen Extremwert.

Das HAMILTONsche Prinzip als Variationsprinzip gedeutet, liefert als EU-LERsche Dgl. die LAGRANGEschen Bewegungsgleichungen als Lösung.

Sind am System auch noch Kräfte, die nicht aus einem Potential herleitbar sind, dann kann die Arbeit dieser Kräfte durch ein zusätzliches Glied δW berücksichtigt werden. Das HAMILTONsche Prinzip lautet dann

$$\int_{t_1}^{t_2} (\delta L + \delta W)\, dt = 0$$

Das HAMILTONsche Prinzip hat den Vorteil, daß es auf Vorgänge ausgedehnt werden kann, bei denen ein Wechselspiel potentieller und kinetischer Energien beliebiger Art auftritt.

13   Stoß fester Körper

Viele in der Technik auftretenden Stoßprobleme lassen sich auf folgende Aufgabenstellungen zurückführen:
- Bekannt ist der Geschwindigkeitszustand der stoßenden Körper vor dem Stoß, der Geschwindigkeitszustand nach dem Stoß wird gesucht.
- Ein gegebener Geschwindigkeitszustand nach dem Stoß muß erreicht werden, der dazu notwendige Geschwindigkeitszustand vor dem Stoß wird gesucht.

● Der Energieverlust (Wärme-, Verformungsenergie u. ä) während des Stoßes wird gesucht.

Diese Aufgaben und Probleme lassen sich unter Anwendung der *Newtonschen Stoßhypothese* lösen. Diese Hypothese soll die Grundlage der folgenden Betrachtungen zum Stoß sein.

Die Berechnung von Stoßkraft und Stoßdauer ist mit der NEWTONschen Stoßhypothese nicht möglich. Dazu ist die Anwendung der HERTZschen Stoßtheorie notwendig.

13.1 Begriffserklärungen, Klassifikation der Stöße

Stoßlinie bzw. Stoßnormale: Senkrechte zum Berührungsflächenelement (Bild 284).

Zentrischer bzw. zentraler Stoß: Die Stoßnormale geht durch die Schwerpunkte der stoßenden Körper (Bild 285).

Exzentrischer Stoß: Die Stoßnormale geht nicht durch die Schwerpunkte der stoßenden Körper (Bild 286).

Gerader Stoß: Die Richtungen der Geschwindigkeiten der stoßenden Körper vor dem Stoß liegen in der Stoßnormalen (Bild 287).

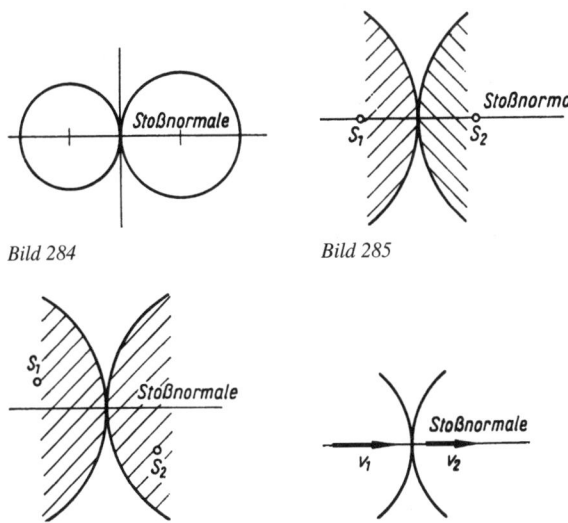

Bild 284

Bild 285

Bild 286

Bild 287

13

Schiefer Stoß: Die Richtungen der Geschwindigkeiten der stoßenden Körper vor dem Stoß liegen nicht in der Stoßnormalen (Bild 288).

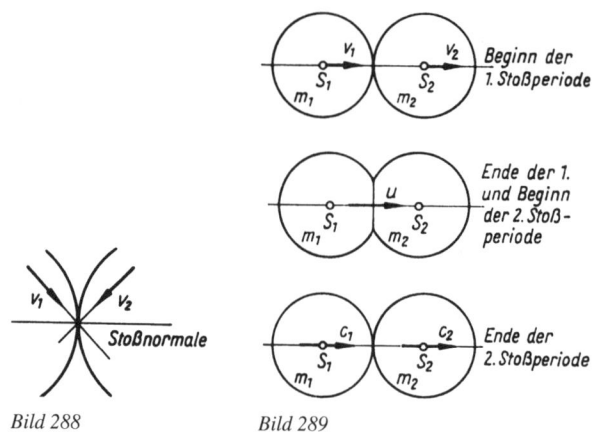

Bild 288   Bild 289

Stoßvorgang (Bild 289) Der Stoßvorgang kann in zwei Perioden eingeteilt werden:

1. Periode: Die stoßenden Körper treffen zusammen und beginnen sich am Berührungspunkt zu verformen. Es entsteht ein Berührungsflächenelement. In dieser Periode haben die Körper noch unterschiedliche Geschwindigkeiten. Im Verlauf der ersten Periode gleichen sich die Geschwindigkeiten der stoßenden Körper immer mehr an. Gleichzeitig strebt die Stoßkraft einem Maximum zu. Wenn Verformung und Stoßkraft ihre Maximalwerte erreicht haben, haben die stoßenden Körper eine gleiche Geschwindigkeit u. Dann beginnt die zweite Periode.

2. Periode: Die Verformung geht in dieser Periode ganz oder teilweise zurück, und die Stoßkraft wird wieder zu Null. Die Geschwindigkeiten der stoßenden Körper werden wieder unterschiedlich und streben dem Geschwindigkeitszustand der Körper nach dem Stoß zu. Mit dem Erreichen dieses Geschwindigkeitszustandes ist der Stoß zu Ende.

Während des Stoßvorganges sind die Wirkungen sämtlicher äußerer Kräfte zu vernachlässigen, da die Stoßkraft in dieser Zeit (Stoßzeit t_1) einen sehr großen Wert hat. Deshalb verändert sich die Bewegungsgröße des Systems der stoßenden Körper nicht. Es gilt:

$$\frac{d}{dt}(m_1 v_1 + m_2 v_2) = 0, \quad \text{d. h.} \quad m_1 v_1 + m_2 v_2 = m_1 c_1 + m_2 c_2$$

v Geschwindigkeiten der stoßenden Körper vor dem Stoß
c Geschwindigkeiten der stoßenden Körper nach dem Stoß

13.2 Gerader zentraler Stoß

Es ist möglich, den Impuls für die erste Periode des Stoßes und auch für die zweite Periode des Stoßes aufzustellen. Es gilt

$$m_1 v_1 + m_2 v_2 = (m_1 + m_2)u \qquad \text{für die 1. Periode}$$
$$(m_1 + m_2)u = m_1 c_1 + m_2 c_2 \qquad \text{für die 2. Periode}$$

Aus der Beziehung für die erste Periode errechnet sich die gemeinsame Geschwindigkeit beider stoßender Körper u zu

$$u = \frac{m_1 v_1 + m_2 v_2}{m_1 + m_2}$$

Aus den beiden Beziehungen für den Impuls der beiden Stoßperioden können die Impulse für die Einzelmassen berechnet werden. Es ergibt sich

$$p_1 = m_1(v_1 - u) = m_2(u - v_2)$$

und

$$p_2 = m_1(u - c_1) = m_2(c_2 - u)$$

Obwohl keine äußeren Kräfte auf die stoßenden Körper wirken und somit der Gesamtimpuls erhalten bleiben müßte, sagt die NEWTONsche Stoßhypothese, daß das Verhältnis der Impulse der ersten und zweiten Periode des Stoßvorganges eine konstante Größe k ist, die nur im Idealfall gleich 1 sein wird.

Es gilt also

$$p_2 = k p_1 \qquad k = \text{konst.}$$

Dieses Verhältnis dient zur Berechnung der Stoßzahl k

$$k = \frac{c_1 - c_2}{v_2 - v_1} = -\frac{c_1 - c_2}{v_1 - v_2}$$

●   Die Relativgeschwindigkeiten vor und nach dem Stoß stehen in einem konstanten Verhältnis, das durch die Stoßzahl k ausgedrückt wird.

Mit der Einführung der Stoßzahl k wird es auch möglich, die *Geschwindigkeiten der stoßenden Körper* nach dem Stoß zu bestimmen:

$$c_1 = v_1 - \frac{(v_1 - v_2)(1 + k)}{1 + \dfrac{m_1}{m_2}}; \qquad c_2 = v_2 - \frac{(v_2 - v_1)(1 + k)}{1 + \dfrac{m_2}{m_1}}$$

Der *Energieverlust* während des Stoßes ist

$$\Delta E = \frac{1}{2}(m_1 v_1^2 + m_2 v_2^2 - m_1 c_1^2 - m_2 c_2^2)$$
$$= \frac{1}{2}(1 - k^2)\frac{m_1 m_2}{m_1 + m_2}(v_1 - v_2)^2$$

Stoßzahl k: Die Stoßzahl k ist keinesfalls allein vom Material der stoßenden Körper abhängig. Sie ist eine Größe, die auch von der Form der stoßenden Körper und vom Geschwindigkeitsbereich abhängt. Die Stoßzahl k kann

13

durch eine entsprechende Versuchsanordnung experimentell bestimmt werden (s. 13.2.4). Die nachfolgend angegebenen Werte für die Stoßzahl k gelten für Kugeln mit Geschwindigkeiten von 2 bis 3 m/s.

Material	k
Stahl	5/9
Kork	5/9
Elfenbein	8/9
Holz	1/2
Glas	5/16

Es gilt: $0 \leqq k \leqq 1$ mit den Grenzwerten

$k = 0$ vollkommen unelastischer Stoß

$k = 1$ vollkommen elastischer Stoß

13.2.1 Vollkommen unelastischer Stoß (k = 0)

Die Geschwindigkeiten nach dem Stoß ergeben sich zu

$$c_1 = \frac{m_1 v_1 + m_2 v_2}{m_1 + m_2} = c_2 = u$$

Die beim Stoß umgewandelte Energie ist

$$\Delta E = \frac{m_1 m_2}{m_1 + m_2} \frac{(v_1 - v_2)^2}{2}$$

13.2.2 Vollkommen elastischer Stoß (k = 1)

Die Geschwindigkeiten nach dem Stoß sind

$$c_1 = \frac{(m_1 - m_2)v_1 + 2m_2 v_2}{m_1 + m_2}; \qquad c_2 = \frac{(m_2 - m_1)v_2 + 2m_1 v_1}{m_1 + m_2}$$

Die beim Stoß umgewandelte Energie ist $\Delta E = 0$.

13.2.3 Stoß gegen eine Wand

Eine Kugel der Masse m_1 stößt mit der Geschwindigkeit v_1 gegen eine Wand. Mit welcher Geschwindigkeit c_1 prallt sie zurück, wenn für die gegebenen Verhältnisse k als Stoßzahl einzuführen ist (Bild 290)?

Für die feste Wand gilt

$$v_2 = 0; \qquad m_2 \to \infty$$

Aus den Beziehungen für den geraden zentralen Stoß folgt für die Rückprallgeschwindigkeit

$$c_1 = \lim_{m_2 \to \infty} \left[v_1 - \frac{v_1(1+k)}{1 + \dfrac{m_1}{m_2}} \right] = -kv_1$$

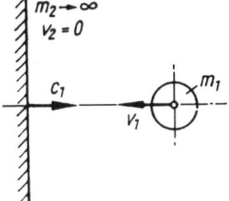

Bild 290

13.2.4 Versuch zur Bestimmung der Stoßzahl *k*

Ist die Stoßzahl eines oder zweier Medien zu bestimmen, dann werden Unterlage (feste Wand) und eine Kugel daraus benötigt. Die Kugel fällt aus der Höhe H auf die Unterlage und springt die Höhe h wieder zurück. Diese Höhen sind zu messen (Bild 291). Mit dem Arbeitssatz (s. 12.3) werden die Geschwindigkeiten v_1 und c_1 bestimmt.

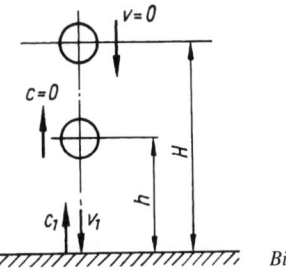

Bild 291

13

Für den freien Fall aus der Höhe H ohne Anfangsgeschwindigkeit gilt

$$W = E - E_0$$
$$mgH = \frac{mv_1^2}{2} - 0; \quad v_1^2 = 2gH \quad \Rightarrow \quad v_1 = \sqrt{2gH}$$

Für den Rückprall gilt

$$-mgh = 0 - \frac{mc_1^2}{2}; \quad c_1^2 = 2gh \quad \Rightarrow \quad c_1 = -\sqrt{2gh} \text{ (entgegen } v_1!)$$

Die Stoßzahl k ergibt sich damit

$$k = -\frac{c_1}{v_1} = \sqrt{\frac{h}{H}}$$

13.3   Schiefer zentraler Stoß

Es soll der Stoß zweier glatter Kugeln betrachtet werden (Bild 292). Dadurch treten in tangentialer Richtung keine Kräfte auf. Demzufolge werden die Geschwindigkeitskomponenten in tangentialer Richtung durch den Stoß nicht beeinflußt, d. h., es treten hier keine Geschwindigkeitsänderungen auf. Es gilt also

$$v_1 \sin\alpha_1 = c_1 \sin\beta_1; \qquad v_2 \sin\alpha_2 = c_2 \sin\beta_2$$

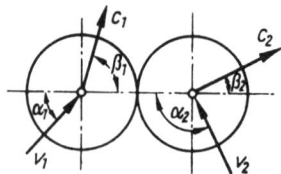

Bild 292

In Richtung der Stoßnormalen treten Geschwindigkeitsänderungen auf. Für sie gilt das im Zusammenhang mit der NEWTONschen Stoßhypothese für den geraden zentralen Stoß Gesagte. In die dort angegebenen Beziehungen für die Geschwindigkeiten nach dem Stoß werden die Geschwindigkeitskomponenten in Richtung der Stoßnormalen eingesetzt.

$$c_1 \cos\beta_1 = v_1 \cos\alpha_1 - \frac{(v_1 \cos\alpha_1 - v_2 \cos\alpha_2)(1+k)}{1 + \dfrac{m_1}{m_2}}$$

$$c_2 \cos\beta_2 = v_2 \cos\alpha_2 - \frac{(v_2 \cos\alpha_2 - v_1 \cos\alpha_1)(1+k)}{1 + \dfrac{m_2}{m_1}}$$

Schiefer zentraler Stoß gegen eine feste Wand (Bild 293)

Eine glatte Kugel stößt gegen eine feste Wand. Die Geschwindigkeitskomponente in Richtung der Wand ist unbeeinflußt vom Stoß.

Es gilt

$$v_1 \sin\alpha_1 = c_1 \sin\beta_1$$

Die Normalkomponente der Geschwindigkeit verhält sich wie beim geraden zentralen Stoß gegen eine feste Wand (s. 13.2.3).

$$c_1 \cos\beta_1 = -k v_1 \cos\alpha_1$$

Teilt man die erste durch die zweite Gleichung, ergibt sich

$$-\tan\beta_1 = \tan\alpha_1 = \tan\gamma$$

oder

$$\beta_1 = \pi - \alpha_1 \quad \text{bzw.} \quad \gamma = \alpha_1$$

und

$$c_1 = -v_1 \quad \text{(Reflexionsgesetz)}$$

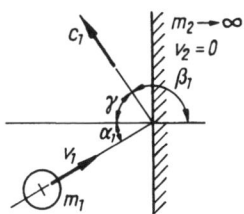

Bild 293

13.4 Exzentrischer Stoß

Zwei ideal glatte Körper führen eine ebene Bewegung aus und stoßen zusammen. Diese allgemeine ebene Bewegung der stoßenden Körper kann durch eine Translation des Schwerpunktes und eine Drehung um den Schwerpunkt beschrieben werden (Bild 294). Als Impuls ergibt sich für beide Körper

$$m_1(c_{1n} - v_{1n}) = -p; \qquad m_2(c_{2n} - v_{2n}) = p$$

(Der Index n bei den Geschwindigkeiten bezeichnet Komponenten in Richtung der Stoßnormalen n.)

Die Komponenten der Geschwindigkeiten in tangentialer Richtung, die durch den Index t gekennzeichnet sind, werden durch den Stoß nicht beeinflußt.

$$c_{1t} = v_{1t}; \qquad c_{2t} = v_{2t}$$

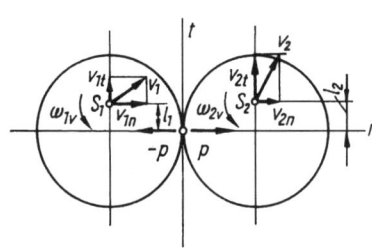

Bild 294

13

Die Drehung der Körper um den Schwerpunkt wird durch den Stoß beeinflußt. Die Beziehungen für den Drall lauten:

$$J_1(\omega_{c1} - \omega_{v1}) = -pl_1; \qquad J_2(\omega_{c2} - \omega_{v2}) = pl_2$$

J Trägheitsmoment der Körper bez. Schwerpunkt
ω Winkelgeschwindigkeit der Drehung
p Impuls
l Hebelarm

(Der Index c der Winkelgeschwindigkeit bezeichnet diese nach dem Stoß, der Index v vor dem Stoß.)

Für die Geschwindigkeitskomponenten in Normalrichtung gilt die NEWTONsche Stoßhypothese. Die Stoßzahl k drückt auch hier das Verhältnis der Relativgeschwindigkeiten aus.

Führt man den Trägheitsradius bezüglich des Schwerpunktes zu $i^2 = J/m$ für beide Körper ein, dann ergeben sich folgende Beziehungen für die Geschwindigkeiten und Winkelgeschwindigkeiten nach dem Stoß:

$$c_{1n} = v_{1n} - \frac{m_2(v_{1n} + \omega_{v1}l_1 - v_{2n} - \omega_{v2}l_2)(1 + k)}{m_1\left(1 + \dfrac{l_2^2}{i_2^2}\right) + m_2\left(1 + \dfrac{l_1^2}{i_1^2}\right)}$$

$$c_{2n} = v_{2n} - \frac{m_1(v_{1n} + \omega_{v1}l_1 - v_{2n} - \omega_{v2}l_2)(1 + k)}{m_1\left(1 + \dfrac{l_2^2}{i_2^2}\right) + m_2\left(1 + \dfrac{l_1^2}{i_1^2}\right)}$$

$$\omega_{c1} = \omega_{v1} - \frac{m_2(v_{1n} + \omega_{v1}l_1 - v_{2n} - \omega_{v2}l_2)(1 + k)}{m_1\left(1 + \dfrac{l_2^2}{i_2^2}\right) + m_2\left(1 + \dfrac{l_1^2}{i_1^2}\right)} \cdot \frac{l_1}{i_1^2}$$

$$\omega_{c2} = \omega_{v2} - \frac{m_1(v_{1n} + \omega_{v1}l_1 - v_{2n} - \omega_{v2}l_2)(1 + k)}{m_1\left(1 + \dfrac{l_2^2}{i_2^2}\right) + m_2\left(1 + \dfrac{l_1^2}{i_1^2}\right)} \cdot \frac{l_2}{i_2^2}$$

Als Stoßimpuls p ergibt sich

$$p = \frac{m_1 m_2(v_{1n} + \omega_{v1}l_1 - v_{2n} - \omega_{v2}l_2)(1 + k)}{m_1\left(1 + \dfrac{l_2^2}{i_2^2}\right) + m_2\left(1 + \dfrac{l_1^2}{i_1^2}\right)}$$

13.5   Exzentrischer Stoß drehbar befestigter Körper

Der exzentrische Stoß drehbar befestigter Körper kann als Sonderfall des exzentrischen Stoßes betrachtet werden. Durch die Lagerung bei A und B (Bild 295) braucht nur eine Drehung der beiden stoßenden Körper um diese Lagerpunkte berücksichtigt zu werden. Mit den Beziehungen

$$J_1 = m_1 i_1^2 = m_1^* l_1^2; \qquad J_2 = m_2 i_2^2 = m_2^* l_2^2$$

J_1 Trägheitsmoment bezüglich des Drehpunktes A
J_2 Trägheitsmoment bezüglich des Drehpunktes B

werden reduzierte Massen m_1^* und m_2^* eingeführt:

$$m_1^* = \frac{i_1^2}{l_1^2} m_1; \qquad m_2^* = \frac{i_2^2}{l_2^2} m_2$$

Diese Reduktion der Massen in den Stoßpunkt C erlaubt, die Beziehungen für den geraden zentralen Stoß (s. 13.2) zur Berechnung der Winkelgeschwindigkeiten nach dem Stoß anzuwenden.

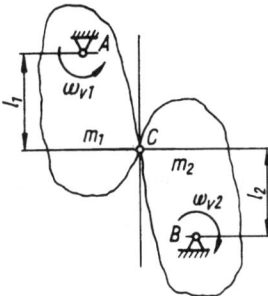

Bild 295

Die Winkelgeschwindigkeiten der stoßenden Körper nach dem Stoß sind

$$\omega_{c1}l_1 = \omega_{v1}l_1 - \frac{(\omega_{v1}l_1 - \omega_{v2}l_2)(1 + k)}{1 + \dfrac{m_1^*}{m_2^*}}$$

$$\omega_{c2}l_2 = \omega_{v2}l_2 - \frac{(\omega_{v2}l_2 - \omega_{v1}l_1)(1 + k)}{1 + \dfrac{m_2^*}{m_1^*}}$$

13.5.1 Stoß einer Punktmasse m_1 gegen einen drehbar befestigten Körper

In den Beziehungen des Stoßes zweier geführter Körper (s. 13.5) sind statt der reduzierten Masse m_1^* die Masse m_1 und statt $\omega_{v1}l_1$ die Auftreffgeschwindigkeit v_1 einzusetzen (Bild 296). Die Geschwindigkeit c_1 der Masse m_1 und die Winkelgeschwindigkeit ω_{c2} der Masse m_2 nach dem Stoß sind:

$$c_1 = v_1 - \frac{(v_1 - \omega_{v2}l_2)(1 + k)}{1 + \dfrac{m_1}{m_2^*}}$$

$$\omega_{c2}l_2 = \omega_{v2}l_2 - \frac{(\omega_{v2}l_2 - v_1)(1 + k)}{1 + \dfrac{m_2^*}{m_1}}$$

13

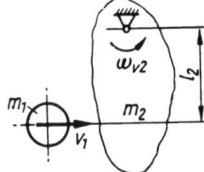

Bild 296

13.5.2 Lagerbelastung beim Stoß gelagerter Körper, Stoßmittelpunkt

Der Stoß bringt beim drehbar gelagerten Körper nach Bild 297 zusätzliche Lagerbelastungen. Der Stoßimpuls p wirkt in Richtung der Stoßnormalen, die in Bild 297 mit der x-Achse zusammenfällt. Da die beiden stoßenden Körper glatt sein sollen, ist nur eine Stoßwirkung in Richtung der x-Achse zu erwarten. Die durch den Stoß hervorgerufenen Impulse in den Lagern A und B sollen berechnet werden.

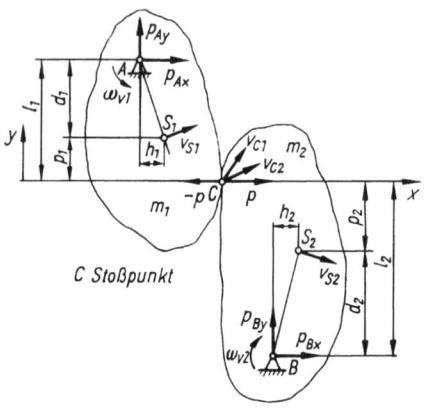

C *Stoßpunkt*

Bild 297

Bei der Berechnung der Impulse beider Körper betrachtet man die Bewegung als eine Translation des Schwerpunktes. Der Impuls des Körpers wird demzufolge für den Schwerpunkt aufgestellt. Das Impulsgleichgewicht ergibt die Beziehungen:

Körper 1:

$$-p + p_{Ax} = m_1(c_{S1x} - v_{S1x}) = m_1 d_1(\omega_{c1} - \omega_{v1})$$
$$p_{Ay} = m_1(c_{S1y} - v_{S1y}) = m_1 h_1(\omega_{c1} - \omega_{v1})$$

Körper 2:

$$p + p_{Bx} = m_2(c_{S2x} - v_{S2x}) = m_2 d_2(\omega_{c2} - \omega_{v2})$$
$$p_{By} = m_2(c_{S2y} - v_{S2y}) = m_2 h_2(\omega_{c2} - \omega_{v2})$$

Der Drall bezüglich der Lager A und B ist:

Lager A:

$$-p l_1 = J_1(\omega_{c1} - \omega_{v1})$$

Lager B:

$$p l_2 = J_2(\omega_{c2} - \omega_{v2})$$

Als 7. Bestimmungsgleichung für die 7 Unbekannten (p, p_{Ax}, p_{Ay}, p_{Bx}, p_{By}, ω_{c1}, ω_{c2}) ergibt sich die Stoßzahl k, die hier das Verhältnis der Relativgeschwindigkeitskomponenten des Stoßpunktes C in x-Richtung nach und vor dem Stoß ist.

$$k = \frac{c_{C2x} - c_{C1x}}{v_{C1x} - v_{C2x}} = \frac{\omega_{c2}l_2 - \omega_{c1}l_1}{\omega_{v1}l_1 - \omega_{v2}l_2}$$

Mit den Beziehungen für die Winkelgeschwindigkeiten nach dem Stoß ergeben sich die in den Lagern auftretenden Lagerimpulse zu:

Lager A:

$$p_{Ax} = \left(m_1\frac{d_1}{l_1} - m_1^*\right) \frac{(\omega_{v2}l_2 - \omega_{v1}l_1)(1 + k)}{1 + \dfrac{m_1^*}{m_2^*}}$$

$$p_{Ay} = m_1\frac{h_1}{l_1} \frac{(\omega_{v2}l_2 - \omega_{v1}l_1)(1 + k)}{1 + \dfrac{m_1^*}{m_2^*}}$$

Lager B:

$$p_{Bx} = \left(m_2\frac{d_2}{l_2} - m_2^*\right) \frac{(\omega_{v1}l_1 - \omega_{v2}l_2)(1 + k)}{1 + \dfrac{m_2^*}{m_1^*}}$$

$$p_{By} = m_2\frac{h_2}{l_2} \frac{(\omega_{v1}l_1 - \omega_{v2}l_2)(1 + k)}{1 + \dfrac{m_2^*}{m_1^*}}$$

▶ *Bemerkung*: Ähnlich wird bei der Berechnung des Problems der „plötzlichen Fixierung" verfahren. Der Körper wird in allgemeiner ebener Bewegung betrachtet, d. h. in Translation des Schwerpunktes und Rotation um den Schwerpunkt. Im Fixierungspunkt werden Fixierimpulse (p_{Fx}, p_{Fy}) eingeführt. Der Impuls bez. des Schwerpunktes und der Drall um den Schwerpunkt liefern die notwendigen Gleichungen.

Stoßmittelpunkt: Die Lagerbelastungen in x-Richtung werden zu Null, wenn folgende Bedingungen erfüllt sind:

$$m_1\frac{d_1}{l_1} - m_1^* = 0; \qquad m_2\frac{d_2}{l_2} - m_2^* = 0$$

Daraus folgt für die Abstände der Lager vom Schwerpunkt der jeweiligen Masse:

$$d_1 = \frac{i_1^2}{l_1} \quad \text{und} \quad d_2 = \frac{i_2^2}{l_2}$$

Die Punkt der Körper, die diesen Bedingungen genügen, heißen *Stoßmittelpunkte*.

13

14   Schwingungen

Als *Schwingung* wird ein Vorgang bezeichnet, bei dem eine physikalische Größe eine Funktion der Zeit ist und in bestimmten Zeitabständen ähnliche Merkmale dieser Bewegungsgröße sich wiederholen.

Die Anzahl der generalisierten Koordinaten $q_1, q_2, \ldots, q_n$, die mindestens notwendig sind, die Lage des schwingenden Systems zu beschreiben, entspricht dem *Freiheitsgrad* dieses Systems.

14.1   Kinematik des Schwingers

14.1.1   Periodische Schwingungen

Als *periodische Schwingung* ist eine Schwingung zu bezeichnen, bei der sich nach einer bestimmten Zeit, der *Periodendauer T*, der Vorgang vollständig und mit allen Nebenumständen wiederholt. Es gilt dann (Bild 298)

$$q(t + T) = q(t)$$

Eine *Periode* der Schwingung ist ein Schwingungsvorgang als Teil der gesamten Schwingung von der Dauer T.

Der Kehrwert der Periodendauer T ist die *Frequenz* oder die *Schwingzahl* der Schwingung

$$f = \frac{1}{T}$$

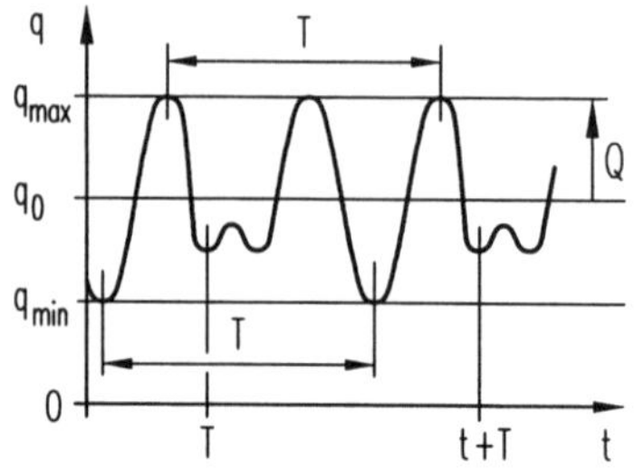

Bild 298

Die Frequenz gibt an, wie oft sich der Schwingungsvorgang in der Zeiteinheit (meist in einer Sekunde) vollständig wiederholt. Der zeitliche Mittelwert q_0 der Augenblicksausschläge über eine Periode ist der *lineare Mittelwert*.

$$q_0 = \frac{1}{T} \int\limits_t^{t+T} q \, dt^*$$

Damit gilt:

$$\int\limits_{t}^{t+T} \left[q(t^*) - q_0 \right] \, dt^* = 0$$

Weiter werden noch folgende Bezeichnungen verwendet:

q_{max} *Gipfelwert*

q_{min} *Talwert*

$q_{max} - q_{min} = 2Q$ *Schwingungsbreite*

Der Abstand des Gipfelwertes vom linearen Mittelwert ist der obere Scheitelwert, und der Abstand des Talwertes vom linearen Mittelwert ist der untere Scheitelwert.

Eine allgemeine Theorie periodischer Vorgänge wäre sehr kompliziert, wenn sich nicht jeder periodische Vorgang durch harmonische Schwingungen darstellen ließe. Mit Hilfe der *harmonischen Analyse* (*Fourier-Analyse*) läßt sich jede periodische Schwingung in Sinus- und Kosinusanteile auflösen. Dann wird für eine allgemeine periodische Schwingung geschrieben:

$$q(t) = a_0 + \sum_{n=1}^{\infty} (a_n \sin n\omega t + b_n \cos n\omega t)$$

Es gilt der *Satz von Fourier*:

● Jede Funktion mit der Periode 2π läßt sich durch eine unendliche Reihe darstellen.

Als Voraussetzung muß erfüllt sein, daß diese Funktion in 2π endlich und differenzierbar ist.

a und *b* werden als *Fourier-Koeffizienten* bezeichnet. Sie ergeben sich aus folgenden Beziehungen:

$$a_0 = \frac{1}{2\pi} \int\limits_{0}^{2\pi} q(z) \, dz$$

$$a_n = \frac{1}{\pi} \int\limits_{0}^{2\pi} q(z) \sin nz \, dz; \qquad b_n = \frac{1}{\pi} \int\limits_{0}^{2\pi} q(z) \cos nz \, dz$$

mit

$$z = \frac{2\pi}{T} t = 2\pi f t = \omega t \quad \text{und} \quad n = 1, 2, \ldots$$

ω Kreisfrequenz (s. 14.1.2)

14

Vereinfachungen bei der Berechnung der FOURIER-Koeffizienten ergeben sich, wenn

$q(z)$ eine ungerade Funktion ist:

Eine ungerade Funktion ist polsymmetrisch zu *O*.

Dann sind alle $b_n = 0$.

$q(z)$ eine gerade Funktion ist:
    Eine gerade Funktion ist symmetrisch zu O.
    Dann sind alle $a_n = 0$.

$q(z)$ eine Funktion ist, die in der zweiten Periodenhälfte spiegelbildlich gleich der in der ersten Periodenhälfte ist:

$$q(z) = -q(z + \pi)$$

Dann sind alle FOURIER-Koeffizienten gerader Ordnung

$$a_{2n} = b_{2n} = 0.$$

Beispiel: FOURIER-Analyse eines Reibungskraftverlaufes

Ein Körper schwingt auf einer rauhen Unterlage hin und her. Die Reibungskraft, die zwischen Körper und Unterlage wirkt, sei gegeben durch:

$$0 < \omega t < \pi \qquad F = F_R \tag{1}$$
$$\pi < \omega t < 2\pi \qquad F = -F_R \qquad \text{(Bild 299)} \tag{2}$$

Die FOURIER-Koeffizienten für eine Darstellung der Funktion sind zu berechnen.

Lösung:

Die in Bild 299 dargestellte Funktion hat folgende Eigenschaften:

Es gilt

$$q(\omega t) = -q(\omega t + \pi) \tag{3}$$

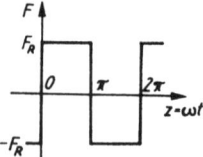

Bild 299

d. h., daß alle FOURIER-Koeffizienten gerader Ordnung Null sind.

$$a_{2n} = b_{2n} = 0$$

Weiter ist die Funktion polysymmetrisch zu Null. Demzufolge gilt

$$b_n = 0 \tag{4}$$

Die Ergebnisfunktion hat also keine Kosinusanteile. Zu berechnen sind

$$a_0 \quad \text{und} \quad a_n \quad \text{für} \quad (n = 1, 3, 5, \ldots) \tag{5}$$

Für a_0 ergibt sich

$$a_0 = \frac{1}{2\pi} \left[\int_0^\pi F_R \, dz - \int_\pi^{2\pi} F_R \, dz \right] = 0 \tag{6}$$

Für a_n ergibt sich

$$a_n = \frac{1}{\pi} \left[\int_0^\pi F_R \sin nz \, dz + \int_\pi^{2\pi} (-F_R) \sin nz \, dz \right]$$

$$= \frac{1}{\pi} F_R \left[-\frac{1}{n} \cos nz \Big|_0^\pi + \left(-\frac{1}{n} \cos nz \Big|_\pi^{2\pi} \right) \right]$$

$$= \frac{4}{\pi} F_R \frac{1}{n} \tag{7}$$

Damit ergibt sich

$$F = \frac{4 F_R}{\pi} \left(\sin \omega t + \frac{1}{3} \sin 3\omega t + \frac{1}{5} \sin 5\omega t + \dots \right)$$

$$= \frac{4 F_R}{\pi} \sum_{n=1,3,\dots}^\infty \frac{1}{n} \sin n\omega t \tag{8}$$

14.1.2 Harmonische Schwingungen

Harmonische Schwingungen werden durch folgende Gleichungen beschrieben:

$$q_1 = Q_1 \sin(\omega_1 t + \varphi_1)$$

oder

$$q_2 = Q_2 \cos(\omega_2 t + \varphi_2)$$

Dabei sind die drei die Schwingung charakterisierenden Bestimmungsstücke:

Q_1 oder Q_2 *Amplitude*

ω_1 oder ω_2 *Kreisfrequenz*

φ_1 oder φ_2 *Phasenwinkel*

Die *Amplitude Q* gibt den Betrag des größten Ausschlages an. Die *Kreisfrequenz ω* hängt mit der Frequenz wie folgt zusammen

$$\omega = 2\pi f$$

Beide sind dimensionsgleich. Um aber einen Unterschied zu haben, hat f die Einheit Hertz.

Der *Phasenwinkel φ* gibt an, um wieviel der Nulldurchgang bei einer Schwingung gegenüber dem Ursprung des Koordinatensystems verschoben ist. Der Phasenwinkel ist ein geeignetes Maß zur Fixierung der zeitlichen Verschiebung zweier Schwingungen derselben Frequenz. Ein typisches Beispiel ist die erregende und erzwungene Schwingung dafür.

Zusammenhang zwischen Schwingung und Kreisbewegung: Die harmonische Schwingung kann als Projektion einer mit konstanter Winkelgeschwindigkeit vor sich gehenden Kreisbewegung auf eine Gerade gedacht werden. Ein Radiusvektor Q (Bild 300) rotiert mit der konstanten Winkelgeschwindigkeit ω

14

und durchläuft in der Periodendauer T den vollen Kreisumfang. Die Winkelgeschwindigkeit $\omega = 2\pi/T$ stimmt also mit der Kreisfrequenz ω der Schwingung überein.

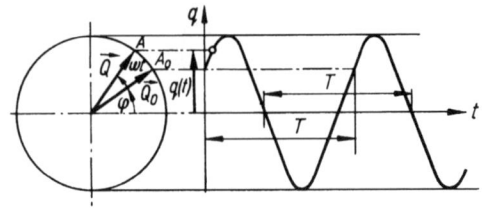

Bild 300

Komplexe Darstellung der Schwingung: Der den sich bewegenden Kreispunkt im Bild 300 beschreibende Radiusvektor $\boldsymbol{Q}$ kann als komplexe Zahl aufgefaßt werden (Bild 301).

Im *kartesischen Koordinatensystem*:

$$\boldsymbol{Q} = x + \mathrm{i}y \qquad (\mathrm{i} = \sqrt{-1})$$

In *Polarkoordinaten*:

$$\boldsymbol{Q} = Q\,\mathrm{e}^{\mathrm{i}\beta} \quad \text{mit} \quad \beta = \omega t + \varphi$$

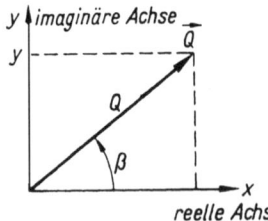

Bild 301

Weiter ist

$$\boldsymbol{Q} = Q\,\mathrm{e}^{\mathrm{i}(\omega t + \varphi)} = \boldsymbol{Q}_0\,\mathrm{e}^{\mathrm{i}\omega t}$$

Der Ausdruck $\boldsymbol{Q}_0 = Q\,\mathrm{e}^{\mathrm{i}\varphi}$ wird als *Nullvektor* bezeichnet, da er die Lage des Radiusvektors $\boldsymbol{Q}$ zur Zeit $t = 0$ beschreibt.

Die Schwingung wird durch das Bilden des reellen oder imaginären Bestandteils der komplexen Zahl beschrieben. Deshalb gilt

$$y = \mathrm{Im}(\boldsymbol{Q}) = \mathrm{Im}(\boldsymbol{Q}_0\,\mathrm{e}^{\mathrm{i}\omega t})$$

oder

$$x = \mathrm{Re}(\boldsymbol{Q}) = \mathrm{Re}(\boldsymbol{Q}_0\,\mathrm{e}^{\mathrm{i}\omega t})$$

Mit der EULERschen Beziehung

$$\mathrm{e}^{\mathrm{i}\vartheta} = \cos\vartheta + \mathrm{i}\sin\vartheta$$

und unter der Annahme $\varphi = 0$, was $\boldsymbol{Q}_0 = Q$ bedeutet, ergeben sich die komplexen Beziehungen in reeller Schreibweise zu

$$y = Q \sin \omega t; \qquad x = Q \cos \omega t$$

Geschwindigkeit und Beschleunigung: Durch Differenzieren der Schwingungsgleichung ergeben sich die Beziehungen für Geschwindigkeit und Beschleunigung.

$$q = Q \sin(\omega t + \varphi)$$
$$\dot{q} = Q\omega \cos(\omega t + \varphi); \qquad \ddot{q} = -Q\omega^2 \sin(\omega t + \varphi)$$

oder in komplexer Schreibweise

$$Q = Q_0 \, e^{i\omega t}$$
$$\dot{Q} = Q_0\omega \, i \, e^{i\omega t}; \qquad \ddot{Q} = -Q_0\omega^2 \, e^{i\omega t}$$

und bei $\varphi = 0$

$$\dot{Q} = Q\omega \, i \, e^{i\omega t}; \qquad \ddot{Q} = -Q\omega^2 \, e^{i\omega t}$$

Zusammensetzung von harmonischen Schwingungen: Als Summe von *Schwingungen gleicher Frequenz* ergibt sich die Schwingung

$$Q_1 \sin(\omega t + \varphi_1) + Q_2 \sin(\omega t + \varphi_2) = Q_3 \sin(\omega t + \varphi_3)$$

mit

$$Q_3^2 = Q_1^2 + Q_2^2 + 2Q_1Q_2 \cos(\varphi_2 - \varphi_1)$$

und

$$\tan \varphi_3 = \frac{Q_1 \sin \varphi_1 + Q_2 \sin \varphi_2}{Q_1 \cos \varphi_1 + Q_2 \cos \varphi_2}$$

Bei $\varphi_1 = \pi/2$ und $\varphi_2 = 0$ erhält man

$$Q_3 = \sqrt{Q_1^2 + Q_2^2} \quad \text{und} \quad \tan \varphi_3 = \frac{Q_1}{Q_2}$$

Zur Zusammensetzung von harmonischen *Schwingungen mit unterschiedlicher Frequenz* ist folgendes zu sagen:

Ergibt sich als Verhältnis der Kreisfrequenzen ω_1/ω_2 der Ausgangsschwingungen eine rationale Zahl (Verhältnis zweier ganzer Zahlen), so ist die Summenschwingung eine periodische Schwingung. Ergibt sich ein nichtrationales Verhältnis, dann ist die Summenschwingung nicht periodisch. Je länger jedoch eine derartige Schwingung betrachtet wird, desto mehr können Eigenschaften beobachtet werden, die eine periodische Schwingung besitzt. Das kommt davon, daß jede irrationale Zahl beliebig genau durch rationale angenähert werden kann. Diese Schwingung heißt dann *fast periodisch*.

14

Sinusverwandte Schwingungen: Sind die drei Bestimmungsstücke einer harmonischen Schwingung Amplitude, Frequenz und Phasenwinkel nicht mehr konstant, sondern Veränderliche, die sich jedoch im Verhältnis zum Ablauf einer Einzelschwingung nur sehr langsam verändern, dann ergeben sich sinusverwandte Schwingungen. Bei Veränderlichkeit der Amplitude Q heißen diese Schwingungen *amplitudenveränderlich*, wenn ω sich ändert *frequenzveränderlich* und wenn φ sich ändert *phasenveränderlich*. Es gelten dafür die Beziehungen:

$$q = Q(t)\sin(\omega t + \varphi) \qquad \textit{amplitudenveränderlich}$$
$$q = Q\sin(\omega(t)\cdot t + \varphi) \qquad \textit{frequenzveränderlich}$$
$$q = Q\sin(\omega t + \varphi(t)) \qquad \textit{phasenveränderlich}$$

Eine frequenz- und phasenveränderliche Schwingung schreibt sich als

$$q = Q\sin\Phi(t)$$

mit der Kreisfrequenz $\dot{\Phi}$.

Sinusverwandte Schwingungen werden auch als *modulierte Schwingungen* bezeichnet.

Schwebungen: Bei der Überlagerung von Schwingungen, deren Frequenzen nahe benachbart sind, treten Schwebungen auf.

Es gilt also

$$q(t) = Q_1\sin(\omega_1 t + \varphi) + Q_2\sin(\omega_2 t)$$

wobei das Verhältnis ω_1/ω_2 nur wenig vom Wert 1 abweicht. Die Summenschwingung läßt sich als

$$q(t) = E(t)\sin\Phi(t)$$

mit

$$E(t) = \left| \sqrt{Q_1^2 + Q_2^2 + 2Q_1Q_2\cos[(\omega_1 - \omega_2)t + \varphi]} \right|$$

und

$$\Phi(t) = \frac{(\omega_1 + \omega_2)t + \varphi}{2} + \arctan\left(\frac{Q_1 - Q_2}{Q_1 + Q_2}\tan\frac{(\omega_1 - \omega_2)t + \varphi}{2}\right)$$

schreiben.

Die Beziehung für $q(t)$ bei der Schwebung stellt sich im allgemeinen als eine sowohl amplituden- als auch frequenzveränderliche (bzw. phasenveränderliche) Schwingung dar.

Die Funktion $E(t)$ stellt die Einhüllende dar. Zwischen $E(t)$ und $-E(t)$ schwankt $q(t)$.

14.2 Freie ungedämpfte Schwingungen des linearen Schwingers mit einem Freiheitsgrad

14.2.1 Schwingungsdifferentialgleichung, Eigenfrequenz, Periodendauer

Die Dgl. der die Bewegung eines Schwingers mit einem Freiheitsgrad beschreibenden Koordinate q (*Bewegungsgl.*) lautet im einfachsten Fall:

$$m\ddot{q} + cq = 0$$

oder

$$\ddot{q} + \frac{c}{m}q = 0$$

Der Faktor bei q in der zweiten Form der Schwingungsdifferentialgleichung ist das Quadrat der *Eigenkreisfrequenz* eines Schwingers:

$$\omega^2 = \frac{c}{m}$$

Die *Periodendauer* errechnet sich aus der Eigenkreisfrequenz zu

$$T = \frac{2\pi}{\omega} = 2\pi\sqrt{\frac{m}{c}}$$

Hat die Koordinate q die Dimension einer Länge, dann ist m eine Masse, und die Federkonstante c ist in Kraft/Länge anzugeben; ist q ein Winkel, dann steht statt der Masse ein Massenträgheitsmoment J, und c ist eine Drehfederkonstante der Dimension Kraft · Länge.

Beispiele für verschiedene Schwinger bringt *Anlage A 28*.

14.2.2 Rückstellkraft, Federschaltungen, Rayleighsches Verfahren

Der Ausdruck

$$cq = f(q)$$

in der Schwingungsdifferentialgleichung ist die *Rückstellkraft*. Die Rückstellkraft will einen um q ausgelenkten Schwinger wieder in die statische Ruhelage bringen. Die Funktion $f(q)$ kann eine Kraft (q ist eine Länge) oder ein Moment (q ist ein Winkel) sein. Sie kann von der Elastizität des federnden Gliedes oder von seiner Gewichtskraft herrühren. Die zweiten Ausdrücke in den Schwingungsdifferentialgleichungen der Schwinger in *Anlage A 28* sind die Rückstellkräfte.

Ist die Rückstellfunktion $f(q)$ eine Gerade (Bild 302), dann spricht man von linearer Kennlinie. Bei Systemen, die nur in Annäherung eine Gerade als Kennlinie haben, kann für genügend kleines q die Kennlinie meist durch die Tangente ersetzt werden. Ein Beispiel dafür sind die Pendelschwingungen. Schwinger, die durch lineare Dgln. beschrieben werden, heißen *lineare Schwinger*.

14

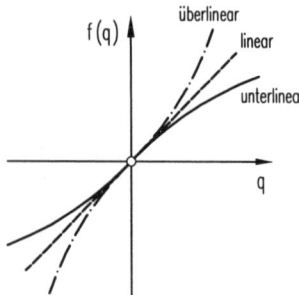

Bild 302

Schwinger, die keine Gerade als Kennlinie haben, nennt man *nichtlinear*, vgl. Abschnitt 14.8.

Bei vielen linearen Schwingern ist die Federzahl c eine Konstante. In diesem Fall wird sie als Federkonstante bezeichnet. Sie ist der Proportionalitätsfaktor zwischen der Rückstellkraft $f(q)$ und der durch sie hervorgerufenen Verformung oder Auslenkung q. Ist die Rückstellkraft eine statische Kraft F und x_0 die Auslenkung in Kraftrichtung, dann gilt für die Federkonstante c:

$$c = \frac{F}{x_0}$$

(Analoges gilt für ein statisches Moment und die Verdrehung.)

Die *Anlage A 29* gibt Federzahlen c an, wenn ein zylindrischer Stab als Biegefeder oder als Drehfeder wirkt und Stäbe, Seile, Riemen und Schraubenfedern das federnde Glied sind.

Setzt sich die vorhandene Elastizität im schwingenden System aus mehreren Federn zusammen, dann kann dafür meist eine Ersatzfeder mit der Federzahl c_{ers} eingeführt werden. *Anlage A 30* gibt dafür die *Federschaltungen* und Ersatzfederzahlen an.

Alle diese Betrachtungen über Federn, Federschaltungen und Ersatzfederzahlen gelten, wenn die schwingende Masse m groß gegenüber der Federmasse ist. Ist diese Bedingung erfüllt, dann kann die Eigenkreisfrequenz des Schwingers aus der Differentialgleichung bestimmt werden. Wenn jedoch die Masse m und die Federzahl c sich nicht so einfach angeben lassen und auch die Aufstellung der Dgl. größere Schwierigkeiten bereitet, dann kann die *Eigenkreisfrequenz aus Energieausdrücken* bestimmt werden. Am elastischen Schwinger soll die Anwendung dieses Verfahrens gezeigt werden.

Für einen elastischen Schwinger (*Anlage A 28*), der harmonische Schwingungen ausführt, errechnen sich die potentielle und kinetische Energie zu

$$U = \frac{c}{2}q^2 \quad \text{und} \quad E = \frac{m}{2}\dot{q}^2$$

Nach dem Energiesatz gilt

$$(E + U)_{t=t_1} = (E + U)_{t=t_2}$$

Dabei werden $t_1 = 0$ und $t_2 = \pi/(2\omega)$ so gewählt, daß sich für die harmonische Schwingung

$$q = Q \sin \omega t$$

die Maxima der Energien ergeben

$$U_{\max} = E_{\max}$$
$$\frac{c}{2}Q^2 = \frac{m}{2}Q^2\omega^2 = E^*\omega^2$$

E^* wird in Analogie zur kinetischen Energie gebildet, wobei jedoch statt der Geschwindigkeit $\dot{q}$ die Amplitude Q steht. Es folgt aus dem Energiesatz:

$$\omega^2 = \frac{U_{\max}}{E^*} = \frac{\dfrac{c}{2}Q^2}{\dfrac{m}{2}Q^2} = \frac{c}{m}$$

Bei der Anwendung dieses Verfahrens müssen die Maxima der potentiellen und kinetischen Energie ermittelt werden. Mit diesen Werten kann E^* und dann die Eigenkreisfrequenz ω berechnet werden.

Beispiel: Schwingende Flüssigkeitssäule (Bild 303)

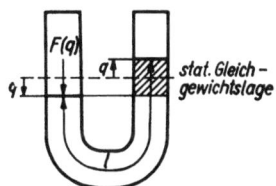

Bild 303

In einem U-Rohr schwingt eine Flüssigkeitssäule, deren Masse

$$m = A\varrho l \tag{1}$$

ist. Dabei sind A die konstante Querschnittsfläche des Rohres, ϱ die Dichte der Flüssigkeit und l die Länge der Flüssigkeitssäule. Die Eigenkreisfrequenz der Schwingung ist zu bestimmen.

Lösung:

Da die Aufstellung der Dgl. der Bewegung hier schwierig ist, wird die Eigenkreisfrequenz ω aus Energieausdrücken bestimmt. Dazu werden $U_{\max}$ und E^* benötigt.

Die potentielle Energie (s. 8.3) ergibt sich zu

$$W = U_0 - U \tag{2}$$

mit U_0 der potentiellen Energie der Anfangslage, die in diesem Fall Null ist ($U_0 = 0$). Die Arbeit W, die geleistet wird, um die Flüssigkeitssäule in die in Bild 303 gezeigte Lage zu bringen, wird folgendermaßen berechnet:

Eine Kraft $F(q)$ drückt die Flüssigkeitssäule um q nach unten. Dabei entsteht im anderen Schenkel des U-Rohres eine Gewichtskraft, die $F(q)$ gleich, aber entgegen gerichtet ist:

$$F(q) = (A\varrho \cdot 2q)g \tag{3}$$

14

Die Gewichtskraft wirkt der Verschiebung entgegen und leistet folgende Arbeit:

$$W = \int\limits_0^q -F(q)\,\mathrm{d}q = -2A\varrho g \int\limits_0^q q^*\,\mathrm{d}q^* = -A\varrho g q^2 \qquad (4)$$

W in (2) eingesetzt, ergibt für die potentielle Energie

$$U = A\varrho g q^2 \qquad (5)$$

Mit der Annahme, daß die Flüssigkeitssäule eine harmonische Schwingung ausführt, die von

$$q = Q \sin \omega t \qquad (6)$$

beschrieben wird, ergibt sich für die potentielle Energie (Einsetzen von (6) in (5))

$$U = A\varrho g Q^2 \sin^2 \omega t \qquad (7)$$

Mit der Zeit $t = \pi/(2\omega)$ ergibt sich aus (7)

$$U_{max} = A\varrho g Q^2 \qquad (8)$$

E^* wird mit der in diesem Abschnitt angegebenen Vorschrift berechnet.

$$E^* = \frac{1}{2}A\varrho l Q^2 \qquad (9)$$

Mit (8) und (9) ergibt sich die Eigenkreisfrequenz

$$\omega^2 = \frac{U_{max}}{E^*} = \frac{A\varrho g Q^2}{\frac{1}{2}A\varrho l Q^2} = \frac{2g}{l} \qquad (10)$$

Ist die Masse der Feder bei der Berechnung der Eigenkreisfrequenz nicht mehr vernachlässigbar klein gegenüber der schwingenden Masse m, dann kann mit Hilfe des *Rayleighschen Verfahrens* eine Näherung $\overline{\omega}$ für die Eigenkreisfrequenz berechnet werden. Die Handhabung des RAYLEIGHschen Verfahrens soll an einem Beispiel erklärt werden.

Eine Masse m sei an einer Biegefeder in deren Mitte befestigt (Bild 304).

Die Biegefeder habe eine Biegesteifigkeit $EI = \alpha(x)$ und eine Masse

$$m_{\mathrm{f}} = \int\limits_0^l \mu(x)\,\mathrm{d}x$$

$\mu(x)$ Masse des Elementes $\mathrm{d}x$

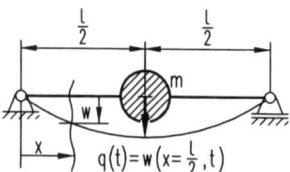

Bild 304

Die potentielle Energie ergibt sich als Formänderungsarbeit bei Biegung. Dafür gilt

$$U = \frac{1}{2} \int_0^l \frac{M^2}{EI} \, dx$$

$M = -EI w''$ Biegemoment
$w = w(x,t)$ Durchbiegung des Biegebalkens an der Stelle x zum Zeitpunkt t
$(\,)' = \partial(\,)/\partial x$

Die potentielle Energie ist damit

$$U = \frac{1}{2} \int_0^l \alpha(x) w''^2 \, dx$$

Die kinetische Energie des Schwingers ist

$$E = \frac{1}{2} m \dot{w}^2_{(x=l/2)} + \frac{1}{2} \int_0^l \mu(x) \dot{w}^2 \, dx$$

Mit dem Produktansatz $w(x,t) = u(x) \cdot \sin \omega t$ wird E^* ermittelt:

$$E^* = \frac{1}{2} m \cdot [u(x = l/2)]^2 + \frac{1}{2} \int_0^l \mu(x) \cdot u^2(x) \, dx$$

Mit $U_{\max}$ und E^* ergibt sich der *Rayleighsche Quotient* zu

$$\omega^2 = \frac{U_{\max}}{E^*} = \frac{\dfrac{1}{2} \displaystyle\int_0^l \alpha(x)[u''(x)]^2 \, dx}{\dfrac{1}{2} m \cdot [u(x = l/2)]^2 + \dfrac{1}{2} \displaystyle\int_0^l \mu(x)[u(x)]^2 \, dx}$$

In den RAYLEIGHschen Quotienten können Ortsfunktionen $u(x)$ eingesetzt werden, die eine Näherung für die Biegelinie bzw. Schwingungsform darstellen. Je besser die Schwingungsform der massebehafteten Feder durch die Funktion $u(x)$ angenähert wird, desto besser ist die Näherung $\overline{\omega}$ der Eigenkreisfrequenz. Ist $u(x)$ die tatsächliche Eigenschwingungsform, dann ist $\overline{\omega} = \omega$. Die eingeführte Funktion $u(x)$ soll die geometrischen Randbedingungen (Durchbiegung und Biegewinkel) der betrachteten Feder erfüllen. Im Falle des vorliegenden Beispiels heißt das konkret:

$$u(x = 0) = u(x = l) = 0$$

Diese Randbedingungen werden z. B. von der Funktion

$$u(x) = \hat{u} \cdot \sin \frac{\pi}{l} x$$

erfüllt.

14

Damit wird der RAYLEIGHsche Quotient für den Spezialfall $\mu(x) = \mu = $ konst. und $\alpha(x) = EI_0 = $ konst. zu

$$\overline{\omega}^2 = \frac{EI_0(\pi^2/l^2)^2 \int\limits_0^l \sin^2\left(\frac{\pi}{l}x\right)\,\mathrm{d}x}{m + \mu \int\limits_0^l \sin^2\left(\frac{\pi}{l}x\right)\,\mathrm{d}x}$$

Das Integral ausgerechnet, ergibt

$$\int\limits_0^l \sin^2\left(\frac{\pi}{l}x\right)\,\mathrm{d}x = \frac{1}{2}l$$

Die Näherung für die Eigenkreisfrequenz $\overline{\omega}$ ist

$$\overline{\omega}^2 = \frac{EI_0(\pi^4/2l^3)}{m + \frac{1}{2}m_f}$$

Aus der *Anlage A 29* ergibt sich für die Federzahl c des Beispiels

$$c = \frac{48EI_0}{l^3}$$

Der Zähler des RAYLEIGHschen Quotienten ist

$$c_{\text{ers}} \approx \frac{50EI_0}{l^3}$$

Eine Näherung der Eigenkreisfrequenz ist also vorhanden, wenn bei vorgegebener Federzahl des Schwingers die Federmasse, multipliziert mit einem Faktor ϑ – dem Massenzuschlagfaktor –, zur Masse m im Nenner des Bruches hinzugezählt wird. Die Eigenkreisfrequenz $\overline{\omega}$ als Näherungswert ist demnach

$$\overline{\omega}^2 = \frac{c}{m + m_f\vartheta}$$

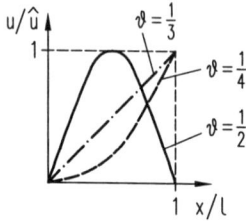

Bild 305

Der Massenzuschlagfaktor ϑ hängt von der Schwingungsform der Feder ab. Für drei typische Schwingungsformen (Bild 305) lassen sich in erster Näherung ϑ-Werte angeben. Ist die Schwingungsform eine Gerade (z. B. Seil), dann ist $\vartheta = 1/3$; ist die Schwingungsform nach der statischen Ruhelage hin konkav (angegebenes Beispiel für das RAYLEIGHsche Verfahren: Träger auf zwei

Stützen mit mittig aufgebrachter Masse m), dann ist $\vartheta = 1/2$, und bei einer zur statischen Ruhelage hin konvexen Schwingungsform (z. B. einseitig eingespannter Träger) ist $\vartheta = 1/4$.

14.2.3 Lösung der Schwingungsdifferentialgleichung

Die freien Schwingungen eines ungedämpften linearen Schwingers mit konstanten Parametern sind harmonische Schwingungen.

Es kann deshalb für die Schwingungsdifferentialgleichung folgender Lösungsansatz genutzt werden:

$$q = C_1 \cos \omega t + C_2 \sin \omega t = Q \sin(\omega t + \varphi)$$

$$Q = \sqrt{C_1^2 + C_2^2}; \qquad \tan \varphi = C_1/C_2$$

Die Integrationskonstanten C_1 und C_2 werden aus den Anfangsbedingungen bestimmt. Die Anfangsbedingungen sind

$$t = 0: \quad q = q_0 \qquad \text{Anfangsausschlag}$$
$$\dot{q} = v_0 \qquad \text{Anfangsgeschwindigkeit}$$

Damit ergeben sich die Integrationskonstanten zu

$$C_1 = q_0 \quad \text{und} \quad C_2 = \frac{v_0}{\omega}$$

14.3 Gedämpfte Schwingungen des linearen Schwingers mit einem Freiheitsgrad

14.3.1 Geschwindigkeitsproportionale Dämpfung

Greift am Schwinger noch eine Widerstandskraft an, die der Geschwindigkeit proportional ist (s. 12.2.1), dann lautet die Dgl. der Bewegung:

$$m\ddot{q} + b\dot{q} + cq = 0$$

b Dämpfungskonstante

Zur besseren Erklärung der Zusammenhänge wird ein *dimensionsloser Zeitmaßstab* $\tau = \omega t$ eingeführt. Die Ableitung nach τ wird mit „ ' " bezeichnet.

$$\frac{\mathrm{d}()}{\mathrm{d}\tau} = ()'$$

Weiter wird $\dot{q} = q'\omega$ und $\ddot{q} = q''\omega^2$. Mit dem *Dämpfungsgrad $D = b/(2\sqrt{mc})$*, der auch oft mit ϑ bezeichnet wird, und dem dimensionslosen Zeitmaßstab τ wird die Schwingungsdifferentialgleichung zu

$$q'' + 2Dq' + q = 0$$

Diese Normierung bringt vor allem Vorteile bei der Behandlung der erzwungenen Schwingungen (s. 14.4).

14

Mit dem Lösungsansatz

$$q = C \exp(\lambda \tau)$$

ergibt sich für den Eigenwert

$$\lambda_{1,2} = -D \pm \sqrt{D^2 - 1}$$

Bei der Betrachtung der Lösungen sind drei Fälle zu unterscheiden.

1. $D^2 > 1$ *aperiodische Bewegung*
2. $D^2 = 1$ *aperiodischer Grenzfall* ($\lambda_1 = \lambda_2$)
3. $D^2 < 1$ *periodische Bewegung*

Es interessieren vom Standpunkt der Schwingungstechnik nur die Fälle 2. und 3., da die *aperiodische Bewegung* eine Kriechbewegung mit höchstens einem Nulldurchgang ist.

Für den *aperiodischen Grenzfall* ist die Lösung der Dgl. der Bewegung

$$q = e^{-D\tau}(C_1 + C_2\tau)$$

C_1 und C_2 werden aus den Anfangsbedingungen $q(0)$ und $q'(0)$ bestimmt.

Für den Fall $D^2 < 1$ ergibt sich als Lösung

$$q = e^{-D\tau}(C_1 e^{iv\tau} + C_2 e^{-iv\tau})$$

mit $v = \sqrt{1 - D^2}$, oder in reeller Schreibweise

$$q = Q e^{-D\tau} \sin(v\tau + \varphi)$$

Daraus ergibt sich die halbe Schwingungsdauer als zeitlicher Abstand zweier aufeinanderfolgender Nulldurchgänge zu

$$\frac{T}{2} = \frac{1}{2} \cdot \frac{1}{f} = \frac{\pi}{v\omega} = \frac{\pi}{\omega_d}$$

Der Wert $v\omega = \omega_d$ ist die *Eigenkreisfrequenz des gedämpften Systems*, wenn ω die des ungedämpften Systems ist. Die Dämpfung führt also zu einer Verstimmung derart, daß die Eigenkreisfrequenz des gedämpften Systems kleiner als die des ungedämpften Systems ist. In vielen praktischen Fällen ist jedoch der Einfluß der geschwindigkeitsproportionalen Dämpfung auf die Eigenkreisfrequenz und damit auch auf die Schwingungsdauer vernachlässigbar klein.

Die Lösung der Schwingungsdifferentialgleichung kann auch wie folgt geschrieben werden:

$$q = \overline{Q}(\tau) \sin(v\tau + \varphi)$$

mit

$$\overline{Q}(\tau) = Q e^{-D\tau}$$

Daraus ist zu ersehen, daß die geschwindigkeitsproportional gedämpfte Schwingung eine amplitudenveränderliche Schwingung darstellt (Bild 306). Das *logarithmische Dekrement* Λ läßt sich aus dem Verhältnis zweier im zeitlichen Abstand nT ($n = 1, 2, \ldots$) auftretender Ausschläge (Nulldurchgänge ausgeschlossen) berechnen (zweckmäßigerweise werden Extrema genutzt). Es gilt

$$\Lambda = \frac{1}{n} \ln \left| \frac{q(\tau_0)}{q(\tau_0 + n\omega T)} \right| = D\omega T = \frac{2\pi D}{\sqrt{1 - D^2}}$$

$$D = \frac{\Lambda}{\sqrt{4\pi^2 + \Lambda^2}}$$

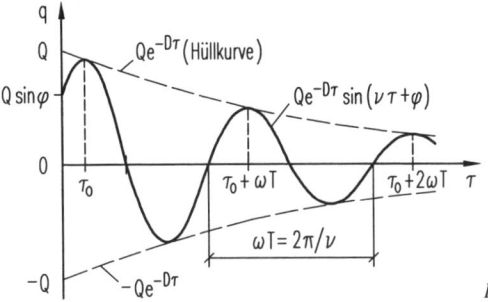

Bild 306

Diese Beziehung wird genutzt, um aus einer vorliegenden Ausschwingkurve den Dämpfungsgrad D zu bestimmen, vgl. /9/.

14.3.2 Dämpfung durch Coulombsche Reibung

Der einfache Reibschwinger (Masse auf rauher Unterlage) ist genaugenommen nichtlinear (s. Abschn. 14.8), aber da die Bewegungsgleichung stückweise linear ist, erfolgt seine Betrachtung bereits hier.

Wenn man voraussetzt, daß die Reibkraft den konstanten Wert F_R hat und F_H der maximal mögliche Haftkraftbetrag ist, dann lautet die Bewegungsgleichung für die Absolutkoordinate q:

$$m\ddot{q} = \begin{cases} -cq - F_R \cdot \text{sgn}(\dot{q}) & \text{für} \quad \dot{q} \neq 0 \\ 0 & \text{für} \quad \dot{q} = 0 \text{ und } -F_H/c \leqq q \leqq F_H/c \\ < 0 & \text{für} \quad \dot{q} = 0 \text{ und } q \geqq F_H/c \\ > 0 & \text{für} \quad \dot{q} = 0 \text{ und } q \leqq -F_H/c \end{cases} \quad (1)$$

Betrachtet man zunächst nur den Fall des Gleitens ($\dot{q} \neq 0$), so sind bei Verwendung der Abkürzung $s = F_R/c$ die beiden Gleichungen ($\omega^2 = c/m$)

$$(q \mp s)^{\cdot\cdot} + \omega^2 \cdot (q \mp s) = 0 \quad \text{für} \quad \dot{q} \lessgtr 0 \quad (2)$$

zu untersuchen. Ihre Lösungen sind

$$q = Q_1 \cos(\omega t + \varphi_1) + s \quad \text{für} \quad \dot{q} < 0 \quad (3)$$
$$q = Q_2 \cos(\omega t + \varphi_2) - s \quad \text{für} \quad \dot{q} > 0 \quad (4)$$

14

Seien die Anfangsbedingungen mit

$$q(t = 0) = q_0 > \frac{F_H}{c} > s \quad \text{und} \quad \dot{q}(t = 0) = 0$$

gegeben, folgt aus (1) $\ddot{q}(t = 0) < 0$, d. h., $\dot{q}(t = 0 + 0) < 0$. Also ist zuerst die Lösung nach Gl. (3) unter Beachtung der Anfangsbedingungen gültig ($Q_1 = q_0 - s$, $\varphi_1 = 0$):

$$q(t) = (q_0 - s) \cdot \cos \omega t + s$$

$$\dot{q}(t) = -\omega \cdot (q_0 - s) \cdot \sin \omega t \overset{!}{\leq} 0$$

Wie man sieht, ist das die Lösung nur bis $\omega t = \pi$. Hier wird $q(\omega t = \pi) = 2s - q_0$ und $\dot{q}(\omega t = \pi) = 0$. Gilt $2s - q_0 < -F_H/c$, so wird sich eine weitere, diesmal durch Gl. (4) beschriebene Bewegungsphase anschließen. Aus den Übergangsbedingungen an der Intervallgrenze

$$q(\omega t = \pi + 0) \overset{!}{=} q(\omega t = \pi - 0) = 2s - q_0$$

$$\dot{q}(\omega t = \pi + 0) = \dot{q}(\omega t = \pi - 0) = 0$$

ergibt sich jetzt $Q_2 = q_0 - 3s$ und $\varphi_2 = 0$, also ist:

$$q(t) = (q_0 - 3s) \cdot \cos \omega t - s$$

$$\dot{q}(t) = -\omega \cdot (q_0 - 3s) \cdot \sin \omega t > 0 \quad \text{für} \quad \omega t \geq \pi$$

Diese Betrachtungen werden solange fortgesetzt, bis es einmal eine Nullstelle von $\dot{q}(t)$ gibt, bei der sich der Ausschlag q innerhalb des Intervalls $-F_H/c \leq q \leq F_H/c$ befindet. Dann ist die Haftkraft größer als die Federkraft, und der Schwinger bleibt stehen (schraffierter Bereich in Bild 307).

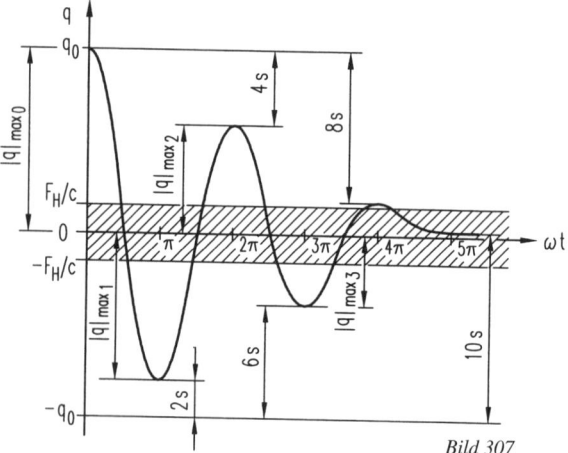

Bild 307

Die halbe Schwingungsdauer von Extremum zu Extremum ist konstant.

$$\frac{T}{2} = \frac{\pi}{\omega} = \pi \cdot \sqrt{\frac{m}{c}}$$

Die Folge der Betragsmaxima läßt sich als arithmetische Reihe darstellen. Es gilt:

$$|q|_{\max_k} - |q|_{\max_{k+1}} = 2s; \qquad k = 0, 1, 2 \ldots$$

14.4 Erzwungene Schwingungen des Systems mit einem Freiheitsgrad

14.4.1 Stationäre Schwingungen

Wird ein schwingungsfähiges System durch eine Kraft $f(t)$ oder eine Auslenkung $u(t)$ zu Schwingungen angeregt, dann sollen folgende Voraussetzungen erfüllt sein:

$f(t)$ bzw. $u(t)$ sind harmonische Funktionen und durch $f(t) = F \cos \Omega t$ und $u(t) = U \cos \Omega t$ darstellbar; die Eigenschwingungen sind durch die vorhandene Dämpfung abgeklungen.

Die Beziehung

$$q = Q \cos(\Omega t + \varphi)$$

beschreibt die sich durch die Erregung ausbildenden stationären erzwungenen Schwingungen.

Die Vergrößerungsfunktion V gibt ein Verhältnis zwischen erzwungener stationärer Amplitude Q und den Erregeramplituden F bzw. U an. Der Phasenwinkel φ ist ein Maß für die zeitliche Verschiebung der Erregerschwingung zur erzwungenen Schwingung. Ein Beispiel soll die Berechnung der Vergrößerungsfunktionen zeigen.

Ein Schwingungssystem wird durch eine Kraft $f(t)$ erregt. In komplexer Schreibweise lautet die Dgl. der Bewegung

$$m\ddot{q} + b\dot{q} + cq = f(t) = F\, e^{i\Omega t} \qquad (i = \sqrt{-1})$$

oder mit den Abkürzungen

Ω	Erregerkreisfrequenz
$\omega = \sqrt{c/m}$	Eigenkreisfrequenz des ungedämpften Schwingers
$\eta = \Omega/\omega$	Frequenzverhältnis
$D = b/(2\sqrt{mc})$	Dämpfungsgrad
$\tau = \omega t$	dimensionsloser Zeitmaßstab

$$q'' + 2Dq' + q = \frac{F}{c}\, e^{i\eta\tau}$$

Der Lösungsansatz

$$q = Q\, e^{i\eta\tau}$$

14

wird in die Dgl. eingesetzt, und es ergibt sich

$$Q(1 - \eta^2 + i2D\eta) = \frac{F}{c}$$

und damit wird das Verhältnis der erzwungenen Amplitude Q zur erregenden Kraftamplitude F/c

$$\frac{Q}{F/c} = y_3 = \frac{1}{1 - \eta^2 + i2D\eta}$$

Der komplexe Faktor y wird als *kinetische Einflußzahl* bezeichnet. Der Index bei y bezieht sich auf die Erregerart (s. *Anlage A 31*). In der Regelungstechnik wird die kinetische Einflußzahl häufig als Übertragungsfunktion angegeben.

Der Tangens des Phasenwinkels φ ist

$$\tan \varphi = \frac{\text{Im}(y)}{\text{Re}(y)} \quad \text{(Imaginärteil durch Realteil von } y)$$

Für das berechnete Beispiel gilt

$$\tan \varphi_3 = \frac{-2D\eta}{1 - \eta^2}$$

Die *Vergrößerungsfunktion V* ist der Absolutbetrag der kinetischen Einflußzahl.

$$V_3 = V(\eta; D) = \frac{1}{\sqrt{(1 - \eta^2)^2 + 4D^2\eta^2}}$$

Die Vergrößerungsfunktion ist eine Funktion der Dämpfung D und des Frequenzverhältnisses η. Jede Erregungsart bedingt eine spezielle Form der Vergrößerungsfunktion. Eine Zusammenstellung der Zusammenhänge zwischen Erregerart, Dgl. der Bewegung, Vergrößerungsfunktion und Phasenwinkel gibt *Anlage A 31*.

Die Vergrößerungsfunktionen V sind bei der Benutzung der Abkürzung W

$$W = \left(\sqrt{(1 - \eta^2)^2 + 4D^2\eta^2} \right)^{-1}$$

folgende Beziehungen:

$V_1 = \eta^2 W$	Massenkrafterregung (*Anlage A 31*, Bild A 42.1)
$V_2 = 2D\eta W$	Dämpfungskrafterregung (*Anlage A 31*, Bild A 42.2)
$V_3 = W$	Federkrafterregung (*Anlage A 31*, Bild A 42.1)
$V_{23} = W\sqrt{1 + 4D^2}$	Dämpfungs- und Federkrafterregung (*Anlage A 31*, Bild A 42.3)
$V_4 = W\eta^2\sqrt{1 + 4D^2}$	(*Anlage A 31*, Bild A 42.4)

Die Phasenwinkel sind

$$\varphi_1 = \pi + \varphi_3 = \arctan \frac{2D\eta}{1 - \eta^2}; \qquad \varphi_2 = \arctan \frac{1 - \eta^2}{2D\eta}$$

$$\varphi_{23} = \arctan \frac{2D\eta^3}{1 + \eta^2(4D^2 - 1)}$$

Für die Darstellung der Vergrößerungsfunktionen und Phasenwinkel (s. *Anlage A 31*) wurden für die Abszissen zwei Maßstäbe gewählt.

$$0 \leq \eta \leq 1; \qquad \bar{\eta} = \eta$$

$$1 \leq \eta \to \infty; \qquad \bar{\eta} = 2 - \frac{1}{\eta}$$

$\bar{\eta}$ Abbildungsmaßstab

Die Anwendung der verschiedenen Vergrößerungsfunktionen ist aus *Anlage A 31* ersichtlich.

Die Vergrößerungsfunktion V_{23} zeigt den Einfluß von Störungen, die durch die Bewegung des Aufstellungsortes der Maschine hervorgerufen werden, auf das schwingfähige System. Derartige Probleme fallen in das Gebiet der passiven Schwingungsentstörung. Die Vergrößerungsfunktion V_4 dient bei Maschinen mit Unwuchterregung zur Bestimmung des Einflusses von Dämpfung und Federzahl auf die Größe der auf den Boden wirkenden Kraft F.

Die Vergrößerungsfunktionen V_{23} und V_4 ermöglichen die Beurteilung des Schwingungseinflusses auf das Fundament einer Maschine.

Resonanz: Bei $\eta = 1$ nehmen die Vergrößerungsfunktionen V_1 und V_3 schwach gedämpfter Systeme ($D \ll 1$) sehr große Werte an. In diesem Fall ist die Eigenkreisfrequenz ω gleich der Erregerkreisfrequenz Ω ($\Omega = \omega$). Das wird mit *Resonanz* bezeichnet. Diese an der Resonanzstelle auftretenden großen Schwingungsausschläge sind im Maschinen- und Gerätebau meist zu vermeiden, da sie zu sehr großen Belastungen der Maschinenteile bzw. zu ihrem Bruch führen können.

Bei kleiner Dämpfung gilt als Anhaltswert, daß die Erregerkreisfrequenz Ω mindestens 10 bis 25 % kleiner bzw. größer als die Eigenkreisfrequenz ω sein soll.

Bei größeren Dämpfungswerten liegt der Wert für $V_{\max}$ nicht mehr bei $\eta = 1$. So ergibt sich für V_3 bezüglich der Größe und der Lage der Maximalausschläge

$$V_{3\,\max} = V_3 \left(\eta = \sqrt{1 - 2D^2} \right) = \frac{1}{2D\sqrt{1 - D^2}}$$

Für $D \geq \sqrt{2}/2 \approx 0{,}702$ hat V_3 kein Maximum mehr, sondern wird mit wachsendem η immer kleiner.

Diese Betrachtungen zeigen, daß dem Einfluß der Dämpfung für erzwungene Schwingungen große Beachtung geschenkt werden muß. Während die Dämpfung die Größe der Eigenfrequenz vielmals nur unbedeutend beeinflußt, ist im

14

Resonanzgebiet die Dämpfung hinsichtlich ihres Einflusses auf die Schwingungsamplituden nicht mehr vernachlässigbar. Diese Tatsache ist bei der Modellfindung für schwingungsfähige Systeme, die der Berechnung erzwungener Schwingungen dienen, zu berücksichtigen.

14.4.2 Instationäre Schwingungen

Ist die Erregerfrequenz eine zeitabhängige Größe, so daß die Dgl. der Bewegung wie folgt geschrieben werden kann:

$$m\ddot{q} + b\dot{q} + cq = F(t)\cos[\Omega(t)\,t]$$

dann treten instationäre erzwungene Schwingungen auf.

Instationäre Schwingungsprozesse in mechanischen deformierbaren Systemen treten auf, wenn sich die Arbeitszustände von irgendwelchen Konstruktionen noch nicht eingeschwungen haben, bei Übergangsprozessen, bei Anlauf und Auslauf, beim Auswuchten von Maschinen, bei ungleichmäßiger Einwirkung der Umgebung sowie zufälligen und impulsförmigen Belastungen.

Speziell dem Resonanzdurchgang ist große Beachtung geschenkt worden.

Umfassend werden die instationären Schwingungen in /15/ behandelt.

Bei der Behandlung von instationären Schwingungen empfiehlt es sich oft, die Bewegungsgleichungen numerisch zu integrieren, wofür es entsprechende Software gibt.

14.4.3 Einschaltvorgänge

Bei der Beurteilung des Schwingungsverhaltens schwingungsfähiger Systeme ist noch wichtig, wie sich diese Systeme verhalten, wenn plötzliche Erregungen auftreten. Beachtenswert ist das Problem z. B. bei der Messung dynamischer Größen. Das Verhalten des Meßgerätes, das meist ein schwingungsfähiges System ist, muß bei einer plötzlichen Änderung der Meßgröße untersucht werden. Dazu betrachtet man vor allen Dingen zwei spezielle Arten plötzlicher Erregung. Die dimensionslose Erregerfunktion $f(t)$ in der Bewegungsgleichung

$$m\ddot{x} + b\dot{x} + cx = \hat{F} \cdot f(t)$$

ist einmal eine Sprungfunktion (Bild 308)

$$f(t) = \begin{cases} 0 & \text{bei } t < 0 \\ 1 & \text{bei } t \geq 0 \end{cases}$$

oder zum anderen eine Stoßfunktion (Einheitsstoß Bild 309), deren Integralwert

$$\lim_{\Delta t \to 0} \int_0^{\Delta t} \omega \cdot f(t)\,\mathrm{d}t = 1$$

ist.

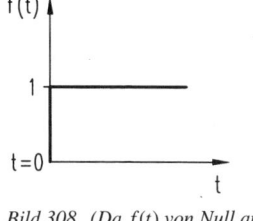

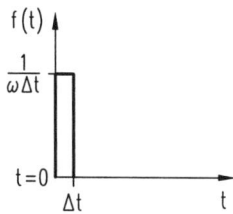

Bild 308 (Da f(t) von Null auf Eins springt, wird vom Einheitssprung gesprochen.)

Bild 309

Die Reaktionen des schwingungsfähigen Systems auf diese Art der Erregung heißen *Übergangsfunktion* als Antwort auf den Einheitssprung und *Gewichtsfunktion* als Antwort auf die Stoßfunktion, die meist mit Hilfe der zwei Verfahren

- *Variation der Konstanten* und
- *Laplace-Transformation*

berechnet werden.

Wird mit $x = q \cdot \hat{F}/c$ die dimensionslose Koordinate q definiert und weiterhin die dimensionslose Zeit $\tau = \omega t$ ($\omega = \sqrt{c/m}$) verwendet, so folgt aus obiger Dgl. für $x(t)$:

$$q'' + 2Dq' + q = f(\tau); \qquad ()' = \frac{\mathrm{d}()}{\mathrm{d}\tau}$$

Berechnung der Übergangsfunktion mit der Variation der Konstanten:

Es sind

$$q_1(\tau) = \mathrm{e}^{-D\tau} \sin \nu\tau \quad \text{und} \quad q_2(\tau) = \mathrm{e}^{-D\tau} \cos \nu\tau$$

die zwei Fundamental-Lösungen der homogenen Dgl. ($q'' + 2Dq' + q = 0$) und $q_{\mathrm{hom}}(\tau) = C_1 \cdot q_1(\tau) + C_2 \cdot q_2(\tau)$ ihre allgemeine Lösung.

Nutzt man nun zur Bestimmung der Partikulärlösung der inhomogenen Dgl. einen Ansatz der Gestalt

$$q_{\mathrm{p}}(\tau) = C_1(\tau) \cdot q_1(\tau) + C_2(\tau) \cdot q_2(\tau)$$

so hat man zunächst noch zwei unbekannte Funktionen $C_1(\tau)$ und $C_2(\tau)$, aber nur eine Gleichung (die inhomogene Dgl.), d. h., man kann eine zusätzliche Bedingung frei wählen.

14

Differentiation des Ansatzes ergibt

$$q_{\mathrm{p}}' = C_1'q_1 + C_1q_1' + C_2'q_2 + C_2q_2'$$

Wählt man als Bedingung

$$C_1'q_1 + C_2'q_2 = 0 \tag{1}$$

so folgt die zweite Ableitung von q_p zu

$$q_\mathrm{p}'' = C_1' q_1' + C_1 q_1'' + C_2' q_2' + C_2 q_2''$$

Einsetzen von q_p' und q_p'' in die inhomogene Dgl. liefert dann

$$C_1' q_1' + C_2' q_2' = f(\tau) \tag{2}$$

Die Beziehungen (1) und (2) stellen ein inhomogenes algebraisches Gleichungssystem für $C_1'(\tau)$ und $C_2'(\tau)$ dar. Dessen Auflösung ergibt die direkt integrierbaren Ausdrücke

$$C_1' = \frac{f(\tau) \cdot q_2(\tau)}{q_1' q_2 - q_1 q_2'} = \frac{f(\tau)}{v}\, \mathrm{e}^{D\tau} \cos v\tau$$

$$C_2' = \frac{-f(\tau) \cdot q_1(\tau)}{q_1' q_2 - q_1 q_2'} = -\frac{f(\tau)}{v}\, \mathrm{e}^{D\tau} \sin v\tau$$

Damit erhält man die vollständige Lösung der inhomogenen Dgl. zu

$$q = \mathrm{e}^{-D\tau}(K_1 \sin v\tau + K_2 \cos v\tau) \qquad \left.\right\} \quad q_\mathrm{hom}(\tau)$$

$$\left. \begin{array}{l} + \dfrac{1}{v}\, \mathrm{e}^{-D\tau}\left[\sin v\tau \displaystyle\int_0^\tau [f(\bar\tau)\, \mathrm{e}^{D\bar\tau} \cos v\bar\tau]\, \mathrm{d}\bar\tau \right. \\[4mm] \qquad \left. - \cos v\tau \displaystyle\int_0^\tau [f(\bar\tau)\, \mathrm{e}^{D\bar\tau} \sin v\bar\tau]\, \mathrm{d}\bar\tau \right. \end{array} \right\} \quad q_\mathrm{p}(\tau)$$

Die Konstanten K_1 und K_2 werden aus den Anfangsbedingungen

$$\tau = 0: \qquad q = q_0 \quad \text{und} \quad q' = \frac{v_0}{\omega}$$

zu

$$K_1 = \frac{1}{v}\left(Dq_0 + \frac{v_0}{\omega} \right) \quad \text{und} \quad K_2 = q_0$$

bestimmt. Mit Nullanfangsbedingungen wird $K_1 = K_2 = 0$, und der erste Teil der vollständigen Lösung, der die freie gedämpfte Schwingung, resultierend aus den Anfangsbedingungen, darstellt, verschwindet. Der Rest der vollständigen Lösung ist die Übergangsfunktion. Die vollständige Lösung kann auch wie folgt geschrieben werden:

$$q = q_\mathrm{hom} + q_{\sqcap 1}$$

$q_{\sqcap 1}$ Übergangsfunktion, wenn $f(\tau) = 1$

Den Wert für den Einheitssprung $f(\tau) = 1$ eingesetzt und die Integrale ausgerechnet, ergibt folgende Übergangsfunktion:

$$q_{\sqcap 1} = 1 - \frac{1}{v}\, \mathrm{e}^{-D\tau} \cos(v\tau - \delta) \quad \text{mit} \quad \sin\delta = D$$

Bild 310 zeigt für verschiedene Werte von D den Verlauf der Übergangsfunktion.

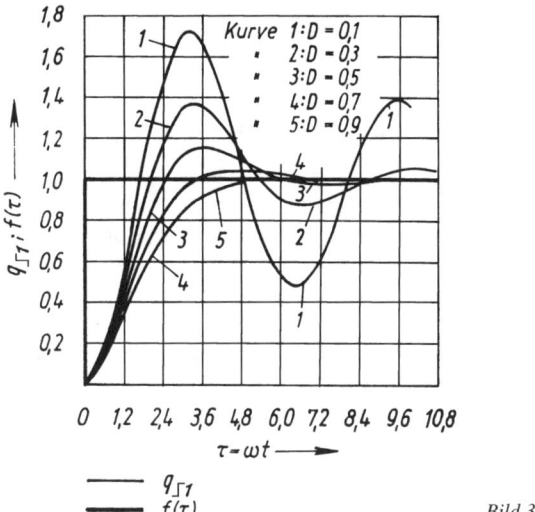

$$\begin{array}{c} \underline{\hspace{2cm}} \quad q_{\Gamma 1} \\ \underline{\hspace{2cm}} \quad f(\tau) \end{array}$$

Bild 310

Berechnung der Gewichtsfunktion mit der Laplace-Transformation:

Jeder periodische und auch einmalige Vorgang kann nach FOURIER durch eine unendliche Summe von sin- und cos-Funktionen (s. 14.1.1) dargestellt werden. Beim einmaligen Vorgang wird aus der Summe ein Integral; das Ergebnis ist ein kontinuierliches Spektrum. In komplexer Schreibweise ergibt sich für einmalige Vorgänge das FOURIER-Integral als Zusammenhang zwischen allgemeiner Zeitfunktion $f(t)$ und zugehörigem Spektrum $F(\mathrm{i}\omega)$:

$$F(\mathrm{i}\omega) = \int\limits_{-\infty}^{+\infty} f(t)\,\mathrm{e}^{-\mathrm{i}\omega t}\,\mathrm{d}t \qquad (\mathrm{i} = \sqrt{-1})$$

und

$$f(t) = \frac{1}{2\pi\,\mathrm{i}} \int\limits_{-\infty}^{+\infty} F(\mathrm{i}\omega)\,\mathrm{e}^{\mathrm{i}\omega t}\,\mathrm{d}\omega$$

Für den Einheitssprung ergibt sich als Wert des Spektrums

$$F(\mathrm{i}\omega)_{\Gamma 1} = \int\limits_{0}^{\infty} (\Gamma 1)\,\mathrm{e}^{-\mathrm{i}\omega t}\,\mathrm{d}t = \frac{1}{\mathrm{i}\omega}$$

und für den Einheitsstoß

$$F(\mathrm{i}\omega)_{\perp 1} = \int\limits_{-\infty}^{+\infty} (\perp 1)\,\mathrm{e}^{-\mathrm{i}\omega t}\,\mathrm{d}t = 1$$

14

Diesen Zusammenhang zwischen Spektrum und allgemeiner Zeitfunktion behandelt die *Laplace-Transformation*. Mit s als Veränderlicher für das Spektrum ergibt sich

$$F(s) = L\{f(t)\}$$

(lies: $F(s)$ ist die LAPLACE-Transformierte von $f(t)$)

$$f(t) = L^{-1}\{F(s)\}$$

(Rücktransformationsbeziehung)

Die LAPLACE-Transformationen des Einheitssprunges und des Einheitsstoßes entsprechen demnach den Werten des Spektrums

$$L\{\boxed{1}\} = \frac{1}{s}; \qquad L\{\perp 1\} = 1$$

Als hier anzugebende Rechenregeln sind die Regeln für die Differentiation anzusehen. Bei der Benutzung folgender Symbolik

$$f(t) \circ\!\!\!-\!\!\bullet\ F(s)$$

$$F(s) \bullet\!\!-\!\!\!\circ\ f(t)$$

ergibt sich

$$\dot{f}(t) \circ\!\!\!-\!\!\bullet\ s \cdot F(s) - f(0)$$

$$\ddot{f}(t) \circ\!\!\!-\!\!\bullet\ s^2 \cdot F(s) - s \cdot f(0) - \dot{f}(0)$$

$f(0)$ und $\dot{f}(0)$ sind Anfangsbedingungen.

Für Dgln. zweiter Ordnung mit konstanten Koeffizienten

$$\ddot{y} + c_1\dot{y} + c_0 y = f(t)$$

ergibt sich bei Anwendung der Regel für die Differentiation die LAPLACE-Transformation zu

$$Y(s) = \frac{1}{s^2 + c_1 s + c_0} \cdot [F(s) + y(0) \cdot (s + c_1) + \dot{y}(0)]$$

Mit

$$p(s) = s^2 + c_1 s + c_0 = (s - a_1)(s - a_2)$$

und a_1 und a_2, den Wurzeln der Gleichung, gilt für die Rücktransformation

$$\frac{1}{p(s)} \bullet\!\!-\!\!\!\circ\ \frac{1}{a_1 - a_2}(e^{a_1 t} - e^{a_2 t})$$

Für den Schwinger mit folgender Dgl. der Bewegung

$$q'' + 2Dq' + q = f(\tau); \qquad q(0) = 0, \quad q'(0) = 0$$

soll die Gewichtsfunktion ermittelt werden. Das Nennerpolynom

$$p(s) = s^2 + 2Ds + 1$$

besitzt die Wurzeln

$$a_{1,2} = -D \pm i\sqrt{1 - D^2} = -D \pm iv \qquad (v = \sqrt{1 - D^2})$$

Es ist für den Einheitsstoß $F(s) = 1$. Deshalb folgt als LAPLACE-Transformation der Dgl. unter Wirkung des Einheitsstoßes bei Nullanfangsbedingungen

$$q(s) = \frac{1}{s^2 + 2Ds + 1}$$

Das ergibt als Rücktransformation die Gewichtsfunktion

$$q(\tau)_{\perp 1} = \frac{e^{-D\tau}}{2\,i\nu}(e^{-i\nu\tau} - e^{-i\nu\tau})$$

oder in reeller Schreibweise

$$q_{\perp 1} = \frac{1}{\nu}\,e^{-D\tau}\sin \nu\tau$$

Für andere Probleme empfiehlt sich die Benutzung der tabellenmäßig zusammengestellten LAPLACE-Transformierten häufig vorkommender Funktionen /8/.

14.5 Freie Schwingungen des Systems mit *n* Freiheitsgraden

14.5.1 Differentialgleichungen der Bewegung, Frequenzgleichung, Schwingungsform

Die Behandlung der freien Schwingungen dient im wesentlichen dazu, die Eigenfrequenzen und auch die Schwingungsformen des Systems mit mehreren Freiheitsgraden zu bestimmen. Der schon in 14.3 erwähnte geringe Einfluß der Dämpfung auf die Größe der Eigenfrequenz erlaubt es, sich im wesentlichen mit Systemen ohne Dämpfung zu beschäftigen.

Beim *System mit mehreren Freiheitsgraden* lauten die erste und *n*-te Dgl. der Bewegung

$$m_{11}\ddot{q}_1 + m_{12}\ddot{q}_2 + \ldots + m_{1n}\ddot{q}_n + c_{11}q_1 + c_{12}q_2 + \ldots + c_{1n}q_n = 0$$
$$m_{n1}\ddot{q}_1 + m_{n2}\ddot{q}_2 + \ldots + m_{nn}\ddot{q}_n + c_{n1}q_1 + c_{n2}q_2 + \ldots + c_{nn}q_n = 0$$

Nutzt man die Matrix-Algebra, so läßt sich dieses homogene Dgl.-System gemäß

$$\boldsymbol{M\ddot{q}} + \boldsymbol{Cq} = \boldsymbol{o}$$

schreiben, wobei im Spaltenvektor $\boldsymbol{q} = (q_1, \ldots, q_n)^{\mathrm{T}}$ die Koordinaten q_k („Koordinatenvektor"), in der Matrix $\boldsymbol{M}$ (Massenmatrix) die Elemente $m_{jk} = m_{kj}$ und in der Steifigkeitsmatrix $\boldsymbol{C}$ die Elemente $c_{jk} = c_{kj}$ zusammengefaßt werden.

Der Hauptschwingungsansatz

$$\boldsymbol{q} = \boldsymbol{Q}\sin \omega t = \boldsymbol{Q\varkappa} \cdot \sin \omega t$$

überführt das homogene Dgl.-System in ein homogenes algebraisches Gleichungssystem für $\boldsymbol{\varkappa}$ (lineares Matrix-Eigenwertproblem):

$$(\boldsymbol{C} - \omega^2\boldsymbol{M})\boldsymbol{\varkappa} = \boldsymbol{o}$$

14

Bedingung für nichttriviale Lösungen ist das Verschwinden der Koeffizienten-determinante

$$\det(\boldsymbol{C} - \omega^2 \boldsymbol{M}) = 0$$

Die sich aus der Auflösung der Determinante ergebende Gleichung heißt *Frequenzgleichung*. Die Wurzeln der Frequenzgleichung sind die Quadrate der Eigenkreisfrequenzen $\omega_1^2 \leq \omega_2^2 \leq \ldots \leq \omega_n^2$ der n Hauptschwingungen. Bei $n \geq 3$ steigt der Rechenaufwand stark an, weshalb man besser handelsübliche Mathematik-Software zur Lösung linearer Matrix-Eigenwertprobleme nutzt.

Die allgemeine Lösung lautet bei Beachtung der Möglichkeit, daß die ersten r Eigenfrequenzen Null sein können (d. h. Doppelwurzeln sind):

$$\boldsymbol{q}(t) = \sum_{i=1}^{r} \boldsymbol{\varkappa}_i \cdot (A_i + B_i t) + \sum_{i=r+1}^{n} \boldsymbol{\varkappa}_i \cdot (A_i \cos \omega_i t + B_i \sin \omega_i t)$$

Die A_i und B_i ($i = 1, \ldots, n$) stellen dabei die $2n$ Integrationskonstanten dar und werden aus Anfangsbedingungen ermittelt.

Die im Eigenvektor $\boldsymbol{\varkappa}_i = (\varkappa_{1i}, \varkappa_{2i}, \ldots, \varkappa_{ni})^{\mathrm{T}}$ stehenden Faktoren bestimmen die Ausschlagverhältnisse. Sie sind nur bis auf einen beliebigen Faktor bestimmbar, d. h., der Eigenvektor $\boldsymbol{\varkappa}_i$ ist als Lösungsvektor des homogenen algebraischen Gleichungssystems für $\omega = \omega_i$ willkürlich normierbar. Bei Rechnungen „per Hand" wird meist $\varkappa_{1i} = 1$ gesetzt, so daß dann die restlichen $\varkappa_{ki}$ ($k = 2, \ldots, n$) als Lösung eines inhomogenen Systems der Ordnung $n - 1$ berechnet werden können.

Schwingungsform: Wenn das System jeweils nur mit einer Kreisfrequenz ω_i schwingt, dann heißen diese Schwingungen *Hauptschwingungen*. Die Ausschlagverhältnisse oder Formzahlen $\varkappa_{ki}$ bestimmen die i-te Eigenschwingungsform. Die Schwingung mit der ersten Eigenfrequenz ($i = 1$) heißt *Grundschwingung*, die anderen heißen *Oberschwingungen*.

Als Beispiel wird ein *einseitig gefesselter Torsionsschwinger* (Bild 311) mit zwei Freiheitsgraden betrachtet. (Ein gefesseltes System liegt dann vor, wenn eine Bewegung des entsprechenden starr gedachten Systems unmöglich ist.)

Die Bewegungsgleichungen lassen sich wie in 12.2.2 beschrieben aufstellen und lauten

$$J_1 \ddot{\varphi}_1 + (c_1 + c_2)\varphi_1 - c_2 \varphi_2 = 0$$
$$J_2 \ddot{\varphi}_2 - c_2 \varphi_1 + c_2 \varphi_2 = 0$$

Für $\boldsymbol{q} = (\varphi_1, \varphi_2)^{\mathrm{T}}$ ist also

$$\boldsymbol{M} = \begin{pmatrix} m_{11} & m_{12} \\ m_{21} & m_{22} \end{pmatrix} = \begin{pmatrix} J_1 & 0 \\ 0 & J_2 \end{pmatrix}; \qquad \boldsymbol{C} = \begin{pmatrix} c_1 + c_2 & -c_2 \\ -c_2 & c_2 \end{pmatrix}$$

Ausrechnen der Frequenzdeterminante liefert die Frequenzgleichung

$$J_1 J_2 \omega^4 - [(c_1 + c_2)J_2 + c_2 J_1]\omega^2 + c_1 c_2 = 0$$

mit den Wurzeln ω_1^2 und ω_2^2 als Quadrate der Eigenkreisfrequenzen.

Die Lösungen der Bewegungsgleichungen sind

$$q_1(t) = \varkappa_{11} \cdot (A_1 \cos \omega_1 t + B_1 \sin \omega_1 t)$$
$$+ \varkappa_{12} \cdot (A_2 \cos \omega_2 t + B_2 \sin \omega_2 t)$$
$$q_2(t) = \varkappa_{21} \cdot (A_1 \cos \omega_1 t + B_1 \sin \omega_1 t)$$
$$+ \varkappa_{22} \cdot (A_2 \cos \omega_2 t + B_2 \sin \omega_2 t)$$

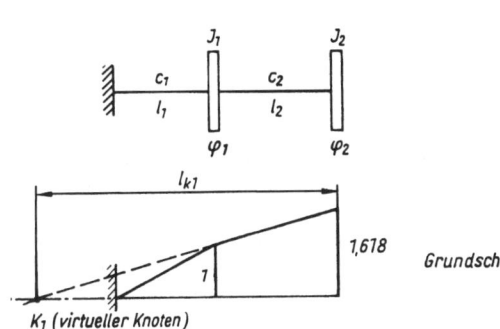

Grundschwingung

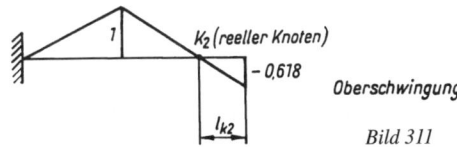

Oberschwingung

Bild 311

Die Konstanten $A_{1,2}$ und $B_{1,2}$ werden aus noch vorzugebenden Anfangsbedingungen bestimmt.

Die Hauptschwingungen sind:

- als *Grundschwingung*

$$q_1 = \varkappa_{11} \sin \omega_1 t \quad \text{und} \quad q_2 = \varkappa_{21} \sin \omega_1 t$$

- als *Oberschwingung*

$$q_1 = \varkappa_{12} \sin \omega_2 t \quad \text{und} \quad q_2 = \varkappa_{22} \sin \omega_2 t$$

Die Formzahlen sind

$$\varkappa_{1i} = 1; \quad \varkappa_{2i} = \frac{c_1 + c_2 - J_1 \omega_i^2}{-c_2} \qquad i = 1, 2$$

In der Annahme, daß

$$J_1 = J_2 = J \quad \text{und} \quad c_1 = c_2 = c$$

14

sind, ergeben sich die Quadrate der Eigenkreisfrequenzen zu

$$\omega_1^2 = \frac{c}{J} \cdot \frac{1}{2} \left(3 - \sqrt{5} \right) = 0,382 \frac{c}{J}$$

$$\omega_2^2 = \frac{c}{J} \cdot \frac{1}{2} \left(3 + \sqrt{5} \right) = 2,618 \frac{c}{J}$$

Die Formzahlen sind

$$\varkappa_{21} = 1,618; \qquad \varkappa_{22} = -0,618$$

Mit der Berechnung der Formzahlen ist die Schwingungsform festgelegt. Dabei ist zu erkennen, daß die Formzahlen konstante Werte sind, d. h., daß für Hauptschwingungen das Amplitudenverhältnis Q_k/Q_1 zu allen Zeiten gleich bleibt. Daraus resultiert, daß ein Punkt des Schwingers existieren muß, für den der Ausschlag gleich Null ist, der in Ruhe bleibt. Dieser Punkt heißt *Knoten*. Ist der Knoten ein materieller Punkt des Schwingers, dann heißt er *reell*; ist er ein extrapolierter Punkt des Schwingers, dann heißt er *virtuell*. Zur Grundschwingung des Beispiels gehört ein virtueller Knoten K_1 und zur Oberschwingung ein reeller Knoten K_2 (s. Bild 311). Die Lage der Knoten legt die Beziehung

$$l_{ki} = \frac{l_2}{1 - k_{2i}}$$

fest. Für das Beispiel ergibt sich

$$l_{k1} = l_2 \cdot 2,618 \ (\text{Knoten } K_1); \qquad l_{k2} = l_2 \cdot 0,382 \ (\text{Knoten } K_2)$$

14.5.2 Berechnung der Eigenfrequenzen der elastisch aufgestellten Maschine

Ein typisches Beispiel eines Schwingers mit mehreren Freiheitsgraden ist die mittels eines Fundamentes elastisch aufgestellte Maschine. Dieses System hat 6 Freiheitsgrade. Dabei wird die Maschine als starrer Block angenommen, der dämpfungsfrei auf Federn aufgestellt ist. Bild 312 zeigt die Vorderansicht und die Draufsicht des schwingenden Systems. Das definierte ξ, η, ζ-System sei ein zentrales Hauptachsensystem der Maschine (Masse m; Trägheitsmomente J_I, J_{II}, J_{III}).

Die Wirkungen der Federn in den Abstützpunkten *1, 2, 3, 4* in Richtung der Hauptachsen werden durch die Angabe von c_I, c_{II} und c_{III} dargestellt. Die Lage der Abstützpunkte wird durch die Angabe der Koordinaten ξ_c, η_c und ζ_c festgelegt. Es wird sich ein System von 6 Dgln. der Bewegung ergeben. Unter der Voraussetzung kleiner Winkelausschläge der Drehfreiheitsgrade hat das System 6 von Null verschiedene Eigenfrequenzen. Sie werden entweder über die Lösung des entsprechenden linearen Matrix-Eigenwertproblems oder mit Hilfe der Frequenzdeterminante berechnet. Diese ist symmetrisch, weshalb hier nur das untere Dreieck von ihr angegeben wird:

$$
\begin{vmatrix}
\sum\limits_1^4 c_{Ii} - m\omega^2 & & & & & \\[2mm]
0 & \sum\limits_1^4 c_{IIi} - m\omega^2 & & & & \\[2mm]
0 & 0 & \sum\limits_1^4 c_{IIIi} - m\omega^2 & & & \\[2mm]
0 & -\sum\limits_1^4 c_{IIIi}\xi_{ci} & \sum\limits_1^4 c_{IIi}\eta_{ci} & \begin{array}{c}\sum\limits_1^4 c_{IIIi}\eta_{ci}^2 \\ +\sum\limits_1^4 c_{IIi}\zeta_{ci}^2 \\ -J_I\omega^2\end{array} & & \\[5mm]
\sum\limits_1^4 c_{Ii}\zeta_{ci} & 0 & -\sum\limits_1^4 c_{IIIi}\xi_{ci} & -\sum\limits_1^4 c_{IIIi}\xi_{ci}\eta_{ci} & \begin{array}{c}\sum\limits_1^4 c_{Ii}\zeta_{ci}^2 \\ +\sum\limits_1^4 c_{IIi}\xi_{ci}^2 \\ -J_{II}\omega^2\end{array} & \\[5mm]
-\sum\limits_1^4 c_{Ii}\eta_{ci} & \sum\limits_1^4 c_{IIIi}\xi_{ci} & 0 & -\sum\limits_1^4 c_{IIi}\xi_{ci}\zeta_{ci} & -\sum\limits_1^4 c_{Ii}\eta_{ci}\zeta_{ci} & \begin{array}{c}\sum\limits_1^4 c_{Ii}\eta_{ci}^2 \\ +\sum\limits_1^4 c_{IIi}\xi_{ci}^2 \\ -J_{III}\omega^2\end{array}
\end{vmatrix} = 0
$$

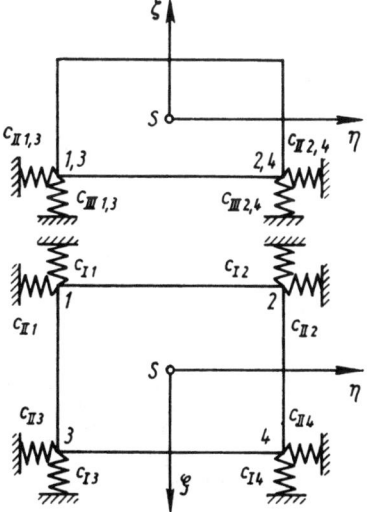

Bild 312

Durch konstruktive Maßnahmen, wie die Anwendung symmetrischer Abstützungen, zerfällt das allgemeine Gleichungssystem in Gleichungssysteme, die geschlossen lösbar sind und wo die Berechnung der Eigenfrequenzen relativ einfach möglich ist. Eine derartige Entkoppelung führt auf drei Systeme mit jeweils zwei Freiheitsgraden:

1. eine Translation in ξ-Richtung und eine Drehung um η
2. eine Translation in η-Richtung und eine Drehung um ξ
3. eine Translation in ζ-Richtung und eine Drehung um ζ

Für den Fall, daß die vorausgesetzte Symmetrie nur näherungsweise erfüllt ist, unterscheiden sich die 6 Eigenfrequenzen sicher von denen, die man mit dem ursprünglichen, beliebig gekoppelten System erhalten würde, wobei diese Unterschiede aber meist gering sind. Die sechs Eigenkreisfrequenzen lassen sich dann unter der Annahme von Symmetrie aus den folgenden Beziehungen berechnen:

$$\begin{vmatrix} \sum_1^4 c_{\mathrm{I}i} - m\omega^2 & \sum_1^4 c_{\mathrm{I}i}\zeta_{ci} \\[2mm] \sum_1^4 c_{\mathrm{I}i}\zeta_{ci} & \sum_1^4 c_{\mathrm{I}i}\zeta_{ci}^2 + \sum_1^4 c_{\mathrm{III}i}\xi_{ci}^2 - J_{\mathrm{II}}\omega^2 \end{vmatrix} = 0$$

$$\begin{vmatrix} \sum_1^4 c_{\mathrm{II}i} - m\omega^2 & -\sum_1^4 c_{\mathrm{II}i}\zeta_{ci} \\[2mm] -\sum_1^4 c_{\mathrm{II}i}\zeta_{ci} & \sum_1^4 c_{\mathrm{III}i}\eta_{ci}^2 + \sum_1^4 c_{\mathrm{II}i}\zeta_{ci}^2 - J_{\mathrm{I}}\omega^2 \end{vmatrix} = 0$$

$$\sum_1^4 c_{\mathrm{III}i} - m\omega^2 = 0$$

$$\sum_1^4 c_{\mathrm{I}i}\eta_{ci}^2 + \sum_1^4 c_{\mathrm{II}i}\zeta_{ci}^2 - J_{\mathrm{III}}\omega^2 = 0$$

Weiterführende Betrachtungen zur Ausbildung und Berechnung von Fundamenten sind in /21/ und /9/ zu finden.

14.5.3 Torsionsschwingungen

Zur Bestimmung der Eigenfrequenzen eines Torsionsschwingungssystems wird ein Berechnungsmodell zugrunde gelegt, das aus einer glatten Welle besteht, die mit Scheiben bestückt ist. Oftmals muß durch eine Reduktion dieses Berechnungsmodell erst aufgestellt werden. Als Beispiel sei ein Schwingungssystem mit Übersetzungen angeführt (Bild 313). Die Abbildung der Federn und Massen auf eine Welle heißt *Bildwelle*.

Ausgegangen wird davon, daß die kinetische und potentielle Energie der Bildwelle gleich denen der Ausgangswelle sind. Die potentielle Energie errechnet sich als die in den einzelnen Wellenstücken durch das Drillungsmoment verursachte Formänderungsarbeit.

Es gilt

$$U = \frac{M_\varphi^2}{2} \sum_i \frac{1}{c_i} = \frac{M_\varphi^2}{2G} \sum_i \frac{l_i}{I_{pi}}$$

M_φ Drillungsmoment

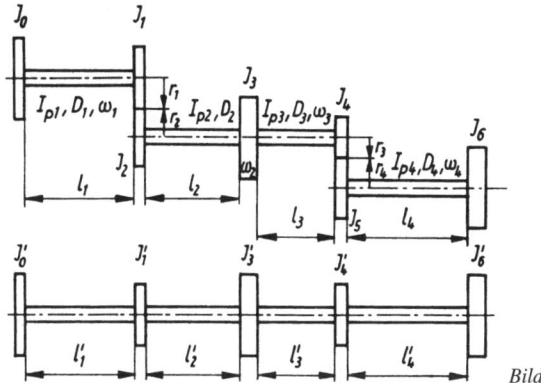

Bild 313

Diese potentielle Energie soll gleich der in der Bildwelle sein, von der angenommen wird, daß sie als glatte Welle ein durchgehendes Flächenträgheitsmoment I_{P0} hat. Die potentielle Energie der Bildwelle, verursacht vom gleichen Drillungsmoment wie in der Ausgangswelle, ist

$$U = \frac{M_\varphi^2}{2G} \cdot \frac{l_{red}}{I_{p0}}$$

Daraus ergibt sich für die reduzierte Wellenlänge der Bildwelle für eine Welle ohne Übersetzungen

$$l_{red} = I_{p0} \sum_i \frac{l_i}{I_{pi}} = \sum_i \frac{l_i}{I_{pi}/I_{p0}}$$

Ist die Ausgangswelle ein System mit Übersetzungen, dann sind bei der Berechnung der reduzierten Wellenlängen die Veränderungen der Drillungsmomente durch die Übersetzungen zu berücksichtigen. Mit den Übersetzungsverhältnissen

$$i_1 = \frac{r_2}{r_1} \quad \text{und} \quad i_2 = \frac{r_4}{r_3}$$

für das Getriebe nach Bild 313 gilt für die Winkelgeschwindigkeiten der einzelnen Wellen

$$\omega_2 = \frac{\omega_1}{i_1}; \qquad \omega_3 = \omega_2 = \frac{\omega_1}{i_1}; \qquad \omega_4 = \frac{\omega_3}{i_2} = \frac{\omega_1}{i_1 i_2}$$

14

Die übersetzten Drillungsmomente sind

$$M_{\varphi 2} = i_1 M_{\varphi 1}; \qquad M_{\varphi 3} = M_{\varphi 2}; \qquad M_{\varphi 4} = i_2 M_{\varphi 3} = i_1 i_2 M_{\varphi 1}$$

Das erste Wellenstück wird als Bezugsstück gewählt, so daß

$$I_{p0} = I_{p1}$$

gilt. Damit liegt auch fest, daß die Winkelgeschwindigkeit ω_1 die Winkelgeschwindigkeit ist, mit der sich die Bildwelle „drehen" soll. Bei der Reduktion der Massenträgheitsmomente, die sich aus der Bedingung der Gleichheit der kinetischen Energien ergibt, muß deshalb die kinetische Energie der Bildwelle mit der Winkelgeschwindigkeit ω_1 berechnet werden. Es ergeben sich folgende Beziehungen:

$$J_0' \omega_1^2 = J_0 \omega_1^2 \qquad\qquad \left| \quad J_0' = J_0 \right.$$

$$J_1' \omega_1^2 = J_1 \omega_1^2 + J_2 \omega_2^2 \qquad \left| \quad J_1' = J_1 + \frac{1}{i_1^2} J_2 \right.$$

$$\qquad = \left(J_1 + \frac{1}{i_1^2} J_2 \right) \omega_1^2$$

$$J_3' \omega_1^2 = J_3 \omega_2^2 = \frac{1}{i_1^2} J_3 \omega_1^2 \qquad \left| \quad J_3' = \frac{1}{i_1^2} J_3 \right.$$

$$J_4' \omega_1^2 = J_4 \omega_3^2 + J_5 \omega_4^2 = \left(\frac{1}{i_1^2} J_4 + \frac{1}{i_1^2 i_2^2} J_5 \right) \omega_1^2$$

$$\qquad\qquad\qquad\qquad \left| \quad J_4' = \frac{1}{i_1^2} J_4 + \frac{1}{i_1^2 i_2^2} J_5 \right.$$

$$J_6' \omega_1^2 = J_6 \omega_4^2 = \frac{1}{i_1^2 i_2^2} J_6 \omega_1^2 \qquad \left| \quad J_6' = \frac{1}{i_1^2 i_2^2} J_6 \right.$$

Bei der Berechnung der reduzierten Längen sind die Reduktionen der Drillungsmomente auf das Bezugswellenstück *1* zu beachten. Es gilt

$$\frac{M_{\varphi 1}^2 l_1'}{G I_{p1}} = \frac{M_{\varphi i}^2 l_i}{G I_{pi}}$$

Unter Benutzung dieser Beziehung ergeben sich die reduzierten Längen, die mit „ ' " gekennzeichnet sind.

$$l_1' = l_1; \qquad l_2' = \frac{I_{p1}}{I_{p2}} i_1^2 l_2; \qquad l_3' = \frac{I_{p1}}{I_{p3}} i_1^2 l_3; \qquad l_4' = \frac{I_{p1}}{I_{p4}} i_1^2 i_2^2 l_4$$

Die Bewegungsgleichungen können allgemein für ein unverzweigtes Torsionsschwingungssystem nach Bild 314 aufgestellt werden. Dafür lautet die k-te Gleichung

$$J_k \ddot{q}_k + (c_{k-1} + c_k) q_k - c_{k-1} q_{k-1} - c_k q_{k+1} = 0$$

Mit dem Hauptschwingungsansatz $q_k = Q \cdot \varkappa_k \cdot \sin \omega t$ ergibt sich ein homogenes System von n algebraischen Gleichungen für die n Unbekannten $\varkappa_k$ (lineares Matrix-Eigenwertproblem). Aus der Frequenzdeterminante könnten die Eigenkreisfrequenzen berechnet werden, vgl. auch Abschn. 14.5.1.

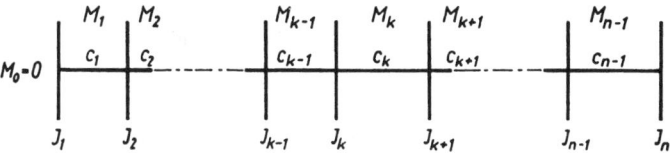

Bild 314

14.5.4 Biegeschwingungen

Als Beispiel werde eine Welle mit zwei Punktmassen (Bild 315) betrachtet. Die Durchbiegungen der Welle infolge angreifender Kräfte sind mit Einflußzahlen (analog 3.3.6.2) bestimmbar. Es gilt:

$$q_1 = \alpha_{11}F_1 + \alpha_{12}F_2; \qquad q_2 = \alpha_{21}F_1 + \alpha_{22}F_2$$

$\alpha_{ik} = \alpha_{ki}$ MAXWELLsche Einflußzahlen

Bei Schwingungen sind für die belastenden Kräfte F die D'ALEMBERTschen Trägheitskräfte einzuführen. Das Gleichungssystem wird zu

$$\alpha_{11}m_1\ddot{q}_1 + \alpha_{12}m_2\ddot{q}_2 + q_1 = 0$$
$$\alpha_{12}m_1\ddot{q}_1 + \alpha_{22}m_2\ddot{q}_2 + q_2 = 0$$

Mit dem Hauptschwingungsansatz $q_k = Q_k \sin \omega t$ ergibt sich ein homogenes Gleichungssystem für Q_1 und Q_2. Die Koeffizientendeterminante muß Null sein. Damit ergibt bei Einführung der Bezeichnung $\lambda = 1/\omega$ als Eigenwert sich dieser zu

$$\lambda_{1,2}^2 = \frac{1}{\omega_{1,2}^2} = \frac{m_1\alpha_{11} + m_2\alpha_{22}}{2} \pm \sqrt{\frac{(m_1\alpha_{11} - m_2\alpha_{22})^2}{4} - m_1 m_2 \alpha_{12}^2}$$

Für den Sonderfall der Welle mit einer Masse gilt

$$\lambda^2 = \frac{1}{\omega^2} = m\alpha$$

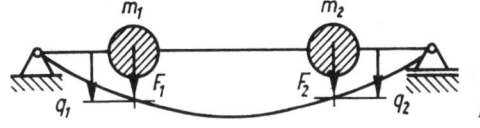

Bild 315

Sind bei den Biegeschwingern die Massen nicht mehr als Punktmassen, sondern als Scheiben anzusetzen, dann ist bei Berücksichtigung der Drehträgheit der Scheiben schon eine Welle mit einer Scheibe ein System mit zwei Freiheitsgraden, wobei dann Durchbiegung und Biegewinkel die Koordinaten sind. Falls die Welle noch rotiert, ist zu prüfen, ob die Kreiselwirkung bei der Bestimmung der Eigenfrequenzen des Systems zu berücksichtigen ist, vgl. z. B. /21/. Die den Biege-Eigenfrequenzen zugeordneten Drehzahlen werden kritische Drehzahlen genannt.

14

14.6   Erzwungene Schwingungen linearer Systeme mit *n* Freiheitsgraden bei harmonischer Erregung

Während sich die Untersuchung der freien Schwingungen vorwiegend auf die Bestimmung von Eigenfrequenzen und -formen beschränkt, richtet sich das Augenmerk bei der Behandlung erzwungener Schwingungen hauptsächlich auf die durch die erzwungenen Schwingungsausschläge entstehenden Belastungen der Bauteile oder auf die Beeinträchtigung des Arbeitsergebnisses (z. B. Oberflächengüte beim Schleifen). Es sei hier noch einmal darauf hingewiesen, daß bei der Berechnung der Amplitude der erzwungenen Schwingung die Dämpfung vor allem in Resonanznähe zu berücksichtigen ist.

Wird in Analogie zur Massen- und Steifigkeitsmatrix (s. Abschn. 14.5.1) eine Dämpfungsmatrix $\boldsymbol{B}$ eingeführt, so lauten die Bewegungsgleichungen bei harmonischer Erregung

$$M\ddot{q} + B\dot{q} + Cq = F_c \cos \Omega t + F_s \sin \Omega t$$

Beschränkt man sich auf den stationären Zustand (durch Anfangsbedingungen verursachte Eigenschwingungen sind abgeklungen), so führt der Ansatz

$$q = Q_c \cos \Omega t + Q_s \sin \Omega t$$

auf ein inhomogenes algebraisches lineares Gleichungssystem der Ordnung $2n$ für die Unbekannten Q_c und Q_s, das für jede vorgegebene Erregerkreisfrequenz Ω zu lösen ist.

Falls die Erregerkreisfrequenz mit einer der Eigenkreisfrequenzen ω_i des zugehörigen ungedämpften Systems übereinstimmt, spricht man von Resonanz. Die Amplituden

$$Q_k = \sqrt{Q_{kc}^2 + Q_{ks}^2}; \qquad k = 1, \ldots, n$$

können an diesen *n* Resonanzstellen (bzw. auch in ihrer unmittelbaren Umgebung) sehr stark anwachsen, wobei der Einfluß der Dämpfung wesentlich ist.

Die Erscheinung der *Schwingungstilgung* /21/, /27/ soll am Beispiel eines ungedämpften linearen Schwingers mit zwei Freiheitsgraden erklärt werden. Unter der Annahme, daß die harmonische Erregung in Richtung der beiden Koordinaten q_1 und q_2 phasengleich erfolgt, lauten die Bewegungsgleichungen

$$m_{11}\ddot{q}_1 + m_{12}\ddot{q}_2 + c_{11}q_1 + c_{12}q_2 = F_1 \cos \Omega t$$
$$m_{12}\ddot{q}_1 + m_{22}\ddot{q}_2 + c_{12}q_1 + c_{22}q_2 = F_2 \cos \Omega t$$

(Es ist vorausgesetzt, daß $m_{12} = m_{21}$ und $c_{12} = c_{21}$ gilt.)

Als Lösung für den stationären Schwingungszustand ergeben sich

$$q_1(t) = Q_1 \cos \Omega t; \qquad q_2(t) = Q_2 \cos \Omega t$$

mit den Amplituden Q_1 und Q_2

$$Q_1 = \frac{(c_{22} - m_{22}\Omega^2)F_1 - (c_{12} - m_{12}\Omega^2)F_2}{(m_{11}m_{22} - m_{12}^2)(\Omega^2 - \omega_1^2)(\Omega^2 - \omega_2^2)}$$

$$Q_2 = \frac{(c_{12} - m_{12}\Omega^2)F_1 - (c_{11} - m_{11}\Omega^2)F_2}{(m_{11}m_{22} - m_{12}^2)(\Omega^2 - \omega_1^2)(\Omega^2 - \omega_2^2)}$$

ω_1 und ω_2 sind die Eigenkreisfrequenzen des Systems. Die Fälle $\Omega = \omega_1$ und $\Omega = \omega_2$ (Resonanz) lassen die Schwingungsamplituden Q_1 und Q_2 wegen der fehlenden Dämpfung unbeschränkt wachsen. Von *Scheinresonanz* (vgl. auch /27/) wird gesprochen, wenn neben dem Nenner des Bruches für Q_k auch noch der Zähler zu Null wird.

Für das Beispiel nach Bild 316, das kinematisch über die Feder c_1 erregt wird (Federkrafterregung), gilt

$$m_{11} = m_1; \qquad m_{12} = 0; \qquad m_{22} = m_2$$
$$c_{11} = c_1 + c_2; \qquad c_{12} = -c_2; \qquad c_{22} = c_2$$

und damit werden die Dgln. der Bewegung zu

$$m_1\ddot{q}_1 + (c_1 + c_2)q_1 - c_2q_2 = c_1U\cos\Omega t$$
$$m_2\ddot{q}_2 - c_2q_1 + c_2q_2 = 0$$

Daraus ergeben sich die Amplituden Q_1 und Q_2 der erzwungenen Schwingungen

$$Q_1 = \frac{(c_2 - m_2\Omega^2)c_1U}{m_1m_2(\Omega^2 - \omega_1^2)(\Omega^2 - \omega_2^2)}$$
$$Q_2 = \frac{-c_2c_1U}{m_1m_2(\Omega^2 - \omega_1^2)(\Omega^2 - \omega_2^2)}$$

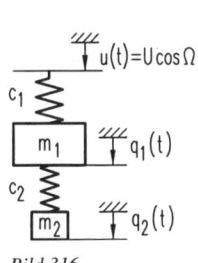

Bild 316   *Bild 317*

Für den Fall $c_2 = m_2\Omega^2$ und damit

$$\Omega_T^2 = \frac{c_2}{m_2}$$

wird der Zähler des Bruches für Q_1 zu Null. Damit wird die Amplitude Q_1 zu Null (s. Bild 317), und die Masse m_1 bleibt trotz vorhandener Erregung in Ruhe. Die Masse m_2 schwingt. Diese Erscheinung heißt *Tilgung* und kann bewußt zur Schwingungsminderung benutzt werden. Es werden an schwingenden Systemen Zusatzschwinger angebracht (*Tilgermassen, Tilgerpendel*), die das ursprüngliche System „beruhigen" sollen. Dazu ist zu sagen, daß die Tilgung von

14

Schwingungen nur für eine bestimmte Erregerfrequenz Ω_T wirksam werden kann. Durch konstruktive Maßnahmen kann erreicht werden, daß der Verlauf der Amplitudenfunktion (Bild 317) in der Nähe der Frequenz Ω_T etwas flach wird, um dadurch einen Bereich kleiner Ausschläge zu bekommen. Dämpfung beeinflußt den Nulleffekt negativ, d. h., der Ausschlag Q_1 wird dann nicht mehr Null.

14.7   Rheolineare Schwingungen

Sind in einer linearen Schwingungsdifferentialgleichung die Koeffizienten m, b und c oder auch nur einer von ihnen Funktionen der Zeit, dann heißen die Schwingungen *rheolinear* oder *parametererregt*, vgl. /33/. Eine der interessantesten Eigenschaften rheolinearer Schwinger ist das Auftreten von Instabilitätsbereichen, in denen ein beliebig kleiner Anfangsausschlag mit der Zeit unbeschränkt anwächst. Die Bestimmung der Instabilitätsbereiche (Bereiche kinetischer Instabilität /7/) ist eines der zentralen Probleme der Behandlung rheolinearer Schwingungen. Im Maschinenbau treten derartige Probleme z. B. bei Zahnradschwingungen, bei Problemen der Knickbiegung, in der Getriebedynamik auf.

Bei Benutzung des dimensionslosen Zeitmaßstabes $\tau = \Omega t$ (s. dazu 14.3.1) ist

$$q'' + v^2 \Phi(\tau)\, q = 0$$

$v = \omega/\Omega$ Kehrwert des Abstimmungsverhältnisses η
Ω Kreisfrequenz der Parameterschwankung

mit der Periodizitätsbedingung

$$\Phi(\tau) = \Phi(\tau + 2\pi)$$

eine homogene *Hillsche Dgl.*

Zwei wichtige Fälle der Koeffizientenfunktion $v^2\Phi(\tau)$ sind die Koeffizientenfunktion der *Meissnerschen Dgl.* (Bild 318)

$$v^2\Phi(\tau) = \begin{cases} \lambda + \gamma & \text{für} \quad -\dfrac{\pi}{2} < \tau \leqq \dfrac{\pi}{2} \\[2mm] \lambda - \gamma & \text{für} \quad \dfrac{\pi}{2} \leqq \tau < \dfrac{3\pi}{2} \end{cases}$$

und die Koeffizientenfunktion der *Mathieuschen Dgl.* (Bild 319)

$$v^2\Omega(\tau) = \lambda + \gamma \cos \tau$$

Das führt zu den Dgln.

$$q'' + (\lambda \pm \gamma)q = 0 \qquad \textit{Meissnersche Dgl.}$$

und

$$q'' + (\lambda + \gamma \cos \tau)q = 0 \qquad \textit{Mathieusche Dgl.}$$

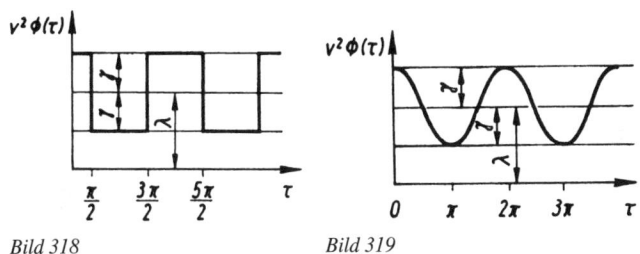

Bild 318   Bild 319

14.7.1 Freie rheolineare Schwingungen

Für die *Berechnung der Instabilitätsbereiche* sollen zwei Verfahren angegeben werden.

Das erste Verfahren beruht auf der Anwendung des *Floquetschen Theorems* und auf der Kenntnis sogenannten *Floquetscher Lösungen*. Die Handhabung dieses Verfahrens soll am Beispiel der MEISSNERschen Dgl. erläutert werden.

Für eine bestimmte Form der Koeffizientenfunktion $v^2 \Phi(\tau)$ nach Bild 320 gibt es Lösungen der MEISSNERschen Dgl. mit bestimmtem Geltungsbereich.

$$q_1 = A_1 \sin \omega_1 t + B_1 \cos \omega_1 t \quad \text{für} \quad 0 < \tau \leqq \tau_1$$

mit

$$\omega_1^2 = \lambda + \gamma$$

und

$$q_2 = A_2 \sin \omega_2 t + B_2 \cos \omega_2 t \quad \text{für} \quad \tau_1 \leqq \tau < 2\pi$$

mit

$$\omega_2^2 = \lambda - \gamma$$

Mit den Übergangsbedingungen

$$q_1(\tau_1) = q_2(\tau_1)$$
$$q_1'(\tau_1) = q_2'(\tau_1)$$

und den Stetigkeitsbedingungen

$$\varrho q_1(0) = q_2(2\pi)$$
$$\varrho q_1'(0) = q_2'(2\pi)$$

ergibt sich bei Einsetzen der Teillösungen q_1 und q_2 ein System von 4 Gleichungen. Diese Gleichungen haben nur dann für die Konstanten A_1, B_1, A_2 und B_2 nichttriviale Lösungen, wenn die Koeffizientendeterminante Null wird. Aus dieser Bedingung kann der Faktor ϱ als Funktion von λ, γ und τ_1 berechnet werden. Dabei gilt

$$\varrho > 1 \qquad \text{Wachsen der Lösung – Instabilität}$$
$$\varrho = 1 \qquad \text{beschränkte Lösung – Stabilität}$$
$$\varrho < 1 \qquad \text{abklingende Lösung – Stabilität}$$

Bei $\varrho = 1$ ergibt sich die Grenze des Stabilitätsbereiches.

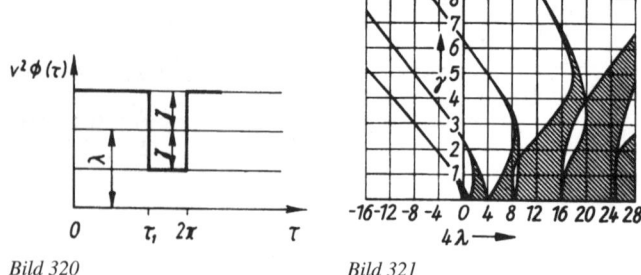

Bild 320   Bild 321

Eine *Stabilitätskarte* für den Verlauf der Koeffizientenfunktion nach Bild 318 zeigt Bild 321. Die Berechnung der Stabilitätskarte für ein System mit Dämpfung ist in /1/ angegeben. Dort wird für das in 12.5 angegebene Beispiel die Berechnung der Instabilitätsbereiche vorgeführt.

Die Anwendung des FLOQUETschen Theorems, die Stabilität mit Hilfe des Faktors ϱ zu bestimmen, setzt immer die Kenntnis von Teillösungen voraus.

Ein anderes Verfahren geht von einer Eigenschaft der Lösungen für die Grenzkurven aus (ausführlich in /7/ erläutert).

Die Instabilitätsbereiche werden von den Stabilitätsbereichen durch periodische Lösungen mit der Periode $T = 2\pi$ und $2T = 4\pi$ getrennt. Zwei Lösungen mit derselben Periode begrenzen einen *Instabilitätsbereich*, zwei Lösungen mit verschiedenen Perioden einen *Stabilitätsbereich*. Demzufolge läßt sich das Bestimmen der Grenzen von stabilen und instabilen Bereichen auf das Aufsuchen von Bedingungen zurückführen, unter denen die vorgegebene Dgl. periodische Lösungen mit den Perioden $2T$ und T hat. Um diese Bedingungen auszurechnen, werden FOURIER-Reihen als Lösungsansätze benutzt. Der Lösungsansatz für die Lösung mit der Periode $2T$ ist

$$q(\tau) = \sum_{k=1,3,5}^{\infty} \left(a_k \sin \frac{k\tau}{2} + b_k \cos \frac{k\tau}{2} \right)$$

Für die Lösung mit der Periode T ist der Lösungsansatz

$$q(\tau) = b_0 + \sum_{k=2,4,6}^{\infty} \left(a_k \sin \frac{k\tau}{2} + b_k \cos \frac{k\tau}{2} \right)$$

Das Einsetzen eines dieser Lösungsansätze in die Dgl. und ein Koeffizientenvergleich für $\sin(k\tau/2)$ und $\cos(k\tau/2)$ liefert ein lineares Gleichungssystem für die Koeffizienten a_k und b_k. Es entstehen also wegen der zwei Lösungsansätze vier Gleichungssysteme. Das Verschwinden der Koeffizientendeterminante bringt die Bedingung zum Bestimmen des Wertes der Grenzkurve der stabilen und instabilen Bereiche. Die dabei entstehenden unendlichen Determinanten können in die Form

$$
\begin{vmatrix}
a_1 & 1 & 0 & 0 & \dots \\
1 & a_2 & 1 & 0 & \dots \\
0 & 1 & a_3 & 1 & \dots \\
0 & 0 & 1 & a_4 & \dots \\
\dots & \dots & \dots & \dots & \dots
\end{vmatrix} = 0
$$

gebracht werden. Die eingezeichneten Linien deuten an, daß die unendlichen Determinanten in Determinanten erster, zweiter, dritter, … Ordnung aufgelöst werden können. Die Berechnung dieser endlichen Unterdeterminanten bringt Näherungswerte, aus deren Differenz ein praktisches Maß für die Genauigkeit der Rechnung gewonnen werden kann.

Die Anwendung dieses Verfahrens kann für beliebige periodische Koeffizientenfunktionen durchgeführt werden. Die Form der Koeffizientenfunktion bestimmt den Rechenaufwand bei der Aufstellung der Koeffizientendeterminante. Die beschriebene Möglichkeit der Berechnung von Determinanten niedrigerer Ordnung bringt eine Vereinfachung der Rechnung und Näherungswerte. Außerdem kann die unendliche Determinante in einen unendlichen Kettenbruch umgeformt werden. Das ermöglicht die Anwendung des Verfahrens der sukzessiven Approximation, vgl. /7/.

14.7.2 Erzwungene rheolineare Schwingungen

Ist die HILLsche Dgl. wie im Beispiel von Abschn. 12.5 inhomogen, dann treten neben den freien noch erzwungene rheolineare Schwingungen auf. Diese Schwingungen haben die Eigenschaft, nicht nur im Resonanzpunkt stark anzuwachsen, sondern es existieren auch noch an anderen Stellen Bereiche des starken Anwachsens der Schwingungsausschläge. Da diese Bereiche der Instabilität der erzwungenen Schwingungen nicht mit denen der freien Schwingungen zusammenfallen, ist es notwendig, beide Instabilitätsbereiche zu bestimmen. In /2/ ist ein Verfahren zur Berechnung rheolinearer erzwungener Schwingungen beschrieben. Durch die Anwendung von Vergrößerungsfunktionen ist die Berücksichtigung von Dämpfung möglich. In der angegebenen Literaturstelle ist das Beispiel von 12.5 gelöst.

14.8 Nichtlineare Schwingungen

Die ausführliche Beschäftigung mit den linearen Schwingungssystemen in den vorhergehenden Abschnitten ist begründet in der großen Wichtigkeit von Schwingungserscheinungen in vielen Gebieten der Physik und der Ingenieurwissenschaften. Oft kann die lineare Näherung bei der Analyse dieser Schwingungssysteme als gegeben betrachtet werden. Wenn jedoch die Notwendigkeit besteht, sich detaillierter mit den Schwingungserscheinungen zu beschäftigen, wird man feststellen, daß die Naturerscheinungen im allgemeinen nichtlinear sind.

14

Bei der Übertragung von linearen auf nichtlineare Systeme muß man feststellen, daß eine ganze Reihe von gebräuchlichen Ergebnissen der linearen Schwingungstechnik nicht auf nichtlineare Systeme anwendbar sind. Sehr wichtig ist die Tatsache, daß das Superpositionsprinzip nicht auf nichtlineare Dgln. anwendbar ist. Wenn zwei Einzellösungen eines nichtlinearen Systems bekannt sind, dann ist im allgemeinen die Summe beider Einzellösungen keine Lösung. Diese Tatsache erschwert die Verallgemeinerung der Lösungen nichtlinearer Systeme. Im Grunde genommen muß jedes Problem als spezieller Fall behandelt werden. Deshalb ist eine große Anzahl von Lösungstechniken für die Behandlung nichtlinearer Probleme entwickelt worden. Darüber gibt es eine Vielzahl von Veröffentlichungen. Als Beispiele werden das Standardwerk von KAUDERER /24/ sowie die Bücher /11/, /17/ angegeben. Sie alle haben ausführliche Hinweise auf weitere Literaturstellen.

14.8.1 Phasendiagramm

Eines der weit verbreiteten Darstellungsmittel für nichtlineare Schwingungen ist die Darstellung der Schwingung in der *Phasenebene*. Ihre Achsen sind der *Schwingungsausschlag q* und die *Schwinggeschwindigkeit q̇*.

Unter Benutzung des Energiesatzes (s. 12.4)

$$E + U = \text{konst.} = E_{ges}$$

E_{ges} Gesamtenergie des sich in einem konservativen Kraftfeld bewegenden Schwingers

kann mit

$$E = \frac{m}{2}\dot{q}^2$$

eine Beziehung für die Geschwindigkeit $\dot{q}$ angegeben werden:

$$\dot{q}(q) = \pm\sqrt{\frac{2}{m}[E_{ges} - U(q)]}$$

Weil $U(q)$ im allgemeinen bei nichtlinearen Schwingern eine komplizierte Funktion ist, ergibt sich nur sehr selten ein analytischer Ausdruck für $\dot{q}(q)$. Deshalb ist es notwendig, verschiedene Näherungsverfahren anzuwenden. Es ist aber relativ leicht, ein qualitatives Bild des Phasendiagramms bei der Bewegung in einem konservativen Kraftfeld zu erhalten. Es wird z. B. ein Schwingungssystem betrachtet, das für $q < 0$ *weich* und für $q > 0$ *hart* ist. Das drückt der Verlauf der Rückstellkraft (Bild 322) aus. Ist keine Dämpfung vorhanden, dann ist $\dot{q}$ dem Ausdruck $\sqrt{E_{ges} - U(q)}$ proportional. Demzufolge wird sich ein Phasendiagramm wie in Bild 322 ergeben. Die zwei gezeichneten Phasenkurven entsprechen zwei verschiedenen Gesamtenergien des schwingenden Systems. Wenn das System gedämpft ist, dann beschreibt der Schwinger in der Phasenebene eine *Spirale*, die nach innen führt, und es ist möglich, daß der Schwinger in einer Gleichgewichtslage bei $q = 0$ zur Ruhe kommt.

Für den Fall (Bild 322), daß die Gesamtenergie E_{ges} kleiner ist als der größte Wert, den das Potential auf einer der beiden oder auf beiden Seiten von $q = 0$ annehmen kann, wirkt der Nulldurchgang des Radikanden ($E_{ges} - U(q)$) als

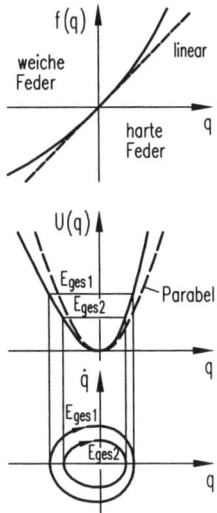

Bild 322

Potentialbarriere. An dieser Barriere (bei $q(\dot{q} = 0)$) kehrt der Körper seine Bewegungsrichtung um. Der Punkt $q = 0$ ist eine *Position stabilen Gleichgewichts* (eine Gleichgewichtslage ist stabil, wenn eine kleine Störung nur zu einer lokal begrenzten Bewegung führt). Das ist klar für den Fall des Potentials, den Bild 322 zeigt.

In der Nähe eines Maximums des Potentials ergibt sich ein qualitativ anderer Typ der Bewegung (Bild 323). Hier ist der Punkt $q = 0$ eine *Position instabilen Gleichgewichts*, weil eine kleine Erregung, wenn sich die Masse an diesem Punkt in Ruhe befände, eine lokal unbegrenzte Bewegung bringen würde. Angenommen, der Verlauf der Potentialfunktion in Bild 323 wäre eine Parabel (z. B. bei $U(q) = -cq^2/2 + U_0$), dann würden die Phasenkurven, die der Gesamtenergie $E_{\text{ges}\,0}$ entsprechen, *gerade Linien* sein. Die Phasenkurven, die den Gesamtenergien $E_{\text{ges}\,1}$ und $E_{\text{ges}\,2}$ entsprechen würden, wären *Hyperbeln*. Die Phasenkurven für $E_{\text{ges}\,0}$ sind daher die Grenze, der sich (Bild 323) die Phasenkurven nähern, wenn der nichtlineare Term im Potential sich in seiner Größe verkleinert.

Mit dem Bezug auf die Phasenkurven für die Potentiale der Bilder 322 und 323 ist es möglich, schnell Phasendiagramme für alle möglichen Potentiale zu konstruieren.

Ein wichtiger Typ einer nichtlinearen Dgl. ist die von VAN DER POL untersuchte Gleichung (ausführlichere Untersuchungen der *van-der-Polschen Dgl.* sind in /24/ angegeben). Diese Dgl. hat die Form

$$\ddot{q} - \mu(q_0^2 - q^2)\dot{q} + \omega^2 q = 0$$

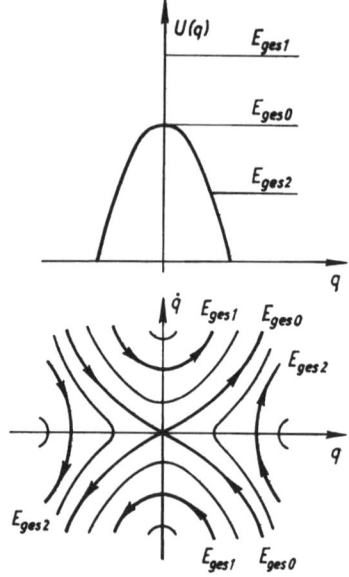

Bild 323

Dabei ist μ ein kleiner positiver Parameter. Ein System, das von der VAN-DER-POLschen Dgl. beschrieben wird, hat folgende interessante Eigenschaften. Wenn der Ausschlag $|q|$ den kritischen Wert $|q_0|$ überschreitet, dann ist der Koeffizient von $\dot{q}$ positiv, und das System ist gedämpft. Im anderen Fall, wenn $|q| < |q_0|$ ist, dann besitzt das System negative Dämpfung, und der Schwingungsausschlag wächst. Daraus folgt, daß es eine Stelle geben muß, an der der Schwingungsausschlag in der Zeit weder wächst noch kleiner wird. Diese Kurve heißt *Grenzzykel* (s. Bild 324). Phasenkurven, die außerhalb des Grenzzykels liegen, führen spiralenförmig nach innen, während jene innerhalb des Grenzzykels spiralenförmig auswärts führen. Durch den Grenzzykel, der eine lokal begrenzte Bewegung definiert, ist das System stabil.

Ein System, das von der VAN-DER-POLschen Gleichung beschrieben wird, ist *selbststabilisierend*. Bei einer Bewegung unter Bedingungen, die zum Wachsen des Schwingungsausschlages führen, wird der Ausschlag automatisch am Wachsen gehindert. Es ist ersichtlich, daß das für den Fall der (positiven) Dämpfung zutrifft, aber auch im allgemeinen bei nichtlinearen Systemen bei Fehlen von Dämpfung. Wird z. B. ein Schwinger betrachtet, bei dem bei kleinen Schwingungsausschlägen die Rückstellkraft $f(q) = cq$ ist und der in der Eigenfrequenz ω erregt wird, dann wird der Schwingungsausschlag zu wachsen beginnen. Beim ungedämpften, ideal linearen Schwinger wächst dann der Schwingungsausschlag ohne Grenze. Enthält die Rückstellkraft nichtlineare Glieder, dann verursachen diese während des Wachsens des Schwingungsaus-

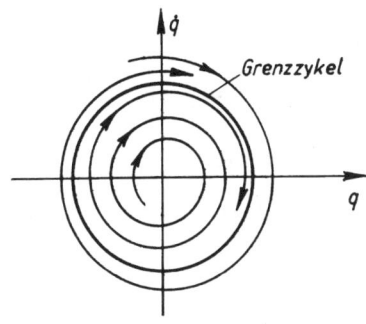

schlages eine Verschiebung der Eigenfrequenz ω. Der Schwinger befindet sich dann nicht länger in Resonanz mit der Erregung, und der Schwingungsausschlag wird nicht grenzenlos wachsen.

14.8.2 Freie Schwingungen des nichtlinearen Schwingers

Die Lösung von bestimmten Typen nichtlinearer Schwingungs-Dgln. läßt sich in geschlossener Form bei Benutzung von elliptischen Integralen ausdrücken. Ein Beispiel dafür ist das mathematische Pendel (*Anlage A 28*). Die Dgl. des mathematischen Pendels in generalisierten Koordinaten und schon umgeformt ist

$$\ddot{q} + \omega^2 \sin q = 0$$

mit

$$\omega^2 = \frac{g}{l}$$

Wenn das Pendel mit kleinen Ausschlägen schwingt, dann ist

$$q \approx \sin q$$

und die Dgl. wird zur Bewegungsgleichung für einen harmonischen Schwinger

$$\ddot{q} + \omega^2 q = 0$$

Diese Näherung hat eine Periodendauer T

$$T = 2\pi \sqrt{\frac{l}{g}}$$

Zur Betrachtung der exakten Pendelgleichung wird der Energiesatz verwendet. Die kinetische und potentielle Energie in allgemeiner Lage sind

$$E = \frac{1}{2}J\dot{q}^2 = \frac{1}{2}ml^2\dot{q}^2; \qquad U = mgl(1 - \cos q)$$

Im höchsten Punkt der Pendelbewegung ($q = q_0$) sind

$$E = 0; \qquad U = E_{\text{ges}} = mgl(1 - \cos q_0)$$

14

Mit der trigonometrischen Beziehung

$$\cos q = 1 - 2 \sin^2 \left(\frac{q}{2} \right)$$

ergibt sich für die Gesamtenergie und für die potentielle Energie in allgemeiner Lage:

$$E_{ges} = 2mgl \sin^2 \left(\frac{q_0}{2} \right) ; \qquad U = 2mgl \sin^2 \left(\frac{q}{2} \right)$$

Bei Beachtung, daß die kinetische Energie die Differenz zwischen Gesamtenergie und potentieller Energie ist, ergibt sich

$$\frac{1}{2} ml^2 \dot{q}^2 = 2mgl \left[\sin^2 \left(\frac{q_0}{2} \right) - \sin^2 \left(\frac{q}{2} \right) \right]$$

oder

$$\dot{q} = 2 \sqrt{\frac{g}{l}} \cdot \left[\sin^2 \left(\frac{q_0}{2} \right) - \sin^2 \left(\frac{q}{2} \right) \right]^{\frac{1}{2}}$$

woraus nach der Trennung der Variablen und Integration in den Grenzen von 0 bis q_0 die Periodendauer $T/4$ zu berechnen ist

$$\frac{T}{4} = \frac{1}{2} \sqrt{\frac{l}{g}} \int_0^{q_0} \left[\sin^2 \left(\frac{q_0}{2} \right) - \sin^2 \left(\frac{q}{2} \right) \right]^{-\frac{1}{2}} \, dq$$

Die Lösung ist

$$T = 4 \sqrt{\frac{l}{g}} K \left(\frac{q_0}{2} \right)$$

wobei $K(q_0/2)$ ein vollständiges *elliptisches Integral erster Gattung* ist (z. B. in /22/ tabelliert).

Da q_0 den Maximalausschlag der Pendelbewegung darstellt, erkennt man, daß die *Periodendauer der freien Schwingungen eines nichtlinearen Schwingers ausschlagabhängig* ist.

14.8.3 Erzwungene Schwingungen des nichtlinearen Schwingers

In diesem Abschnitt soll die erzwungene Schwingung eines nichtlinearen Schwingers in einem *symmetrischen harten Potential* der Form

$$U(q) = \frac{1}{2} cq^2 - \frac{1}{4} meq^4; \qquad e < 0$$

mit der Rückstellkraft

$$f(q) = cq - meq_3^3; \qquad e < 0$$

betrachtet werden. Das Verfahren der *sukzessiven Approximation* dient zur Bestimmung der erzwungenen Amplitude. Dieses Verfahren wird wie folgt angewendet: Wenn eine Gleichung $y = f(y)$ gegeben ist, in der $f(y)$ eine transzendente Funktion ist, dann wird eine Wurzel der Gleichung $y - f(y) = 0$ angenommen und in $f(y)$ eingesetzt. Der sich damit ergebende Wert für y wird erneut in $f(y)$ eingesetzt, und der Vorgang wiederholt sich. Dieses Verfahren konvergiert, wenn der Ausgangswert für y sich nicht zu sehr vom tatsächlichen Lösungswert unterscheidet, recht schnell, und die Iteration liefert dadurch leicht brauchbare Resultate. Auf diese Art und Weise wählt man sich eine Ausgangsfunktion

$$q_1(t) = Q \cos \Omega t$$

die in die Dgl. der Bewegung des Systems

$$m\ddot{q} + cq - meq^3 = A \cos \Omega t$$

oder

$$\ddot{q} = eq^3 - \omega^2 q + B \cos \Omega t$$

eingesetzt wird. Dabei ist zu beachten, daß die Ausgangsfunktion nur in die rechte Seite der Gleichung, die nach $\ddot{q}$ aufgelöst worden ist, eingesetzt wird. Es ergibt sich

$$\ddot{q} = eQ^3 \cos^3 \Omega t - \omega^2 Q \cos \Omega t + B \cos \Omega t$$

und mit der Beziehung

$$\cos^3 \Omega t = \frac{1}{4} \cos 3\Omega t + \frac{3}{4} \cos \Omega t$$

folgt

$$\ddot{q} = \left(\frac{3}{4} eQ^3 - \omega^2 Q + B \right) \cos \Omega t + \frac{1}{4} eQ^3 \cos 3\Omega t$$

Der nächste Schritt ist, diese Gleichung zu lösen und das Ergebnis wiederum in die rechte Seite der Ausgangs-Dgl. einzusetzen. Ohne die Einzelschritte durchzuführen, ist zu sehen, daß die Lösung eine Summe zweier Glieder sein wird, wobei eines $\cos \Omega t$ und das andere $\cos 3\Omega t$ proportional sein wird. Das ist der Einfluß des nichtlinearen Gliedes, der dazu führt, daß ein Bewegungsanteil mit der Frequenz $3\Omega t$, der dritten Harmonischen, entsteht. Deshalb kann als nächste Funktion in die Dgl.

$$q_2(t) = Q \cos \Omega t + D \cos 3\Omega t$$

eingesetzt werden. Bei Fortsetzung des Iterationsprozesses ergibt sich als nächste Näherung ein Ergebnis, das Glieder mit den Frequenzen Ω, 3Ω, 5Ω, 7Ω und 9Ω enthält. Es wird also eine Reihe von Gliedern entstehen, die die ungeraden Harmonischen der Erregung darstellen. Um die Diskussion zu vereinfachen, sollen nur die ersten beiden Glieder betrachtet werden und $q_2(t)$ als Näherungslösung gelten. Deshalb wird $q_2(t)$ in die Dgl. eingesetzt, und es ergibt sich

$$-\Omega^2 Q \cos \Omega t - 9\Omega^2 D \cos 3\Omega t$$
$$= e(Q \cos \Omega t + D \cos 3\Omega t)^3 - \omega^2 (Q \cos \Omega t + D \cos 3\Omega t)$$
$$+ B \cos \Omega t$$

14

Das erste Glied dieser Gleichung auf der rechten Seite stellt eine kleine Korrektur der Bewegung dar, weil der Koeffizient e dabei ist. In diesem Glied kann der Ausdruck $D \cos 3\Omega t$ vernachlässigt werden, da er im Verhältnis zu $Q \cos \Omega t$ ohne großen Einfluß auf die Näherung ist. (D ist kleiner als Q.) Die Beziehung für $\cos 3\Omega t$ wird wiederum benutzt, und es ergibt sich

$$\left(\frac{3}{4}eQ^3 + \Omega^2 Q - \omega^2 Q + B\right) \cos \Omega t$$

$$+ \left(9\Omega^2 D - \omega^2 D + \frac{1}{4}eQ^3\right) \cos 3\Omega t = 0$$

Daraus folgt

$$\frac{3}{4}eQ^3 + (\Omega^2 - \omega^2)Q + B = 0 \tag{*}$$

und

$$D = \frac{eQ}{4(\omega^2 - 9\Omega^2)}$$

Die Näherungslösung ist also

$$q_2(t) = Q \cos \Omega t + \frac{eQ^3}{4(\omega^2 - 9\Omega^2)} \cos 3\Omega t$$

Es ist zu erkennen, daß D proportional e und damit ein kleiner Wert ist. Ausgenommen sind Frequenzen Ω, die in der Nähe von $\Omega = \omega/3$ liegen. Dort wächst D ins Unendliche, und die Näherungslösung stimmt nicht mehr. Diese Eigenart tritt auf, weil in der Ansatzfunktion nur zwei Glieder der Reihe für $q(t)$ berücksichtigt wurden. Bei einer Erweiterung der Ansatzfunktion um mehrere Glieder, die dann die ungeraden Harmonischen sind, würde diese Eigenart der Lösung verschwinden.

Hauptsächlich wird die Lösung $q_2(t)$ von dem Glied $Q \cos \Omega t$ beeinflußt. Es sollen deshalb die Wurzeln der Gleichung dritten Grades für Q untersucht werden. Die Gleichung (*) umgeformt, ergibt

$$\left(1 - \frac{\Omega^2}{\omega^2}\right) Q - \frac{B}{\omega^2} = \frac{3eQ^3}{4\omega^2}$$

Zur Diskussion der Eigenschaften der Wurzeln der Beziehung für Q wird eine y, Q-Ebene benutzt. Eine Aufspaltung der Beziehung für Q ergibt die Beziehungen

$$y_1 = \left(1 - \frac{\Omega^2}{\omega^2}\right) Q - \frac{B}{\omega^2}$$

und

$$y_2 = -\frac{3}{4} \cdot \frac{|e|Q^3}{\omega^2}$$

die in der y, Q-Ebene eine Gerade (y_1) und eine kubische Parabel (y_2) sind. Die Schnittpunkte ($y_1 = y_2$) sind Lösungen. Dabei ist das Minuszeichen bei y_2

von *e* herrührend, das kleiner als Null war und jetzt als Absolutwert eingeführt wird, um auch den Einfluß eines positiven Vorzeichens von *e* mit untersuchen zu können. Die qualitativen Eigenschaften von Q als Funktion von Ω zeigt Bild 325. Dabei soll Ω von 0 bis ∞ wachsen. Die Gerade (y_1) schneidet die *y*-Achse ($Q = 0$) im Punkt $y = -B/\omega^2$. Durch diesen Punkt gehen alle Geraden y_1. Für $\Omega = 0$ ist die Neigung der Geraden 1, und sie schneidet die kubische Parabel im Punkt *G*. In Bild 326 ist das die Amplitude bei $\Omega = 0$. Wenn Ω wächst, dann bewegt sich der Schnittpunkt nach unten. Für $\Omega = \omega$ ist die Neigung der Geraden Null (Parallele zur *Q*-Achse), und der Schnittpunkt ist mit *H* bezeichnet. Ein weiteres Wachsen von Ω bedingt auch ein weiteres Anwachsen von $|Q|$. Bei der Frequenz $\Omega = \Omega_1$ schneidet die Gerade die kubische Parabel im Punkt *K* und tangiert an ihr im Punkt *L*. Hier hat die Erregerfrequenz Ω zwei mögliche Amplituden $|Q|$ (s. Bild 326). Dabei stellt der Schnittpunkt *L* das Zusammenfallen zweier Wurzeln der Beziehung für $Q(x)$ dar. Das ist zu sehen, wenn Ω weiter wächst. Dann existieren die drei Schnittpunkte *M*, *N* und *P*. Wenn die Erregerfrequenz Ω sehr große Werte annimmt ($\Omega \rightarrow \infty$), dann ergibt sich nur ein endlicher Wert für die Amplitude $|Q|$ (Schnittpunkt *R*). Der gesamte Verlauf von $|Q|$ als Funktion von Ω ist in Bild 326 aufgezeichnet.

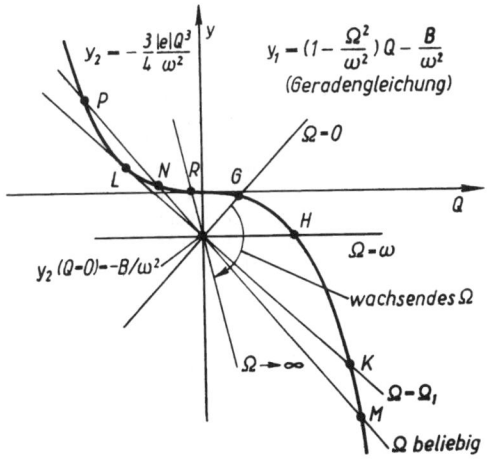

Bild 325

Die Tatsache, daß bei $\Omega \rightarrow \infty$ die Beziehung für Q zwei unendlich groß werdende Wurzeln hat, beruht darauf, daß bei der Näherungslösung nur die Grundschwingung und die dritte Harmonische berücksichtigt wurden. Bei Berücksichtigung von Gliedern höherer Ordnung in der Näherungslösung verschwindet diese Eigenheit. Es ist sicher, daß die Amplitude endlich bleibt, auch bei Abwesenheit von Dämpfung, da die nichtlinearen Schwingungen selbstbegrenzend sind (s. 14.8.1 zum Problem der Selbststabilisierung von nichtlinearen Schwingern). Die beiden ins Unendliche führenden Arme der Kurve für $|Q|$ oberhalb der Schnittpunkte M und N werden sich vereinigen. Der tatsächliche Verlauf von $|Q|$ ist in Bild 326 dünn eingezeichnet.

Bei der *Betrachtung eines weichen Systems* (unterlineare Kennlinie der Feder s. Bild 302), z. B. bei $e > 0$, können ähnliche Betrachtungen durchgeführt werden. Die Resonanzkurve ist in diesem Fall zur Seite der niedrigeren Frequenzen hingewandt (s. Bild 327).

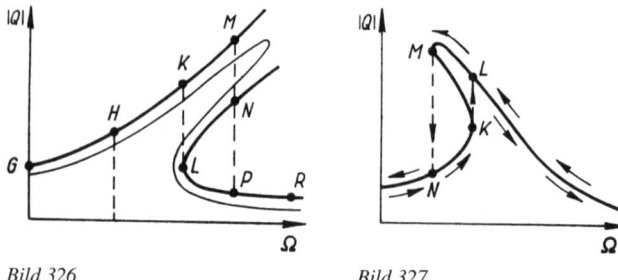

Bild 326   *Bild 327*

Eine Erscheinung, die typisch für nichtlineare Schwinger ist, soll an der Resonanzkurve auf Bild 327 erklärt werden. Wenn die Erregerfrequenz Ω, von Null beginnend, größer wird, dann wächst die Amplitude $|Q|$ stetig bis zum Punkt K (längs der Pfeile unter der Resonanzkurve). Ein weiteres Wachsen der Erregerfrequenz führt zu einem Sprung zum Punkt L. Dieses *Springen der Amplitude* wird *Kippung* genannt. Eine weitere Erhöhung der Frequenz führt zu einer Verminderung der Amplitude $|Q|$. Wenn die Frequenz, ausgehend von einem großen Wert für Ω, kleiner wird, dann wächst die Amplitude $|Q|$ bis zu einem Maximum und wird kleiner bis zum Punkt M. Dort springt der Wert für $|Q|$ zum Punkt N (längs der Pfeile über der Resonanzkurve), um sich von da an stetig zu verkleinern.

Anlagen

Anlage A 1: Flächen- und Linienschwerpunkte

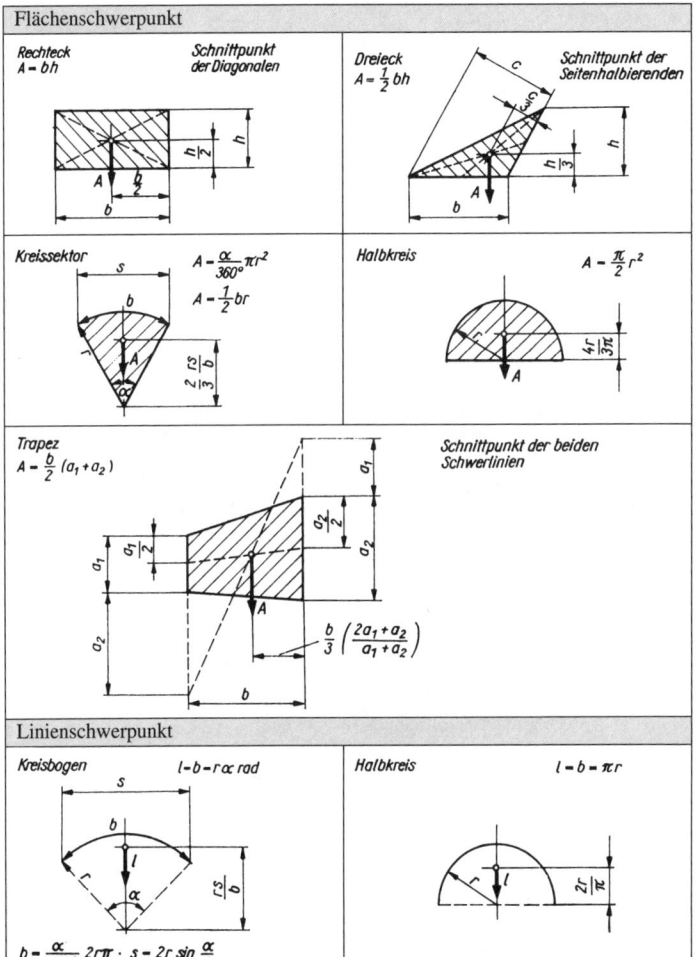

Anlage A 2: Reibungszahlen für Haft- und Gleitreibung (Richtwerte)

Werkstoffpaarung	Flächenzustand	μ_0	μ
Stahl/Stahl	trocken	0,15...0,3	0,06...0,12
	geschmiert	0,11	0,01
Stahl/Gußeisen	trocken	0,18...0,2	0,16...0,2
	geschmiert	0,1	0,01
Stahl/Bronze	trocken	0,18...0,2	0,16...0,2
Gußeisen/Gußeisen	trocken	0,3	0,15...0,22
Metall/Holz	trocken	0,5...0,6	0,2 ...0,5
	geschmiert	0,1	0,03...0,08
	geschmiert mit Wasser	—	0,22...0,26
Leder/Holz	trocken	0,47	0,27
Holz/Holz	trocken	0,57...0,65	0,3 ...0,5
	geschmiert	0,2	0,04...0,16
	geschmiert mit Wasser	0,7	0,25
Leder/Metall	trocken	0,6	0,25...0,3
	geschmiert	0,2	0,12...0,14
	geschmiert mit Wasser	0,6	0,28...0,38
Stahl/Eis	—	0,027	0,014
Gummireifen/	trocken	0,7	0,3 ...0,5
Fahrbahn	mit Wasser	—	0,15...0,2

Umrechnung der Reibungszahlen
bei symmetrischer Prismenführung,
Öffnungswinkel 2δ

Beispiel: Keilriemenscheibe

$$\mu_0' = \frac{\mu_0}{\sin \delta}$$

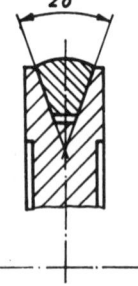

Anlage A 3: Hebelarme der Rollreibung (Richtwerte)

	f in mm
Gußeisen/Stahl	0,5
Stahl/Stahl	0,5
Schienenfahrzeuge: Räder auf trockener Fahrbahn	0,5
Hebezeuge: je nach Fahrbahnbeschaffenheit	0,5...1,0
Wälzlager	0,005...0,01

Anlage A 4: Seilreibungsfaktoren $e^{\mu\alpha}$

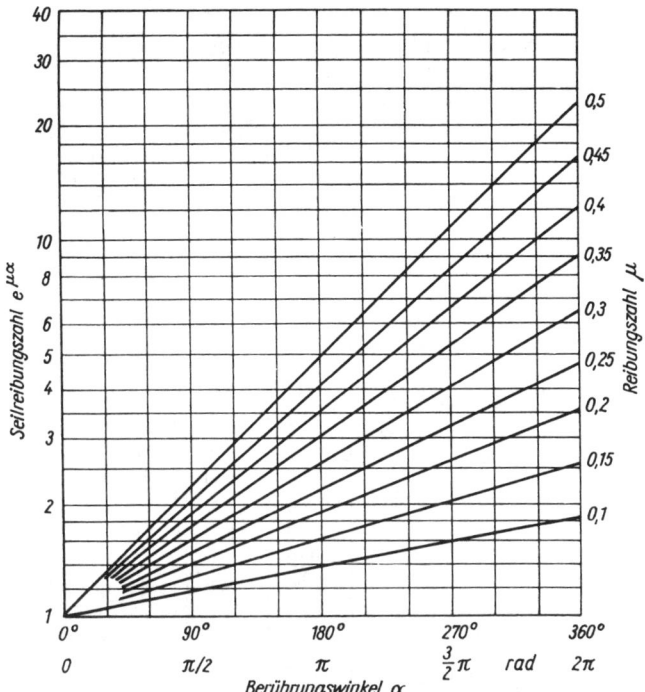

Berührungswinkel α

Anlage A 5: Elastizitätsmodul E, linearer Ausdehnungskoeffizient α_T und Dichte ϱ für einige metallische Werkstoffe

Werkstoff	E in 10^3 N/mm^2	α_T in 10^{-6} K^{-1}	ϱ in kg/dm^3
Stahl	210	11	7,85
Stahlguß GS	200	11	7,85
Gußeisen GG	175	10	7,2
GL	105	9	7,2
Kupfer	125	16	8,9
Messing	90	18	8,5
Aluminium	71	23	2,7
AlMg	69	23	2,65
AlCuMg	72	23	2,8
GAlMg	70	23	2,7
GAlSiMg	75	23	2,65
Mg-Legierungen	36…47	25	1,8

15

Anlage A 6: Werte der Zugfestigkeit R_m und der Streckgrenze R_e für ausgewählte Stahlwerkstoffe

Bezeichnung	vergleichbare frühere Bezeichnungen		Bruch-grenze	Streck-grenze	
	Werkstoff-Nr.	Kurzname	R_m in N/mm^2	R_e in N/mm^2	
S235JR	1.0037	St 37-2	360	235	allgemeine
S275JR	1.0044	St 44-2	430	275	Baustähle nach
E295	1.0050	St 50-2	490	295	DIN EN 10 025
S355J0	1.0052	St 52-3	510	355	(früher DIN 17 100)
E335	1.0060	St 60-2	590	335	
E360	1.0070	St 70-2	690	360	
S275N	—	—	370	275	schweißgeeignete
S355N	1.0562	StE 355	470	355	Feinkornbaustähle
S420N	1.8902	StE 420	520	420	nach DIN EN 10 113
S460N	1.8901	StE 460	550	460	(früher DIN 17 102)
Ck15			750	430	Einsatzstähle im
17Cr3			1050	750	blindgehärteten
16MnCr5			900	630	Zustand nach
20MnCr5			1100	730	DIN 17 210
20MoCrS4			900	630	
18CrNiMo7-6			1150	830	
1 C 22, 2 C 2			500	340	Vergütungsstähle im
1 C 25			550	370	vergüteten Zustand
1 C 30			600	400	nach DIN EN 10 083
1 C 35			630	430	
1 C 40			650	460	
1 C 45, 2 C 4			700	490	
1 C 50			750	520	
1 C 60			850	580	
46Cr2			900	650	
41Cr4			1000	800	
34CrMo4			1000	800	
42CrMo4			1100	900	
50CrMo4			1100	900	
36CrNiMo4			1100	900	
30CrNiMo8			1250	1050	
34CrNiMo8			1200	1000	
31CrMo12			1000	800	Nitrierstähle nach
31CrMoV9			1000	800	DIN 17 211
15CrMoV59			900	750	
34CrAlMo5			800	600	
34CrAlNi7			850	650	

Anlage A 7: Werte der Zugfestigkeit R_m und der Streckgrenze R_e für ausgewählte Gußeisenwerkstoffe

Bezeichnung	frühere Bezeichnung	Elastizitätsmodul E in 10^4 N/mm²	Dichte ϱ in kg/m³	Bruchgrenze	Streckgrenze	
GS 38				380	200	unlegierter Stahlguß nach DIN 1681
GS 45		21,0	7850	450	230	
GS 52				520	260	
GS 60				600	300	
EN-GJL-150	GG-15	7,8 … 10,3	7100	150 … 250	98 … 165	Gußeisen mit Lamellengraphit nach DIN EN 1561
EN-GJL-200	GG-20	8,8 … 11,3	7150	200 … 300	130 … 195	
EN-GJL-250	GG-25	10,3 … 11,8	7200	250 … 350	165 … 228	
EN-GJL-300	GG-30	10,8 … 13,7	7250	300 … 400	195 … 260	
EN-GJL-350	GG-35	12,3 … 14,3	7300	350 … 450	228 … 285	
EN-GJMW-350-4	GTW-35-04			350	—	Temperguß nach DIN EN 1562
EN-GJMW-360-1	GTW-S38-12			360	190	
EN-GJMW-400-S	GTW-40-05			400	220	
EN-GJMW-450-7	GTW-45-07			450	260	
EN-GJMW-550-4	—			550	340	
EN-GJMB-350-1	GTS-35-10			350	200	
EN-GJMB-450-4	GTS-45-06	21,0	7850	450	270	
EN-GJMB-500-5	—			500	300	
EN-GJMB-550-4	GTS-55-04			550	340	
EN-GJMB-600-3	—			600	390	
EN-GJMB-650-2	GTS-65-02			650	430	
EN-GJMB-700-2	GTS-70-02			700	530	
EN-GJMB-800-1	—			800	600	

15

Anlage A 7: Werte der Zugfestigkeit R_m und der Streckgrenze R_e für ausgewählte Gußeisenwerkstoffe (Fortsetzung)

Bezeichnung	frühere Bezeichnung	Elastizitäts-modul E in $10^4\ \mathrm{N/mm^2}$	Dichte ϱ in $\mathrm{kg/m^3}$	Bruchgrenze	Streckgrenze	
EN-GJS-350-22	GGG-35.3	16,9	7100	350	220	Gußeisen mit Kugelgraphit nach DIN EN 1563
EN-GJS-400-15	GGG-40			400	250	
EN-GJS-450-10	—			450	310	
EN-GJS-500-7	GGG-50			500	320	
EN-GJS-600-3	GGG-60	17,4	7200	600	370	
EN-GJS-700-2	GGG-70			700	420	
EN-GJS-800-2	GGG-80	17,6	7200	800	480	
EN-GJS-900-2	—			900	600	

Anlage A 8: Querschnittskennwerte zur Biegebeanspruchung

Querschnitt Fläche A	Hauptachsen-Trägheitmomente I_x, I_y reduziertes Trägheitsmoment I_u	Widerstands-momente W_x, W_y	Zentrifugal-momente I_{xy}, I_{uy}, I_{uv}
1	2	3	4
$A = \dfrac{\pi}{4}d^2$	$I_x = I_y = \dfrac{\pi}{64}d^4$ $= \dfrac{1}{20}d^4$	$W_x = W_y$ $= \dfrac{\pi}{32}d^3$ $= 0,1d^3$	$I_{xy} = 0$
$A = \dfrac{\pi}{2}r^2$	$I_x = r^4\left(\dfrac{\pi}{8} - \dfrac{8}{9\pi}\right)$ $= 0,11r^4$ $I_y = \dfrac{\pi}{8}r^4 = 0,393r^4$ $I_u = \dfrac{\pi}{8}r^4 = 0,393r^4$	$W_x = 0,19r^3$ $W_y = \dfrac{\pi}{8}r^3$ $= 0,393r^3$	$I_{xy} = 0$ $I_{uy} = 0$
$A = \dfrac{\pi}{4}ab$	$I_x = \dfrac{\pi}{64}ba^3$ $= \dfrac{1}{20}ba^3$ $I_y = \dfrac{\pi}{64}ab^3$ $= \dfrac{1}{20}ab^3$	$W_x = 0,1ba^2$ $W_y = 0,1ab^2$	$I_{xy} = 0$
$A = bh$	$I_x = \dfrac{1}{12}bh^3$ $I_y = \dfrac{1}{12}hb^3$ $I_u = \dfrac{1}{3}bh^3$	$W_x = \dfrac{1}{6}bh^2$ $W_y = \dfrac{1}{6}hb^2$	$I_{xy} = 0$ $I_{uy} = 0$ $I_{uv} = -\dfrac{1}{4}b^2h^2$

15

Anlage A 8: Querschnittskennwerte zur Biegebeanspruchung (Fortsetzung)

Querschnitt Fläche A	Hauptachsen- Trägheitmomente I_x, I_y reduziertes Trägheitsmoment I_u	Widerstands- momente W_x, W_y	Zentrifugal- momente I_{xy}, I_{uy}, I_{uv}
1	2	3	4
  $A = \dfrac{3}{2}\sqrt{3}\,r^2 = 2{,}6r^2$	$I_x = I_y = \dfrac{5}{16}\sqrt{3}\,r^4$ $\quad = 0{,}54r^4$	$W_x = \dfrac{5}{16}\sqrt{3}\,r^3$ $\quad = 0{,}54r^3$ $W_y = \dfrac{5}{8}r^3$ $\quad = 0{,}625r^3$	$I_{xy} = 0$
  $A = \dfrac{1}{2}bh$	$I_x = \dfrac{1}{36}bh^3$ $I_y = \dfrac{1}{48}bh^3$ $I_u = \dfrac{1}{12}bh^3$	$W_x = \dfrac{1}{24}bh^2$ $W_y = \dfrac{1}{24}hb^2$	$I_{xy} = 0$ $I_{uy} = 0$
  $A = \dfrac{\pi}{4}(D^2 - d^2)$	$I_x = I_y$ $\quad = \dfrac{\pi}{64}(D^4 - d^4)$ $\quad = \dfrac{1}{20}(D^4 - d^4)$ mit Höhlungsverhältnis $a = d/D$ $I_x = I_y$ $\quad = \dfrac{1}{20}D^4(1 - a^4)$	$W_x = W_y$ $\quad = \dfrac{\pi}{32}\dfrac{D^4 - d^4}{D}$ $\quad = 0{,}1\dfrac{D^4 - d^4}{D}$ $W_x = W_y$ $\quad = 0{,}1D^3(1 - a^4)$	$I_{xy} = 0$

Anlage A 8: Querschnittskennwerte zur Biegebeanspruchung (Fortsetzung)

Querschnitt Fläche A	Hauptachsen- Trägheitmomente I_x, I_y reduziertes Trägheitsmoment I_u	Widerstands- momente W_x, W_y	Zentrifugal- momente I_{xy}, I_{uy}, I_{uv}
1	2	3	4
bei kleiner Wand- dicke s (Rohrschale) – mittlerer Radius $r_m = r$ $A = 2\pi r_m s$	$I_x = I_y = \pi s r_m^3$	$W_x = W_y$ $= \pi s r_m^2$	$I_{xy} = 0$
  $A = b(H - h)$	$I_x = \dfrac{1}{12} b(H^3 - h^3)$ $I_y = \dfrac{1}{12} 2sb^3$ $= \dfrac{1}{6} sb^3$	W_x $= \dfrac{1}{6}\dfrac{b}{H}(H^3 - h^3)$ $W_y = \dfrac{1}{3} sb^2$	$I_{xy} = 0$
  $A = bh - \dfrac{\pi}{4} d^2$	$I_x = \dfrac{1}{12} bh^3 - \dfrac{\pi}{64} d^4$ $I_y = \dfrac{1}{12} hb^3 - \dfrac{\pi}{64} d^4$	$W_x = \dfrac{I_x}{\dfrac{h}{2}}$ $W_y = \dfrac{I_y}{\dfrac{b}{2}}$	$I_{xy} = 0$

15

Anlage A 9: Flächen, axiale Trägheits- und Widerstandsmomente der Kreisquerschnitte $A = \frac{\pi}{4}d^2$ $I = \frac{\pi}{64}d^4$ $W = \frac{\pi}{32}d^3$

d	A	I	W	d	A	I	W	d	A	I	W
1	0,7854	0,0491	0,0982	51	2042,82	332086	13023	101	8011,85	5108055	101150
2	3,1416	0,7854	0,7854	52	2123,72	358908	13804	102	8171,28	5313378	104184
3	7,0686	3,976	2,651	53	2206,18	387323	14616	103	8332,29	5524830	107278
4	12,5664	12,57	6,283	54	2290,22	417393	15459	104	8494,87	5742532	110433
5	19,6350	30,68	12,27	55	2375,83	449180	16334	105	8659,01	5966604	113650
6	28,2743	63,62	21,21	56	2463,01	482750	17241	106	8824,73	6197171	116928
7	38,4845	117,9	33,67	57	2551,76	518166	18181	107	8992,02	6434357	120268
8	50,2655	201,1	50,27	58	2642,08	555497	19155	108	9160,88	6678287	123672
9	63,6173	322,1	71,57	59	2733,97	594810	20163	109	9331,32	6929087	127139
10	78,5398	490,9	98,17	60	2827,43	636172	21206	110	9503,32	7186886	130671
11	95,0332	718,7	130,7	61	2922,47	679651	22284	111	9676,89	7451813	134267
12	113,097	1018	169,6	62	3019,07	725332	23398	112	9852,03	7723997	137929
13	132,732	1402	215,7	63	3117,25	773272	24548	113	10028,7	8003571	141656
14	153,938	1886	269,4	64	3216,99	823550	25736	114	10207,0	8290666	145450
15	176,715	2485	331,3	65	3318,31	876240	26961	115	10386,9	8585417	149312
16	201,062	3217	402,1	66	3421,19	931420	28225	116	10568,3	8887958	153241
17	226,980	4100	482,3	67	3525,65	989166	29527	117	10751,3	9198425	157238
18	254,469	5153	572,6	68	3631,68	1049556	30869	118	10935,9	9516956	161304
19	283,529	6397	673,4	69	3739,28	1112660	32251	119	11122,0	9843689	165440
20	314,159	7854	785,4	70	3848,45	1178588	33674	120	11309,7	10178763	169646
21	346,361	9547	909,2	71	3959,19	1247393	35138	121	11499,0	10522320	173923
22	380,133	11499	1045	72	4071,50	1319167	36644	122	11689,9	10874501	178171
23	415,476	13737	1194	73	4185,39	1393995	38192	123	11882,3	11235450	182690
24	452,389	16286	1357	74	4300,84	1471963	39783	124	12076,3	11605311	187182
25	490,874	19175	1534	75	4417,86	1553156	41417	125	12271,8	11984229	191748

Anlage A 9: Flächen, axiale Trägheits- und Widerstandsmomente (Fortsetzung)

d	A	I	W	d	A	I	W	d	A	I	W
26	530,929	22 432	1 726	76	4 536,46	1 637 662	43 096	126	12 469,0	12 372 350	196 387
27	572,555	26 087	1 932	77	4 656,63	1 725 571	44 820	127	12 667,7	12 769 824	201 100
28	615,752	30 172	2 155	78	4 778,36	1 816 972	46 589	128	12 868,0	13 176 799	205 887
29	660,520	34 719	2 394	79	4 901,67	1 911 967	48 404	129	13 069,8	13 593 424	210 751
30	706,858	39 761	2 651	80	5 026,55	2 010 619	50 265	130	13 273,2	14 019 852	215 690
31	754,768	45 333	2 925	81	5 153,00	2 113 051	52 174	131	13 478,2	14 456 235	220 706
32	804,248	51 472	3 217	82	5 281,02	2 219 347	54 130	132	13 684,8	14 902 727	225 799
33	855,299	58 214	3 528	83	5 410,61	2 329 605	56 135	133	13 892,9	15 359 483	230 970
34	907,920	65 597	3 859	84	5 541,77	2 443 920	58 189	134	14 102,6	15 826 658	236 219
35	962,113	73 662	4 209	85	5 674,50	2 562 392	60 292	135	14 313,9	16 304 411	241 547
36	1 017,88	82 448	4 580	86	5 808,80	2 685 120	62 445	136	14 526,7	16 792 899	246 954
37	1 075,21	91 998	4 973	87	5 944,68	2 812 205	64 648	137	14 741,1	17 292 282	252 442
38	1 134,11	102 354	5 387	88	6 082,12	2 943 748	66 903	138	14 957,1	17 802 721	258 010
39	1 194,59	113 561	5 824	89	6 221,14	3 079 853	69 210	139	15 174,7	18 324 378	263 660
40	1 256,64	125 664	6 283	90	6 361,73	3 220 623	71 569	140	15 393,8	18 857 416	269 392
41	1 320,25	138 709	6 766	91	6 503,88	3 366 165	73 982	141	15 614,5	19 401 999	275 206
42	1 385,44	152 745	7 274	92	6 647,61	3 516 586	76 448	142	15 836,8	19 958 294	281 103
43	1 452,20	167 820	7 806	93	6 792,91	3 671 992	78 968	143	16 060,6	20 526 466	287 083
44	1 520,53	183 984	8 363	94	6 939,78	3 832 492	81 542	144	16 286,0	21 106 684	293 148
45	1 590,43	201 289	8 946	95	7 088,22	3 998 198	84 173	145	16 513,0	21 699 116	299 298
46	1 661,90	219 787	9 556	96	7 238,23	4 169 220	86 859	146	16 741,5	22 303 933	305 533
47	1 734,94	239 531	10 193	97	7 389,81	4 345 671	89 604	147	16 971,7	22 921 307	311 855
48	1 809,56	260 576	10 857	98	7 542,96	4 527 664	92 401	148	17 203,4	23 551 409	318 262
49	1 885,74	282 979	11 550	99	7 697,69	4 715 315	95 259	149	17 436,6	24 194 414	324 757
50	1 963,50	306 796	12 272	100	7 853,98	4 908 738	98 175	150	17 671,5	24 850 496	331 340

Die Werte der polaren Trägheits- und Widerstandsmomente sind das Doppelte obenstehender *I*- und *W*-Werte: $I_p = 2I$; $W_p = 2W$

15

Anlage A 10: Warmgewalzte I-Träger DIN 1025-1: 1995-05 (Auszug);
Schmale I-Träger mit geneigten inneren Flanschflächen

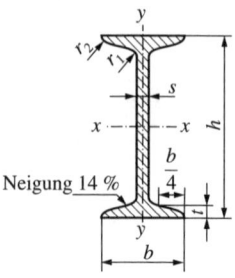

Neigung 14 %

Norm-Bezeichnung in folgender Reihe:
- Benennung (I-Profil)
- DIN-Hauptnummer (DIN 1025)
- Kurzname oder Werkstoffnummer der Stahlsorte
- Kurzzeichen (siehe Tabelle)

| Kurz-zeichen I | Maße für | | | | | | Quer-schnitt in cm^2 | Masse in kg/m | Mantel-fläche in m^2/m |
	h	b	s	t	r_1	r_2			
80	80	42	3,9	5,9	3,9	2,3	7,57	5,94	0,304
100	100	50	4,5	6,8	4,5	2,7	10,6	8,34	0,370
120	120	58	5,1	7,7	5,1	3,1	14,2	11,1	0,439
140	140	66	5,7	8,6	5,7	3,4	18,2	14,3	0,502
160	160	74	6,3	9,5	6,3	3,8	22,8	17,9	0,575
180	180	82	6,9	10,4	6,9	4,1	27,9	21,9	0,640
200	200	90	7,5	11,3	7,5	4,5	33,4	26,2	0,709
220	220	98	8,1	12,2	8,1	4,9	39,5	31,1	0,775
240	240	106	8,7	13,1	8,7	5,2	46,1	36,2	0,844
260	260	113	9,4	14,1	9,4	5,6	53,3	41,9	0,906
280	280	119	10,1	15,2	10,1	6,1	61,0	47,9	0,966
300	300	125	10,8	16,2	10,8	6,5	69,0	54,2	1,03
320	320	131	11,5	17,3	11,5	6,9	77,7	61,0	1,09
340	340	137	12,2	18,3	12,2	7,3	86,7	68,0	1,15
360	360	143	13,0	19,5	13,0	7,8	97,0	76,1	1,21
380	380	149	13,7	20,5	13,7	8,2	107	84,0	1,27

Anlage A 10: (Fortsetzung)

| Kurz-zeichen I | Für die Biegeachse [1] | | | | | | S_x [2] | s_x [3] |
| | x–x | | | y–y | | | | |
	I_x in cm^4	W_x in cm^3	i_x in cm	I_y in cm^4	W_y in cm^3	i_y in cm	in cm^3	in cm
80	77,8	19,5	3,20	6,29	3,00	0,91	11,4	6,84
100	171	34,2	4,01	12,2	4,88	1,07	19,9	8,57
120	328	54,7	4,81	21,5	7,41	1,23	31,8	10,3
140	573	81,9	5,61	35,2	10,7	1,40	47,7	12,0
160	935	117	6,40	54,7	14,8	1,55	68,0	13,7
180	1 450	161	7,20	81,3	19,8	1,71	93,4	15,5
200	2 140	214	8,00	117	26,0	1,87	125	17,2
220	3 060	278	8,80	162	33,1	2,02	162	18,9
240	4 250	354	9,59	221	41,7	2,20	206	20,6
260	5 740	442	10,4	288	51,0	2,32	257	22,3
280	7 590	542	11,1	364	61,2	2,45	316	24,0
300	5 800	653	11,9	451	72,2	2,56	381	25,7
320	12 510	782	12,7	555	84,7	2,67	457	27,4
340	15 700	923	13,5	674	98,4	2,80	540	29,1
360	19 610	1 090	14,2	818	114	2,90	638	30,7
380	24 010	1 260	15,0	975	131	3,02	741	32,4

[1] I Flächenmoment 2. Grades
  W Widerstandsmoment
  i Trägheitshalbmesser, jeweils bezogen auf die zugehörige Biegeachse
[2] S_x Statisches Moment des halben Querschnittes
[3] $s_x = I_x : S_x$ Abstand der Druck- und Zugmittelpunkte

Werkstoff: Vorzugsweise aus Stahlsorten nach DIN EN 10 025 mit dem Kurznamen S235JR oder 1.0037 (siehe *Anlage A 6*)

15

Anlage A 11: Warmgewalzte I-Träger DIN 1025-5: 1994-03 (Auszug);
Mittelbreite I-Träger, IPE-Reihe

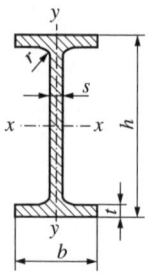

Norm-Bezeichnung in folgender Reihe:
- Benennung (I-Profil)
- DIN-Hauptnummer (DIN 1025)
- Kurzname oder Werkstoffnummer der
  Stahlsorte
- Kurzzeichen (siehe Tabelle)

Kurz-zeichen IPE	Maße für					Quer-schnitt in cm²	Masse in kg/m	Mantel-fläche in m²/m
	h	b	s	t	r			
80	80	46	3,8	5,2	5	7,64	6,0	0,328
100	100	55	4,1	5,7	7	10,3	8,1	0,400
120	120	64	4,4	6,3	7	13,2	10,4	0,475
140	140	73	4,7	6,9	7	16,4	12,9	0,551
160	160	82	5,0	7,4	9	20,1	15,8	0,623
180	180	91	5,3	8,0	9	23,9	18,8	0,698
200	200	100	5,6	8,5	12	28,5	22,4	0,768
220	220	110	5,9	9,2	12	33,4	26,2	0,848
240	240	120	6,2	9,8	15	39,1	30,7	0,922
270	270	135	6,6	10,2	15	45,9	36,1	1,04
300	300	150	7,1	10,7	15	53,8	42,2	1,16
330	330	160	7,5	11,5	18	62,6	49,1	1,25
360	360	170	8,0	12,7	18	72,7	57,1	1,35
400	400	180	8,6	13,5	21	84,5	66,3	1,47

Anlage A 11: (Fortsetzung)

| Kurz-zeichen IPE | Für die Biegeachse[1] | | | | | | S_x [2] | s_x [3] |
| | x–x | | | y–y | | | | |
	I_x in cm^4	W_x in cm^3	i_x in cm	I_y in cm^4	W_y in cm^3	i_y in cm	in cm^3	in cm
80	80,1	20,2	3,24	8,49	3,69	1,05	11,6	6,90
100	171	34,2	4,07	15,9	5,79	1,24	19,7	8,68
120	318	53,0	4,90	27,7	8,65	1,45	30,4	10,5
140	541	77,3	5,74	44,9	12,3	1,65	44,2	12,3
160	869	109	6,58	68,3	16,7	1,84	61,9	14,0
180	1 320	146	7,42	101	22,2	2,05	83,2	15,8
200	1 940	194	8,26	142	28,5	2,24	110	17,6
220	2 770	252	9,11	205	37,3	2,48	143	19,4
240	3 890	324	9,97	284	47,3	2,69	183	21,2
270	5 790	429	11,2	420	62,2	3,02	242	23,9
300	8 360	557	12,5	604	80,5	3,35	314	26,6
330	11 770	713	13,7	788	98,5	3,55	402	29,3
360	16 270	904	15,0	1 040	123	3,79	510	31,9
400	23 130	1 160	16,5	1 320	146	3,95	654	35,4

[1] I Flächenmoment 2. Grades
  W Widerstandsmoment
  i Trägheitshalbmesser, jeweils bezogen auf die zugehörige Biegeachse
[2] S_x Statisches Moment des halben Querschnittes
[3] $s_x = I_x : S_x$ Abstand der Druck- und Zugmittelpunkte

Werkstoff: Vorzugsweise aus Stahlsorten nach DIN EN 10025 mit dem Kurznamen S235JR oder 1.0037 (siehe *Anlage A 6*)

15

Anlage A 12: Warmgewalzter rundkantiger U-Stahl DIN 1026: 1963-10 (Auszug)

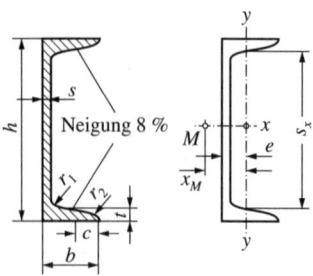

Norm-Bezeichnung in folgender Reihe:
- Benennung (U-Stahl)
- DIN-Hauptnummer (DIN 1026)
- Kurzname oder Werkstoffnummer der Stahlsorte
- Kurzzeichen (siehe Tabelle)

Kurz-zeichen U	Abmessungen in mm						Quer-schnitt in cm²	Masse in kg/m	Mantel-fläche in m²/m
	h	b	s	t	r_1	r_2			
50	50	38	5	7	7	3,5	7,12	5,59	0,232
65	65	42	5,5	7,5	7,5	4	9,03	7,09	0,273
80	80	45	6	8	8	4	11,0	8,64	0,312
100	100	50	6	8,5	8,5	4,5	13,5	10,6	0,372
120	120	55	7	9	9	4,5	17,0	13,4	0,434
140	140	60	7	10	10	5	20,4	16,0	0,489
160	160	65	7,5	10,5	10,5	5,5	24,0	18,8	0,546
180	180	70	8	11	11	5,5	28,0	22,0	0,611
200	200	75	8,5	11,5	11,5	6	32,2	25,3	0,661
220	220	80	9	12,5	12,5	6,5	37,4	29,4	0,718
240	240	85	9,5	13	13	6,5	42,3	33,2	0,775
260	260	90	10	14	14	7	48,3	37,9	0,834
300	300	100	10	16	16	8	58,8	46,2	0,950

Anlage A 12: (Fortsetzung)

Statische Werte

Kurz-zeichen U	e in cm	für die Achse x–x			für die Achse y–y			S_x in cm³	s_x in cm	x_M in cm
		I_x in cm⁴	W_x in cm³	i_x in cm	I_y in cm⁴	W_y in cm³	i_y in cm			
50	1,37	26,4	10,6	1,92	9,12	3,75	1,13	6,50	4,35	2,47
65	1,42	57,5	17,7	2,52	14,1	5,07	1,25	10,8	5,33	2,60
80	1,45	106	26,5	3,10	19,4	6,36	1,33	15,9	6,65	2,67
100	1,55	206	41,2	3,91	29,3	8,49	1,47	24,5	8,42	2,93
120	1,60	364	60,7	4,62	43,2	11,1	1,59	36,3	10,0	3,03
140	1,75	605	86,4	5,45	62,7	14,8	1,75	51,4	11,8	3,37
160	1,84	925	116	6,21	85,3	18,3	1,89	68,8	13,3	3,56
180	1,92	1 350	150	6,95	114	22,4	2,02	89,6	15,1	3,75
200	2,01	1 910	191	7,70	148	27,0	2,14	114	16,8	3,94
220	2,14	2 690	245	8,48	197	33,6	2,30	146	18,5	4,20
240	2,23	3 600	300	9,22	248	39,6	2,42	179	20,1	4,39
260	2,36	4 820	371	9,99	317	47,7	2,56	221	21,8	4,66
300	2,70	8 030	535	11,7	495	67,8	2,90	316	25,4	5,41

Werkstoff: Vorzugsweise aus Stahlsorten nach DIN EN 10 025 mit dem Kurznamen S235JR oder 1.0037 (siehe *Anlage A 6*)

Anlage A 13: Warmgewalzter rundkantiger Z-Stahl DIN 1027: 1963-10 (Auszug)

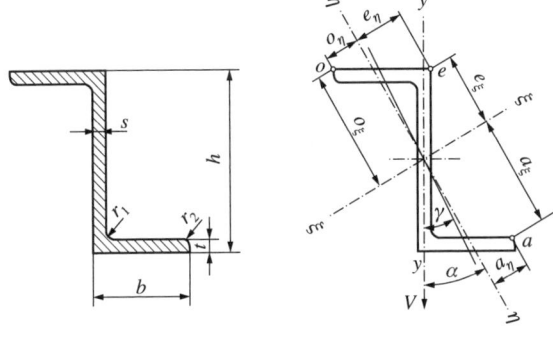

Norm-Bezeichnung in folgender Reihe:
- Benennung (Z-Stahl)
- DIN-Hauptnummer (DIN 1027)
- Kurzname oder Werkstoffnummer der Stahlsorte
- Kurzzeichen (siehe Tabelle)

15

Anlage A 13: (Fortsetzung)

Kurz-zeichen ⌐	Abmessungen in mm						Quer-schnitt in cm^2	Masse in kg/m	Mantel-fläche in m^2/m
	h	b	s	t	r_1	r_2			
30	30	38	4	4,5	4,5	2,5	4,32	3,39	0,198
40	40	40	4,5	5	5	2,5	5,43	4,26	0,225
50	50	43	6	5,5	5,5	3	6,77	5,31	0,253
60	60	45	5	6	6	3	7,91	6,21	0,282
80	80	50	6	7	7	3,5	11,1	8,71	0,339
100	100	55	6,5	8	8	4	14,5	11,4	0,397
120	120	60	7	9	9	4,5	18,2	14,3	0,454
140	140	65	8	10	10	5	22,9	18,0	0,511
160	160	70	8,5	11	11	5,5	27,5	21,6	0,569

Kurz-zeichen ⌐	Lage der Achse	Abstände der Achsen $\xi-\xi$ und $\eta-\eta$					
	$\eta-\eta$ $\tan \alpha$	o_ξ in cm	o_η in cm	e_ξ in cm	e_η in cm	a_ξ in cm	a_η in cm
30	1,655	3,86	0,58	0,61	1,39	3,54	0,87
40	1,181	4,17	0,91	1,12	1,67	3,82	1,19
50	0,939	4,60	1,24	1,65	1,89	4,21	1,49
60	0,779	4,98	1,51	2,21	2,04	4,56	1,76
80	0,558	5,83	2,02	3,30	2,29	5,35	2,25
100	0,492	6,77	2,43	4,34	2,50	6,24	2,65
120	0,433	7,75	2,80	5,37	2,70	7,16	3,02
140	0,385	8,72	3,18	6,39	2,89	8,08	3,39
160	0,357	9,74	3,51	7,39	3,09	9,04	3,72

Anlage A 13: (Fortsetzung)

| Kurzzeichen L | Statische Werte für die Biegeachse | | | | | | | | | | | | Zentrifugalmoment |
| | x–x | | | y–y | | | ξ–ξ | | | η–η | | | |
	J_x in cm⁴	W_x in cm³	i_x in cm	J_y in cm⁴	W_y in cm³	i_y in cm	J_ξ in cm⁴	W_ξ in cm³	i_ξ in cm	J_η in cm⁴	W_η in cm³	i_η in cm	J_{xy} in cm⁴
30	5,96	3,97	1,17	13,7	3,80	1,78	18,1	4,69	2,04	1,54	1,11	0,60	7,35
40	13,5	6,75	1,58	17,6	4,66	1,80	28,0	6,72	2,27	3,05	1,83	0,75	12,2
50	26,3	10,5	1,97	23,8	5,88	1,88	44,9	9,76	2,57	5,23	2,76	0,88	19,6
60	44,7	14,9	2,38	30,1	7,09	1,95	67,2	13,5	2,81	7,60	3,73	0,98	28,8
80	109	27,3	3,13	47,4	10,1	2,207	142	24,4	3,58	14,7	6,44	1,15	55,6
100	222	44,4	3,91	72,5	14,0	2,24	270	39,8	4,31	24,6	9,26	1,30	97,2
120	402	67,0	4,70	106	18,8	2,42	470	60,6	5,08	37,7	12,5	1,44	158
140	676	96,6	5,43	148	24,3	2,54	768	88,0	5,79	56,4	16,6	1,57	239
160	1060	132	6,20	204	31,0	2,72	1180	121	6,57	79,5	21,4	1,70	349

Werkstoff: Vorzugsweise aus Stahlsorten nach DIN EN 10025 mit dem Kurznamen S235JR oder 1.0037 (siehe *Anlage A 6*)

15

Anlage A 14: Warmgewalzter rundkantiger hochstegiger T-Stahl DIN 1024: 1982-03 (Auszug)

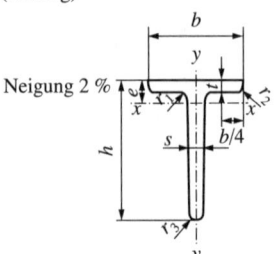

Neigung 2 %

Norm-Bezeichnung in folgender Reihe:
- Benennung (T-Stahl)
- DIN-Hauptnummer (DIN 1024)
- Kurzname oder Werkstoffnummer der Stahlsorte
- Kurzzeichen (siehe Tabelle)

Kurz-zeichen T	Abmessungen in mm					Quer-schnitt in cm^2	Masse in kg/m	e in cm
	$b = h$	$s = t$	r_1	r_2	r_3			
20	20	3	3	1,5	1	1,12	0,88	0,58
25	25	3,5	3,5	2	1	1,64	1,29	0,73
30	30	4	4	2	1	2,26	1,77	0,85
35	35	4,5	4,5	2,5	1	2,97	2,33	0,99
40	40	5	5	2,5	1	3,77	2,96	1,12
50	50	6	6	3	1,5	5,66	4,44	1,39
60	60	7	7	3,5	2	7,94	6,23	1,66
70	70	8	8	4	2	10,6	8,32	1,94
80	80	9	9	4,5	2	13,6	10,7	2,22
100	100	11	11	5,5	3	20,9	16,4	2,74

Kurz-zeichen T	Für die Biegeachse					
	x–x			y–y		
	I_x in cm^4	W_x in cm^3	i_x in cm	I_y in cm^4	W_y in cm^3	i_y in cm
20	0,38	0,27	0,58	0,20	0,20	0,42
25	0,87	0,49	0,73	0,43	0,34	0,51
30	1,72	0,80	0,87	0,87	0,58	0,62
35	3,10	1,23	1,04	1,57	0,90	0,73
40	5,28	1,84	1,18	2,58	1,29	0,83
50	12,1	3,36	1,46	6,6	2,42	1,03
60	23,8	5,48	1,73	12,2	4,07	1,24
70	44,5	8,79	2,05	22,1	6,32	1,44
80	73,7	12,8	2,33	37,0	9,25	1,65
100	179	24,6	2,92	88,3	17,7	2,05

Werkstoff: Vorzugsweise aus Stahlsorten nach DIN EN 10 025 mit dem Kurznamen S235JR oder 1.0037 (siehe *Anlage A 6*)

Anlage A 15: Warmgewalzter gleichschenkliger rundkantiger Winkelstahl DIN 1028: 1994-03 (Auszug)

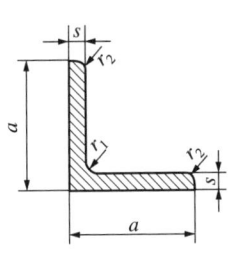 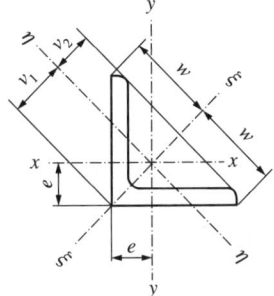

Norm-Bezeichnung in folgender Reihe:
- Benennung (Winkel)
- DIN-Hauptnummer (DIN 1028)
- Kurzname oder Werkstoffnummer der Stahlsorte
- Nennmaße: Schenkellänge × Schenkelbreite
  (siehe Tabelle)

Nenn-maße	Abmessungen in mm				Quer-schnitt in cm²	Masse in kg/m	Mantel-fläche in m²/m
	a	s	r_1	r_2			
20 × 3	20	3	3,5	2	1,12	0,88	0,077
25 × 3	25	3	3,5	2	1,42	1,12	0,097
30 × 3	30	3	5	2,5	1,74	1,36	0,116
35 × 4	35	4	5	2,5	2,67	2,1	0,136
40 × 4	40	4	6	3	3,08	2,42	0,155
45 × 5	45	5	7	3,5	4,3	3,38	0,174
50 × 5	50	5	7	3,5	4,8	3,77	0,194
60 × 6	60	6	8	4	6,91	5,42	0,233
70 × 7	70	7	9	4,5	9,4	7,38	0,272
80 × 8	80	8	10	5	12,3	9,66	0,311

15

Anlage A 15: (Fortsetzung)

Nenn maße	Abstände der Achsen				Statische Werte für die Biegeachse							
					$x-x = y-y$			$\xi-\xi$		$\eta-\eta$		
	e in cm	w in cm	v_1 in cm	v_2 in cm	I_x in cm^4	W_x in cm^3	i_x in cm	I_ξ in cm^4	i_ξ in cm	I_η in cm^4	W_η in cm^3	i_η in cm
20 × 3	0,60	1,41	0,85	0,70	0,39	0,28	0,59	0,62	0,74	0,15	0,18	0,37
25 × 3	0,73	1,77	1,03	0,87	0,79	0,45	0,75	1,27	0,95	0,31	0,30	0,47
30 × 3	0,84	2,12	1,18	1,04	1,41	0,65	0,90	2,24	1,14	0,57	0,48	0,57
35 × 4	1,00	2,47	1,41	1,24	2,96	1,18	1,05	4,68	1,33	1,24	0,88	0,68
40 × 4	1,12	2,83	1,58	1,40	4,48	1,55	1,21	7,09	1,52	1,86	1,18	0,78
45 × 5	1,28	3,18	1,81	1,58	7,83	2,43	1,35	12,4	1,70	3,25	1,80	0,87
50 × 5	1,40	3,54	1,98	1,76	11,0	3,05	1,51	17,4	1,90	4,59	2,32	0,98
60 × 6	1,69	4,24	2,39	2,11	22,8	5,29	1,82	36,1	2,29	9,43	3,95	1,17
70 × 7	1,97	4,95	2,79	2,47	42,4	8,43	2,12	67,1	2,67	17,6	6,31	1,37
80 × 8	2,26	5,66	3,20	2,82	72,3	12,6	2,42	115	3,06	29,6	9,25	1,55

Werkstoff: Vorzugsweise aus Stahlsorten nach DIN EN 10 025 mit dem Kurznamen S235J0 oder 1.0114 (siehe *Anlage A 6*)

Anlage A 16: Grundmodelle zur Biegelinie

Nr.	Strukturbild	Gleichungen der Biegelinie	Maximale Werte für Tangenten	für Verschiebungen
1		$EI\eta = \dfrac{F}{2}z^2\left(l - \dfrac{z}{3}\right)$	$\eta'_{max} = \dfrac{Fl^2}{2EI}$	$\eta_{max} = \dfrac{Fl^3}{3EI}$
2		$EI\eta = \dfrac{q}{2}z^2\left(\dfrac{l^2}{2} - \dfrac{lz}{3} + \dfrac{z^2}{12}\right)$	$\eta'_{max} = \dfrac{ql^3}{6EI}$	$\eta_{max} = \dfrac{ql^4}{8EI}$
3		$EI\eta = \dfrac{q_{max}}{120l}z(5l^4 - z^4)$	$\eta'_{max} = \dfrac{q_{max}l^3}{24EI}$	$\eta_{max} = \dfrac{q_{max}l^4}{30EI}$
4		$EI\eta = M\dfrac{z^2}{2}$	$\eta'_{max} = \dfrac{Ml}{EI}$	$\eta_{max} = \dfrac{Ml^2}{2EI}$

15

Anlage A 16: Grundmodelle zur Biegelinie (Fortsetzung)

Nr.	Strukturbild	Gleichungen der Biegelinie	Maximale Werte	
			für Tangenten	für Verschiebungen
5		$EI\eta(z_1) = \dfrac{Fb}{6l}z_1(l^2 - b^2 - z_1^2)$ $EI\eta(z_2) = \dfrac{Fa}{6l}z_2(l^2 - a^2 - z_2^2)$	Durchbiegung unter Last: Durchbiegung in Trägermitte:	$\eta_F = \dfrac{Fa^2b^2}{3EIl}$ $\eta_F = \dfrac{Fl^3}{3EI}\left(\dfrac{a}{l}\right)^2\left(\dfrac{b}{l}\right)^2$ $\eta_m = \dfrac{Fa}{48EI}(3l^2 - 4a^2)$
5a		$EI\eta = \dfrac{F}{4}z\left(\dfrac{l^2}{4} - \dfrac{z^2}{3}\right)$	$\eta'_{max} = \dfrac{Fl^2}{16EI}$	$\eta_{max} = \dfrac{Fl^3}{48EI}$
6		$EI\eta = \dfrac{q}{12}z\left(\dfrac{l^3}{2} - lz^2 + \dfrac{z^3}{2}\right)$	$\eta'_{max} = \dfrac{ql^3}{24EI}$	$\eta_{max} = \dfrac{5}{384}\dfrac{ql^4}{EI}$

Anlage A 16: Grundmodelle zur Biegelinie (Fortsetzung)

Nr.	Strukturbild	Gleichungen der Biegelinie	Maximale Werte	
			für Tangenten	für Verschiebungen
7		$EI\eta(z_1) = -\dfrac{M}{6l}z_1(l^2 - 3b^2 - z_1^2)$ $EI\eta(z_2) = +\dfrac{M}{6l}z_2(l^2 - 3a^2 - z_2^2)$	$\eta'_{max}(z_1) = -\dfrac{M}{6EIl}(l^2 - 3b^2)$ $\eta'_{max}(z_2) = \dfrac{M}{6EIl}(l^2 - 3a^2)$	$\eta_{1max} = \dfrac{M}{3EI}\dfrac{ab}{l}(a - b)$ (negativ für $a > b$)
8		$EI\eta(z_1) = \dfrac{Fa}{6}z_1\left(1 - \dfrac{z_1^2}{l}\right)$ $EI\eta(z_2) = Fz_2\left(\dfrac{al}{3} + \dfrac{az_2}{2} - \dfrac{z_2^2}{6}\right)$	bei B $\eta'_B(z_2) = \dfrac{Fal}{3EI}$	$\eta_{1max} = 0{,}064\,2\,\dfrac{Fal^2}{EI}$ $\eta_{2max} = \dfrac{Fa^2}{3EI}(l + a)$

15

Anlage A 17: Querschnittskennwerte zur Torsionsbeanspruchung

Querschnitt	W_t	I_t	Bemerkungen
Ellipse $n = \dfrac{b}{a} \geqq 1$	$\dfrac{\pi}{16} a^2 b$ $\dfrac{\pi}{16} a^3 n$ $c_4 = \dfrac{1}{8}\left(1 + \dfrac{1}{n^2}\right)$	$\dfrac{\pi}{16} \dfrac{a^3 b^3}{a^2 + b^2}$ $\dfrac{\pi}{16} \dfrac{n^3 a^4}{n^2 + 1}$	τ_{max} tritt in den Endpunkten der kleinen Achse auf. In den Endpunkten der großen Achse wird $\tau_t = \dfrac{\tau_{t\,max}}{n}$
Elliptischer Ring $n = \dfrac{b}{a} = \dfrac{b_i}{a_i} \geqq 1$	$\dfrac{\pi}{16} \dfrac{b(a^4 - a_i^4)}{a^2}$ $\dfrac{\pi}{16} \dfrac{n(a^4 - a_i^4)}{a}$ $c_4 = \dfrac{1}{8}\left[1 + \left(\dfrac{a_i}{a}\right)^2\right]\left(1 + \dfrac{1}{n^2}\right)$	$\dfrac{\pi}{16} \dfrac{b^3(a^4 - a_i^4)}{a(a^2 + b^2)}$ $\dfrac{\pi}{16} \dfrac{n^3(a^4 - a_i^4)}{n^2 + 1}$	Spannungsverteilung wie bei der Ellipse
Rechteck $n = \dfrac{b}{a} \geqq 1$	$\dfrac{c_1}{c_2} a^2 b$ $\dfrac{c_1}{c_2} n a^3$ Beiwerte: $c_1 = \dfrac{1}{3}\left(1 - \dfrac{0{,}630}{n} + \dfrac{0{,}052}{n^5}\right)$ $c_1 \approx \dfrac{1}{3}\left(1 - \dfrac{0{,}630}{n}\right)$, wenn $n > 4$ $c_2 = 1 - \dfrac{0{,}65}{1 + n^3}$, $c_2 \approx 1$, wenn $n > 4$ $c_4 = \dfrac{W_t^2}{2 I_t A} = \dfrac{c_1}{2 c_2^2}$	$c_1 a^3 b$ $c_1 n a^4$	In der Mitte der langen Seiten tritt $\tau_{t\,max}$ auf. In der Mitte der kurzen Seiten wird $\tau_t = c_3 \tau_{t\,max}$. In den Ecken ist $\tau_t = 0$.

Anlage A 17: Querschnittskennwerte zur Torsionsbeanspruchung (Fortsetzung)

$n = \dfrac{b}{a} \geqq 1$	1	1,5	2	3	4	6	8	10	$>10\ldots\infty$ Platte
c_1	0,141	0,196	0,229	0,263	0,281	0,298	0,307	0,312	0,333
c_2	0,675	0,852	0,928	0,977	0,990	0,997	0,999	1,000	1,000
c_3	1,000	0,858	0,796	0,753	0,745	0,743	0,743	0,743	0,743
c_4	0,154	0,136	0,132	0,136	0,141	0,149	0,154	0,156	0,167

Querschnitt	W_t	I_t	Bemerkungen
Quadrat	$0,208a^3$ $c_4 = 0,154$	$0,141a^4$ $\dfrac{a^4}{7,11}$	In der Mitte der Quadratseiten tritt $\tau_{t\,max}$ auf. In den Ecken ist $\tau_t = 0$.
beliebig geformter Ring mit konstanter Wanddicke s	$(A_a+A_i)s \approx 2A_m s$ $c_4 = \dfrac{A_a + A_i}{4A_m} \approx \dfrac{1}{2}$ Die Berechnung von Ringen mit *veränderlicher* Wanddicke erfolgt nach dem Strömungsgleichnis	$2(A_a+A_i)s\dfrac{A_m}{U_m}$ $\approx \dfrac{4A_m^2}{U_m/s}$ bzw. $\approx \dfrac{4A_m^2}{\sum\limits_{i=1}^{n} \dfrac{U_{mi}}{s_i}}$ bei veränderlicher Wanddicke	A_a Inhalt der von der äußeren Umrißlinie begrenzten Fläche A_i Inhalt der von der inneren Umrißlinie begrenzten Fläche A_m Inhalt der von der Mittellinie begrenzten Fläche $U_m = \dfrac{U_a + U_i}{2}$ Länge der Mittellinie
beliebig gekrümmte dünnwandige Schale mit konstanter Wanddicke s $\dfrac{a}{s} = n > 4$	$\dfrac{s^2}{3}(a - 0,63s)$ $\dfrac{I_t}{s}$ $\dfrac{s^3}{3}(n - 0,63)$ $c_4 = \dfrac{1}{6} - 0,105$	$\dfrac{s^3}{3}(a - 0,63s)$ $W_t s$ $\dfrac{s^4}{3}(n - 0,63)$ $\dfrac{s}{a} = \dfrac{1}{6} - 0,105\dfrac{1}{n}$	Mit Ausnahme der Ecken ist in den langen Seiten $\tau_{t\,max} \approx \dfrac{M_t}{W_t}$, wobei dieser Wert in der hohlen Seite etwas größer und in der erhabenen Seite etwas geringer ist.

a ist die Länge der Mittellinie

15

Anlage A 17: Querschnittskennwerte zur Torsionsbeanspruchung (Fortsetzung)

Querschnitt	W_t	I_t	Bemerkungen
gleichseitiges Dreieck	$\dfrac{a^3}{20} \approx \dfrac{h^3}{13}$ $c_4 = \dfrac{2}{15} = 0,133$	$\dfrac{a^4}{46,19} \approx \dfrac{h^4}{26}$	$\tau_{t\,max}$ tritt in der Mitte der Seiten auf. In den Ecken und im Schwerpunkt ist $\tau_t = 0$.
gleichschenkliges Dreieck, spitzer Winkel kleiner als 15°	$a^2\left(\dfrac{h}{12}-0,105a\right)$ $\dfrac{I_t}{a}$ $c_4 = \dfrac{1}{12} - 0,105\dfrac{a}{h}$	$a^3\left(\dfrac{h}{12}-0,105a\right)$	$\tau_{t\,max}$ tritt in den langen Seiten in der Nähe der Grundlinie auf. In den Ecken ist $\tau_t = 0$.
regelmäßiges Sechseck	$0,436 r_i A$ $1,511 r_i^3$ $c_4 = 0,177\,4$	$0,533 r_i^2 A$ $1,847 r_i^4$	$\tau_{t\,max}$ tritt in der Mitte der Seiten auf. $A = 3,464 r_i^2$
regelmäßiges Achteck	$0,447 r_i A$ $1,481 r_i^3$ $c_4 = 0,191\,3$	$0,52 r_i^2 A$ $1,726 r_i^4$	$\tau_{t\,max}$ tritt in der Mitte der Seiten auf. $A = 3,314 r_i^2$

Anlage A 18: Dauerfestigkeitsschaubilder nach SMITH für St 50 (E295)

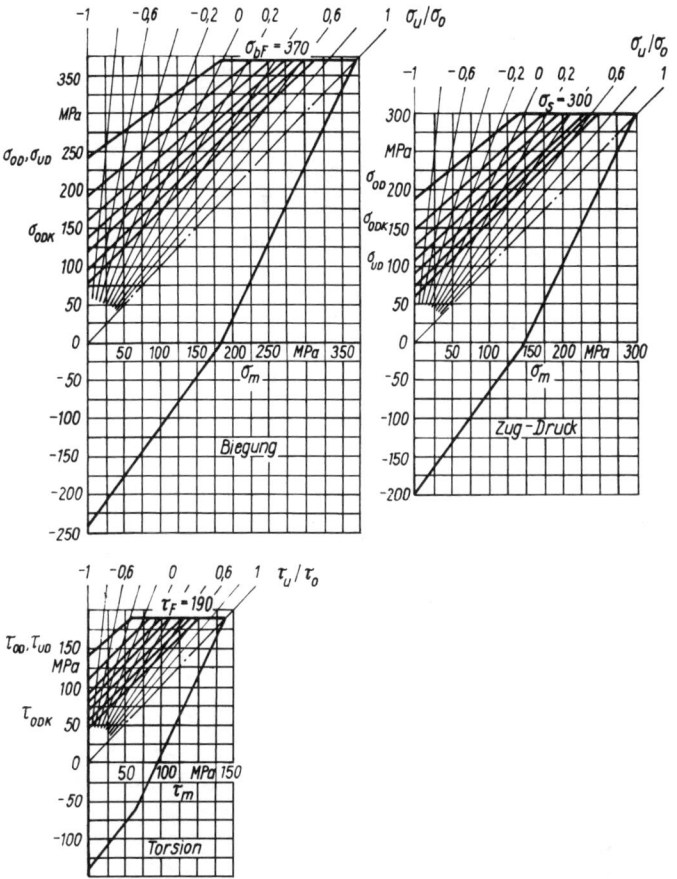

Anlage A 19: Festigkeitswerte ausgewählter Stähle (vgl. auch *Anlage A 6*)

Die Werte gelten für den jeweils angegebenen Bezugsdurchmesser d_B; $R_m = R_m(d_B)$, $R_e = R_e(d_B)$ usw. und stellen Mindestwerte dar.

$$E \approx 2,1 \cdot 10^5 \text{ N/mm}^2; \quad G = \frac{E}{2(1 + v)} \approx 8 \cdot 10^4 \text{ N/mm}^2$$

$$\varrho = 7,85 \text{ g/cm}^3; \quad v = 0,3$$

Festigkeitswerte für allgemeine Baustähle nach DIN EN 10 025 ($d_B \leq 16$ mm)

Kurzname	R_m in N/mm^2	R_e in N/mm^2	σ_{zdW}[1] in N/mm^2	σ_{bW}[1] in N/mm^2	τ_{tW}[1] in N/mm^2
S235JR	360	235	**140**	**180**	**105**
S275JR	430	275	**170**	**215**	**125**
E295	490	295	**195**	**245**	**145**
S355JO	510	355	**205**	**255**	**150**
E335	590	335	**235**	**290**	**180**
E360	690	360	**275**	**345**	**205**

[1] Erfahrungswerte

Festigkeit für schweißgeeignete Feinkornbaustähle nach DIN EN 10 113 ($d_B \leq 16$ mm)

Kurzname	R_m in N/mm^2	R_e in N/mm^2	σ_{zdW}[1] in N/mm^2	σ_{bW}[1] in N/mm^2	τ_{tW}[1] in N/mm^2
S275N	370	275	**150**	**185**	**110**
S355N	470	355	**190**	**235**	**140**
S420N	520	420	**210**	**260**	**155**
S460N	550	460	**220**	**275**	**165**

[1] Erfahrungswerte

Festigkeitswerte für Einsatzstähle im blindgehärteten Zustand nach DIN 17 210 ($d_B \leq 11$ mm)

Kurzname	R_m[1] in N/mm^2	R_e[1] in N/mm^2	σ_{zdW}[1] in N/mm^2	σ_{bW}[1] in N/mm^2	τ_{tW}[1] in N/mm^2
Ck15	750	430	**300**	**375**	**225**
17Cr3	1 050	750	**420**	**525**	**315**
16MnCr5	900	630	**360**	**450**	**270**
20MnCr5	1 100	730	**440**	**550**	**330**
20MoCrS4	900	630	**360**	**450**	**270**
18CrNiMo7-6[2]	1 150	830	**460**	**575**	**345**

[1] Erfahrungswerte
[2] $d_B \leq 16$ mm

Anlage A 19: Festigkeitswerte ausgewählter Stähle (Fortsetzung)

Festigkeitswerte für Vergütungsstähle im vergüteten Zustand nach DIN EN 10083 ($d_B \leq 16$ mm)

Kurzname	R_m in N/mm²	R_e in N/mm²	σ_{zdW} [1] in N/mm²	σ_{bW} [1] in N/mm²	τ_{tW} [1] in N/mm²
1 C 22, 2 C 22	500	340	**200**	**250**	**150**
1 C 25	550	370	**220**	**275**	**165**
1 C 30	600	400	**240**	**300**	**180**
1 C 35	630	430	**250**	**315**	**190**
1 C 40	650	460	**260**	**325**	**200**
1 C 45, 2 C 45	700	490	**280**	**350**	**210**
1 C 50	750	520	**300**	**375**	**220**
1 C 60	850	580	**340**	**425**	**250**
46Cr2	900	650	**360**	**450**	**270**
41Cr4	1 000	800	**400**	**500**	**300**
34CrMo4	1 000	800	**400**	**500**	**300**
42CrMo4	1 100	900	**440**	**550**	**330**
50CrMo4	1 100	900	**440**	**550**	**330**
36CrNiMo4	1 100	900	**440**	**550**	**330**
30CrNiMo8	1 250	1 050	**500**	**625**	**375**
34CrNiMo6	1 200	1 000	**480**	**600**	**360**

[1] Erfahrungswerte

Festigkeitswerte für Nitrierstähle nach DIN 17211 ($d_B \leq 100$ mm)

Kurzname	R_m in N/mm²	R_e in N/mm²	σ_{zdW} [1] in N/mm²	σ_{bW} [1] in N/mm²	τ_{tW} [1] in N/mm²
31CrMo12	1 000	800	**400**	**500**	**300**
31CrMoV9	1 000	800	**400**	**500**	**300**
15CrMoV59	900	750	**360**	**450**	**270**
34CrAlMo5	800	600	**320**	**400**	**240**
34CrAlNi7	850	650	**340**	**425**	**255**

[1] Erfahrungswerte

15

Anlage A 20: Festigkeitswerte ausgewählter Gußeisenwerkstoffe
(vgl. auch *Anlage A 7*)

Festigkeitswerte für Stahlguß, unlegiert nach DIN 1681 ($s \leqq 100$ mm)

Kurz-name	E in N/mm^2	ϱ in g/cm^3	R_m in N/mm^2	R_e in N/mm^2	σ_{zdW}[1] in N/mm^2	σ_{bW}[1] in N/mm^2	τ_{tW}[1] in N/mm^2
GS 38	$2,1 \cdot 10^5$	7,85	380	200	**150**	**150**	**85**
GS 45	$2,1 \cdot 10^5$	7,85	450	230	**180**	**180**	**100**
GS 52	$2,1 \cdot 10^5$	7,85	520	260	**210**	**210**	**120**
GS 60	$2,1 \cdot 10^5$	7,85	600	300	**240**	**240**	**140**

[1] Erfahrungswerte

Festigkeitswerte für Gußeisen mit Lamellengraphit nach DIN EN 1561 ($d_B = 30$ mm)

Kurzname	E in 10^4 N/mm^2	ϱ in g/cm^3	R_m in N/mm^2	R_e in N/mm^2	σ_{zdW}[1] in N/mm^2	σ_{bW}[1] in N/mm^2	τ_{tW}[1] in N/mm^2
EN-GJL-150	7,8 … 10,3	7,10	150 … 250	98 … 165	**25** … **40**	**50** … **80**	**40** … **60**
EN-GJL-200	8,8 … 11,3	7,15	200 … 300	130 … 195	**40** … **60**	**80** … **120**	**60** … **100**
EN-GJL-250	10,3 … 11,8	7,20	250 … 350	165 … 228	**60** … **80**	**120** … **160**	**100** … **120**
EN-GJL-300	10,8 … 13,7	7,25	300 … 400	195 … 260	**80** … **110**	**160** … **220**	**120** … **160**
EN-GJL-350	12,3 … 14,3	7,30	350 … 450	228 … 185	**115** … **150**	**220** … **280**	**180** … **230**

[1] Erfahrungswerte

Festigkeitswerte für Temperguß nach DIN EN 1562 ($d_B = 12$ mm)

Kurzname	E in N/mm^2	ϱ in g/cm^3	R_m in N/mm^2	R_e in N/mm^2	σ_{zdW}[1] in N/mm^2
EN-GJMW-400-5	$2,1 \cdot 10^5$	7,85	400	220	**120 … 190**
EN-GJMW-450-7	$2,1 \cdot 10^5$	7,85	450	260	**150 … 240**
EN-GJMW-550-4	$2,1 \cdot 10^5$	7,85	550	340	**190 … 290**
EN-GJMB-350-10	$2,1 \cdot 10^5$	7,85	350	200	**100 … 170**
EN-GJMB-450-6	$2,1 \cdot 10^5$	7,85	450	270	**130 … 120**
EN-GJMB-550-4	$2,1 \cdot 10^5$	7,85	550	340	**190 … 300**
EN-GJMB-650-4	$2,1 \cdot 10^5$	7,85	650	430	**220 … 350**

[1] Erfahrungswerte

Anlage A 20: Festigkeitswerte ausgewählter Gußeisenwerkstoffe
(vgl. auch *Anlage A 7*)

Festigkeitswerte für Gußeisen mit Kugelgraphit nach DIN EN 1563 ($s \leq 30$ mm)

Kurz-name	E in N/mm^2	ϱ in g/cm^3	R_m in N/mm^2	R_e in N/mm^2	σ_{zdW} [1] in N/mm^2	σ_{bW} [2] in N/mm^2	τ_{tW} [1] in N/mm^2
EN-GJS-350-22	$1{,}69 \cdot 10^5$	7,1	350	220	**100**	**180**	**100**
EN-GJS-400-15	$1{,}69 \cdot 10^5$	7,1	400	250	**140**	**195**	**140**
EN-GJS-450-10	$1{,}69 \cdot 10^5$	7,1	450	310	**170**	**210**	**160**
EN-GJS-500-7	$1{,}69 \cdot 10^5$	7,1	500	320	**180**	**224**	**170**
EN-GJS-600-3	$1{,}74 \cdot 10^5$	7,2	600	370	**190**	**248**	**175**
EN-GJS-700-2	$1{,}76 \cdot 10^5$	7,2	700	420	**210**	**280**	**185**
EN-GJS-800-2	$1{,}76 \cdot 10^5$	7,2	800	480	**240**	**304**	**210**
EN-GJS-900-2	$1{,}76 \cdot 10^5$	7,2	900	600	**270**	**317**	**240**

[1] Erfahrungswerte
[2] $d_B \leq 10{,}6$ mm

15

Anlage A 21: Experimentell ermittelte Kerbwirkungszahlen

Kerbwirkungszahlen für Keilwellen, Kerbzahnwellen und Zahnwellen bei Torsion

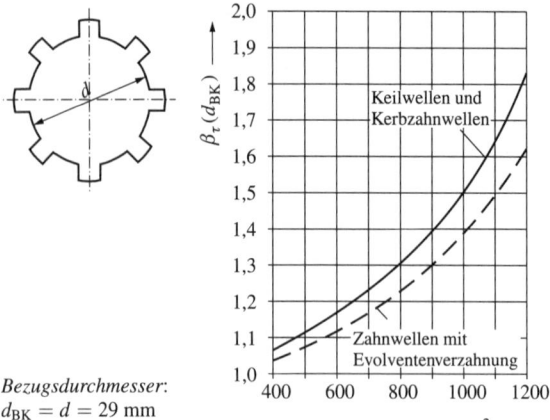

Bezugsdurchmesser:
$d_{BK} = d = 29$ mm

$$\sigma_B(d) \approx K_1(d_{eff}) \cdot \sigma_B(d_B) \text{ in N/mm}^2 \longrightarrow$$

Nennspannungen für Vollwelle	
Torsion	$\tau_n = \dfrac{16 \cdot T}{\pi \cdot d^3}$
Biegung	$\sigma_n = \dfrac{32 \cdot M_b}{\pi \cdot d^3}$

Kerbwirkungszahlen		
$\beta_\tau^*(d_{BK}) = \exp\left[4,2 \cdot 10^{-7} \cdot \left(\dfrac{\sigma_B(d)}{N/mm^2}\right)^2\right]$		
Torsion	Keilwellen und Kerbzahnwellen:	$\beta_\tau(d_{BK}) = \beta_\tau^*(d_{BK})$
	Zahnwellen mit Evolventenver- zahnung:	$\beta_\tau(d_{BK}) = 1 + 0,75 \cdot (\beta_\tau^*(d_{BK}) - 1)$
Biegung	Keilwellen:	$\beta_\sigma(d_{BK}) = 1 + 0,45 \cdot (\beta_\tau^*(d_{BK}) - 1)$
	Kerbzahnwellen:	$\beta_\sigma(d_{BK}) = 1 + 0,65 \cdot (\beta_\tau^*(d_{BK}) - 1)$
	Zahnwellen mit Evolventenver- zahnug:	$\beta_\sigma(d_{BK}) = 1 + 0,49 \cdot (\beta_\tau^*(d_{BK}) - 1)$
Zug/Druck	Für Zug/Druck gelten näherungsweise dieselben Werte wie für Biegung	

Einflußfaktor der Oberflächenrauheit	
$K_{F\tau} = 1$ oder $K_{F\sigma} = 1$	

Einsatzstähle einsatzgehärtet: $\beta_\tau(d_{BK}) = 1,0$; $\beta_\sigma(d_{BK}) = 1,0$; $K_V = 1$

Die Kerbwirkungszahlen können bei relativ steifer Nabe und ungünstiger Gestaltung aufgrund der konzentrierten Lasteinleitung am Übergang Welle-Nabe wesentlich größer sein. Die Werte gelten für die Welle ohne Nabeneinfluß.

Anlage A 21: Experimentell ermittelte Kerbwirkungszahlen (Fortsetzung)

Kerbwirkungszahlen für Rundstäbe mit umlaufender Spitzkerbe bei Zug/Druck, Biegung oder Torsion

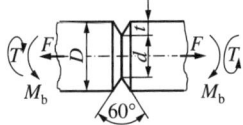

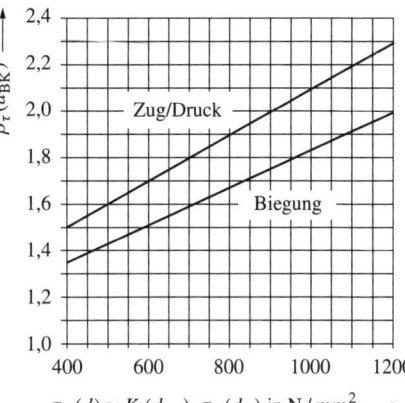

Bezugsdurchmesser:
$d_{BK} = d = 15$ mm
Radius im Kerbgrund:
$r = 0,1$ mm
mittlere Rauheit der Kerbe:
$R_{zB} = 20\,\mu$m

$\sigma_B(d) \approx K_1(d_{\text{eff}}) \cdot \sigma_B(d_B)$ in N/mm² $\longrightarrow$

Nennspannungen	
Zug/Druck	$\sigma_n = \dfrac{4 \cdot F}{\pi \cdot d^2}$
Biegung	$\sigma_n = \dfrac{32 \cdot M_b}{\pi \cdot d^3}$
Torsion	$\tau_n = \dfrac{16 \cdot T}{\pi \cdot d^3}$
Kerbwirkungszahlen	
Zug/Druck	$\beta_\sigma(d_{BK}) = 0,109 \cdot \dfrac{\sigma_B(d)}{100\,\text{N/mm}^2} + 1,074$
Biegung	$\beta_\sigma(d_{BK}) = 0,0923 \cdot \dfrac{\sigma_B(d)}{100\,\text{N/mm}^2} + 0,985$
Torsion	$\beta_\tau(d_{BK}) = 0,80 \cdot \beta_{\sigma\,\text{Biegung}}(d_{BK})$
$t/d = 0,05$ bis $0,20$; für andere Werte weichen die Kerbwirkungszahlen von diesen Angaben ab	

15

Anlage A 21: Experimentell ermittelte Kerbwirkungszahlen (Fortsetzung)

Kerbwirkungszahl für umlaufende Rechtecknut für Wellen nach DIN 471

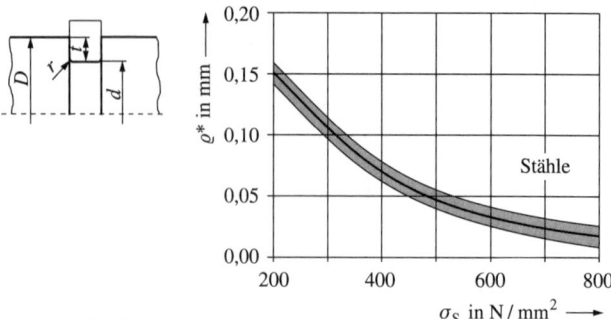

$r_f = r + 2,9 \cdot \varrho^*$

$\varrho^* = 10^{-(0,514+0,001\,52 \cdot \sigma_S(d))}$
(Stähle)

ϱ^* Strukturradius nach Neuber

$(\sigma_S(d) = \sigma_S(d_B) \cdot K_1(d_{eff}))$

Nennspannungen	
Zug/Druck	$\sigma_n = \dfrac{4 \cdot F}{\pi \cdot d^2}$
Biegung	$\sigma_n = \dfrac{32 \cdot M_b}{\pi \cdot d^3}$
Torsion	$\tau_n = \dfrac{16 \cdot T}{\pi \cdot d^3}$
Kerbwirkungszahlen	
Zug/Druck	$\beta_\sigma^* = 0,9 \cdot (1,27 + 1,17 \cdot \sqrt{t/r_f})$
Biegung	$\beta_\sigma^* = 0,9 \cdot (1,14 + 1,08 \cdot \sqrt{t/r_f})$
Torsion	$\beta_\tau^* = 1,48 + 0,45 \cdot \sqrt{t/r_f}$
$m/t \geqq 1,4$:	$\beta_{\sigma,\tau} = \beta_{\sigma\tau}^*$
$m/t < 1,4$:	$\beta_{\sigma,\tau} = \beta_{\sigma\tau}^* \cdot 1,08 \cdot (m/t)^{-0,2}$

Ergibt sich bei Zug/Druck oder Biegung $\beta_\sigma > 4$, ist mit $\beta_\sigma = 4$ zu rechnen. Ergibt sich bei Torsion $\beta_\tau > 2,5$, ist mit $\beta_\tau = 2,5$ zu rechnen.

Anlage A 22: Formzahlen

Formzahlen für gekerbte Rundstäbe bei Zug

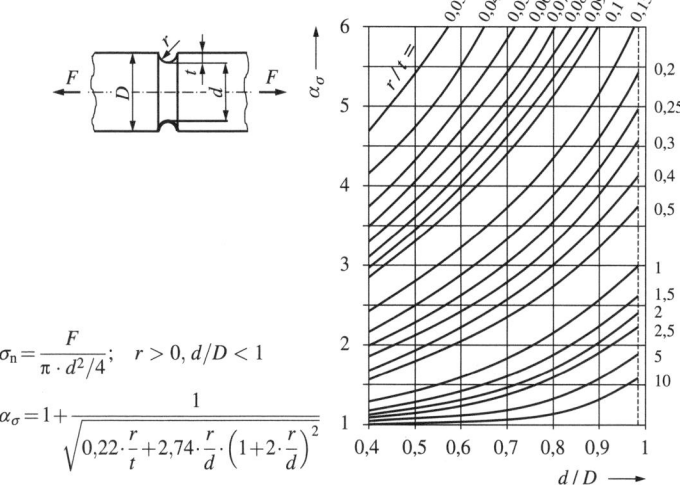

$$\sigma_n = \frac{F}{\pi \cdot d^2/4}; \quad r > 0, \, d/D < 1$$

$$\alpha_\sigma = 1 + \frac{1}{\sqrt{0,22 \cdot \dfrac{r}{t} + 2,74 \cdot \dfrac{r}{d} \cdot \left(1 + 2 \cdot \dfrac{r}{d}\right)^2}}$$

Formzahlen für gekerbte Rundstäbe bei Biegung

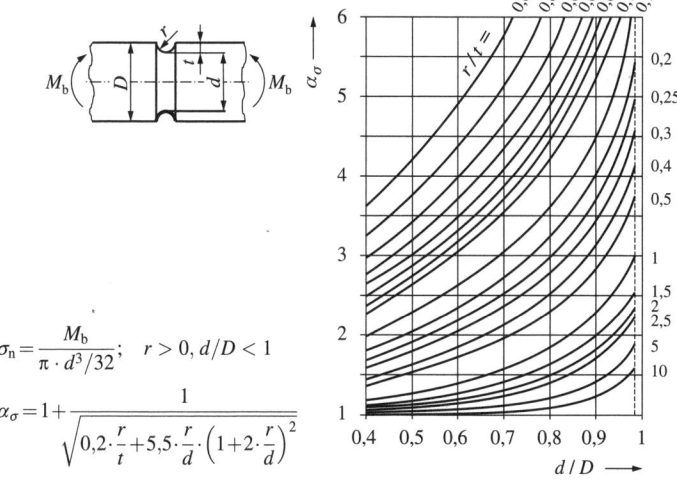

$$\sigma_n = \frac{M_b}{\pi \cdot d^3/32}; \quad r > 0, \, d/D < 1$$

$$\alpha_\sigma = 1 + \frac{1}{\sqrt{0,2 \cdot \dfrac{r}{t} + 5,5 \cdot \dfrac{r}{d} \cdot \left(1 + 2 \cdot \dfrac{r}{d}\right)^2}}$$

15

Anlage A 22: Formzahlen (Fortsetzung)

Formzahlen für gekerbte Rundstäbe bei Torsion

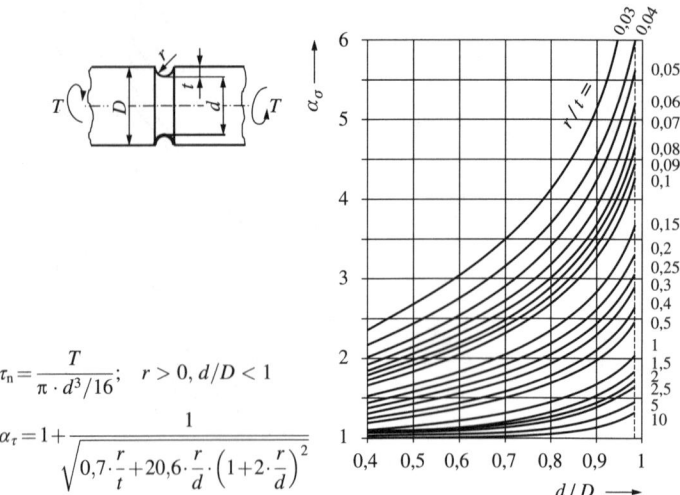

$$\tau_n = \frac{T}{\pi \cdot d^3/16}; \quad r > 0, d/D < 1$$

$$\alpha_\tau = 1 + \frac{1}{\sqrt{0,7 \cdot \dfrac{r}{t} + 20,6 \cdot \dfrac{r}{d} \cdot \left(1 + 2 \cdot \dfrac{r}{d}\right)^2}}$$

Bestimmung der Formzahl α für Absatz mit Freistich
(Überlagerung von $\alpha_{\sigma R}$ und $\alpha_{\sigma A}$)

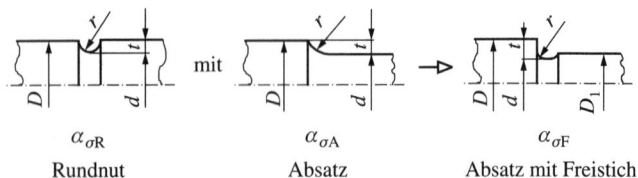

$\alpha_{\sigma R}$	$\alpha_{\sigma A}$	$\alpha_{\sigma F}$
Rundnut	Absatz	Absatz mit Freistich

Zug/Druck und Biegung:

$$\alpha_{\sigma F} = (\alpha_{\sigma R} - \alpha_{\sigma A}) \cdot \sqrt{\frac{D_1 - d}{D - d}} + \alpha_{\sigma A}$$

Torsion:

$$\alpha_{\tau F} = 1,04 \cdot \alpha_{\tau A}$$

Die Kerbwirkungszahl β ist mit G' für Absatz zu bestimmen.

Anlage A 22: Formzahlen (Fortsetzung)

Formzahlen für Rundstäbe mit Querbohrung bei Zug/Druck, Biegung oder Torsion

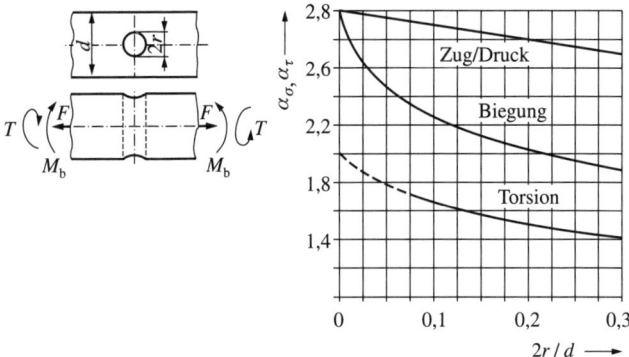

Nennspannungen		
Zug/Druck	$\sigma_n = \dfrac{F}{\pi \cdot \dfrac{d^2}{4} - 2rd}$	$G' = \dfrac{2{,}3}{r}$
Biegung	$\sigma_n = \dfrac{M_b}{\pi \cdot \dfrac{d^3}{32} - r \cdot \dfrac{d^2}{3}}$	$G' = \dfrac{2{,}3}{r} + \dfrac{2}{d}$
Torsion	$\tau_n = \dfrac{T}{\pi \cdot \dfrac{d^3}{16} - r \cdot \dfrac{d^2}{3}}$	$G' = \dfrac{1{,}15}{r} + \dfrac{2}{d}$
Formzahlen		
Zug/Druck	$\alpha_\sigma = 3 - \left(2 \cdot \dfrac{r}{d}\right)$	
Biegung	$\alpha_\sigma = 1{,}4 \cdot \left(2 \cdot \dfrac{r}{d}\right) + 3 - 2{,}8\sqrt{2 \cdot \dfrac{r}{d}}$	
Torsion	$\alpha_\tau = 2{,}023 - 1{,}125 \cdot \sqrt{2 \cdot \dfrac{r}{d}}$	

15

Anlage A 23: Kinematische Grundaufgaben

1	2	3	4	5	6	7	8
Nr.	Vorhandene Funktion	Lösungsansatz	Trennung der Variablen und Integration	Ergebnisse aus Integration bzw. Differentiation	durch Umkehrung	durch Einsetzen in bereits bekannte Funktionen	Weiterrechnung bei
1	$a = k = $ konst.	$\dfrac{dv}{dt} = k$	$\displaystyle\int_{v_0}^{v} d\bar{v} = k \int_{t_0}^{t} d\bar{t}$	$v = v_0 + k(t - t_0)$ $v = v(t)$			6, 7, 8
2	$a = a(t)$	$\dfrac{dv}{dt} = a(t)$	$\displaystyle\int_{v_0}^{v} d\bar{v} = \int_{t_0}^{t} a(\bar{t})\, d\bar{t}$	$v = v(t)$	$\to t = t(v)$	$(2, 6)$ in $(2, 2) \Rightarrow a = a(v)$	6, 7, 8
3	$a = a(v)$	$\dfrac{dv}{dt} = a(v)$	$\displaystyle\int_{t_0}^{t} d\bar{t} = \int_{v_0}^{v} \frac{1}{a(\bar{v})}\, d\bar{v}$	$t = t(v)$	$\to v = v(t)$	$(3, 6)$ in $(3, 2) \Rightarrow a = a(t)$	6, 7, 8
4	$a = a(v)$	$a(v)\, ds = v\, dv$	$\displaystyle\int_{s_0}^{s} d\bar{s} = \int_{v_0}^{v} \frac{\bar{v}}{a(\bar{v})}\, d\bar{v}$	$s = s(v)$	$\to v = v(s)$	$(4, 6)$ in $(4, 2) \Rightarrow a = a(s)$	9, 10, 11
5	$a = a(s)$	$a(s)\, ds = v\, dv$	$\displaystyle\int_{s_0}^{s} a(\bar{s})\, d\bar{s} = \int_{v_0}^{v} \bar{v}\, d\bar{v}$	$v = v(s)$	$\to s = s(v)$	$(5, 6)$ in $(5, 2) \Rightarrow a = a(v)$	9, 10, 11
6	$v = v(t)$	$\dfrac{ds}{dt} = v(t)$	$\displaystyle\int_{s_0}^{s} d\bar{s} = \int_{t_0}^{t} v(\bar{t})\, d\bar{t}$	$s = s(t)$	$\to t = t(s)$	$(6, 6)$ in $(6, 2) \Rightarrow v = v(s)$	
7					$s = s(v)$	$(7, 6)$ in $(8, 7) \Rightarrow a = a(v)$	
8		$a = \dfrac{dv(t)}{dt}$		$a = a(t)$		$(6, 6)$ in $(8, 5) \Rightarrow a = a(s)$	

Anlage A 23: Kinematische Grundaufgaben (Fortsetzung)

Nr.	Vorhandene Funktion	Lösungsansatz	Trennung der Variablen und Integration	Ergebnisse			Weiterrechnung bei
				aus Integration bzw. Differentation	durch Umkehrung	durch Einsetzen in bereits bekannte Funktionen	
9	$v = v(s)$	$\dfrac{ds}{dt} = v(s)$	$\displaystyle\int_{t_0}^{t} d\bar{t} = \int_{s_0}^{s} \frac{1}{v(\bar{s})}\, d\bar{s}$	$t = t(s)$	$\to s = s(t)$	$(9,6)$ in $(9,2) \Rightarrow v = v(t)$	
10		—			$\to s = s(v)$		
11		$a = v(s)\dfrac{dv(s)}{ds}$	—	$a = a(s)$		$(10,6)$ in $(11,5) \Rightarrow a = a(v)$ $(9,6)$ in $(11,5) \Rightarrow a = a(t)$	
12	$s = s(t)$	$v = ds(t)/dt$	—	$v = v(t)$			
13					$\to t = t(s)$	$(13,6)$ in $(12,5) \Rightarrow v = v(s)$	9, 10, 11
14	$s = s(v)$				$\to v = v(s)$		
15	$s = s(v)$	$v = ds(v)/dt$ $= \dfrac{ds(v)}{dv}\dfrac{dv}{dt}$ $\to$ $a = \dfrac{v}{ds(v)/dv}$		$a = a(v)$		$(14,6)$ in $(15,5) \Rightarrow a = a(s)$	9, 10, 11
16	$f_s(s) = f_v(v)$				$\to v = v(s)$		9, 10, 11
17					$\to s = s(v)$		14
18		$\dfrac{df_s}{ds}\dfrac{ds}{dt} = \dfrac{df_v}{dv}\dfrac{dv}{dt}$ $\to$ $a = v\dfrac{df_s/ds}{df_v/dv}$			$\to a = a(s,v)$	$(16,6)$ in $(18,6) \Rightarrow a = a(s)$ $(17,6)$ in $(18,6) \Rightarrow a = a(v)$	

15

Anlage A 24: Einige häufig auftretende Bindungen

Abrollen eines Rades

auf Gerade

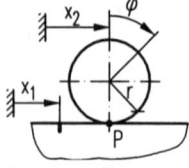

$$\dot{x}_1 = \dot{x}_2 - r\dot{\varphi}$$

auf Außenkreis

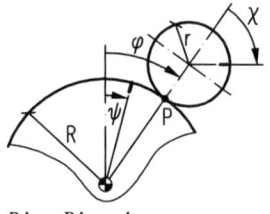

Zwang:
Relativgeschwindigkeit
im Kontaktpunkt *P*
gleich Null

$$R\dot{\psi} = R\dot{\varphi} - r\dot{\chi}$$

auf Innenkreis

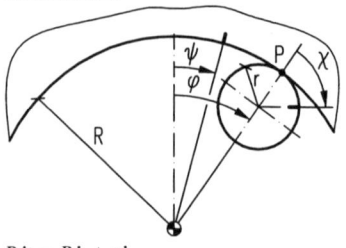

$$R\dot{\psi} = R\dot{\varphi} + r\dot{\chi}$$

Zwei über dehnstarres Zugmittel (Zm) verbundene Rollen

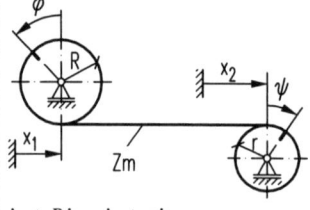

Zwang:
immer straff gespanntes
Zugmittel

$$\dot{x}_1 + R\dot{\varphi} = \dot{x}_2 + r\dot{\psi}$$

Anlage A 24: Einige häufig auftretende Bindungen (Fortsetzung)

Ebener Zweischlag

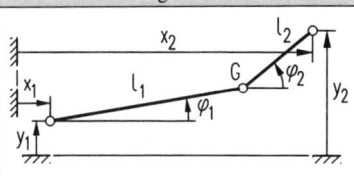

Zwang:
Gelenk *G* ist gemeinsamer Punkt

$$x_1 + l_1 \cos \varphi_1 = x_2 - l_2 \cos \varphi_2$$

$$y_1 + l_1 \sin \varphi_1 = y_2 - l_2 \sin \varphi_2$$

Paarung Kurvenscheibe – Rolle

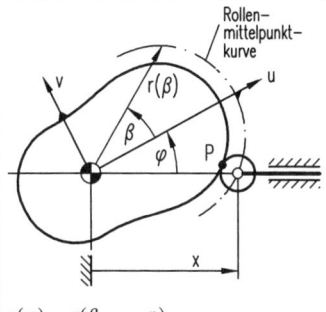

Zwang:
immer Kontakt in *P*

$$x(\varphi) = r(\beta = -\varphi)$$

$$\dot{x} = -\left.\frac{\mathrm{d}r}{\mathrm{d}\beta}\right|_{\beta=-\varphi} \cdot \dot{\varphi}$$

$r = r(\beta)$: Gl. der Rollenmittelpunktkurve

Keilschubgetriebe

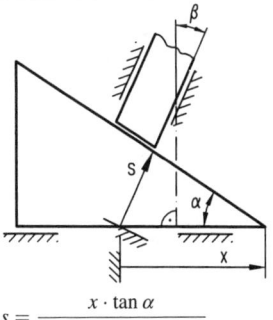

Zwang:
ständiger Kontakt zwischen
den Gleitflächen

15

$$s = \frac{x \cdot \tan \alpha}{\cos \beta + \tan \alpha \cdot \sin \beta}$$

Anlage A 25: Beispiele für Zwangsbedingungen

Feste Rolle

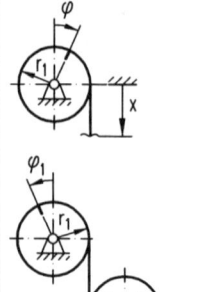

Voraussetzungen:
- Seile undehnbar und biegeschlaff
- Schlupf sei ausgeschlossen

$\dot{x} = r_1 \dot{\varphi}$

System mit 2 Freiheitsgraden
($f = 2$)

$r_1 \dot{\varphi}_1 = \dot{x}_S + r \dot{\varphi}$
$k = 3 \quad (x_S, \varphi, \varphi_1)$
$z = k - f = 3 - 2 = 1$

Kombination von Rollen

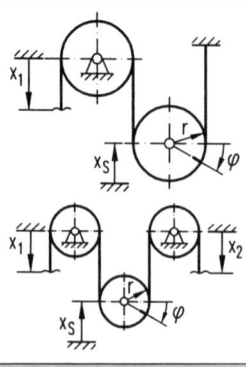

System mit einem Freiheitsgrad
($f = 1$)

$\dot{x}_1 = \dot{x}_S + x \dot{\varphi}$
$\dot{x}_S = r \dot{\varphi}$
$k = 3 \quad (x_1, x_S, \varphi)$
$z = k - f$
$z = 3 - 1 = 2$

System mit 2 Freiheitsgraden
($f = 2$)

$\dot{x}_1 = \dot{x}_S + r \dot{\varphi}$
$\dot{x}_2 = \dot{x}_S - r \dot{\varphi}$
$k = 4 \quad (x_1; x_S; x_2; \varphi)$
$z = k - f$
$z = 4 - 2 = 2$

Stirn- und Kegelradgetriebe

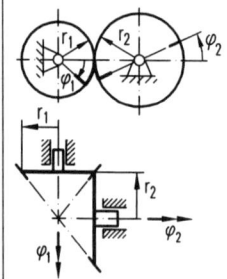

System mit einem Freiheitsgrad
($f = 1$)

$r_1 \dot{\varphi}_1 = r_2 \dot{\varphi}_2$
$k = 2 \quad (\varphi_1, \varphi_2)$
$z = k - f = 2 - 1 = 1$

Anlage A 25: Beispiele für Zwangsbedingungen (Fortsetzung)

Umlaufrädergetriebe

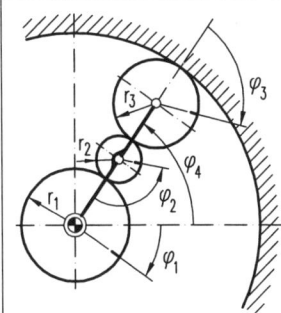

$r_1 \cdot (\dot{\varphi}_1 + \dot{\varphi}_4) = r_2 \dot{\varphi}_2$
$r_2 \dot{\varphi}_2 = r_3 \dot{\varphi}_3$
$r_3 \dot{\varphi}_3 = [r_1 + 2 \cdot (r_2 + r_3)] \dot{\varphi}_4$
$k = 4 \quad (\varphi_1, \varphi_2, \varphi_3, \varphi_4)$
$z = 3$
$f = k - z = 1$

Schneckengetriebe

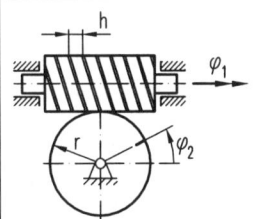

$r \dot{\varphi}_2 = h \cdot \dfrac{\dot{\varphi}_1}{2\pi}$
$k = 2 \quad (\varphi_1, \varphi_2)$
$z = 1$
$f = k - z = 1$

Schraubgetriebe

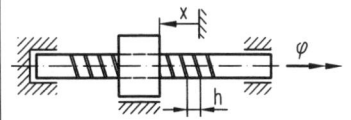

$\dot{x} = h \cdot \dfrac{\dot{\varphi}}{2\pi}$
$k = 2 \quad (x, \varphi)$
$z = 1$
$f = k - z = 1$

Exzentrische Schubkurbel

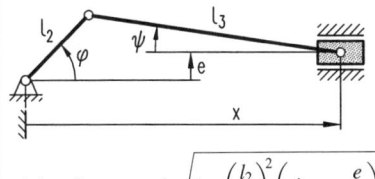

$x = l_2 \cos \varphi + l_3 \cos \psi$
$l_2 \sin \varphi = e + l_3 \sin \psi$
$k = 3 \quad (\varphi, \psi, x)$
$z = 2$
$f = k - z = 1$

$$x(\varphi) = l_2 \cos \varphi + l_3 \sqrt{1 - \left(\dfrac{l_2}{l_3}\right)^2 \left(\sin \varphi - \dfrac{e}{l_2}\right)^2}$$

15

Anlage A 26: Massenträgheitsmomente

Kreiszylinder

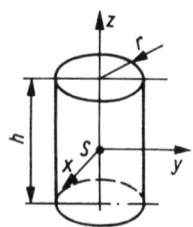

$$m = \pi \varrho r^2 h$$
$$J_x = J_y = \frac{1}{4} m \left(r^2 + \frac{h^2}{3} \right)$$
$$J_z = \frac{1}{2} m r^2$$

Hohl-Kreiszylinder

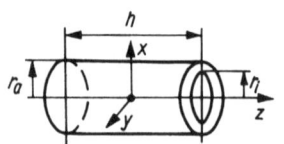

$$m = \pi \varrho h (r_a^2 - r_i^2)$$
$$J_x = J_y = \frac{1}{4} m (r_a^2 + r_i^2) + \frac{1}{12} m h^2$$
$$J_z = \frac{1}{2} m (r_a^2 + r_i^2)$$

Dünnwandiger Hohlzylinder
$$r_i \approx r_a \approx r$$
$$J_x = J_y = \frac{1}{2} m \left(r^2 + \frac{h^2}{6} \right)$$
$$J_z = m r^2$$

Kugel

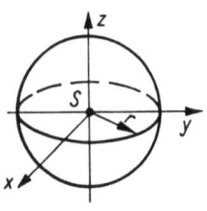

$$m = \frac{4}{3} \pi \varrho r^3$$
$$J_x = J_y = J_z = \frac{2}{5} m r^2$$

Hohlkugel

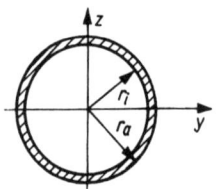

$$m = \frac{4}{3} \pi \varrho (r_a^3 - r_i^3)$$
$$J_x = J_y = J_z = \frac{2}{5} \frac{m (r_a^5 - r_i^5)}{(r_a^3 - r_i^3)}$$

Dünnwandige Hohlkugel
$$r_i \approx r_a \approx r$$
$$J_x = J_y = J_z = \frac{2}{3} m r^2$$

Anlage A 26: Massenträgheitsmomente (Fortsetzung)

Ring

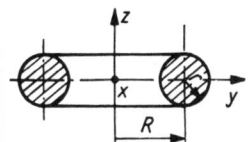

$$m = 2\pi^2 \varrho R r^2$$
$$J_x = J_y = \frac{m}{2}\left(R^2 + \frac{5}{4}r^2\right)$$
$$J_z = m\left(R^2 + \frac{3}{4}r^2\right)$$

Kreisegel

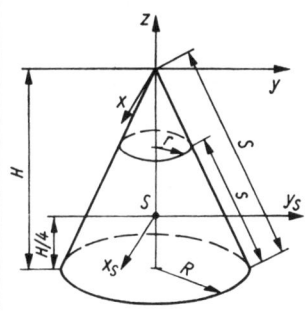

Gerader Kreiskegel
$$m = \frac{1}{3}\pi\varrho R^2 H$$
$$J_x = J_y = \frac{3}{5}m\left(\frac{1}{4}R^2 + H^2\right)$$
$$J_z = \frac{3}{10}mR^2$$
$$J_{xS} = J_{yS} = \frac{3}{20}m\left(R^2 + \frac{1}{4}H^2\right)$$

Dünnwandiger gerader Hohlkegel
$$J_z = \frac{1}{2}mR^2$$

Abgestumpfter gerader Kreiskegel
$$m = \frac{1}{3}\pi\varrho h(R^2 + Rr + r^2)$$
$$J_z = \frac{3}{10}m\frac{R^5 - r^5}{R^3 - r^3}$$

Dünnwandiger abgestumpfter gerader Kreiskegel
$$J_z = \frac{1}{2}m(R^2 + r^2)$$

Rotationskörper

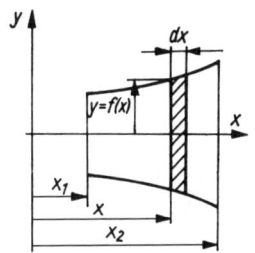

(Endflächen parallel zur y, z-Ebene)
$$J_x = \frac{\pi\varrho}{2}\int_{x_1}^{x_2} y^4 \, dx$$
$$J_y = J_z = \frac{\pi\varrho}{4}\int_{x_1}^{x_2}(y^4 + 4y^2x^2) \, dx$$

15

Anlage A 26: Massenträgheitsmomente (Fortsetzung)

Gerade Pyramide

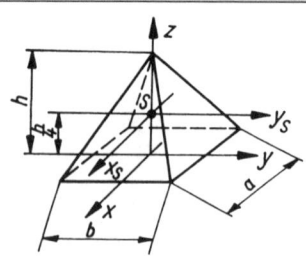

$$m = \frac{1}{3}\varrho abh$$

$$J_z = \frac{1}{20}m(a^2 + b^2)$$

$$J_{xS} = \frac{1}{80}m(4b^2 + 3h^2)$$

$$J_{yS} = \frac{1}{80}m(4a^2 + 3h^2)$$

Dünner Stab

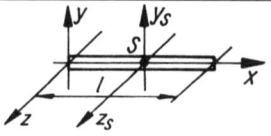

$$J_x = 0$$

$$J_y = J_z = \frac{1}{3}ml^2$$

$$J_{yS} = J_{zS} = \frac{1}{12}ml^2$$

Mit Masse belegte Kreisscheibe

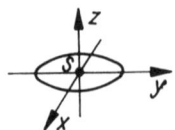

$$J_x = J_y = \frac{1}{4}mr^2$$

$$J_z = \frac{1}{2}mr^2$$

Mit Masse belegte Rechteckfläche

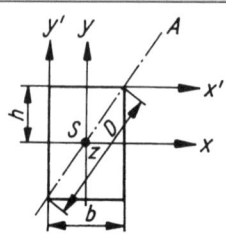

$$J_x = \frac{1}{12}mh^2 \qquad J_y = \frac{1}{12}mb^2$$

$$J_z = \frac{1}{12}m(b^2 + h^2)$$

$$J_{x'} = \frac{1}{3}mh^2 \qquad J_{y'} = \frac{1}{3}mb^2$$

$$J_A = \frac{1}{6}m\frac{h^2 b^2}{D^2}$$

Quader

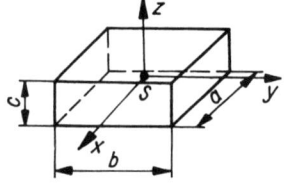

$$m = \varrho abc$$

$$J_x = \frac{1}{12}m(b^2 + c^2)$$

$$J_y = \frac{1}{12}m(a^2 + c^2)$$

$$J_z = \frac{1}{12}m(a^2 + b^2)$$

Anlage A 27: Anwendung von Schnittprinzip und dynamischem Gleichgewicht am Beispiel der allgemeinen ebenen Bewegung eines Getriebegliedes

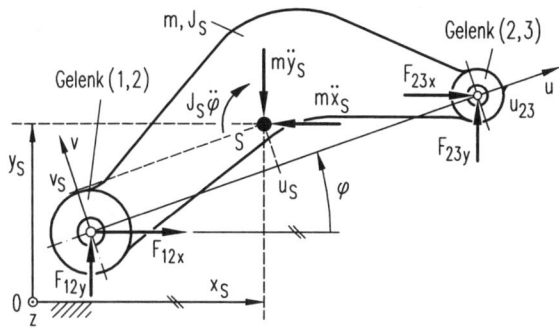

1. Schritt:

Freischneiden des Gliedes in einer allgemeinen Lage

2. Schritt:

Definition der zur Beschreibung der Bewegung erforderlichen Koordinaten:
x_S, y_S Verschiebungen des Schwerpunktes
φ Drehwinkel

(u, v gliedfestes Koordinatensystem)

3. Schritt:

D'ALEMBERTsche Kräfte ($m\ddot{x}_S, m\ddot{y}_S$) und D'ALEMBERTsches Moment ($J_S\ddot{\varphi}$) entgegen der positiv definierten Koordinatenrichtungen antragen

4. Schritt:

Aufstellen der Gleichgewichtsgleichungen

$\rightarrow$ $F_{12x} + F_{23x} - m\ddot{x}_S = 0$

$\uparrow$ $F_{12y} + F_{23y} - m\ddot{y}_S = 0$

ζS $F_{12x} \cdot (u_S \sin\varphi + v_S \cos\varphi) - F_{12y} \cdot (u_S \cos\varphi - v_S \sin\varphi)$
$+ F_{23y} \cdot [(u_{23} - u_S)\cos\varphi + v_S \sin\varphi] - F_{23x} \cdot [(u_{23} - u_S)\sin\varphi - v_S \cos\varphi]$
$- J_S\ddot{\varphi} = 0$

15

Anlage A 28: Schwinger und Schwingungsdifferentialgleichungen

	Elastischer Schwinger	Torsionsschwinger	Fadenpendel (Mathematisches Pendel)	Physikalisches Pendel
q	Länge x	Winkel φ	Winkel φ	Winkel φ
Dgl.	$m\ddot{x} + cx = 0$	$J\ddot{\varphi} + c_T\varphi = 0$	$ml^2\ddot{\varphi} + mgl\sin\varphi = 0$	$J_0\ddot{\varphi} + mgl_S\sin\varphi = 0$
$f(q)$	cx	$c_T\varphi$	$mgl\sin\varphi$	$mgl_S\sin\varphi$
ω^2	$\dfrac{c}{m}$	$\dfrac{c_T}{J}$	für kleine Schwingungen $\sin\varphi \approx \varphi$ $\dfrac{g}{l}$	$\dfrac{mgl_S}{J_0}$

Anlage A 29: Federzahlen

Zylindrischer Stab (I Flächenträgheitsmoment, E Elastizitätsmodul)	
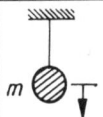	$c = \dfrac{3EI}{l^3}$
	$c = \dfrac{3EIl}{a^2b^2}$
	$c = \dfrac{12EIl^3}{a^3b^2(3l+b)}$
	$c = \dfrac{3EIl^3}{a^3b^3}$
	$c = \dfrac{3EI}{(a+b)b^2}$
Stab, Seil, Riemen (A Querschnittsfläche, l Länge)	
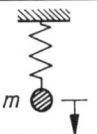	$c = \dfrac{EA}{l}$
Schraubenfeder mit kreisförmigem Querschnitt (G Gleitmodul, i Anzahl der Windungen, d Drahtdurchmesser, D Windungsdurchmesser)	
	$c \approx \dfrac{Gd^4}{8iD^3}$
Zylindrischer Stab (d_a Außendurchmesser, d_i Innendurchmesser)	
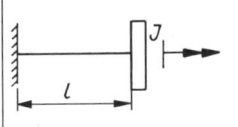	Kreisquerschnitt $c = \dfrac{\pi G d^4}{32l}$ Kreisringquerschnitt $c = \dfrac{\pi G}{32l}(d_a^4 - d_i^4)$

15

Anlage A 30: Federschaltungen

Wirkliches System	Ersatzsystem	2 Federn	n Federn
Parallelschaltung 		$c_{\mathrm{ers}} = c_1 + c_2$	$c_{\mathrm{ers}} = \displaystyle\sum_{k=1}^{n} c_k$
Reihenschaltung 		$\dfrac{1}{c_{\mathrm{ers}}} = \dfrac{1}{c_1} + \dfrac{1}{c_2}$	$\dfrac{1}{c_{\mathrm{ers}}} = \displaystyle\sum_{k=1}^{n} \dfrac{1}{c_k}$
		$\begin{aligned} c_{\mathrm{ers}} = {} & c_1 \cos^2 \alpha_1 \\ & + c_2 \cos^2 \alpha_2 \end{aligned}$	$c_{\mathrm{ers}} = \displaystyle\sum_{k=1}^{n} c_k \cos^2 \alpha_k$

Anlage A 31: Erregungsarten, Vergrößerungsfunktionen V, Dgl. der Bewegungen und Phasenwinkel φ

Art der Erregung	Dgl. der Bewegung	Amplitude Q	Phasen-winkel
Massenkrafterregung	Erregung durch Unwuchtmasse m_u $(m + m_u)\ddot{q} + b\dot{q} + cq = m_u\ddot{u}(t)$	$Q = \dfrac{m_u}{m + m_u}UV_1$	φ_1
Dämpfungskrafterregung	Erregung über Hauptdämpfer b $m\ddot{q} + b\dot{q} + cq = b\dot{u}(t)$	$Q = UV_2$	φ_2
	Erregung über Nebendämpfer b_2 $m\ddot{q} + (b_1 + b_2)\dot{q} + cq = b_2\dot{u}(t)$	$Q = \dfrac{b_2}{b_1 + b_2}UV_2$	φ_2
Federkrafterregung	Erregung über Hauptfeder c $m\ddot{q} + b\dot{q} + cq = cu(t)$	$Q = UV_3$	φ_3
	Erregung über Nebenfeder c_2 $m\ddot{q} + b\dot{q} + (c_1 + c_2)q = c_2u(t)$	$Q = \dfrac{c_2}{c_1 + c_2}UV_3$	φ_3
	Krafterregung $m\ddot{q} + b\dot{q} + cq = f(t)$	$Q = \dfrac{F}{c}V_3$	φ_3

15

Anlage A 31: Erregungsarten, Vergrößerungsfunktionen V, Dgl. der Bewegungen und Phasenwinkel φ (Fortsetzung)

Art der Erregung	Dgl. der Bewegung	Amplitude Q	Phasen-winkel
Dämpfungs- und Federkrafterregung 	$m\ddot{q} + b\dot{q} + cq$ $= b\dot{u}(t) + cu(t)$	$Q = UV_{23}$	φ_{23}
Bodenkraft $p(t)$ 	$p(t) = b\dot{q} + cq$ bei $f(t) = F\cos\Omega t \rightarrow$ bei $f(t) = m_{\mathrm{u}}\ddot{u}(t) \quad\rightarrow$	Bodenkraft P $P = FV_{23}$ $P = \dfrac{m_{\mathrm{u}}}{m + m_{\mathrm{u}}} UcV_4$	

Anlage A 32a: Vergrößerungsfunktionen V_1 und V_3 und die Phasenwinkel φ_1 und φ_3

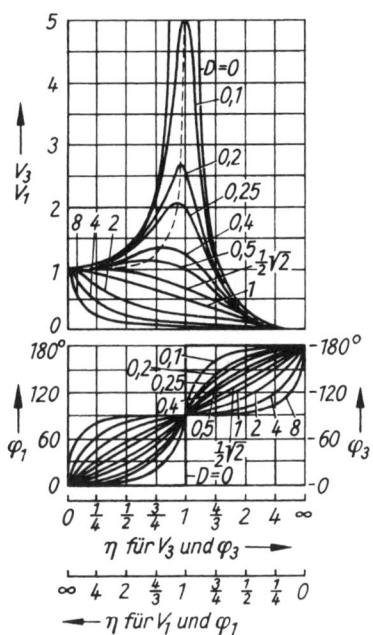

Anlage A 32b: Vergrößerungsfunktion V_2 und Phasenwinkel φ_2

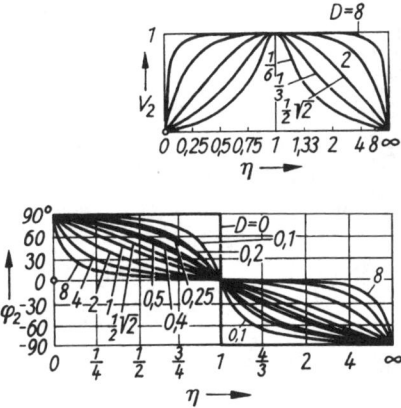

15

Anlage A 32c: Vergrößerungsfunktion V_{23} und Phasenwinkel φ_{23}

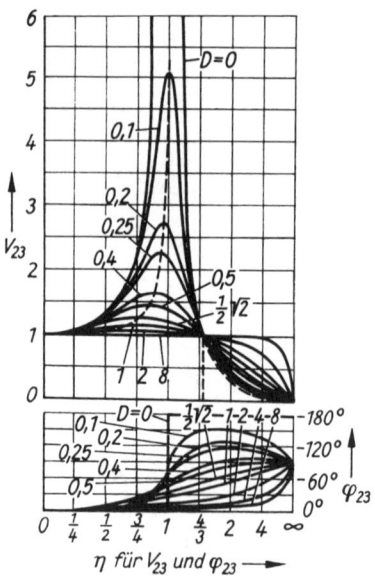

Anlage A 32d: Vergrößerungsfunktion V_4

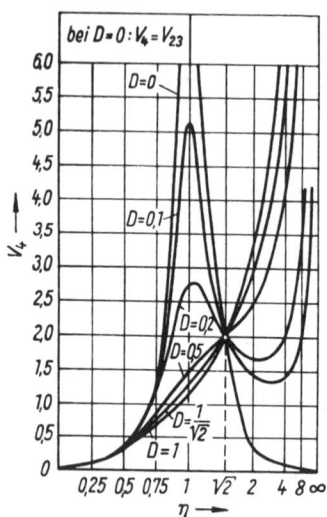

Literaturverzeichnis

/1/ *Aurich, H.*: Methode zur Berechnung rheolinearer erzwungener Schwingungen. (Diss.) Technische Hochschule Lodz, 1966

/2/ *Aurich, H.*: Methode zur Berechnung rheolinearer erzwungener Schwingungen. In: IV. IKM: Berichte. Bd. 1; – Berlin: Verlag für Bauwesen, 1967

/3/ *Aurich, H.*: Schwingungsverhalten von Zahnradgetrieben. – Würzburg: Maschinenmarkt 72 (1966), Nr. 45

/4/ *Bartsch, H.-J.*: Taschenbuch mathematischer Formeln. – 18. Auflage. – Leipzig-Köln: Fachbuchverlag, 1998

/5/ *Biezeno, C. B.; Grammel, R.*: Technische Dynamik. – Berlin; Göttingen; Heidelberg: Springer-Verlag, 1953

/6/ *Bogoljubow, N. N.; Mitropolski, J. A.*: Asymptotische Methoden in der Theorie der nichtlinearen Schwingungen. – Berlin: Akademie-Verlag, 1967

/7/ *Bolotin, W. W.*: Kinetische Stabilität elastischer Systeme. – Berlin: Deutscher Verlag der Wissenschaften, 1961

/8/ *Doetsch, G.*: Handbuch der Laplace-Transformation (3 Bde.). – Basel: Birkhäuser-Verlag, 1973

/9/ *Dresig, H.; Rockhausen, L.*: Aufgabensammlung Maschinendynamik. – Leipzig: Fachbuchverlag, 1994

/10/ *Fischer, K.-F.; Günther, W.*: Technische Mechanik. – Leipzig; Stuttgart: Deutscher Verlag für Grundstoffindustrie, 1994

/11/ *Fischer, U.; Stephan, W.*: Mechanische Schwingungen. – 3. Auflage – Leipzig: Fachbuchverlag, 1993

/12/ *Fischer, U.; Stephan, W.*: Prinzipien und Methoden der Dynamik. – Leipzig: Fachbuchverlag, 1972

/13/ *Göldner, H.; Holzweißig, F.*: Leitfaden der Technischen Mechanik. – Leipzig: Fachbuchverlag, 1990

/14/ *Göldner, H.; Witt, D.*: Technische Mechanik I, Statik und Festigkeitslehre. – Leipzig: Fachbuchverlag, 1993

/15/ *Goloskokow, E. G.; Filippow, A. P.*: Instationäre Schwingungen mechanischer Systeme. – Berlin: Akademie-Verlag, 1971

/16/ *Gross, D.; Hauger, W.; Schnell, W.*: Technische Mechanik, 1–3. – Wien: Springer-Verlag, 1988–1989

/17/ *Hagedorn, P.*: Nichtlineare Schwingungen. – Wiesbaden: Akademische Verlagsgesellschaft, 1978

/18/ *Hahn, H. G.*: Technische Mechanik fester Körper. – Leipzig: Fachbuchverlag, 1993

/19/ *Hardtke, H.-J.; Heimann, B.; Sollmann, H.*: Lehr- und Übungsbuch Technische Mechanik. Band II: Kinematk / Kinetik – Systemdynamik – Mechatronik. – Leipzig: Fachbuchverlag, 1997

/20/ *Holzmann, G.; Meyer, H.; Schumpich, G.*: Technische Mechanik, 1–3. – Stuttgart: Teubner-Verlag, 1990–1991

/21/ *Holzweißig, F.; Dresig, H.*: Lehrbuch der Maschinendynamik. – 4. Auflage. – Leipzig: Fachbuchverlag, 1994

/22/ *Jahnke, E.; Emde, F.*: Tafeln höherer Funktionen. – Leipzig: B. G. Teubner-Verlag, 1966

/23/ *Kabus, K.*: Mechanik und Festigkeitslehre. – Leipzig: Fachbuchverlag, 1993

/24/ *Kauderer, H.*: Nichtlineare Mechanik. – Berlin; Göttingen; Heidelberg: Springer-Verlag, 1958

/25/ *Klotter, K.*: Technische Schwingungslehre. – Berlin: Springer-Verlag, 1988

/26/ *Magnus, K.; Müller, H. H.*: Grundlagen der Technischen Mechanik. – Stuttgart: B. G. Teubner-Verlag, 1990

/27/ *Magnus, K. ; Popp, K.*: Schwingungen. – Stuttgart: B. G. Teubner-Verlag, 1997

/28/ *Mayr, M.*: Technische Mechanik. – Leipzig: Fachbuchverlag, 1995

/29/ *Mönch, E.*: Einführungsvorlesung Technische Mechanik. – München; Wien: Oldenbourg Verlag, 1986

/30/ *Neuber, H.*: Kerbspannungslehre. – Berlin: Springer-Verlag, 1985

/31/ *Pfeiffer, F.*: Einführung in die Dynamik. – Stuttgart: B. G. Teubner-Verlag, 1989

/32/ *Schiehlen, W. O.*: Technische Dynamik. – Stuttgart: B. G. Teubner-Verlag, 1986

/33/ *Schmidt, G.*: Parametererregte Schwingungen. – Berlin: Deutscher Verlag der Wissenschaften, 1975

/34/ *Steger, H. G.; Sieghart, J.; Glauninger, E.*: Technische Mechanik, 1–3. – Stuttgart: B. G. Teubner-Verlag, 1990–1993

/35/ *Will, P.; Lämmel, B.*: Kleine Formelsammlung Technische Mechanik. – Leipzig: Fachbuchverlag, 1994

/36/ *Winkler, J.*: Festkörperbeanspuchung. – Leipzig: Fachbuchverlag, 1989

/37/ *Winkler, J.*: Statik. – Leipzig: Fachbuchverlag, 1988

/38/ *Zurmühl, R.*: Matrizen. – Berlin: Springer-Verlag, 1992

Sachwortverzeichnis

EULERsche Kreiselgleichungen 295
extreme Biegespannung 195
exzentrische Druckbeanspruchung 179, 181 ff.
exzentrische Zugbeanspruchung 179, 183
Exzentrizität 179

F

Fachwerk 31
–, statische Bestimmtheit 32
Federkonstante 336
Federkraft 30, 263, 273
Federkrafterregung 346, 363
Federschaltung 336
FEM 156
FEM-Element 157
feste Einspannung 21, 23
Festigkeitswert 94
Festlager 21, 23, 30
Figurenachse 297 f.
Finite-Elemente-Methode 156
Flächenpressung 110
–, nach HERTZ 112
Flächenschwerpunkt 56, 123
Flächenträgheitsmoment, axiales 122 f.
–, axiales, reduziertes 125
–, polares 165
Flanschschubspannung 163
Fließgrenze 101
Fliehkraft 293
FLOQUETsches Theorem 365
Formänderung 94
–, bei Biegung 138
Formänderungsarbeit 94, 174
–, absolute 97
–, spezifische 97
Formzahl 105, 218, 354
FOURIER-Analyse 329
FOURIER-Koeffizient 329
freie Schwingungen 353
Freiheitsgrad 227, 250, 255, 328
Freischneiden 20, 41
Frequenz 328
Frequenzdeterminante 354
Frequenzgleichung 354
Frequenzverhältnis 345
Führungsbewegung 255

G

GALILEIsches Trägheitsgesetz 260
Gefäß, dünnwandiges 109
Gegenkraftwirkung 32
gekerbter Stab 105
Gelenk 23
–, reibungsfreies 43
Gelenkkraft 41
Gelenkreaktion 44
Gelenkträger 41
Gelenktrennung 41, 47
generalisierte Kraft 314
geometrische Zwangsbedingung 140
geradlinige Bewegung 235
Gerberträger 41
Gesamteinflußfaktor 220
geschlossener Rahmen 153
Geschwindigkeit 227, 233, 235 f.
geschwindigkeitsproportionale Dämpfung 341
Geschwindigkeitsvektor 244 f., 249 ff.
Gestaltänderungsenergiehypothese 205
Gestaltfestigkeit 220
Getriebekette 24
Gewichtsfunktion 349, 353
gezwungene Bewegung 250
gleichförmige Bewegung 235
gleichförmige Drehbewegung 253
Gleichgewichtsbedingung 16
Gleichgewichtsgleichung 304
Gleichgewichtszustand 13
gleichmäßig beschleunigte Bewegung 236
Gleitmodul 98
Gleitreibung 75
Gleitung 98, 168
Gravitationskonstante 266
Grenzfall, aperiodischer 342
Grenzzykel 370
Größeneinflußfaktor, geometrischer 212 f.
–, technologischer 212
Grundbeanspruchung 95
Grundmodell 144
Grundschwingung 354
GULDINsche Regel 59
Gurtverstärkung 137